中国城市规划学会学术成果

乡村振兴

——2020年全国高等院校大学生乡村规划方案竞赛优秀成果集

中国城市规划学会乡村规划与建设学术委员会
贵州大学建筑与城市规划学院
浙江工业大学设计与建筑学院
苏州科技大学建筑与城市规划学院　主编
北京建筑大学建筑与城市规划学院
安徽师范大学地理与旅游学院
安徽建筑大学建筑与规划学院

中国建筑工业出版社

编委会

前言

全国高等院校大学生乡村规划方案竞赛是由中国城市规划学会乡村规划与建设学术委员会发起举办。自 2017 年首次开展以来，得到了全国高校的积极响应，今年是第四届竞赛活动。开展这项活动的目的，是为了促进广大师生走出校园，积极参与乡村社会实践，在全国范围内加快推动乡村规划实践教学，通过搭建高校教学经验交流平台，提高城乡规划专业面向社会需求的人才培养能力。

2020 年第四届全国高等院校大学生乡村规划方案竞赛，延续了前三届的成功经验，继续采用指定基地和自选基地的方式。在第三届赛事的基础上，再次更新竞赛内容，保留原有的乡村规划方案竞赛单元和第三届增加的乡村调研及发展策划报告竞赛单元，第三届的乡村户厕设计方案竞赛单元调整为乡村设计方案竞赛单元，竞赛内容从单一的户厕问题扩展至村宅厨房和乡村活动中心，持续致力探索与建筑学、社会学、人类学、环境学等相关专业的跨学科合作。

自选参赛基地的报名、作品收集及初赛评优活动均由贵州大学建筑与城市规划学院承办。初赛评选在各基地分别举行，决赛评选由贵州大学承办。今年活动共有来自 182 所高校 205 个学院的 831 个团队共同参与，共涉及 4046 名学生和 1823 人次教师。初赛阶段，三个单元共收到 514 个作品，评选出 232 个获奖作品，决赛阶段评选出 62 个获奖作品。

今年的参赛作品质量明显有了大幅度提高，学生更加注重了对乡村的调研，对乡村实际需求的研究和针对性的规划策略。许多高校将这一竞赛活动与教学计划结合起来，反映了各高校对乡村规划实践教学的重视。为了进一步扩大此项活动的影响，增强参赛成果和教学经验交流，将获奖作品编辑出版。

今年碰到的最大挑战是突发新冠疫情的影响，五个指定基地的承办单位顶住了压力，并首次探索尝试由基地承办方提供线下调研信息，结合线上平台的展示，协助各校参赛团队完成指定基地的调研活动。在此，特别感谢五个指定基地的地方政府和承办单位，分别是：贵州省安顺市西秀区大西桥镇鲍屯村（贵州大学建筑与城市规划学院承办）、浙江省绍兴市越城区斗门街道璜山南村（浙江工业大学设计与建筑学院承办）、江苏省苏州市相城区望亭镇北太湖风景区（苏州科技大学建筑与城市规划学院承办）、北京市房山区周口店镇车厂村（北京建筑大学建筑与城市规划学院承办）、安徽省芜湖市繁昌县（现繁昌区）孙村镇长寺村和平铺镇郭仁村（安徽师范大学地理与旅游学院、安徽建筑大学建筑与规划学院共同承办）。

同时，也特别感谢所有参与高校、广大师生，感谢所有评审专家对活动的支持和付出，感谢中国建筑工业出版社对出版工作给予的支持与帮助。也希望本次竞赛成果的出版为推进乡村规划建设专业人才培养作出一些有益的贡献。

中国城市规划学会乡村规划与建设学术委员会　主任委员
同济大学建筑与城市规划学院　教授、副院长
上海同济城市规划设计研究院有限公司　院长

张尚武

目录

第一部分

第二部分

第三部分

第四部分

第五部分

后记

第 一 部 分

竞赛组织情况

乡村
振兴

- 2020 年全国高等院校大学生乡村规划方案竞赛任务书
- 2020 年全国高等院校大学生乡村规划方案竞赛乡村规划方案竞赛单元决赛入围名单
- 2020 年全国高等院校大学生乡村规划方案竞赛乡村调研及发展策划报告竞赛单元决赛入围名单
- 2020 年全国高等院校大学生乡村规划方案竞赛乡村设计方案竞赛单元决赛入围名单

2020年全国高等院校大学生乡村规划方案竞赛任务书

为响应国家乡村振兴战略，积极推动乡村规划教育与实践的紧密结合，中国城市规划学会乡村规划与建设学术委员会将继续举办“全国高等院校大学生乡村规划方案竞赛”，发布通知如下。

一、竞赛目的

1. 持续推进全国高等院校在乡村规划建设等相关领域的教育及科研交流活动，推动学科建设，响应国家乡村振兴战略导向。

2. 积极吸引城乡规划专业及相关专业大学生对乡村发展、乡村规划、乡村设计、乡村建设等方面的关注，提升学习和研究热情，为培养更多具备乡村规划专业知识的高级人才作出积极贡献。

3. 通过特色活动，促进高等院校、地方政府、社会组织、企业在群策群力、共同推动乡村地区发展方面加强合作，共同为推动专业教育与社会需求紧密结合，提供更多在地调研和学习的机会，提升学生们在地学习的能力，作出积极贡献。

二、组织方

1. 主办方

中国城市规划学会乡村规划与建设学术委员会

2. 各基地承办组织方

◇ 指定基地：贵州安顺基地（贵州省安顺市西秀区大西桥镇鲍家屯村）

承办方：贵州大学建筑与城市规划学院、贵州省安顺市西秀区人民政府

协办方：贵阳市建筑设计院有限公司、贵州省城乡规划设计研究院

支持方：贵州省城市科学研究会、贵州省城市规划协会

◇ 指定基地：浙江绍兴基地（浙江省绍兴市越城区斗门街道璜山南村）

承办方：浙江工业大学设计与建筑学院、浙江省绍兴市越城区斗门街道办事处

协办方：华汇工程设计集团股份有限公司

支持方：浙江省科学技术协会、浙江省国土空间规划学会、绍兴市科学技术协会、浙江智农宝科技有限公司、浙江省可持续城镇化研究中心、绿色智慧城市建设科技基地

◇ 指定基地：江苏苏州基地（江苏省苏州市相城区望亭镇北太湖风景区）

承办方：苏州科技大学建筑与城市规划学院、江苏省苏州市相城区望亭镇人民政府

协办方：苏州乡村振兴学堂、苏州科技大学乡村规划建设研究与人才培养协同创新中心、苏州御亭现代农业产业园管理委员会

支持方：江苏省城镇与乡村规划设计院、苏州市土木建筑学会、苏州市相城区科技镇长团

◇ 指定基地：北京房山基地（北京市房山区周口店镇车厂村）

承办方：北京建筑大学建筑与城市规划学院、北京市房山区周口店镇人民政府

协办方：北京建工建筑设计研究院、北京北建大城市规划设计研究院有限公司、中国中建设计集团有限公司城市规划与村镇设计研究院、北京城市规划学会村镇规划学术委员会

支持方：北京市房山区人民政府、中国建筑设计研究院有限公司

◇ 指定基地：安徽芜湖基地（安徽省芜湖市繁昌区孙村镇长寺村、平铺镇郭仁村）

承办方：安徽师范大学地理与旅游学院、安徽建筑大学建筑与规划学院、安徽省芜湖市繁昌区人民政府

支持方：安徽省自然资源厅、安徽省住房和城乡建设厅、安徽省普通本科高校土建类专业合作委员会、安徽省城市规划学会、安徽省村镇建设学会、中铁城市规划设计研究院有限公司、南京市规划设计研究院有限责任公司

◇ 自选基地

承办方：贵州大学建筑与城市规划学院

协办方：贵阳市建筑设计院有限公司、贵州省城乡规划设计研究院

支持方：贵州省城市科学研究会、贵州省城市规划协会

三、竞赛内容

竞赛分为“指定基地”或者“自选基地”，均可以选择不同竞赛单元分别按照任务要求制作并提交成果。竞赛单元分为三类：乡村规划方案、乡村调研及发展策划报告、乡村设计方案。有关竞赛单元的任务及成果制作要求见附件。

每个参赛团队及成员（不含指导教师），仅允许报名一个竞赛单元且仅参与制作和提交一套参赛成果，否则取消参赛资格。

1. 指定基地和自选基地

"指定基地"，即上述组织方已经确定的竞赛基地。通过参赛团队报名和组织方特邀等方式，由组织方最终确定参加指定基地的参赛团队。

"自选基地"，即参赛团队自行选择合适但必须真实的村庄，按照竞赛规定确定参加竞赛单元，并按照规定时间和地点提交成果。

2. 竞赛单元

无论是指定基地还是自选基地，都包含三类竞赛单元的成果内容。

参赛团队可以根据各自情况报名参加其中任意一类且仅限一类竞赛单元。

组织方届时将区分竞赛单元组织评审和表彰。

3. 初赛和决赛

初赛，由各基地承办方按照主办方的具体要求组织各项工作并评选奖项，由中国城市规划学会乡村规划与建设学术委员会颁发获奖证书。初赛奖项数量，原则上三类竞赛单元分别按照有效的参赛成果数量评选不超过 60% 的入围奖方案，并在入围奖方案里推荐不超过一半且不超过 20 个作为优胜奖，优胜奖获得者将自动获得决赛参赛资格。

决赛，由主办方直接组织评选，并由中国城市规划学会颁发获奖证书。决赛奖项数量，原则上三类竞赛单元分别按照决赛参赛成果数量设置不超过 50% 的优胜奖获奖资格，并在此基础上根据实际情况设置等级奖项，以及单项奖项。

四、参赛方式

参赛团队应按照本通知要求，填写报名表，并经所在院校盖章推荐有效。跨学院和跨学校组团参赛的团队，应同时获得各院校的同意并盖章确认。报名经组织方确认有效后予以公布方为有效。

参赛团队应严格限制参赛学生人数不超过 6 人，并指定 1 名联系人，指导教师不超过 3 人。报名成功的团队，如确实因客观原因，可以调整参赛团队成员不超过 2 人，调整指导教师不超过 1 人。

◇ 指定基地：受疫情影响，本届竞赛将不组织集中调研，改由承办方提供必要技术资料和在线支持，各参赛团队自行决定调研方式。

◇ 自选基地：各参赛团队应自行解决调研及基础资料的获取，乡村调研及发展策划报告竞赛单元将重点鼓励各类创新性调研方法的运用。

五、主要时间节点

2020 年 6 月 24 日 12 时，报名截止时间。

2020 年 6 月 30 日 12 时，有效参赛团队名单公布时间。

2020 年 10 月 20 日 12 时，各参赛团队成果的最终提交截止时间。

2020 年 12 月 10 日 12 时，竞赛结果公布时间。

六、各承办方联系人及联系方式

◇ 贵州安顺基地（贵州省安顺市西秀区大西桥镇鲍家屯村）

承办联络：贵州大学建筑与城市规划学院

报名联系人：张桦

报名邮箱：xxxxxxx@163.com

◇ 浙江绍兴基地（浙江省绍兴市越城区斗门街道璜山南村）

承办联络：浙江工业大学设计与建筑学院

报名联系人：何蕾萍

报名邮箱：xxxxxxx@qq.com

◇ 江苏苏州基地（江苏省苏州市相城区望亭镇北太湖风景区）

承办联络：苏州科技大学建筑与城市规划学院

报名联系人：潘斌

报名邮箱：xxxxxxx@qq.com

◇ 北京房山基地（北京市房山区周口店镇车厂村）

承办联络：北京建筑大学建筑与城市规划学院

报名联系人：孙靖宇

报名邮箱：xxxxxxx@163.com

◇ 安徽芜湖基地（安徽省芜湖市繁昌区孙村镇长寺村、平铺镇郭仁村）

承办联络：安徽师范大学地理与旅游学院

报名联系人：姚景艳

报名邮箱：xxxxxxx@qq.com

◇ 自选基地

承办联络：贵州大学建筑与城市规划学院

报名联系人：张桦

报名邮箱：xxxxxxx@163.com

◇ 总协调单位：中国城市规划学会乡村规划与建设学术委员会秘书处

联系邮箱：rural@planning.org.cn

七、特别声明

各参赛团队所提交的参赛成果，知识产权将由提供者、主办方和承办方共同拥有，各方有权独立决定是否用于出版或其他宣传活动，以及其他学术活动。指定参赛基地的参赛作品，基地所在地有权参考或直接采用参赛作品全部或部分内容，不再另行与提供方协商并征得同意。

附件：2020年全国高等院校大学生乡村规划方案竞赛成果内容

中国城市规划学会乡村规划与建设学术委员会

2020年6月3日

附件：2020年全国高等院校大学生乡村规划方案竞赛成果内容

◇ 乡村规划方案竞赛单元

本竞赛单元重在鼓励各参赛队对于所选择的研究对象，进行较为深入和理性的调研分析，并在此基础上从统筹发展和创新发展思路的角度，编制规划方案，特别强调对存在问题的挖掘和针对性规划应对，注重村庄规划的基础性内容及行动导向，不要求大而全的规划编制思路。成果内容包括但不限于以下部分：

1. 基础调研报告

对于规划对象，从区域和本地等多个层面，以及自然、经济、人口、集体组织、社会、生态、建设等多个维度，揭示村庄现状特征，发现村庄发展中的主要问题及可利用的资源，及其可能的开发利用方式，撰写调研报告（报告模板将在报名成功后另行发放）。

调研报告原则上不少于5000字，宜A4竖向版面、图文并茂。报告应为Word和PDF格式，附图应为JPG格式并另行存入文件夹打包提交（每单张JPG不超过5MB）。

2. 规划设计

（1）村域规划

根据地形图或卫星影像图，对于村域现状及发展规划绘制必要图纸，并重点从行政村域或者村组发展和统筹的角度提出有关空间规划方案，至少包括用地、交通等主要图纸。允许根据发展策划创新图文编制的形式及方法。

注意：所有图纸文件，均不允许包含带有县及以上级别行政区界线的图纸或者地图，也不允许提交包含海岸线的图纸或地图。

（2）节点设计

根据空间规划方案，选择重要节点编制设计方案。原则上设计深度应达到1：（1000~2000），同时提供必要说明。

（3）成果形式

每份成果应按照竞赛组织方统一提供的模板文件（报名成功后另行发放），分别提供4张不署名成果图版文件和4张署名成果图版文件。以上成果文件应为JPG格式的电子文件，且每单个文件不超过20MB。

3. 推介成果

（1）能够展示主要成果内容的PPT演示文件1份，一般不超过30个页面，且文件量不得超过100MB（PPT格式不做固定要求，但标题名称需与作品名一致）。

（2）成果推介和调研花絮一篇。每部分文字原则上不超过2000字，每单张图片不超过10MB，宜图文并茂并提供Word文件和单独打包的JPG格式图片，文件应附设计小组成员及指导教师的简介文字和照片。以上用于组委会后期宣传。

4. 命名格式

（1）总文件夹

“规划方案 + 学校 + 学生名 + 指导老师名”

（2）成果图版

“学校 + 作品名 + 不署名成果 + 页码”

“学校 + 作品名 + 署名成果 + 页码”

（3）其他

“学校 + 作品名 + 调研报告 / 展示 PPT / 成果推介 + 调研花絮”

◇ 乡村调研及发展策划报告竞赛单元

本竞赛单元重在鼓励各参赛队对于所选择的研究对象，进行较为深入和理性的调研分析，并在此基础上从统筹发展和创新发展思路的角度，提出发展思路，特别强调对存在问题的挖掘和针对性规划应对，注重行动导向。成果内容包括但不限于以下部分：

1. 基础调研报告

对于调研对象，从区域和本地等多个层面，以及自然、经济、人口、集体组织、社会、生态、建设等多个维度，进行较为深入的调研，揭示村庄现状特征，发现村庄发展中的主要问题及可利用的资源，及其可能的开发利用方式，撰写调研报告（报告模板将在报名成功后另行发放）。

调研报告原则上不少于5000字，宜A4竖向版面、图文并茂。报告应为Word和PDF格式，附图应为JPG格式并另行存入文件夹打包提交（每单张JPG不超过5MB）。

2. 发展策划报告

在基础调研报告的基础上，着重从乡村振兴战略实施的视角，挖掘发展资源并对主要制约因素进行解析，提出较具可行性的发展策略，注重发展策略的内在逻辑性、问题针对性、现实可行性。

策划报告原则上不少于5000字，宜A4竖向版面、图文并茂。报告应为Word和PDF格式，附图应为JPG格式并另行存入文件夹打包提交（每单张JPG不超过5MB）。

注意：所有图片文件，均不允许包含带有县及以上级别行政区界线的图纸或者地图，也不允许提交包含海岸线的图纸或地图。

3. 推介成果

（1）能够展示主要成果内容的PPT演示文件1份，一般不超过30个页面，且文件量不得超过100M（PPT格式不做固定要求，但标题名称需与作品名一致）。

（2）成果推介和调研花絮一篇。每部分文字原则上不超过2000字，每单张图片不超过10MB，宜图文并茂并提供Word文件和单独打包的JPG格式图片，文件应附设计小组成员及指导教师的简介文字和照片。以上用于组委会后期宣传。

4. 命名格式

（1）总文件夹

“发展策划 + 学校 + 学生名 + 指导老师名”

（2）报告

“学校 + 作品名 + 调研报告 / 策划报告 + 不署名成果”

“学校 + 作品名 + 调研报告 / 策划报告 + 署名成果”

（3）其他

“学校 + 作品名 + 展示PPT / 成果推介 + 调研花絮”

◇ 乡村设计方案竞赛单元

本竞赛单元重在鼓励各参赛团队根据所选择的基地和设计对象，从尊重习俗、保护风貌、提升适用、改善使用的角度提出创新性的设计方案。方案应当具有技术简易适用、建造和维护成本低等特点。成果内容包括但不限于以下部分：

1. 基础调研报告

对于调研对象，从区域和本地等多个层面，以及自然、经济、人口、集体组织、社会、生态、建设等多个维度，进行较为深入的调研，揭示村庄现状特征，发现村庄发展中的主要问题及可利用的资源，及其可能的开发利用方式，撰写调研报告（报告模板将在报名成功后另行发放）。

调研报告原则上不少于5000字，宜A4竖向版面、图文并茂。报告应为Word和PDF格式，附图应为JPG格式并另行存入文件夹打包提交（每单张JPG不超过5MB）。

2. 设计方案

应从村宅户厕、村宅厨房、村民活动中心三类对象中选择一个，针对现状情况进行调研并提供设计方案，可以是新设计方案，也可以是改造性设计方案，并根据竞赛要求提供设计说明。

每份成果应按照竞赛组织方统一提供的模板文件（报名成功后另行发放），提供2张不署名成果图版文件和两张署名成果图版文件。以上成果文件应为JPG格式的电子文件，且每单个文件不超过20MB。

注意：所有图纸文件，均不允许包含带有县及以上级别行政区界线的图纸或者地图，也不允许提交包含海岸线的图纸或地图。

3. 推介成果

（1）能够展示主要成果内容的PPT演示文件1份，一般不超过30个页面，且文件量不得超过100M（PPT格式不做固定要求，但标题名称需与作品名一致）。

（2）成果推介和调研花絮一篇。每部分文字原则上不超过2000字，每单张图片不超过10MB，宜图文并茂并提供Word文件和单独打包的JPG格式图片，文件应附设计小组成员及指导教师的简介文字和照片。以上用于组委会后期宣传。

4. 命名格式

（1）总文件夹

“乡村设计 + 学校 + 学生名 + 指导老师名”

（2）成果图版

“学校 + 作品名 + 不署名成果 + 页码”

“学校 + 作品名 + 署名成果 + 页码”

（3）其他

“学校 + 作品名 + 调研报告 / 展示 PPT / 方案推介 + 调研花絮”

2020年全国高等院校大学生乡村规划方案竞赛
乡村规划方案竞赛单元决赛入围名单

序号	报名编号	作品名称	院校名称
1	J2	京畿之道众创动谷	苏州科技大学建筑与城市规划学院
2	J4	宕水补绿　携伴拾趣	重庆大学建筑城规学院
3	J12	以节为脉促三生	哈尔滨工业大学建筑学院
4	J13	旧底片　新剧场	哈尔滨工业大学建筑学院
5	J15	韧意适其适	山东建筑大学建筑城规学院
6	J22	金陵寻源，村上新生归故乡	北京建筑大学建筑与城市规划学院
7	J27	归去来兮	东南大学建筑学院
8	Q8	八阵结兵・山水鲍屯	福州大学建筑与城乡规划学院
9	Q18	沃野鲍读，八学联村	重庆大学建筑城规学院
10	Q19	山渠索趣・凫聚人居	重庆大学建筑城规学院
11	Q24	山水佑古堡，丝头系丰饶	南京工业大学建筑学院
12	Q39	屯堡 . 乡愁 . 归故里	烟台大学建筑学院
13	Q41	“古今言八阵　山水堰三生”	东北大学江河建筑学院
14	Q43	螺星塞水　鲍屯浮生	贵州民族大学建筑工程学院
15	Q50	循脉捕遗　系水长流	烟台大学建筑学院
16	Q52	木与石的交响	华中科技大学建筑与城市规划学院
17	Q53	循明时之风　续士匠互动	东南大学建筑学院
18	S5	乡上链・恋上村	苏州科技大学建筑与城市规划学院
19	S12	太湖畔・共赴江南百景	华中科技大学建筑与城市规划学院
20	S15	学筑稻乡・耕游望亭	北京林业大学园林学院
21	S21	鹭汀烟袅　驿上江南	青岛理工大学建筑与城乡规划学院
22	S29	寻驿・归耕・理水	烟台大学建筑学院
23	S33	水联三生　同舟共享	浙江大学建筑工程学院
24	S40	后渔时代	重庆大学建筑城规学院
25	W2	寻“宝”环游记	安徽建筑大学建筑与规划学院
26	W4	创生肆渡　智汇郭仁	安徽师范大学地理与旅游学院
27	W5	引阡陌・渡郭仁	安徽师范大学地理与旅游学院
28	W11	长续技魂　寺承匠新	苏州科技大学建筑与城市规划学院
29	W13	绘稻乡・织渔梦	安徽建筑大学建筑与规划学院
30	W33	竹隐竹栖　人生人享	青岛理工大学建筑与城乡规划学院
31	W40	涨缩有序	重庆大学建筑城规学院
32	W41	游长寺百景，戏竹野新趣	重庆大学建筑城规学院

续表

序号	报名编号	作品名称	院校名称
33	W42	机耕手作	重庆大学建筑城规学院
34	Z2	归乡	重庆大学建筑城规学院
35	Z11	城市山林・乡土社区	福州大学建筑与城乡规划学院
36	Z21	耕云种月・康田沐心	吕梁学院建筑系
37	Z27	合村歇陌间・郷嚮	苏州科技大学建筑与城市规划学院
38	Z29	悠然田园　自在璜山	长春建筑学院建筑与规划学院
39	Z33	幽幽璜山南　共筑乡思情	浙江农林大学风景园林与建筑学院、旅游与健康学院
40	Z34	伴城而行，和合而兴	浙江师范大学地理与环境科学学院
41	X4	幽关照影　忆生万象	华北理工大学建筑工程学院
42	X10	吴韵之渚，诗意晏境	苏州科技大学建筑与城市规划学院
43	X16	闻竹・入野・忆安归	中南林业科技大学风景园林学院
44	X19	清溪绕后楼，新颜如锦绣	黄淮学院建筑工程学院
45	X29	惠营合伙人	华北理工大学建筑工程学院
46	X34	布朗哈寨・觅故引新	昆明理工大学城市学院建筑学系
47	X44	枫香染，扶瑶上	贵州大学建筑与城市规划学院、管理学院、历史与民族文化学院
48	X54	溪衔古道・音绕杨林	合肥工业大学建筑与艺术学院
49	X55	缘起禅境，合归故里	福州大学建筑与城乡规划学院
50	X81	缘起千古，情定大山	浙江工业大学设计与建筑学院
51	X109	云上石门	浙江工业大学设计与建筑学院
52	X116	归燕识故巢	广东工业大学建筑与城市规划学院
53	X137	下舆入幽，科头箕踞	昆明理工大学建筑与城市规划学院
54	X155	“留”与“流”	山东建筑大学建筑城规学院
55	X173	舍旧复良田　活资兴龙安	华南理工大学建筑学院
56	X176	黄石滩奇遇计	长安大学建筑学院
57	X180	温古道新　络驿焕金	浙江大学建筑工程学院、北京林业大学园林学院、广西大学土木建筑工程学院
58	X412	悠游渡口，慢漫乡愁	郑州大学建筑学院
59	X413	漫・蔓・慢	合肥工业大学建筑与艺术学院
60	X437	采逸小尔城　悠然归田园	河南城建学院建筑与城市规划学院

2020年全国高等院校大学生乡村规划方案竞赛 乡村调研及发展策划报告竞赛单元决赛入围名单

序号	报名编号	作品名称	院校名称
1	J36	从“燕不归巢”到“筑巢引凤”	北京林业大学园林学院
2	Q60	谕怀黔中，稽古居今	福州大学建筑与城乡规划学院
3	Q63	能源兴屯，古水流新	西南交通大学建筑学院
4	Q65	多维造梦，拥鲍新生	重庆大学建筑城规学院
5	Q69	彼端之‘南’	山东理工大学建筑工程学院
6	Q79	文“画”	贵州民族大学建筑工程学院
7	S41	望业兴，归御亭	苏州科技大学建筑与城市规划学院
8	S47	宜产乐学，稻活乡村	东南大学建筑学院
9	S48	“渔”音在望，舟游吾乡	贵州大学建筑与城市规划学院
10	S75	水润原乡，田话江南	福州大学建筑与城乡规划学院
11	W50	陌上长寺，怡然桑榆	安徽大学商学院旅游管理系
12	W53	乡间居有径，野畔游同歌	华中科技大学建筑与城市规划学院
13	W56	归山栖长寺，缘水慕桃源	福州大学建筑与城乡规划学院
14	Z39	乡土社区，小有所成	福州大学建筑与城乡规划学院
15	Z41	稻花香璜山，悠游闻蝉鸣	宁波大学中欧旅游与文化学院
16	Z46	乐动璜山南	浙江工业大学设计与建筑学院
17	X212	“忆”起戎旅·党铸军魂	苏州科技大学建筑与城市规划学院
18	X219	黄山村调查	西北大学城市与环境学院
19	X225	矿海驿站，岭上人家	深圳大学建筑与城市规划学院
20	X228	利·和　物·和	北京工业大学建筑与城市规划学院
21	X230	陶然之城野，融于新故间	广州大学建筑与城市规划学院
22	X239	枫香山水瑶家界　诗意坝上延千年	贵州大学建筑与城市规划学院、管理学院、历史与民族文化学院
23	X242	竹韵茶香　顶上仙居	四川农业大学旅游学院
24	X256	山水与谋，业从林翰	长安大学建筑学院
25	X260	道藏医养生大干	长安大学建筑学院
26	X262	为有“垣”头活水来	长安大学建筑学院
27	X263	窑果赋能·文旅焕新	西安工业大学建筑工程学院城乡规划系
28	X269	倚木传艺，临海扬帆	福州大学环境与资源学院
29	X276	融古划今，古韵桂乡	桂林理工大学土木与建筑工程学院
30	X286	何以复渌水，何以解乡“愁”	广西大学土木建筑工程学院
31	X298	杏源寻访·乡村请柬	内蒙古工业大学建筑学院
32	X306	一寨百年，柳歌树下笔	长安大学建筑学院
33	X426	制度设计，土地盘活	厦门大学建筑与土木工程学院

2020年全国高等院校大学生乡村规划方案竞赛
乡村设计方案竞赛单元决赛入围名单

序号	报名编号	作品名称	院校名称
1	J41	“檐”下之逸	北京建筑大学建筑与城市规划学院
2	Q87	树下光“荫”	四川农业大学建筑与城乡规划学院
3	Q88	大树下	怀化学院
4	Q89	叙世	青岛理工大学建筑与城乡规划学院
5	Q91	寻味入里·餐与其间	重庆大学建筑城规学院
6	S58	与谁同坐?	青岛理工大学建筑与城乡规划学院
7	S71	渔网之下船蓬之间	浙江大学建筑工程学院
8	S72	镜·园	中国地质大学（武汉）艺术与传媒学院
9	S73	合舟共济	重庆大学建筑城规学院
10	S74	网罗百民　桅生千态	重庆大学建筑城规学院
11	W69	竹檐悦色	安徽工业大学建筑工程学院
12	X330	桭下渔歌	四川大学建筑与环境学院
13	X343	三会 SPACE · various	四川大学建筑与环境学院
14	X350	藏香准康	长沙理工大学建筑学院
15	X354	流水别“厨”	华中科技大学建筑与城市规划学院
16	X368	“内·外”兼修，分类施“厕”	西安建筑科技大学建筑学院
17	X384	古往今来·园冶	同济大学浙江学院建筑系
18	X406	小食塘记	昆明理工大学建筑与城市规划学院
19	X432	新客围	清华大学建筑学院、美术学院
20	X434	舌尖上的“幸福村”	长安大学建筑学院

第 二 部 分

乡村规划方案竞赛单元

乡村
振兴

2020年全国高等院校大学生乡村规划方案竞赛
乡村规划方案竞赛单元
评优组评语

徐煜辉

2020 年全国高等院校大学生乡村规划方案竞赛乡村规划方案竞赛单元决赛　评优专家

中国城市规划学会乡村规划与建设学术委员会　委员

重庆大学建筑城规学院　教授

1. 总体情况

本次乡村规划方案竞赛单元共有 60 个作品进入决赛评选，经过逆序淘汰、优选投票和评议环节，评出各等级奖项，最终结果为：一等奖 3 个、二等奖 6 个、三等奖 9 个、优秀奖 12 个、最佳研究奖 1 个、最佳创意奖 1 个、最佳表现奖 1 个。

2. 闪光点

第一，脚踏实地，热情如初。

虽然受新冠疫情限制，各指定基地都未正式展开实地调研，由承办单位代为进行并提供详实全面基础资料，而部分参赛团队也在疫情缓解之时，自行抵达基地开展资料补充完善工作。同时，报名的大部分参赛成果按时提交，数量超过去年，质量略优于去年。

第二，聚焦热点，乡味浓郁。

文化传承、产业迭代、生态治理、空间更新、整治复垦等多种热点思路丰富了一味强调乡村旅游、农家乐、民宿的原有发展模式；关注原有乡村空间肌理延续与适度发展，突出乡村地域文化特征，用乡村故事串联起设计逻辑。

第三，专业融贯，研究深入。

多专业融入明显，避免原来单一规划设计视野的狭窄，方案讲究策划导向，融合建筑设计的空间梳理与环境整治内容比较丰富；一些数理模型引入规划分析，新兴规划理论或相关领域方法的导入，丰富了研究内涵与规划视野。

第四，表达丰富，图文精致。

绘图表现技巧愈发娴熟，文字表达追求精美，各类图文数量较多，排版有一定的新颖性。

3. 探究点

第一，追“大”求“全”，忽视特点。

部分规划方案追求工程设计类型的面面俱到，未围绕分析出的特定乡村特定问题进行构思，甚至分析问题时偏向于大多数乡村的共性问题，对基地乡村的特征问题发掘不深入，甚至借用其他地区的问题来展开规划构思与设计。

第二，套用“模”版，以图“遮”意。

部分规划方案忽略对以往优秀成果设计内涵的理解，盲目套用图面排版、色彩、构图，雷同感明显；

忽视乡村规划成果的易懂性、直观性和实用性；

设计题目命名上用力过度，名不达意，言而无意。

第三，分析有套，解决无方。

忽视逻辑分析能力对规划的重要引导与支撑作用，分析与设计“两层皮”，导致调研成果与规划设计之间缺乏明显逻辑关联性。

4. 展望 2021

第一，新冠疫情减缓，入乡进村、实地访研。

第二，熟悉农业（产业），掌握农村（政策），理解农民（诉求）。

第三，以“乡”为芯，在地规划，陪伴成长。

第四，专业融贯，特点突出，逻辑清晰。

第五，抛弃功利，扬长避短，敢于创新。

（以上内容根据徐煜辉教授在贵阳年会上的竞赛点评 PPT 整理发布。）

2020年全国高等院校大学生乡村规划方案竞赛
乡村规划方案竞赛单元专家评委名单

序号	姓名	工作单位	职务 / 职称
1	徐煜辉	重庆大学建筑城规学院	教授
2	冷红	哈尔滨工业大学建筑学院	教授
3	余建忠	浙江省城乡规划设计研究院	副院长
4	宁志中	中国科学院地理科学与资源研究所旅游中心	总规划师
5	陈天	天津大学建筑学院	所长、教授
6	虞大鹏	中央美术学院建筑学院	系主任、教授
7	蔡穗虹	广东省城乡规划设计研究院有限责任公司	副总工程师

2020年全国高等院校大学生乡村规划方案竞赛
乡村规划方案竞赛单元决赛获奖名单

评优意见	报名编号	作品名称	院校名称	参赛学生	指导老师
一等奖＋最佳表现奖	X10	吴韵之渚，诗意晏境	苏州科技大学建筑与城市规划学院	马健越 杨宇皓 张梦欣 邓冰倩 吕林蔓 胡佳怡	王振宇 刘宇舒 潘 斌
一等奖＋最佳研究奖	J4	宕水补绿 携伴拾趣	重庆大学建筑城规学院	王文祥 王沈丽 杨彦潇 李弘力 龚启东	徐煜辉 周 露 龙 彬
一等奖＋最佳创意奖	J13	旧底片 新剧场	哈尔滨工业大学建筑学院	赵慧敏 邹纯玉 王如月 赵家璇 张钰佳 张艺芳	袁 青 冷 红 于婷婷
二等奖	Q18	沃野鲍读・八学联村	重庆大学建筑城规学院	罗展仪 李蕴婷 刘思橙 王笑涵 杨镇铭 刘祖康	李云燕 徐煜辉
二等奖	S33	水联三生 同舟共享	浙江大学建筑工程学院	傅莹莉 章 怡 周学文 徐雯雯 胡雪薇 章金晶	曹 康 王纪武
二等奖	W33	竹隐竹栖 人生人享	青岛理工大学建筑与城乡规划学院	赵紫璇 张云涛 谷淑仪 许根健 杨 徐 高子涵	祁丽艳 纪爱华
二等奖	X44	枫香染，扶瑶上	贵州大学建筑与城市规划学院、管理学院、历史与民族文化学院	全晓澍 张梦杰 刘雨豪 闫晓勇 黄艾薇 杨海露	赵玉奇 李 烨 崔海洋
二等奖	Z27	合村歇陌间・鄉嚮	苏州科技大学建筑与城市规划学院	何 莲 庄 健 蒋丽丽 林 冰 温迪陆 韩家春	王振宇 刘宇舒
二等奖	X16	闻竹・入野・忆安归	中南林业科技大学风景园林学院	周倩岚 陈丽丽 黄珮尧 苏席靖 吴 限 翟 蕾	王 峰 刘路云
三等奖	J12	以节为脉促三生	哈尔滨工业大学建筑学院	师鑫雨 曹克兢 田玉慧 鲁 帅 张 珂 邵静然	戴 铜 邱志勇 邹志翀
三等奖	J2	京畿之道众创动谷	苏州科技大学建筑与城市规划学院	胡笑妍 王昊琦 陈泽杰 徐弋茜 付 倩 宋文瑞	王振宇 刘宇舒 范凌云
三等奖	Q19	山渠索趣・皂聚人居	重庆大学建筑城规学院	赖潇娴 刘伊杨 高宁静 涂 玥 谢星杰 王 静	龙 彬 李云燕
三等奖	Q24	山水佑古堡，丝头系丰饶	南京工业大学建筑学院	武雪博 刘 瑶 那婧雯 任光纯 季煜迪 王 杰	杨 青
三等奖	Q50	循脉捕遗 系水长流	烟台大学建筑学院	赵 匀 李泽海 王 慧 侯圆圆 高 畅 卢卫忠	王 骏 马 宁 王 刚
三等奖	W11	长续技魂 寺承匠新	苏州科技大学建筑与城市规划学院	沈凌雁 朱承晨 黄晓雯 郑煜昂 张皓然 徐子健	潘 斌 范凌云
三等奖	Q8	八阵结兵・山水鲍屯	福州大学建筑与城乡规划学院	毛桦颖 陈玉惠 张欣然	王亚军 张雪葳 陈 力
三等奖	Q43	螺星塞水 鲍屯浮生	贵州民族大学建筑工程学院	饶思琳 姚志文 吴娅飞 文 璐 刘 英 徐 鹏	牛文静 陈 玫 何 璘
三等奖	Q52	木与石的交响	华中科技大学建筑与城市规划学院	林 彤 龚擎玉 甘 来 赵梦龙 熊杨欣	乔 晶 耿 虹
优秀奖	X109	云上石门	浙江工业大学设计与建筑学院	庞怡然 於家焕 俞 莹 胡俊琪 吴惠汝 储凌赟	陈玉娟 张善峰 龚 强

续表

评优意见	报名编号	作品名称	院校名称	参赛学生	指导老师
优秀奖	Q41	古今言八阵　山水堰三生	东北大学江河建筑学院	黄琳艳　王逸权　孙泽洋　牛艺雯　陈　淇	高雁鹏　崔　俏
优秀奖	S29	寻驿・归耕・理水	烟台大学建筑学院	李怡雯　李佩君　张思宇　徐维南　王华荣　罗　煜	王　刚　王　骏　刘烜赫
优秀奖	W2	寻"宝"环游记	安徽建筑大学建筑与规划学院	胡晓敏　董文迪　雷　欢　漆　科　左李雅　马　坤	王　爱　杨新刚　侯　伟
优秀奖	X34	布朗哈寨・觅故引新	昆明理工大学城市学院建筑学系	段富康　杨玉翔　董丽娇　单红源　许云虎　王瑞麒	李莉莎　马雯辉　李旭英
优秀奖	X180	温古道新　络驿焕金	浙江大学建筑工程学院 广西大学园林学院 北京林业大学土木建筑工程学院	魏宛霖　黄建辉　欧阳煜宽　钟佳滨　马　超　陈　栩	陈云文　王　卡　李文驹
优秀奖	Z29	悠然田园　自在璜山	长春建筑学院建筑与规划学院	林振东　潘宇祯　段　瑜　康书凝　张　璐	魏玉婷　杨海英
优秀奖	Z34	伴城而行，和合而兴	浙江师范大学地理与环境科学学院	徐铭晖　于胜洋　俞祺峰　林　馨　厉　鑫　唐卓雅	马永俊
优秀奖	S21	鹭汀烟袅　驿上江南	青岛理工大学建筑与城乡规划学院	袁海芸　冀昊良　张小舟　闫帅臣　夏梓慧　徐希倩	刘一光　王　琳
优秀奖	S40	后渔时代	重庆大学建筑城规学院	尤家曜　马　亮　杨雪梅　夏菲阳　葛毅晖　张　雪	赵　强　谭文勇　胡　纹
优秀奖	X54	溪衔古道・音绕杨林	合肥工业大学建筑与艺术学院	蔡亦青　成　庚　马　虎　邵　玮　娄　莺　辛　城	刘　阳　曾　锐　李　早
优秀奖	X55	缘起禅境，合归故里	福州大学建筑与城乡规划学院	黄思琦　徐天宇　宋　星　朱婷婷　何　铭　王　欣	严　巍　赵　冲　季　宏

（注：因为篇幅有限，故只刊登一、二等奖获奖作品）

2020年全国高等院校大学生乡村规划方案竞赛

乡村规划方案竞赛单元

获奖作品

◇

吴韵之渚，诗意晏境

一等奖 +

最佳表现奖

【参赛院校】 苏州科技大学建筑与城市规划学院

【参赛学生】

马健越

杨宇皓

张梦欣

邓冰倩

吕林蔓

胡佳怡

【指导老师】

王振宇

刘宇舒

潘 斌

作品介绍

一、基地概况

江苏省苏州市吴中区东山镇三山村位于太湖之中，交通便利，水运发达，互通于苏、湖、嘉、杭、常等地，历史上曾是芜申运河之咽喉，太湖之驿站，发挥着重要的军事和经济作用。

三山村的文化也十分悠久。最早的外来移民始于苏州建城之前，历史源远流长。经过历史的积淀，三山村形成了自身独特的地域文化，这些历史文化要素分为上古文化、吴文化、姓氏文化、漕运文化。

通过对历史要素资源的挖掘与利用，不仅有利于推动旅游业发展，增加居民创收；也有利于保护村庄的历史肌理，维系村庄的文脉传承。村里至今还保留了古庙、古码头、古井等历史文化遗存以及融合了吴越文化和徽文化的明清建筑群，但大多都破败不堪。

因此，我们应该对这些优秀的文化遗产进行汇总、修缮、保护、展示，形成村庄自身独有的文化体系，既能传承三山村古朴的文化，又能继续创造更适宜的人居，得出了“诗境乡村”的设计方向。

二、设计理念

乡愁与未来，传统与发展是长期以来困扰三山村定位的问题，因此导致发展的踌躇不前，通过对三山村的调研，我们真实了解到这块地的人文地貌和村民的所思所想，决定以诗境乡村为导向，以诗意人居、诗情文化和诗铸产业为基石，达到人文与山水共生共长，文化与精神美美与共，经济与产业继往开来的诗境乡村。

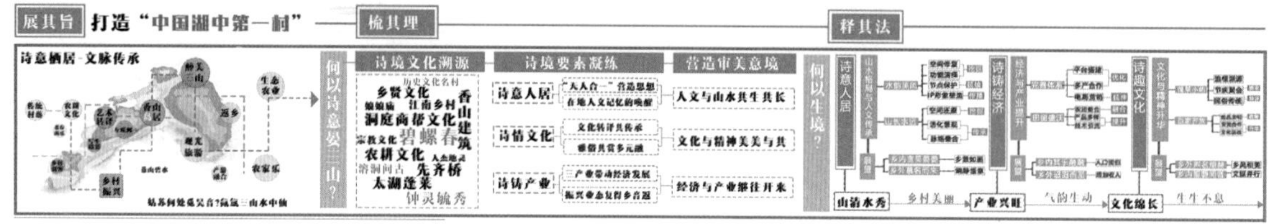

三、规划策略

以提升诗趣文化为目标，溯历史文脉、续文化传承、造诗趣形象，从而营造出诗境乡村的整体规划。

四、发展定位：湖中新岛，古村传承

1. 提供中国首个湖中村的案例，引导滨水新农村振兴建设

基于三山村本身的基础及发展特征，以国家战略为引导，以市场需求为依托，将三山村振兴规划融入区域发展规划、环境保护规划，建立美丽乡村目标体系，打造为中国首个湖中村案例。

当前，湖中村成为很多人的向往之地，康养产业、生态休闲产业、体验农业、生态旅游业等新业态、新模式给了乡村振兴更多的发展契机。面临这些发展机遇，如何走出第一步是一个难题，三山村将通过自身特色的挖掘，开辟新径，招贤纳士，将更多的人才聚集到乡村，引领乡村振兴朝着更高质量的方向前进，更好地引导滨水新农村振兴建设，为中国首个湖中村发展规划铺平道路提供典范。

2. 打造生态观光旅游胜地，利用三产带动经济增长

在上位规划中，三山村将打造成乡村旅游度假休闲的目的地，农旅度假的有效落实需要当地村组织扮演积极的角色，度假休闲、生态观光是三山村旅游发展方向之一，将村民作为主体

协调发展，打造生态旅游；以独具特色的三山“农家乐”特色旅游打开一片发展的新天地；整体发展由村民一同投资，利益共同。

五、远期愿景：诗境乡建，唤醒乡愁

三山村地理位置特殊、历史资源丰富，适宜发展文化旅游产业，在村落发展上希望以改善村民生活环境，保留村落历史肌理，留住村内居民，唤醒乡村活力，打造特色生态观光为主旨，通过从时间和空间上复原、优化、整合村民活动空间，打造三山村历史文化生态村落体系，引导新农村振兴建设，未来三山村将形成“一带、两心、三点”的功能规划结构。

一带，即特色观光商业带。位于整个村域东北部的农村居民点建设区，集中发展沿河景观设施建设，形成特色观光商业带。

两心，市集中心——以中心戏台为中心，打造苏绣文化、茶道文化等三山特色文化展示片区，向四周辐射；民宿中心——以清俭堂为中心，打造生态文化体验馆、茶道传承馆、历史文化体验中心等对于民俗文化进行体验研究的综合片区。

三点，以“有机生态”为主导，打造农作物生态种植区；以“诗经乡建”为特色，打造乡村文化研究区；以“生态观光”为形象，打造村庄特色观光区。

围绕“两心”“三点”联动，焕发乡村活力，激发村民动力，以诗振村，以诗带业，通过精细构思的空间设计营造出三山村独有的乡村文化内涵，将空间节点打造成一个感受中国传统湖中乡村聚落变迁的文化体验之旅，勾起人们归园之感。

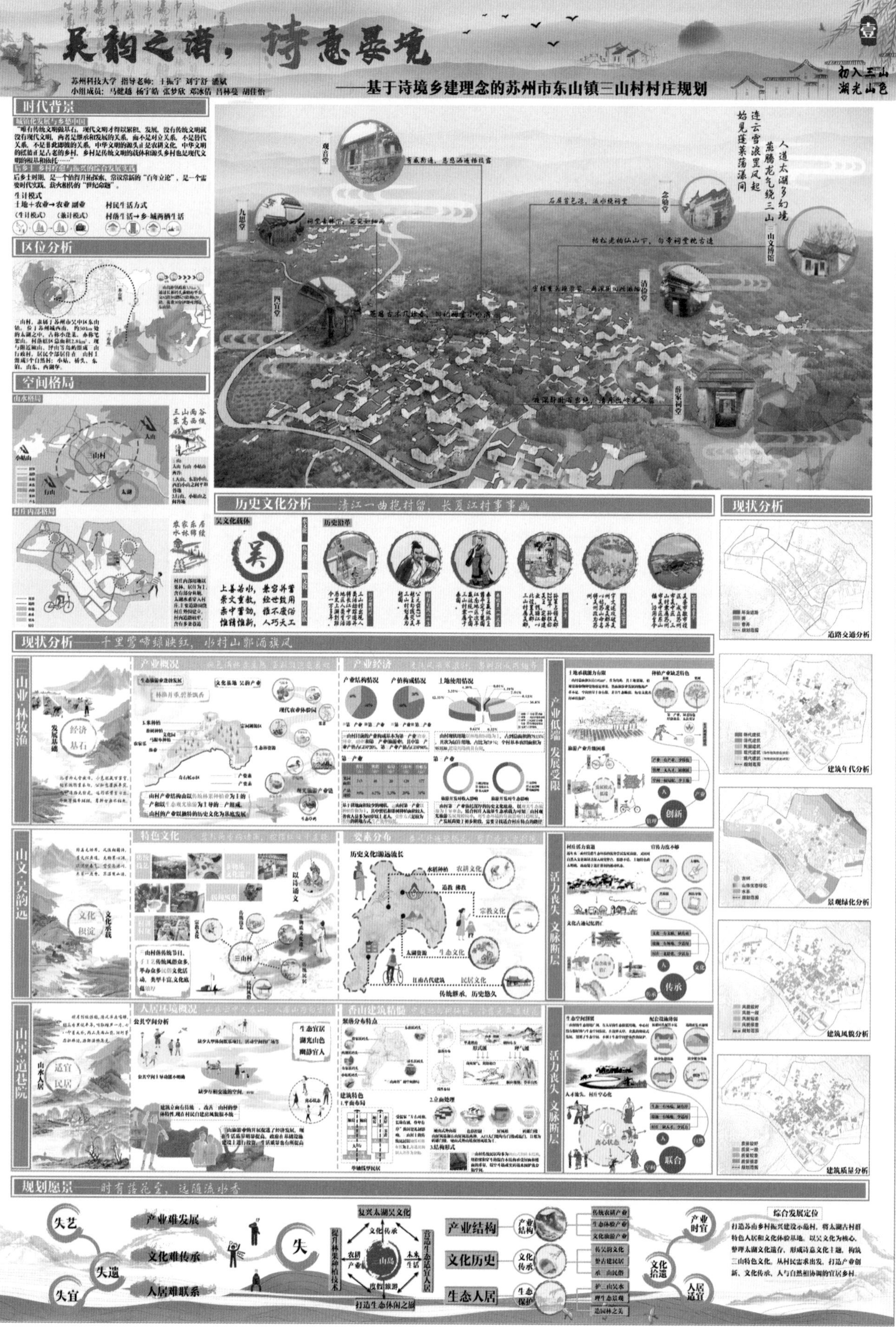
吴韵之谐，诗意栖境
——基于诗境乡建理念的苏州市东山镇三山村村庄规划
苏州科技大学 指导老师：王振宇 刘宇舒 潘斌
时代背景
区位分析
空间格局
历史文化分析——清江一曲抱村留，长夏江村事事幽
现状分析
现状分析——千里莺啼绿映红，水村山郭酒旗风
山业·林牧渔
山文·吴韵远
山居·适宜院
规划愿景——时有落花至，远随流水香
失艺
失遗
失宜
产业难发展
文化难传承
人居难联系
复兴太湖吴文化
打造生态休闲之景
产业结构
文化历史
生态人居
综合发展定位
道路交通分析
建筑年代分析
景观绿化分析
建筑风貌分析
建筑质量分析

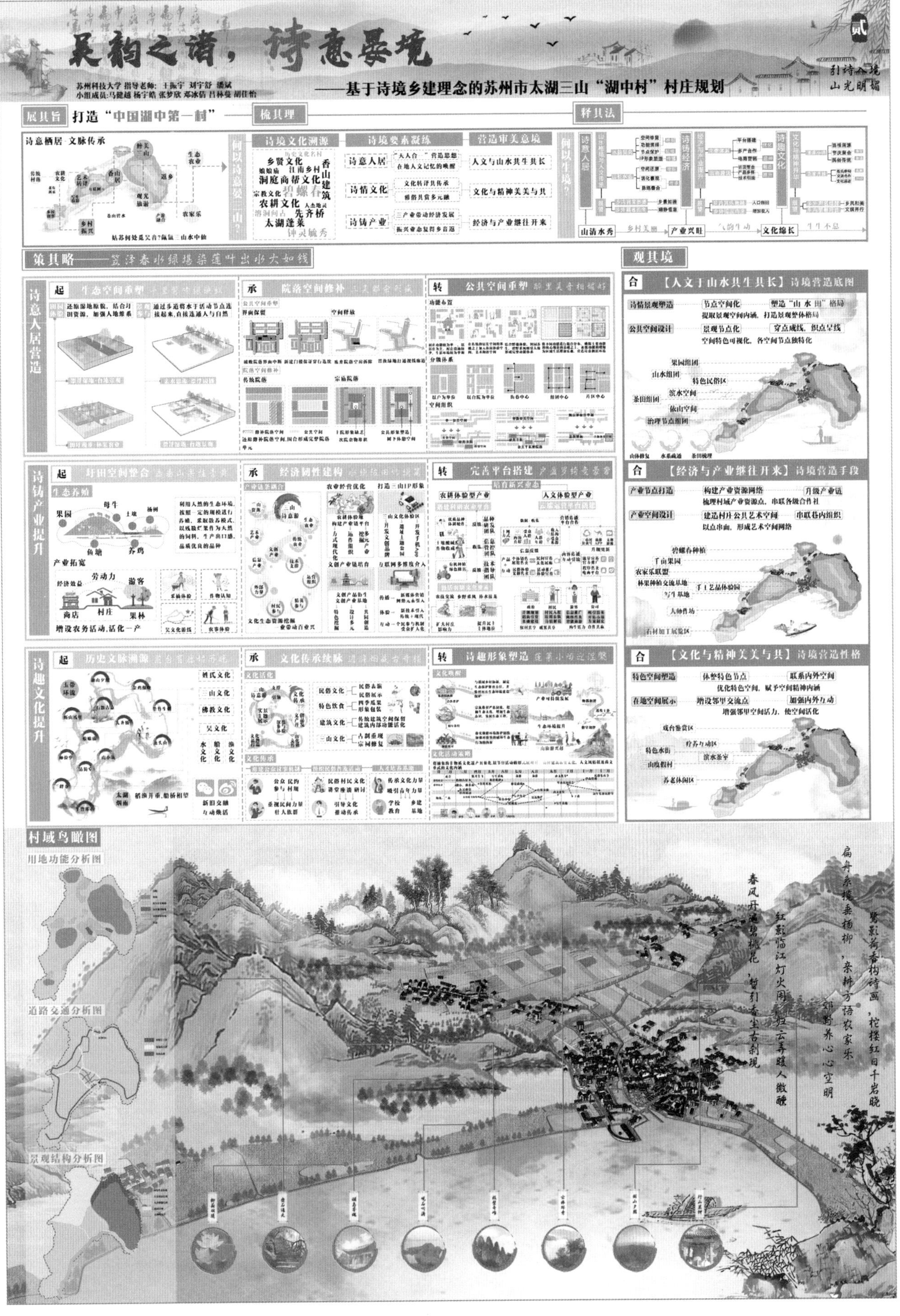
吴韵之谐，诗意婴境
——基于诗境乡建理念的苏州市太湖三山“湖中村”村庄规划
苏州科技大学 指导老师：王振宇 刘宇舒 潘斌
展其旨
打造“中国湖中第一村”
梳其理
释其法
诗境文化溯源
诗境要素凝练
营造审美意境
诗意人居
诗情文化
诗钱产业
人文与山水共生共长
文化与精神美美与共
经济与产业继往开来
山清水秀
产业兴旺
文化繁长
策其略
观其境
诗意人居营造
诗钱产业提升
诗趣文化提升
起
承
转
合
生态空间重塑
院落空间修补
公共空间重塑
村田空间整合
经济韧性建构
完善平台搭建
历史文脉溯源
文化传承续脉
诗趣形象塑造
【人文于山水共生共长】诗境营造底图
【经济与产业继往开来】诗境营造手段
【文化与精神美美与共】诗境营造性格
村域鸟瞰图
用地功能分析图
道路交通分析图
景观结构分析图
扁舟系缆垂杨柳，老耕方悟农家乐
鹭影荷香构诗画，柁楼红日千岩晓
春风开遍碧桃花，暂引香尘古刹现
红影临江灯火闹，狂云寿旺人散醉
邻里养心心空明

吴韵之谐，诗意墨境

——基于诗境乡建理念的苏州市太湖三山“湖中村”村庄规划

苏州科技大学 指导老师：王振宁 刘宁舒 潘斌
小组成员：马健越 杨宁皓 张梦欣 郑冰倩 吕林曼 胡佳怡

系统分析

道路交通规划

土地利用规划

功能分区

景观分析

① 采荷小塘	⑳ 阡陌文斋
② 听风竹林	㉑ 湿地观察站
③ 诗画广场	㉒ 三山文苑
④ 特色集市	㉓ 灼灼桃林
⑤ 风雅茶馆	㉔ 赤豆果园
⑥ 民俗作坊	㉕ 白沙枇杷
⑦ 声声戏台	㉖ 卫生站
⑧ 三山文化遗址	㉗ 康养中心
⑨ 哺乳动物化石馆	㉘ 奇石展览馆
⑩ 民俗风物展示馆	㉙ 旅游服务中心
⑪ 乡村食堂	㉚ 湿地公园
⑫ 江南古街	㉛ 碧螺园
⑬ 诗韵小阁	㉜ 烟水桥
⑭ 家谱馆	㉝ 乡根学堂
⑮ 烟雨水街	㉞ 艺术家工作室
⑯ 三山民宿	㉟ 仙岛农家乐
⑰ 观音堂	㊱ 环岛步道
⑱ 三峰禅院	㊲ 游船码头
⑲ 蓬莱亭	㊳ 诗词文化廊

以诗绘境

诗意 拾遗 适宜

诗意——江碧鸟逾白，山青花欲燃

山水格局维育

以山为脊

以水为脉

以林为缀

拾遗——羁鸟恋旧林，池鱼思故渊

文化挖掘激活

文化活态传承

适宜——晨兴理荒秽，带月荷锄归

政府产业扶助

多元产业运营

旅游策划

发展定位 针对人群

诗境营造

人居境

产业境

文化境

活动游线策划

艺术教育

家庭活动

休闲养生

景观游览路径

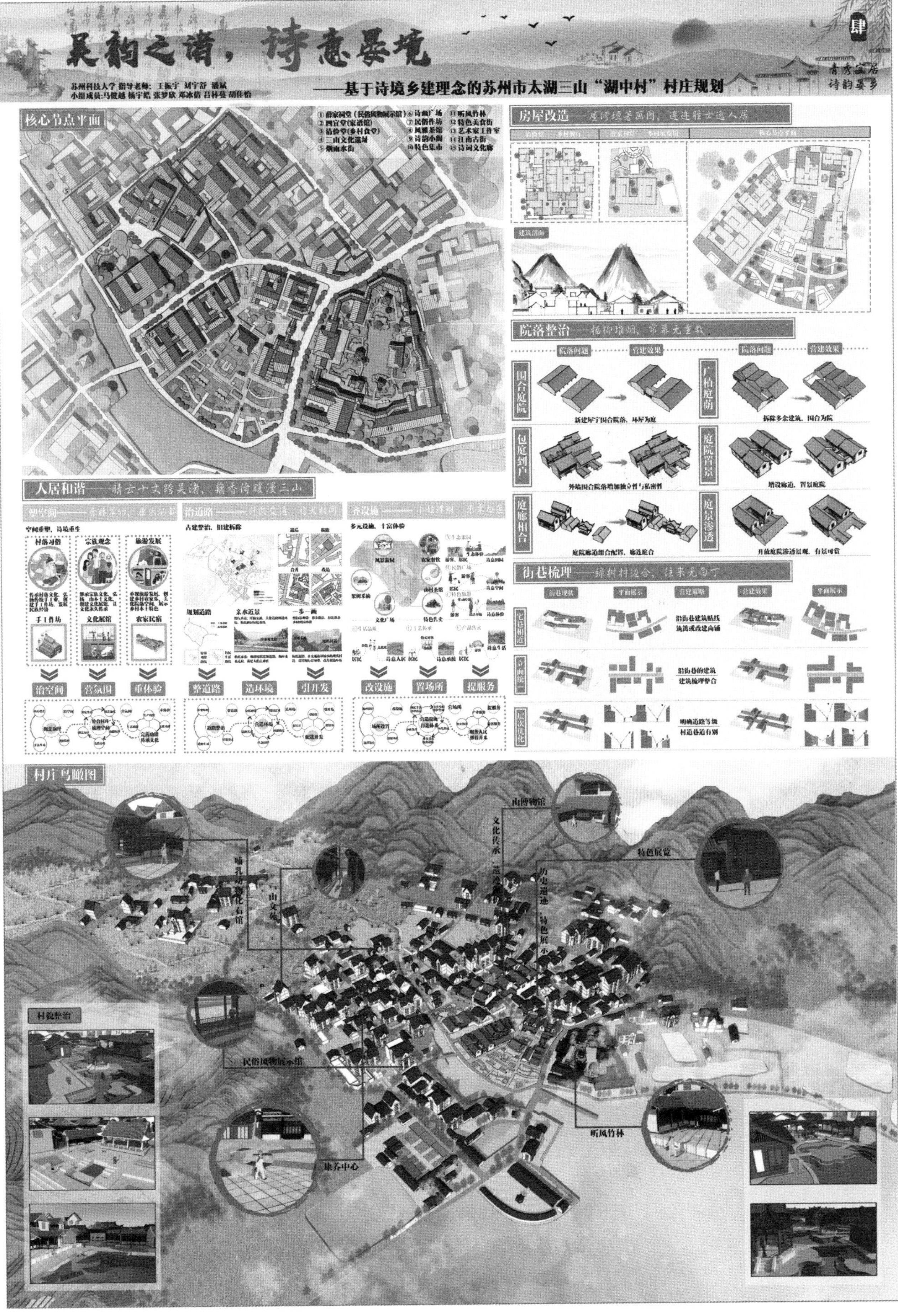
吴韵之渚，诗意晏境
——基于诗境乡建理念的苏州市太湖三山“湖中村”村庄规划
苏州科技大学 指导老师：王振宇 刘宇舒 潘斌
小组成员：马健越 杨宇皓 张梦欣 邓冰倩 吕林曼 胡佳怡
核心节点平面
房屋改造——居修绿茵画图，连连胜士逸人居
院落整治
街巷梳理
人居和谐
塑空间
治道路
齐设施
治空间
营氛围
重体验
整道路
造环境
引开发
改设施
置场所
提服务
村庄鸟瞰图
村貌整治
山博物馆
文化传承
特色展览
历史遗迹
特色展示
民俗风物展示馆
听风竹林
康养中心

◇ 宕水补绿　携伴拾趣

一等奖 +
最佳研究奖

【参赛院校】 重庆大学建筑城规学院

【参赛学生】

王文祥

王沈丽

杨彦潇

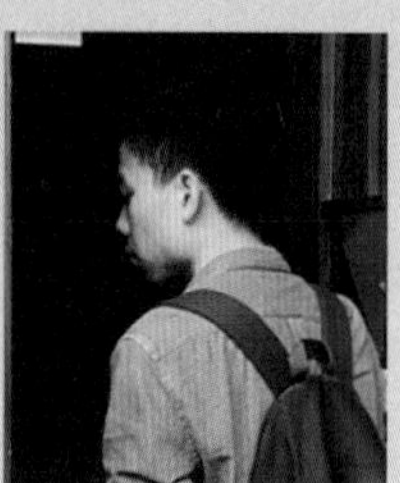
李弘力

龚启东

【指导老师】

徐煜辉

周　露

龙　彬

作品介绍

一、基本情况

北京市房山区周口店镇车厂村的乡村规划已经践行很多年，但是乡村建设仍然存在各种矛盾，其中早些年由于地方产业带来对于乡村生态的破坏，导致了乡村产业发展后继乏力、不可持续的问题。

我们尝试寻求一种生态与产业共同促进的乡村规划方式，让村民的角色获得转变，共同参与到乡村建设与振兴的队伍中，并能持之以恒地推行下去。

二、上位规划解读

北京城市总体规划赋予房山区“三区一节点”的功能定位，包括西南部重点生态保育及区域生态治理协作区、科技金融创新转型发展示范区、历史文化和地质遗迹融合的国际旅游休闲区、京津冀区域京保石发展轴上的重要节点。

全区明确了“2+2+1”的高精尖产业方向，重点发展现代交通和新材料产业，积极培育智能装备和医药健康产业，在三产方面重点推动金融科技、会议会展等生产性服务业。

车厂村大部分建设用地属于浅山区范围。

1. 浅山区的功能定位与产业体系

①逐步引导现状制造业迁出；

②加快推进废弃和关停矿山的生态修复工作；

③助推旅游精品化、特色化、示范化，以休闲度假、文化探访、户外运动、科普体验为主要方式，坚持提质增效和低影响开发。

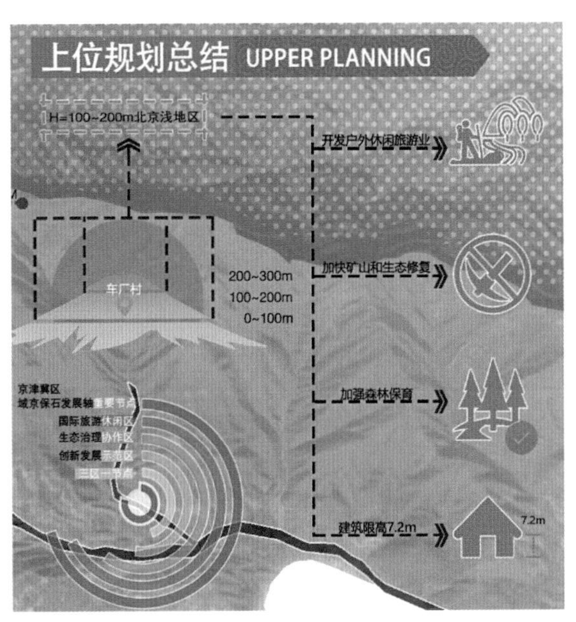

2. 生态安全

车厂村处在浅山区植物密集分布的“十渡——石花洞板块”，需要加强森林保育。

3. 建筑高度控制

屋檐角高度不得高于 7.2m。

三、问题分析

我们分析了生态、生产以及村民生活等部分。

关于现状生态环境，我们主要着力于治理村落边的矿山以及渠化的河道。

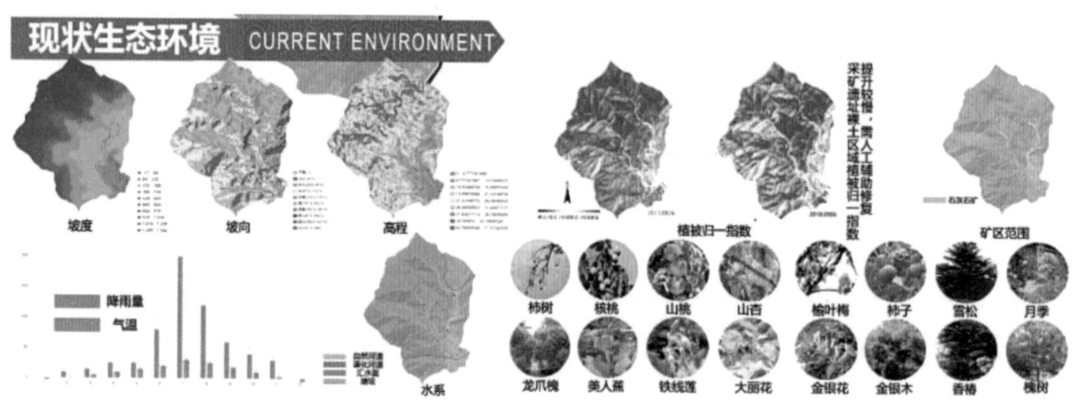

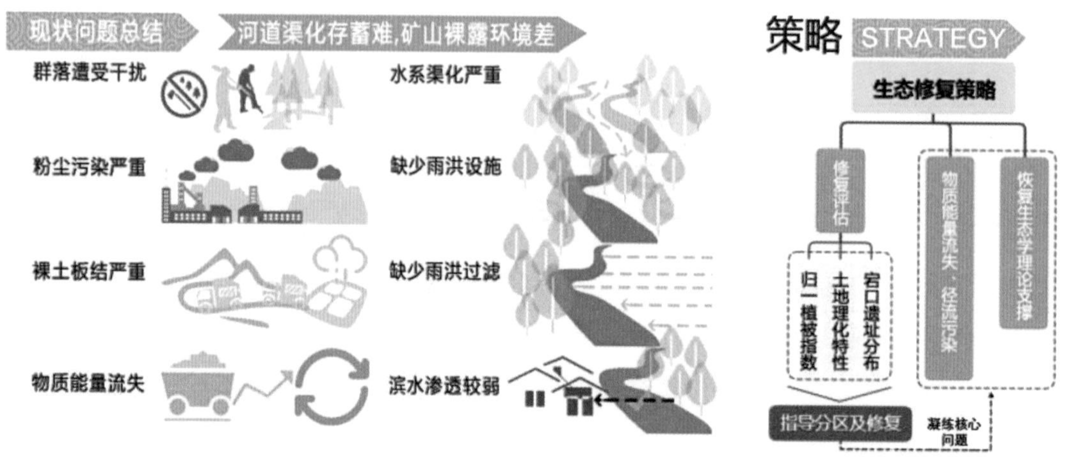

关于现状产业，我们主要解决一产落后发展后继无力、二产关停、三产发展不足导致的村落空心化严重的问题。促进村庄产业发展转型，使得居民共同参与到乡村共建振兴的队伍中。

关于现状生活空间，我们主要着力于改善居民生活质量，打造村落的公共空间体系，对传统民居风貌进行协调与控制。

对以上现状我们进行了优劣势的总结：

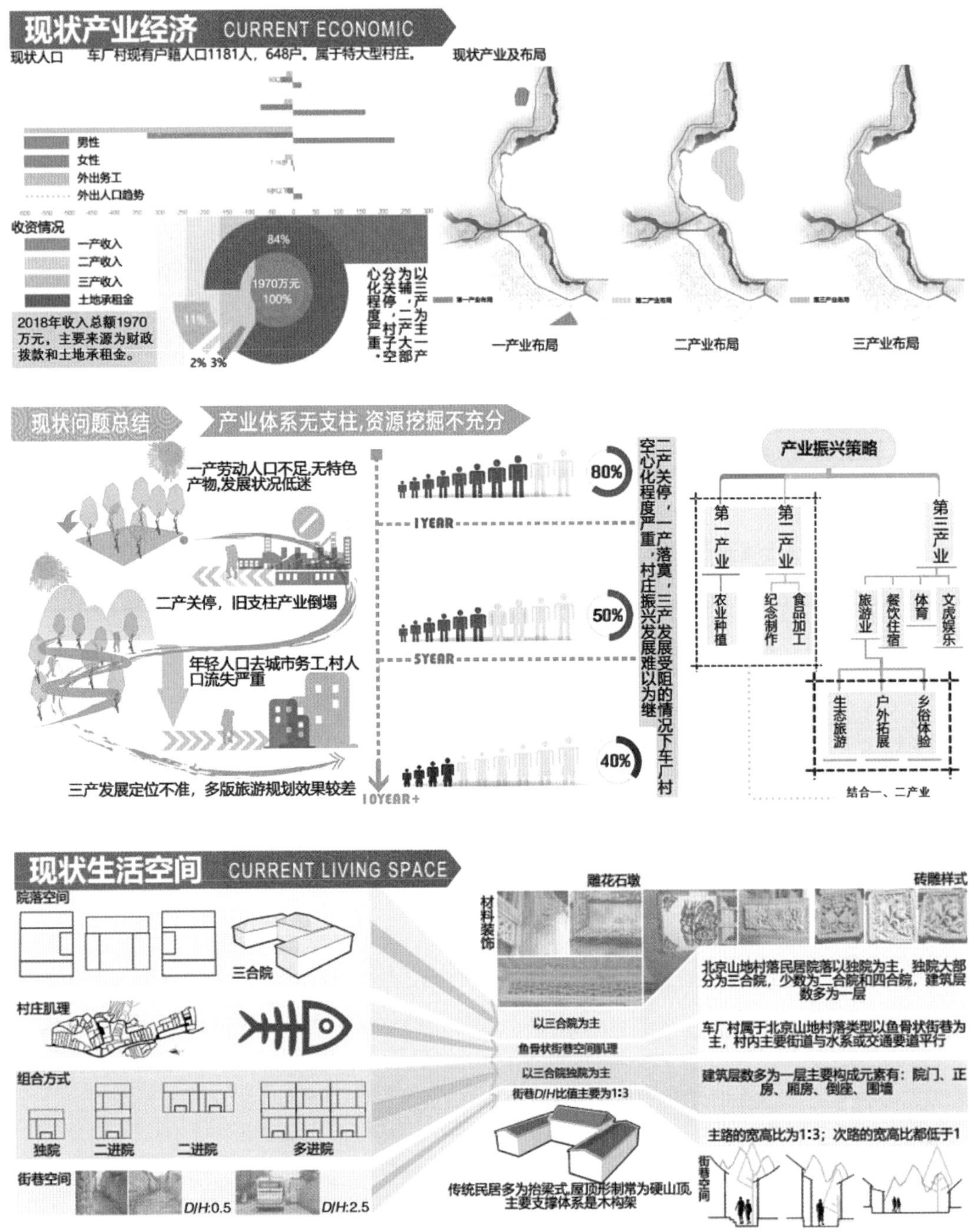

1. 场地优势

地理区位优异：距离周口店北京人遗址 6km，周边景区、文化遗址众多，可联动发展。

历史文化深厚：具有悠久的源文化历史背景。

旅游资源丰富：人文资源——金陵遗址、十字寺遗址两个国家重点文物保护单位，及古瓮门、古树、古道等；自然资源——三盆山、猫儿山、九龙山，山林叠翠，景色优美。

2. 场地劣势

产业支撑力度不足：村庄缺乏支柱产业，二产关停，三产文化旅游业发展滞后，村庄缺乏特色产业及特色民俗活动。

文化名片名而不显：金陵遗址、十字寺遗址资源挖掘利用不足，旅游产业链条短且碎，旅游配套设施不足，宣传不足。

公共空间与基础设施不足：村内公共空间和服务设施有待完善，供水供暖问题需要解决。

用地瓶颈严重：建设用地指标难以增加，导致产业发展受限。

3. 问题总结

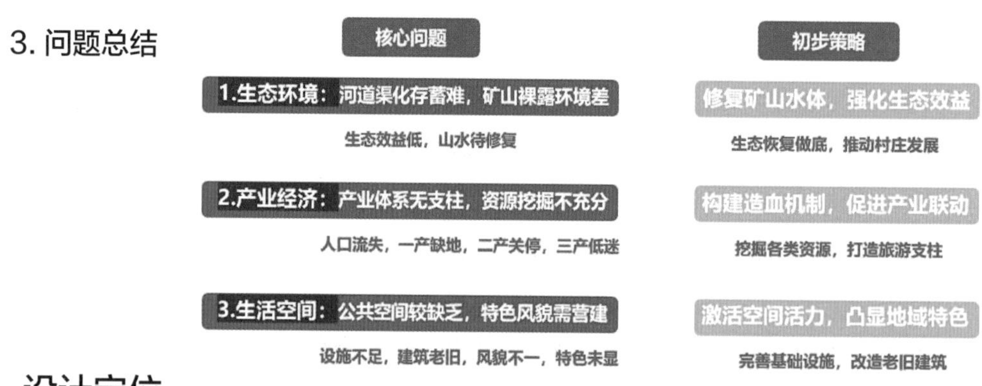

四、设计定位

对于车厂村未来发展定位，我们从上位规划指引、特色资源挖掘、与周边进行差异化的发展，以及市场需求四个方面综合分析得出村庄发展定位：以矿山及水体的生态修复为基础，以猫儿山、九龙山为重要依托，以民俗文化、金陵—十字寺遗址为支撑，以素质拓展、团队建设、文化体验、休闲度假为主要功能，以公司团队为核心客群，将车厂村打造成为京郊地区团队素质拓展核心基地、生态修复型旅游示范村。

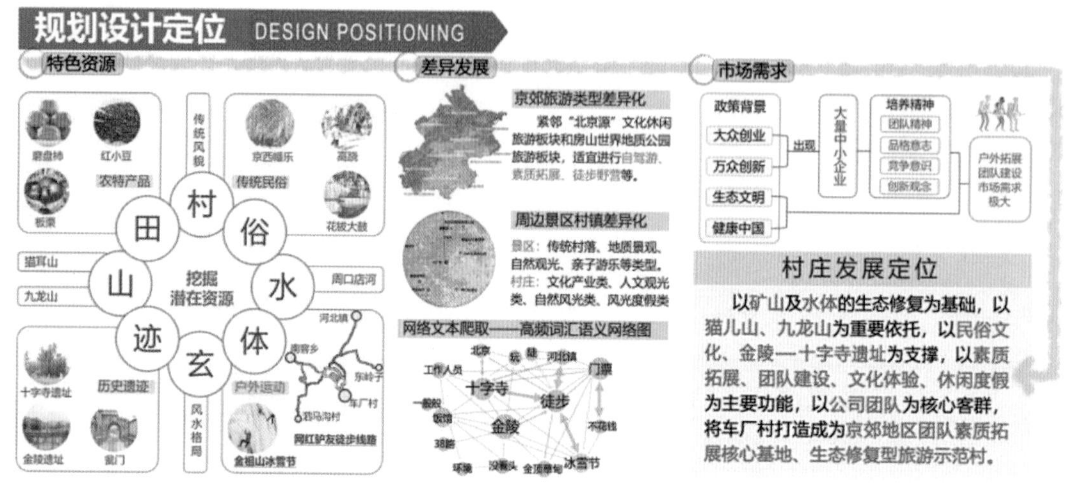

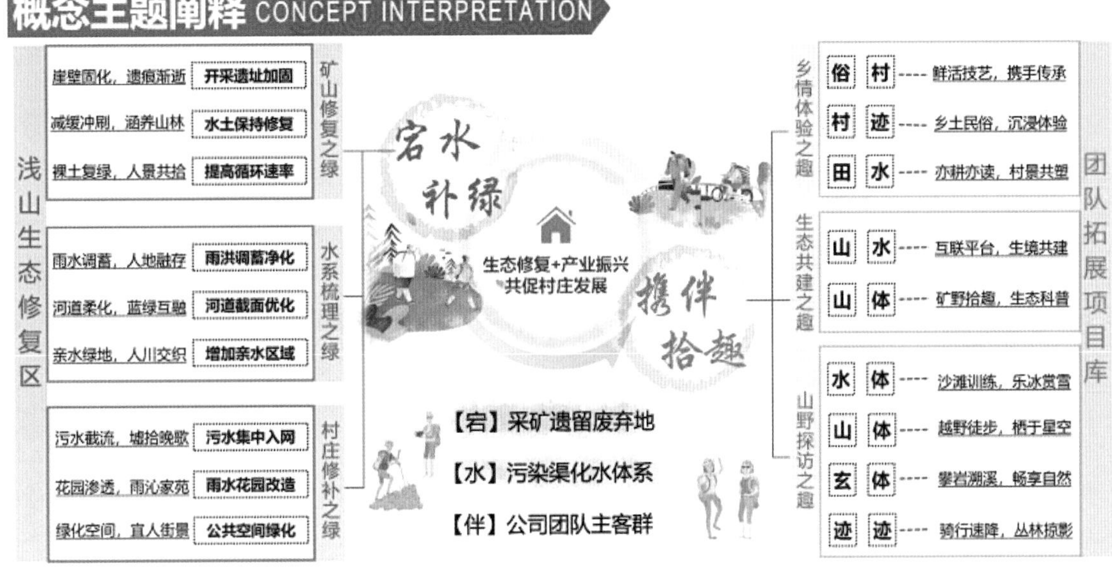

五、设计概念：宕水补绿，携伴拾趣

宕，修复采矿遗留的废弃地。

水，对渠化的周口店河流廊道进行生态化修复。

补绿，对于车厂村村域进行全域的生态修复。

携伴，大中小型公司团队，同舟共济，戮力同心。

拾趣，一同参与到我们设计各类团队团建项目活动之中。

六、总体规划设计

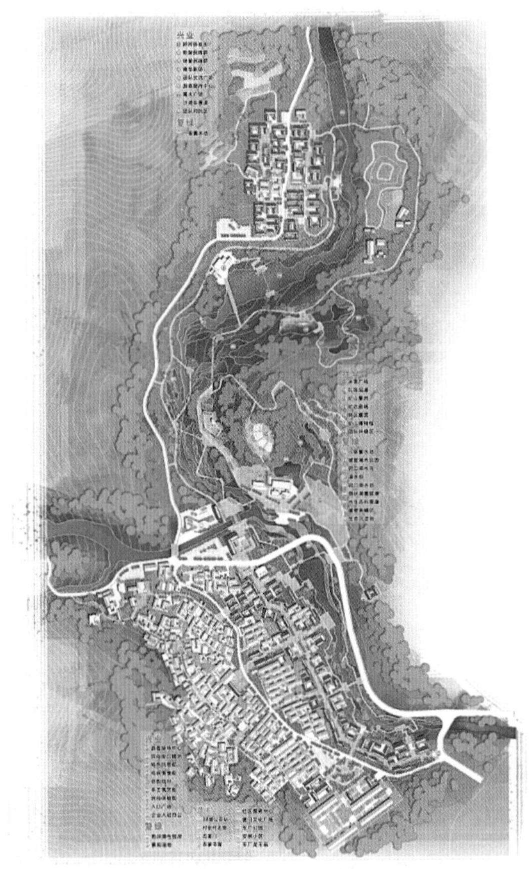

宕水补绿 携伴拾趣

生态修复与团建拓展产业促进共荣的车厂村村庄规划

参赛学校：重庆大学 指导老师：徐煜辉 周露 龙彬 小组成员：王文祥 王沈丽 杨彦谦 李弘力 龚启东

初识 01

区位分析 LOCATION ANALYSIS

车厂村面积 1057.23公顷

上位规划总结 UPPER PLANNING

H=100-300m北京浅山地区

工作框架 WORK FRAME

前期调研

设计背景：场地区位、上位规划解读

场地分析：生态环境、产业经济、生活空间

问题总结及初步策略

发展定位—概念及阐释—总体结构—规划设计—图文导则：生态修复、产业发展、生活提升

定位生成：上位规划指导、特色资源挖掘、差异化发展、市场需求分析

现状综合分析 COMPREHENSIVE ANALYSIS

现状交通 土地利用 基本农田 河道蓝线

公服设施 公共空间 建筑年代 民房保存

现状生态环境 CURRENT ENVIRONMENT

高程 坡向 坡度 植被归一指数 矿区范围 水系

降雨量 气温

柿树 核桃 山桃 山杏 榆叶梅 柿子 雪松 月季

龙爪槐 美人蕉 铁线莲 大丽花 金银花 金银木 香椿 槐树

现状产业经济 CURRENT ECONOMIC

现状人口 车厂村现有户籍人口1181人，648户，属于特大型村庄。

男性 女性 外出务工 外出人口趋势

收资情况：一产收入 二产收入 三产收入 土地承租金

2018年收入总额1970万元，主要来源为财政拨款和土地承租金，人均收13155元

1970万元 100% 84% 11% 2% 3%

以三产为主，一产为辅，二产大部分关停，村子空心化程度严重。

现状产业及布局：一产业布局 二产业布局 三产业布局

现状生活空间 CURRENT LIVING SPACE

院落空间 三合院

村庄肌理

组合方式：独院 二进院 二进院 多进院

街巷空间 D/H:0.5 D/H:2.5

材料装饰 雕花石墩 砖雕样式

北京山地村落民居院落以独院为主，独院大部分为三合院，少数为二合院和四合院，建筑层数多为一层

以三合院为主

车厂村属于北京山地村落类型以鱼骨状街巷为主，村内主要街道与水系或交通要道平行

鱼骨状街巷空间肌理

以三合院独院为主

建筑层数多为一层主要构成元素有：院门、正房、厢房、倒座、围墙

街巷D/H比值主要为1:3

主路的宽高比为1:3；次路的宽高比都低于1

传统民居多为抬梁式,屋顶形制常为硬山顶,主要支撑体系是木构架

现状问题总结 — 河道渠化存蓄难，矿山裸露环境差

群落遭受干扰 粉尘污染严重 裸土板结严重 物质能量流失

水系渠化严重 缺少雨洪设施 缺少雨洪过滤 滨水渗透较弱

现状问题总结 — 产业体系无支柱，资源挖掘不充分

一产劳动人口不足，无特色产物，发展状况低迷

二产关停，旧支柱产业倒塌

年轻人口去城市务工，村人口流失严重

三产发展定位不准，多版旅游规划效果较差

80% 1YEAR 50% 5YEAR 40% 10YEAR+

二产关停，一产落寞，三产发展受阻的情况下车厂村空心化程度严重，村庄振兴发展难以为继

现状问题总结 — 公共空间较缺乏，特色风貌需营建

一合院 二合院 四合院 三合院

合院形式单一 空间肌理利用不足 建筑风格风貌杂糅 公共空间不成体系

公共空间分布零散 建筑肌理不协调

合院类型几乎全为三合院独院，缺少组合方式和变化给人单调感

空间肌理不突出，空间尺度宜人但不适宜承载一定强度得旅游开发使得村庄发展受限

现有公共空间数量少，空间小，分布散漫不成体系

建筑风貌缺乏统一管控，风格杂糅，传统村落文脉记忆逐渐流失

策略 STRATEGY

生态修复策略

指导分区及修复

产业振兴策略

第一产业 第二产业 第三产业

生活空间提升策略

公共空间营造 建筑单体及风貌塑造

规划设计定位 DESIGN POSITIONING

特色资源：田 村 俗 水 体 玄 迹 山 挖掘潜在资源

差异发展：京郊旅游类型差异化；周边景区村镇差异化；网络文本爬取——高频词汇语义网络图

市场需求：政策背景 大众创业 万众创新 生态文明 健康中国 大量中小企业 培养精神 团队精神 户外拓展 团队建设

村庄发展定位

以矿山及水体的生态修复为基础，以猫儿山、九龙山为重要依托，以民俗文化、金陵一十字寺遗址为支撑，以素质拓展、团队建设、文化体验、休闲度假为主要功能，以公司团队为核心客群，将车厂村打造成为京郊城市公司团队素质拓展核心基地、生态修复型旅游示范村。

概念主题阐释 CONCEPT INTERPRETATION

浅山生态修复区

矿山修复之绿：开采遗址加固、水土保持修复、提高循环速率

水系修复之绿：雨洪调蓄净化、河道植被强化、增加表水深度

村庄修补之绿：污水集中入网、河水花园改造、公共空间绿化

宕水补绿 携伴拾趣

生态修复+产业振兴共促村庄发展

【宕】采矿遗留废弃地

【水】污染渠化水体系

【伴】公司团队主客群

乡情体验之趣 生态共建之趣 山野探访之趣

团队拓展项目库

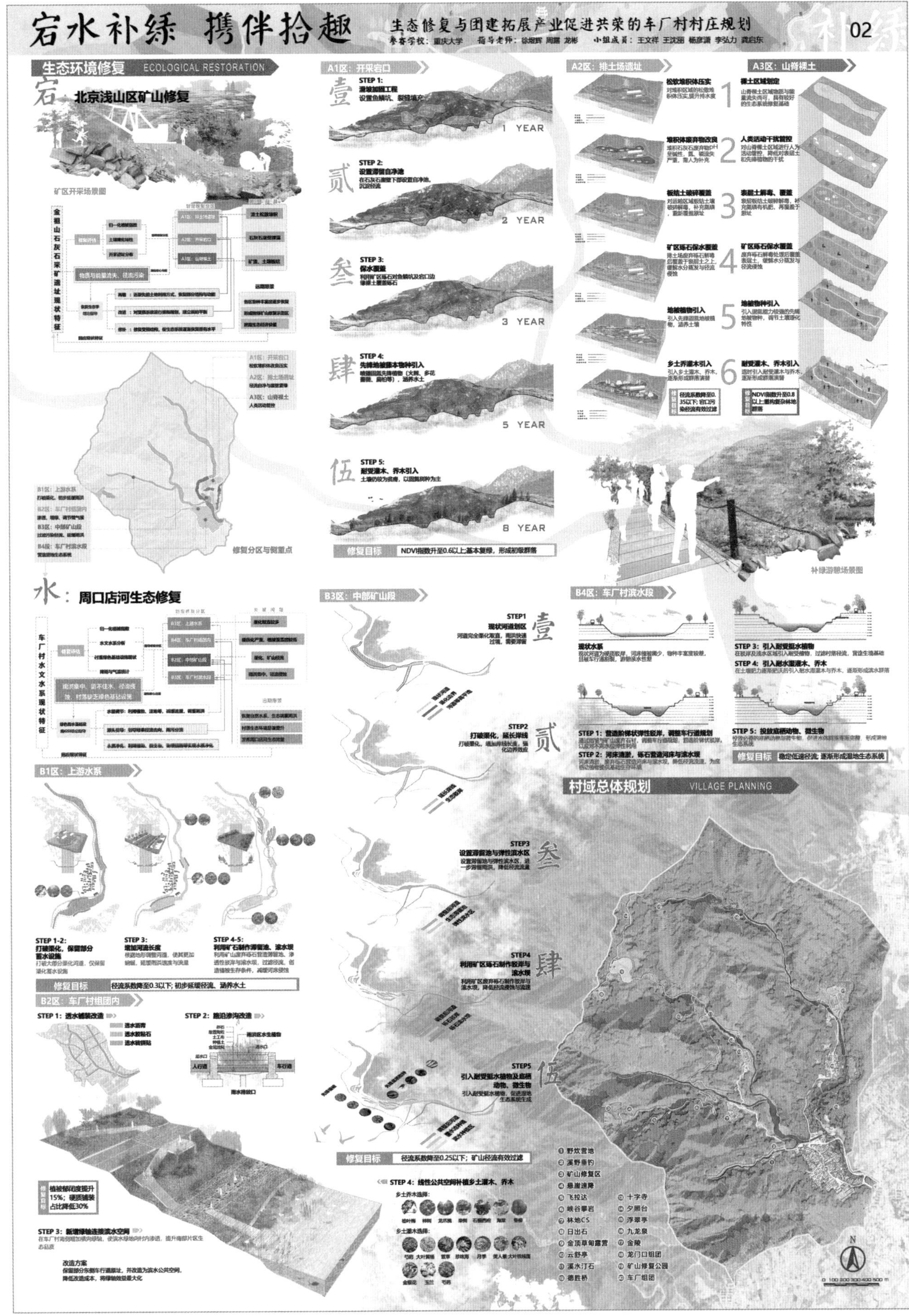
宕水补绿 携伴拾趣
生态修复与团建拓展产业促进共荣的车厂村村庄规划
02
生态环境修复 ECOLOGICAL RESTORATION
宕：北京浅山区矿山修复
水：周口店河生态修复
村域总体规划 VILLAGE PLANNING

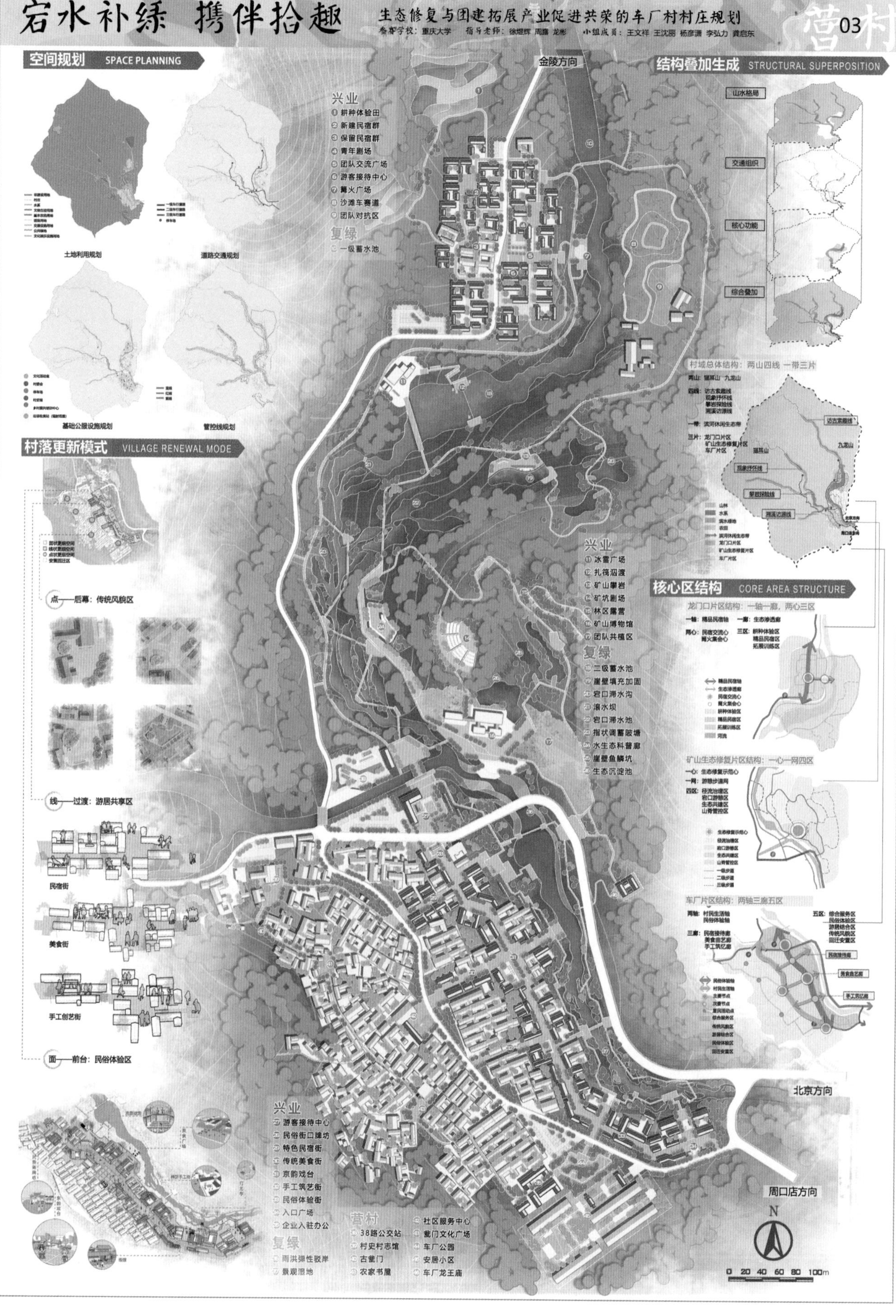
宕水补绿 携伴拾趣
生态修复与团建拓展产业促进共荣的车厂村村庄规划
参赛学校：重庆大学 指导老师：徐煜辉 周露 龙彬 小组成员：王文祥 王沈丽 杨彦潇 李弘力 龚启东
营村 03
空间规划 SPACE PLANNING
土地利用规划
道路交通规划
基础公服设施规划
管控线规划
村落更新模式 VILLAGE RENEWAL MODE
点——后幕：传统风貌区
线——过渡：游居共享区
民宿街
美食街
手工创艺街
面——前台：民俗体验区
金陵方向
兴业
耕种体验田
新建民宿群
保留民宿群
青年剧场
团队交流广场
游客接待中心
篝火广场
沙滩车赛道
团队对抗区
复绿
一级蓄水池
兴业
冰雪广场
扎筏溜渡
矿山攀岩
矿坑剧场
林区露营
矿山博物馆
团队共福区
复绿
二级蓄水池
崖壁填充加固
宕口滞水沟
滞水坝
宕口滞水池
指状调蓄陂塘
水生态科普廊
崖壁鱼鳞坑
生态沉淀池
兴业
游客接待中心
民俗街口牌坊
特色民宿街
传统美食街
京韵戏台
手工筑艺街
民俗体验街
入口广场
企业入驻办公
营村
38路公交站
村史村志馆
古营门
农家书屋
社区服务中心
营门文化广场
车厂公园
安居小区
车厂龙王庙
复绿
雨洪弹性驳岸
景观湿地
北京方向
周口店方向
N
0 20 40 60 80 100m
结构叠加生成 STRUCTURAL SUPERPOSITION
山水格局
交通组织
核心功能
综合叠加
村域总体结构：两山四线 一带三片
两山：猫耳山 九龙山
四线：访古索趣线 观象抒怀线 攀岩探险线 溯溪访源线
一带：滨河休闲生态带
三片：龙门口片区 矿山生态修复片区 车厂片区
核心区结构 CORE AREA STRUCTURE
龙门口片区结构：一轴一廊，两心三区
矿山生态修复片区结构：一心一网四区
车厂片区结构：两轴三廊五区
两轴：村民生活轴 民俗体验轴
三廊：民宿接待廊 美食曲艺廊 手工筑艺廊
五区：综合服务区 民俗体验区 游憩结合区 传统风貌区 回迁安置区
民宿接待廊
美食曲艺廊
手工筑艺廊

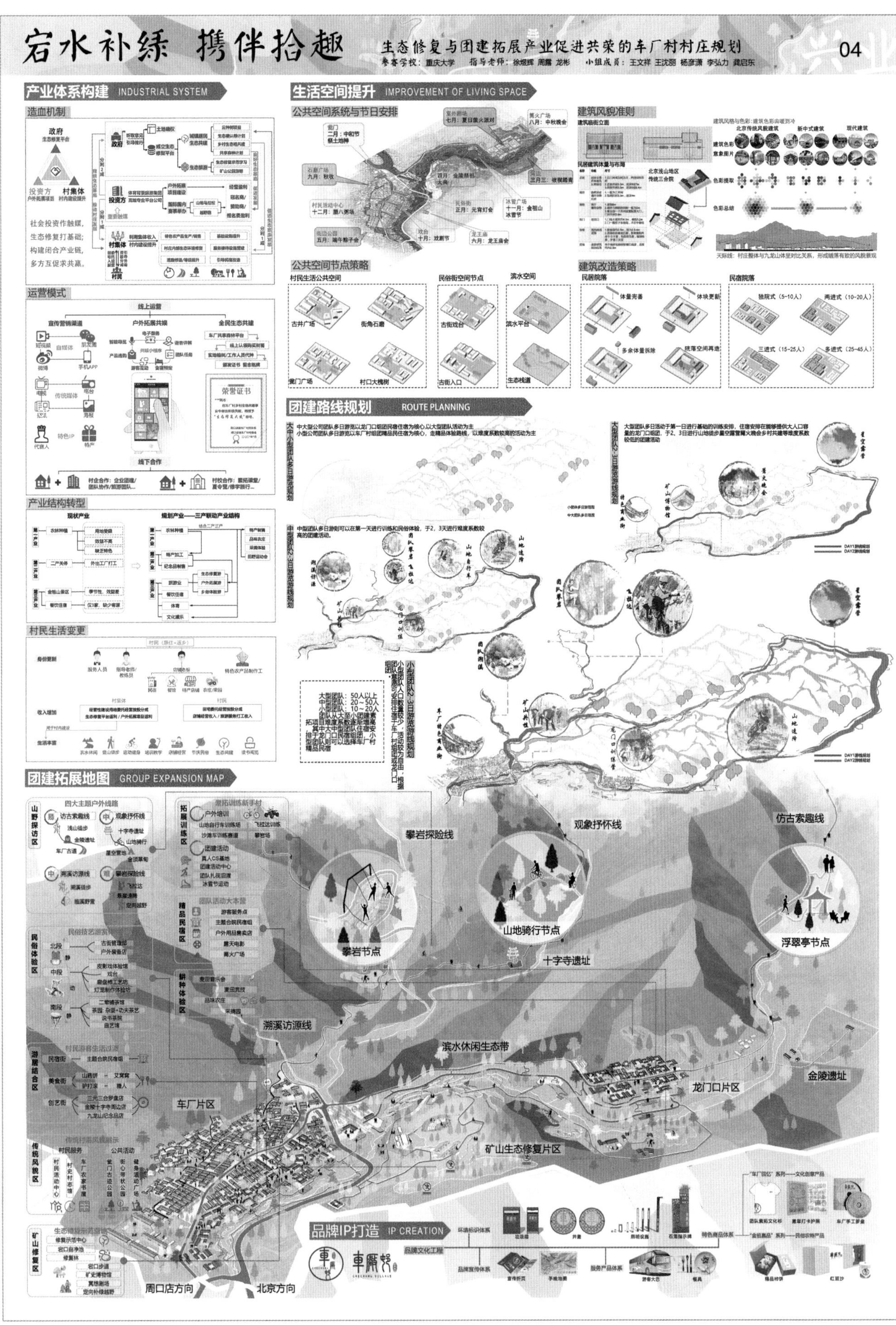
宕水补绿 携伴拾趣
生态修复与团建拓展产业促进共荣的车厂村村庄规划
04
参赛学校：重庆大学 指导老师：徐煜辉 周露 龙彬 小组成员：王文祥 王沈丽 杨彦潇 李弘力 龚启东
产业体系构建 INDUSTRIAL SYSTEM
造血机制
运营模式
产业结构转型
村民生活变更
生活空间提升 IMPROVEMENT OF LIVING SPACE
公共空间系统与节日安排
建筑风貌准则
公共空间节点策略
建筑改造策略
团建路线规划 ROUTE PLANNING
团建拓展地图 GROUP EXPANSION MAP
攀岩探险线
观象抒怀线
仿古索趣线
攀岩节点
山地骑行节点
浮翠亭节点
十字寺遗址
溯溪访源线
滨水休闲生态带
龙门口片区
金陵遗址
车厂片区
矿山生态修复片区
周口店方向
北京方向
品牌IP打造 IP CREATION

◇

旧底片　新剧场

一等奖 +

最佳创意奖

【参赛院校】哈尔滨工业大学建筑学院

【参赛学生】

赵慧敏

邹纯玉

王如月

赵家璇

张钰佳

张艺芳

【指导老师】

袁　青

冷　红

于婷婷

作品介绍

一、基地现状

1. 基本情况

设计基地车厂村所辖车厂、龙门口两个自然村，地处北京西南著名的大房山主峰猫耳山东侧、凤凰山北部的山脚下，位于周口店河的源头。距北京市中心 55km，距房山区政府 22km，距周口店镇 5.4km。整个村子西北高，东南低，周边旅游资源丰富，各色植物及其他自然景观交织在一起，形成一幅巨大的风景画。村内共有 557 户，近千亩耕地。

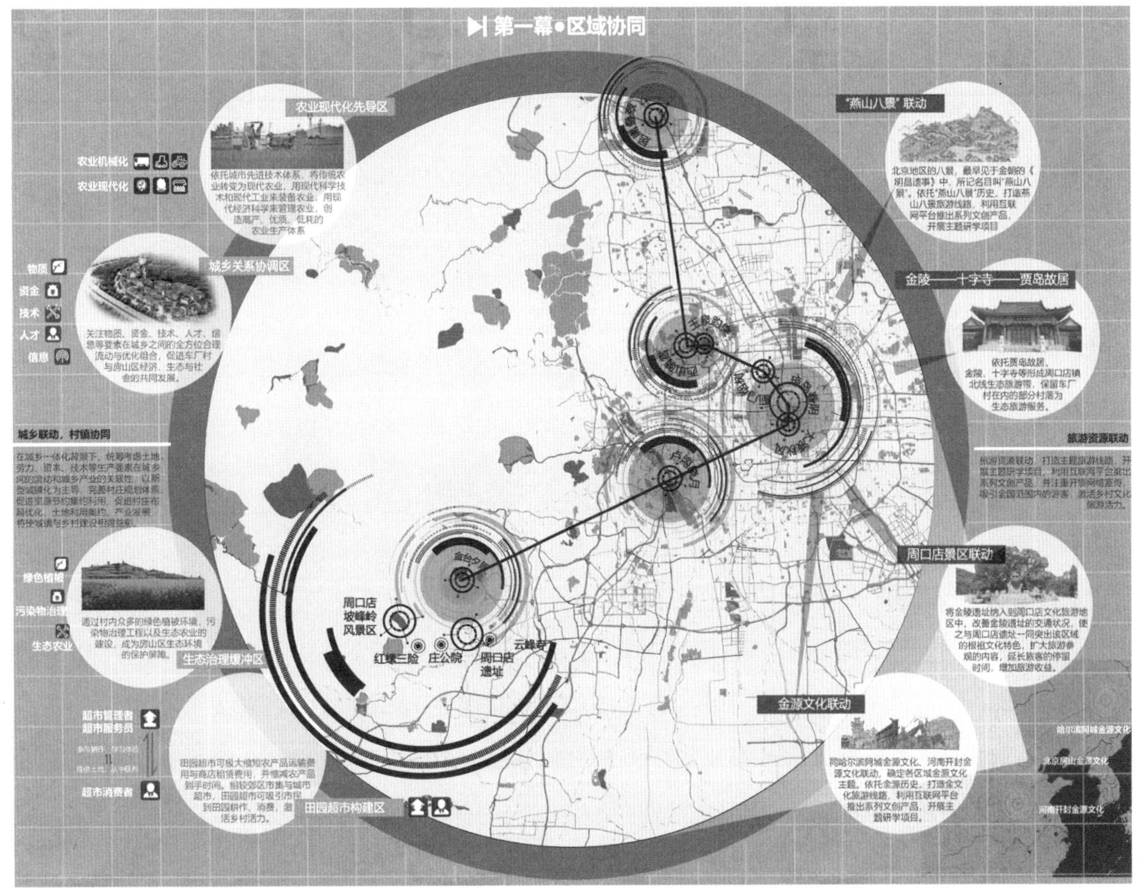

2. 发展潜力

车厂村水系丰富，地形多样，山林环绕，空间气质多变，有得天独厚的旅游资源和重要的文物古迹。目前村内景观多以自然形成为主。车厂村在旅游、农业观光、研学、登山等产业类型上极具发展潜力。

基地四面环山，原生态环境是旅游胜地。

车厂村可依托地形建设农业观光、亲子采摘基地。

国内金文化遗存较少，独特性强。历史悠久利于开展研学产业。

村内山林环绕，全国登山爱好者基数大，极具发展潜力。

二、问题分析

1. 现状问题分析

产业分析：车厂村产业发展途径单一，效率低下，给村民带来的收入较低。村庄受地形的影响，产业发展受到极大的限制，尤其是用地瓶颈；受到矿石产业的限制，村里引进了旅游公司，重点打造村庄的休闲、文化、(周口店)人文考古旅游等第三产业，但运营状况一般，不少项目迟迟得不到批复，无法落地；产业项目无法落地的另一个重要原因是，产业设计不接地气，无法反映村庄的实际问题，体现村庄的特色。

生态分析：车厂村水网密集，水资源丰富，田林广袤，生态环境良好。但农业、工业及生活污水对水系造成了部分污染，急需治理，且河道干涸现象严重，生态环境有一定程度上的破坏。

生活分析：车厂村存在老龄化现象但不空心，仍具有一定活力。空间骨架上，村民以一户一院的院落形式为主，日常生活经济来源以耕种为主，收入较低。

文化分析：车厂村的金陵遗址、十字寺遗址历史悠久，有深厚的文化底蕴，还有重要的自然风貌景点，如九龙大峡谷、九龙山、凤凰山等，丰富多样。

2. 现状问题总结

根据以上对现状的分析，可以看出车厂村生态资源丰富，自然条件优越，但生态基底破碎，河道驳岸状态较差，未能充分发挥自然资源这一优势，且车厂村的产业发展落后，村民普遍经济收入较低。如何在发展乡村文旅产业的共性中谋求特色，独特发展，激活自然资源并为乡村发展进行助力，在传承传统文化的同时重新出发，是车厂村发展需要思考的问题。

三、设计概念

叙事是电影常用的表达手法之一，包括常规性叙事、多线性叙事、重复线性叙事等。将其应用乡村规划等方面能有效增强乡村故事性、提升乡村活力。本设计先分析车厂村空间及

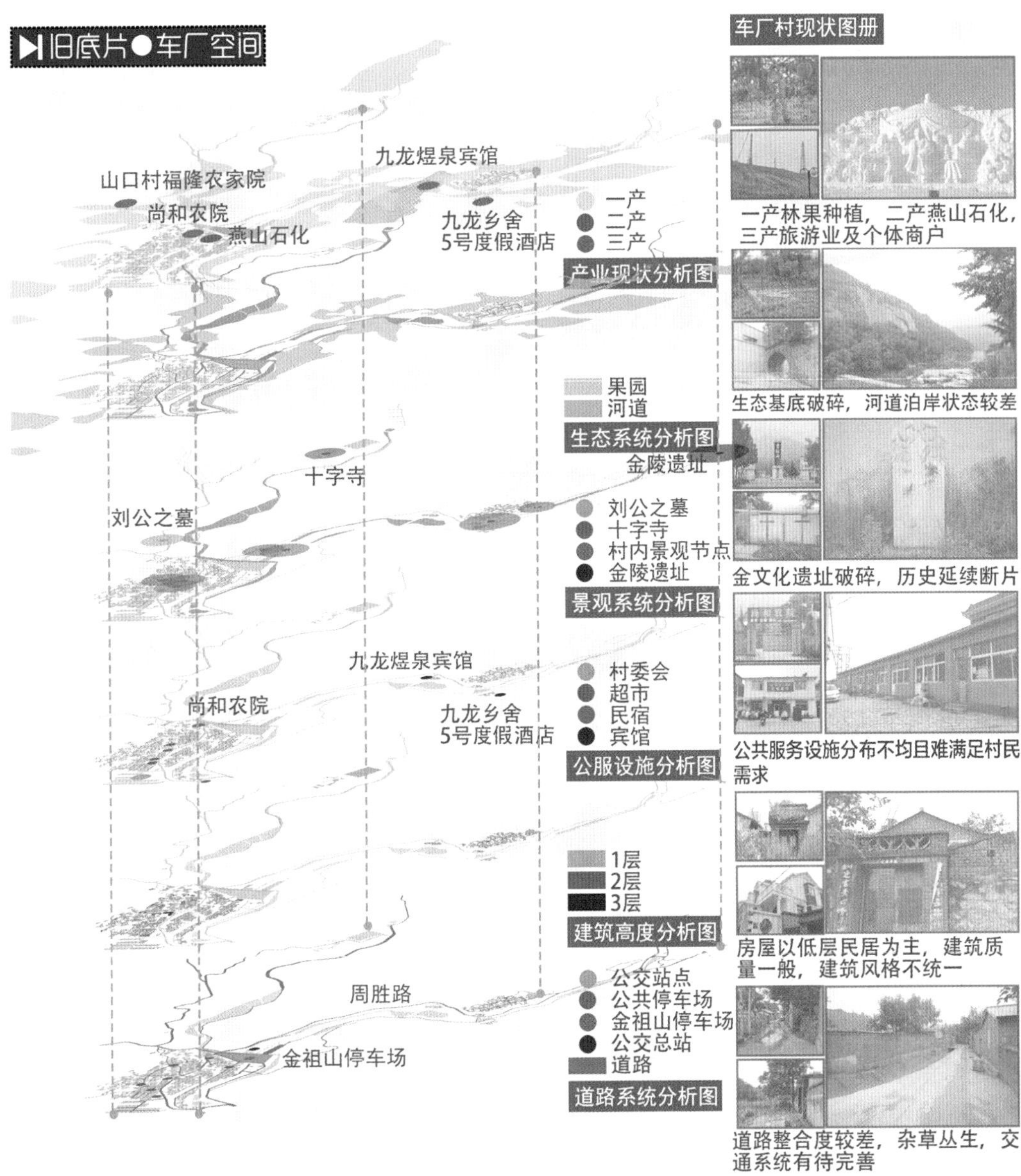

时间上的现状问题，再引入叙事手法整合资源，促使车厂村修复河道保育生态，南北交织风貌复原，协调地形协同发展。

四、方案阐释

区域协同——城乡联动。村镇协同：在城乡一体化背景下，统筹考虑土地、劳动力、资本、技术等生产要素在城乡间的流动和城乡产业的关联性。旅游资源联动：打造主题旅游线路，开展主题研学项目，利用互联网平台推出系列文创产品，并注重开展网络宣传吸引全国范围内的游客，激活乡村文化旅游活力。

产业进化——产业联动。形成规模化、品牌化、科学化的农业模式。

文化活化——以金陵遗址、十字寺遗址为文化切入点，为后续策略提供引导，形成“文旅 + 生活”两大发展轴。

邻里复兴——对邻里主体进行扩充，并营造交流空间、展示平台、教育提升、研学体验、农业观光等有助于邻里复兴的场所。

共治共赢——构建村民理事会。分责共赢，合作共建，联合开发，共建合作互联平台。

五、总体规划分析

治交通——完善现状路网结构，增加静态交通。

划分区——在村庄内划分文化科普区、文化服务区、游客服务区、文创展示区、生活商贸区、农业体验区、生活服务区、生态科普区 8 个功能区。

造景观——打造“历史人文轴线 + 生态自然轴线 + 生活服务轴线”的文化、自然、生活三条轴线，以及三个主要节点、三个次要节点的景观结构。

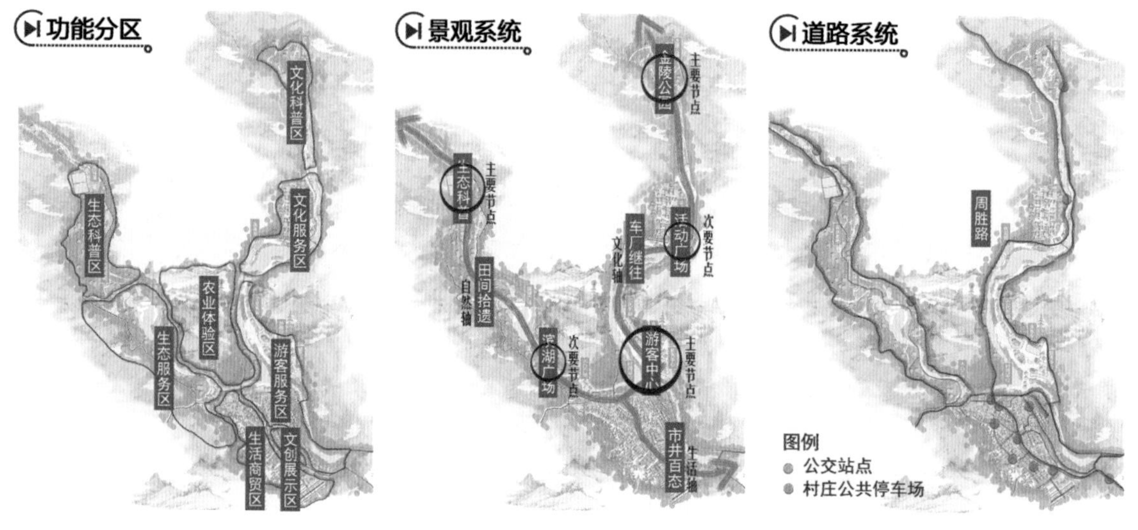

六、详细规划分析

体验式农业——在传统农业空间中置入交易、研学、加工等体验空间，进行功能置换。蔬菜工坊：蔬菜采摘、加工、购物、交流休憩；香味菜园：有机高品质蔬菜观光采摘园；田间食堂：多样性用地等。

"点 + 线"式场景构建——在文化、自然、生活三条轴线上构建 12 个节点空间，满足游客和村民的活动需求，其中围绕金陵遗址和十字寺遗址两处国家级重点保护单位打造的金陵遗址公园和十字寺研学馆及公园是历史人文轴线和生态自然轴线的重要节点。

车厂民宿——以北京传统民居建筑要素为基础进行改造，将车厂村院落重新组合，形成四种模式的院落，重点对庭院空间进行改造，在满足住宿餐饮功能的同时，为游客提供休憩娱乐空间，体现车厂村的风土人情。

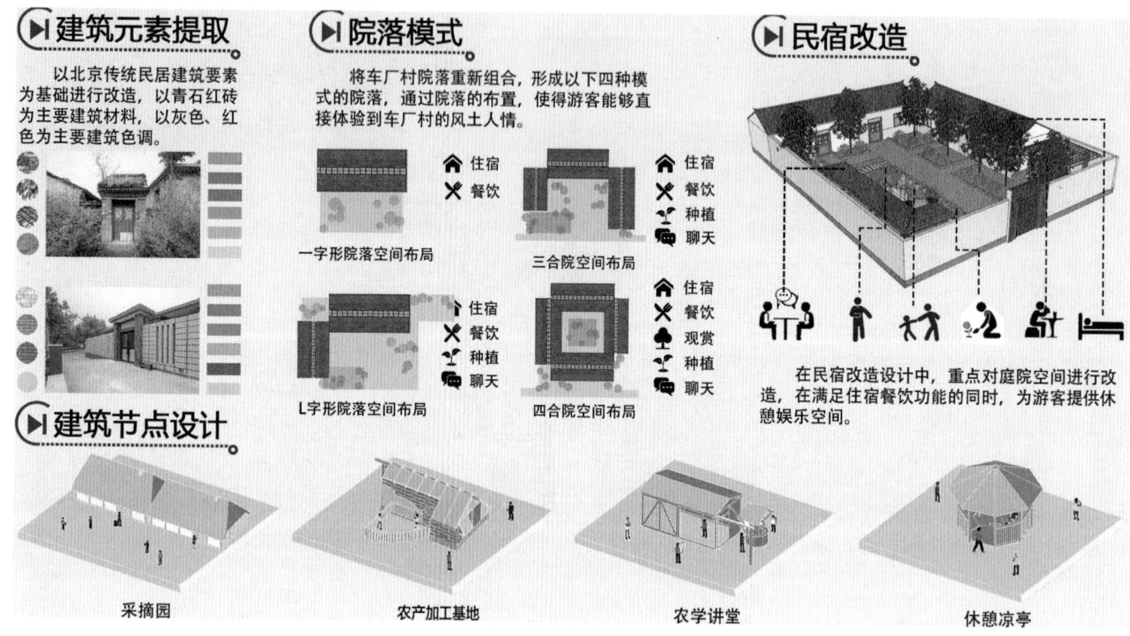

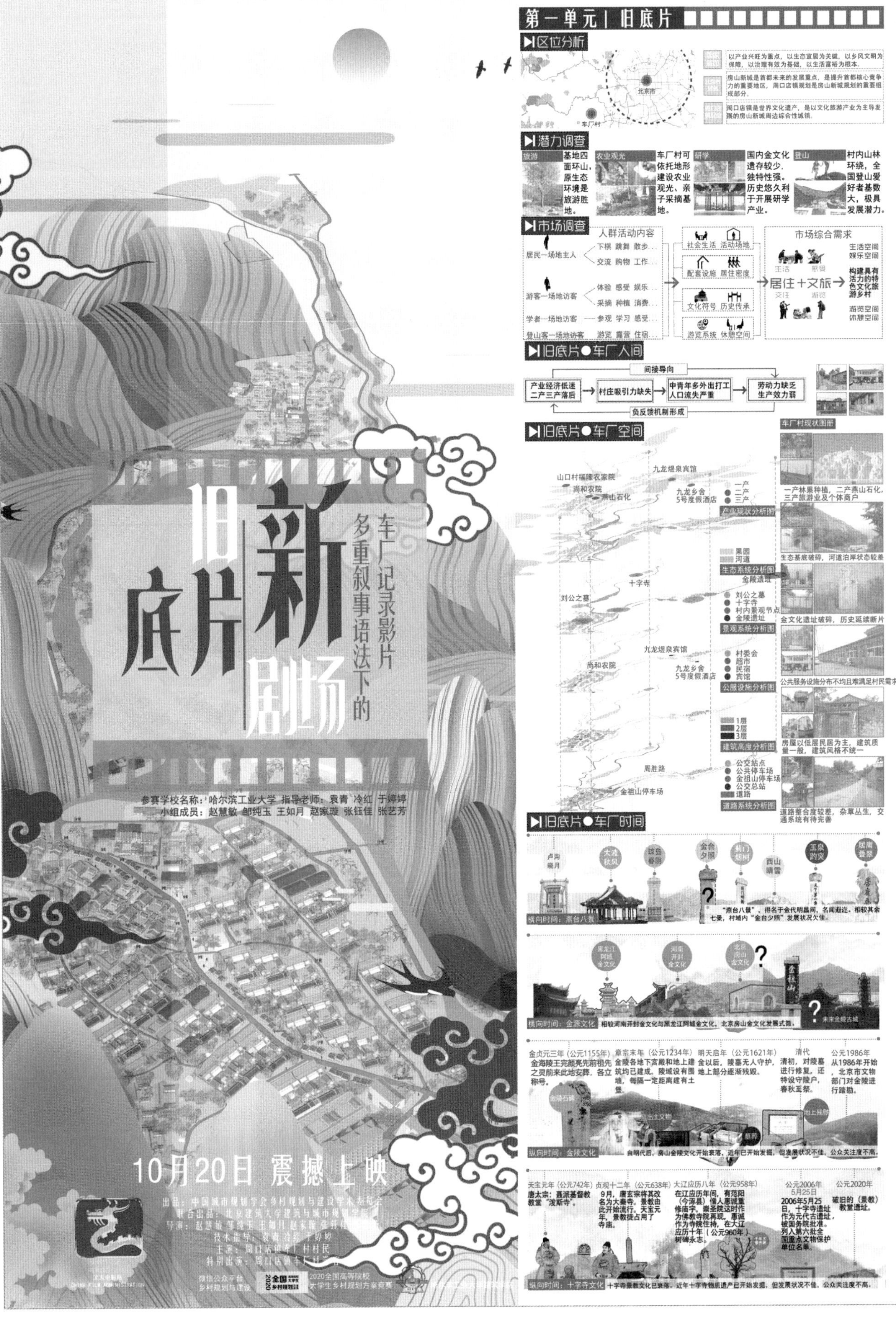

第一单元 | 旧底片
区位分析
以产业兴旺为重点，以生态宜居为关键，以乡风文明为保障，以治理有效为基础，以生活富裕为根本。
房山新城是首都未来的发展重点，是提升首都核心竞争力的重要地区，周口店镇规划是房山新城规划的重要组成部分。
周口店镇是世界文化遗产，是以文化旅游产业为主导发展的房山新城周边综合性城镇。
潜力调查
旅游 基地四面环山，原生态环境是旅游胜地。
农业观光 车厂村可依托地形建设农业观光、亲子采摘基地。
研学 国内金文化遗存较少，独特性强。历史悠久利于开展研学产业。
登山 村内山林环绕，全国登山爱好者基数大，极具发展潜力。
市场调查
旧底片●车厂人间
产业经济低迷 二产三产落后
村庄吸引力缺失
中青年多外出打工 人口流失严重
劳动力缺乏 生产效力弱
间接导向
负反馈机制形成
旧底片●车厂空间
旧底片●车厂时间
旧底片 新剧场
多重叙事语法下的车厂记录影片
参赛学校名称：哈尔滨工业大学 指导老师：袁青 冷红 于婷婷
小组成员：赵慧敏 郐纯玉 王如月 赵家璇 张钰佳 张艺芳
10月20日 震撼上映

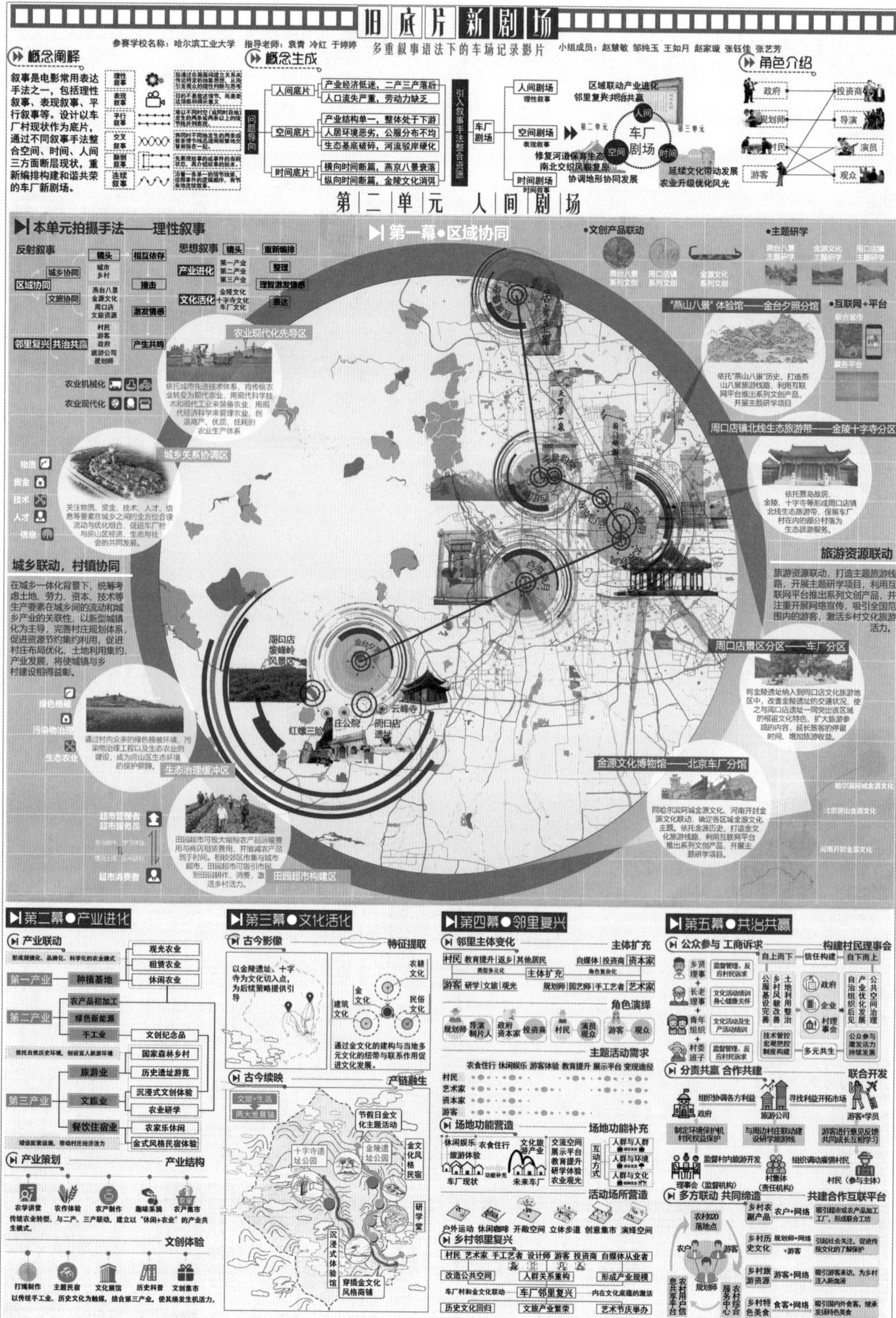
旧底片新剧场
多重叙事语法下的车场记录影片
参赛学校名称：哈尔滨工业大学 指导老师：袁青 冷红 于婷婷
小组成员：赵慧敏 邹纯玉 王如月 赵家璇 张钰佳 张艺芳
概念阐释
叙事是电影常用表达手法之一，包括理性叙事、表现叙事、平行叙事等。设计以车厂村现状作为底片，通过不同叙事手法整合空间、时间、人间三方面断层现状，重新编排构建和谐共荣的车厂新剧场。
理性叙事
表现叙事
平行叙事
交叉叙事
隐喻叙事
连续叙事
概念生成
问题导向
人间底片
产业经济低迷，二产三产落后
人口流失严重，劳动力缺乏
空间底片
产业结构单一，整体处于下游
人居环境恶劣，公服分布不均
生态基底破碎，河流驳岸硬化
时间底片
横向时间断篇，燕京八景衰落
纵向时间断篇，金陵文化消弭
引入叙事手法整合资源
车厂剧场
人间剧场
空间剧场
时间剧场
区域联动产业进化
邻里复兴共治共赢
修复河道保育生态
南北交织风貌复原
协调地形协同发展
延续文化带动发展
农业升级优化风光
车厂剧场
人间
空间
时间
角色介绍
政府
规划师
村民
游客
投资商
导演
演员
观众
第二单元 人间剧场
本单元拍摄手法——理性叙事
反射叙事
城乡协同
区域协同
文旅协同
邻里复兴 共治共赢
思想叙事
产业进化
文化活化
第一幕●区域协同
文创产品联动
主题研学
"燕山八景"体验馆——金台夕照分馆
依托"燕山八景"历史，打造燕山八景旅游线路，利用互联网平台推出系列文创产品，开展主题研学项目
互联网+平台
农业现代化先导区
依托城市先进技术体系，将传统农业转变为现代农业，用现代科学技术和现代工业来装备农业，用现代经济科学来管理农业，创造高产、优质、低耗的农业生产体系
农业机械化
农业现代化
城乡关系协调区
关注物质、资金、技术、人才、信息等要素在城乡之间的全方位合理流动与优化组合，促进车厂村与房山区经济、生态与社会的共同发展。
城乡联动，村镇协同
在城乡一体化背景下，统筹考虑土地、劳力、资本、技术等生产要素在城乡间的流动和城乡产业的关联性，以新型城镇化为主导，完善村庄规划体系，促进资源节约集约利用，促进村庄布局优化、土地利用集约、产业发展，将使城镇与乡村建设相得益彰。
周口店镇北线生态旅游带——金陵十字寺分区
依托贾岛故居、金陵、十字寺等形成周口店镇北线生态旅游带，保留车厂村在内的部分村落为生态旅游服务。
旅游资源联动
旅游资源联动，打造主题旅游线路，开展主题研学项目，利用互联网平台推出系列文创产品，并注重开展网络宣传，吸引全国范围内的游客，激活乡村文化旅游活力。
周口店景区分区——车厂分区
将金陵遗址纳入到周口店文化旅游地区中，改善金陵遗址的交通状况，使之与周口店遗址一同突出该区域的根祖文化特色，扩大旅游参观的内容，延长旅客的停留时间，增加旅游收益。
周口店拔峰岭风景区
云峰寺
红螺三险
庄公院
周口店遗址
生态治理缓冲区
通过村内众多的绿色植被环境，污染物治理工程以及生态农业的建设，成为房山区生态环境的保护屏障。
绿色植被
污染物治理
生态农业
金源文化博物馆——北京车厂分馆
同哈尔滨阿城金源文化、河南开封金源文化联动，确定各区域金源文化主题。依托金源历史，打造金文化旅游线路，利用互联网平台推出系列文创产品，开展主题研学项目。
田园超市构建区
田园超市可极大缩短农产品运输费用与商店租赁费用，并缩减农产品到手时间。相较郊区市集与城市超市，田园超市可吸引市民到田园耕作、消费，激活乡村活力。
超市管理者
超市服务员
超市消费者
第二幕●产业进化
产业联动
观光农业
租赁农业
休闲农业
第一产业
种植基地
第二产业
农产品初加工
绿色新能源
手工业
文创纪念品
第三产业
国家森林乡村
旅游业
历史遗址游览
文旅业
沉浸式文创体验
农业研学
餐饮住宿业
农家乐休闲
金式风格民宿体验
产业策划
产业结构
农学讲堂 农作体验 农产制作 趣味采摘 农产集市
传统农业转型，与二产、三产联动，建立以"休闲+农业"的产业共生模式。
文创体验
打铁制作 主题民宿 文化展馆 历史科普 文创集市
以传统手工业、历史文化为触媒，结合第三产业，使其焕发生机活力。
第三幕●文化活化
古今影像
特征提取
以金陵遗址、十字寺为文化切入点，为后续策略提供引导
农耕文化
金文化
建筑文化
民俗文化
通过金文化的建构与当地多元文化的纽带与联系作用促进文化发展。
古今续映
产链融生
节假日金文化主题活动
十字寺遗址公园
金陵遗址公园
金文化风格民宿
研学堂
沉浸式体验馆
穿插金文化风格商铺
第四幕●邻里复兴
邻里主体变化
主体扩充
村民 教育提升 返乡 其他居民
自媒体 投资商 资本家
游客 研学 文旅 观光
规划师 园艺师 手工艺者 艺术家
角色演绎
规划师 导演 制片人
政府 资本家 投资商
村民 演员 观众
游客 观众
主题活动需求
农食住行 休闲娱乐 游客体验 教育提升 展示平台 变现途径
村民
艺术家
资本家
游客
场地功能营造
场地功能补充
休闲娱乐 农食住行
旅游体验
文化旅游产业
交通空间 展示平台 教育提升 研学体验 农业观光
车厂现状
未来车厂
人群与人群
人群与环境
人群与文化
互动方式
活动场所营造
户外运动 休闲咖啡 开敞空间 立体步道 创意集市 演绎空间
乡村邻里复兴
村民 艺术家 手工艺者 设计师 游客 投资商 自媒体从业者
改造公共空间
人群关系重构
形成产业规模
车厂村和金文化联动
车厂邻里复兴
内在文化底蕴的激活
历史文化回归
文旅产业繁荣
艺术节庆举办
第五幕●共治共赢
公众参与 工商诉求
构建村民理事会
自上而下
信任构建
自下而上
乡贤理事
长老理事
青年组织
村委班子
公服基础设施完善
乡村风貌改善
土地利用整治
政府
企业
村理事会
自治组织优化发展
公共空间改造提升
多元共生
分责共赢 合作共建
联合开发
组织协调各方利益
寻找利益开拓市场
政府
旅游公司
游客+学员
制定环境保护机制村民权益保护
与周边村庄联动建设研学旅游线
游客进行意见反馈共同成长互相学习
监督村内旅游开发
组织调动雇佣村民
理事会（监督机构）
村集体（责任机构）
村民（参与主体）
多方联动 共同缔造
共建合作互联网平台
农村O2O落地点
农户
游客
规划师
乡村农副产品
农户+网络
乡村历史文化
规划师+网络+游客
乡村旅游资源
游客+网络
乡村特色美食
食客+网络

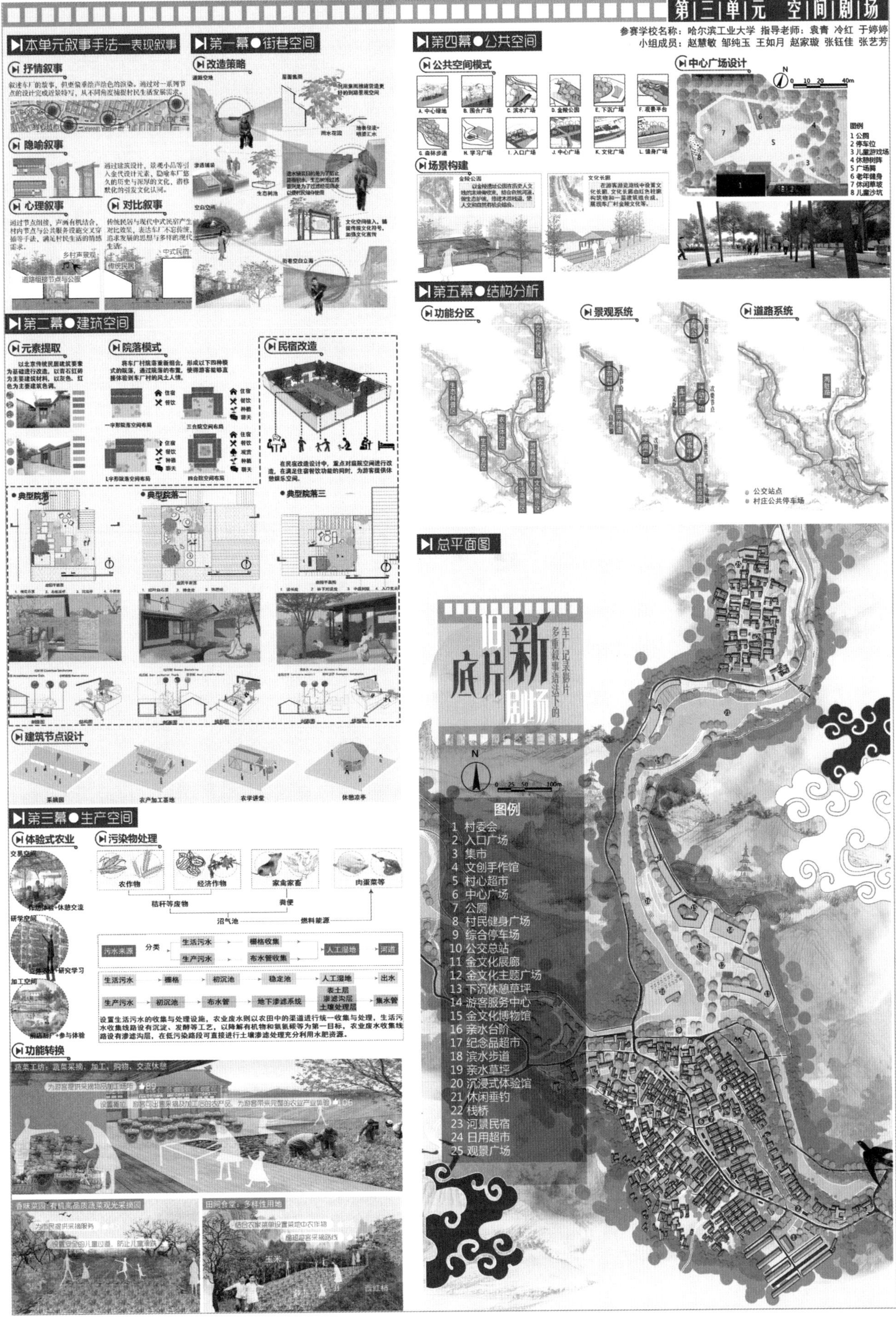
第三单元 空间剧场
参赛学校名称：哈尔滨工业大学 指导老师：袁青 冷红 于婷婷
小组成员：赵慧敏 邹纯玉 王如月 赵家璇 张钰佳 张艺芳
本单元叙事手法—表现叙事
抒情叙事
隐喻叙事
心理叙事
对比叙事
第一幕●街巷空间
改造策略
第四幕●公共空间
公共空间模式
场景构建
中心广场设计
第五幕●结构分析
功能分区
景观系统
道路系统
第二幕●建筑空间
元素提取
院落模式
民宿改造
典型院落一
典型院落二
典型院落三
建筑节点设计
第三幕●生产空间
体验式农业
污染物处理
功能转换
总平面图
旧底片 新剧场
多重叙事语法下的车厂记录影片
图例
1 村委会
2 入口广场
3 集市
4 文创手作馆
5 村心超市
6 中心广场
7 公厕
8 村民健身广场
9 综合停车场
10 公交总站
11 金文化展廊
12 金文化主题广场
13 下沉休憩草坪
14 游客服务中心
15 金文化博物馆
16 亲水台阶
17 纪念品超市
18 滨水步道
19 亲水草坪
20 沉浸式体验馆
21 休闲垂钓
22 栈桥
23 河景民宿
24 日用超市
25 观景广场

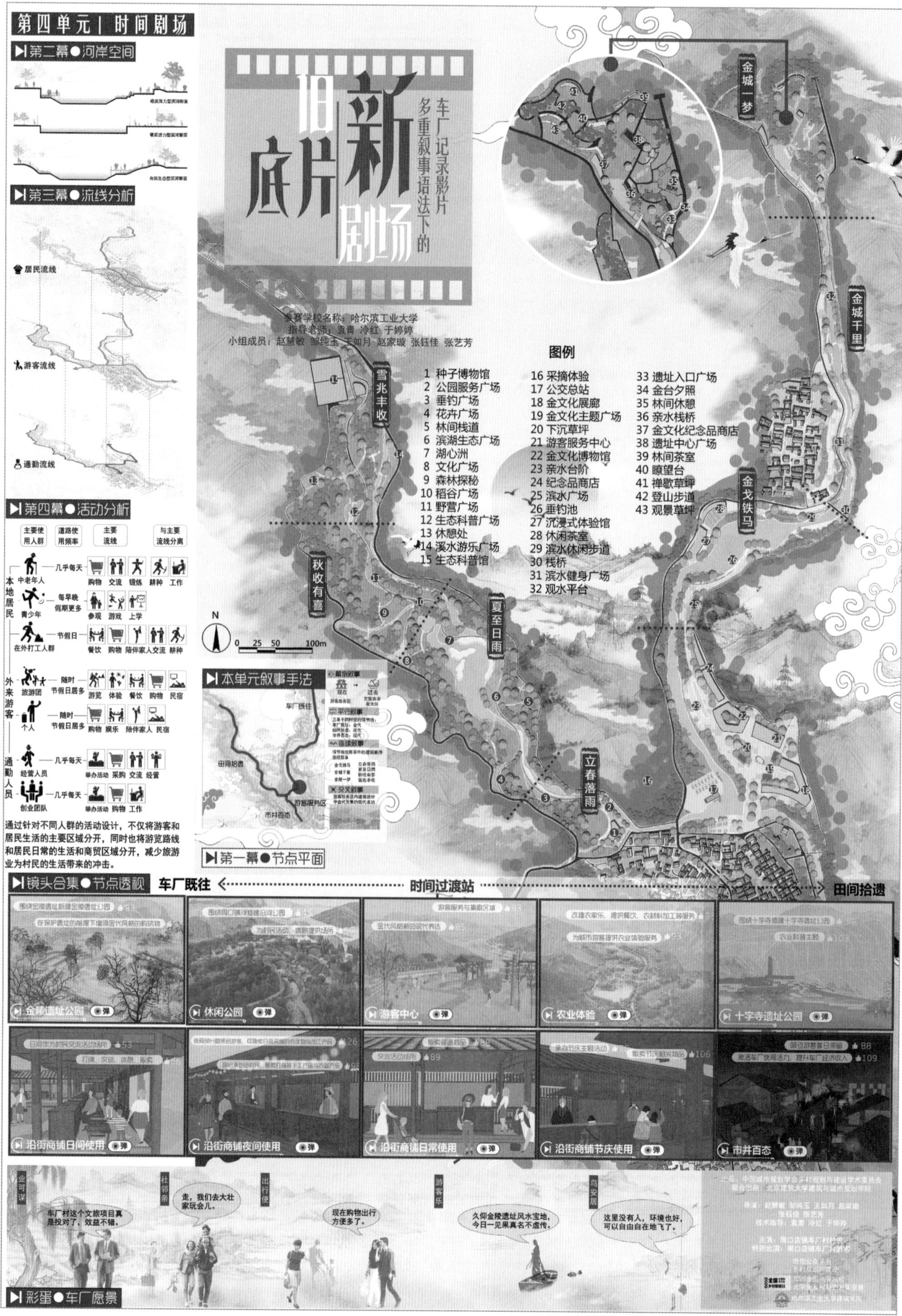

第四单元丨时间剧场
第二幕●河岸空间
第三幕●流线分析
居民流线
游客流线
通勤流线
第四幕●活动分析
通过针对不同人群的活动设计，不仅将游客和居民生活的主要区域分开，同时也将游览路线和居民日常的生活和商贸区域分开，减少旅游业为村民的生活带来的冲击。
旧底片 新剧场
车厂记录影片多重叙事语法下的
参赛学校名称：哈尔滨工业大学
指导老师：袁青 冷红 于婷婷
小组成员：赵慧敏 邹纯玉 王如月 赵家璇 张钰佳 张艺芳
图例
1 种子博物馆
2 公园服务广场
3 垂钓广场
4 花卉广场
5 林间栈道
6 滨湖生态广场
7 湖心洲
8 文化广场
9 森林探秘
10 稻谷广场
11 野营广场
12 生态科普广场
13 休憩处
14 溪水游乐广场
15 生态科普馆
16 采摘体验
17 公交总站
18 金文化展廊
19 金文化主题广场
20 下沉草坪
21 游客服务中心
22 金文化博物馆
23 亲水台阶
24 纪念品商店
25 滨水广场
26 垂钓池
27 沉浸式体验馆
28 休闲茶室
29 滨水休闲步道
30 栈桥
31 滨水健身广场
32 观水平台
33 遗址入口广场
34 金台夕照
35 林间休憩
36 亲水栈桥
37 金文化纪念品商店
38 遗址中心广场
39 林间茶室
40 瞭望台
41 禅歌草坪
42 登山步道
43 观景草坪
金城一梦
金城千里
雪兆丰收
金戈铁马
秋收有喜
夏至日雨
立春落雨
本单元叙事手法
第一幕●节点平面
镜头合集●节点透视
车厂既往
时间过渡站
田间拾遗
金陵遗址公园
休闲公园
游客中心
农业体验
十字寺遗址公园
沿街商铺日间使用
沿街商铺夜间使用
沿街商铺日常使用
沿街商铺节庆使用
市井百态
车厂村这个文旅项目真是投对了，效益不错。
走，我们去大壮家玩会儿。
现在购物出行方便多了。
久仰金陵遗址风水宝地，今日一见果真名不虚传。
这里没有人，环境也好，可以自由自在地下了。
彩蛋●车厂愿景

◇ 沃野鲍读·八学联村

二等奖

【参赛院校】 重庆大学建筑城规学院

【参赛学生】

罗展仪

李蕴婷

刘思橙

王笑涵

杨镇铭

不露脸的成员刘祖康

【指导老师】

李云燕

徐煜辉

作品介绍

一、开篇·溯源

1. 现状调研

鲍家屯村（简称鲍屯），位于贵州省贵阳—安顺经济带的沿线，是贵阳至安顺的途经之地，区位优势明显，地势相对平坦，人文生态环境良好，发展潜力巨大，具备加快发展的条件和实力。

鲍家屯村所属的地区在贵安新区总体规划中被定位为安东现代农业示范园，利用用地资源优势，以高效种植观光产业园，农产品深加工为主导，结合特色村落旅游，大力发展旅游业。

但现阶段鲍家屯村缺乏整体的旅游规划，大部分村民自谋生路，旅游发展停滞不前，导致历史文化名村的经济价值、文化价值无法得到体现，不利于村域经济的可持续发展。

2. 规划思路（学习型村庄的构建）——四个方面的学习

在城市化冲击下逐渐成为“变动不居”的乡村，我们认为乡村振兴的本质应为“人”的振兴，为村民进行文化培育就业指导，提升村庄的可持续竞争力。由此，提出学习驱动下的传统村庄改革模式，构建“八学”体系和鲍屯学村，促进农民的群体学习，同时设置“八学”游线，使村民游客可以共同学习。

鲍屯学村分为文化、产业、生态、社会学习四个方面，设置“八学”八个学院：学传统文化、学文化经营、学农工技术、学商业管理、学生态保护、学卫生治理、学伦理道德、学组织建设。

二、叙事·学途

文化学习以兴民——文化保护学习。让村民了解其本身文化优势，同时学习文化保护方法，也为鲍家屯村的改造发展打下思想基础，让居民在地参与。鲍屯文化分为物质遗产和文化习俗两方面，其中物质遗产专业性较强，村民了解并理解即可，文化习俗更为接地气，且发源于村民传播于村民，更多着力于文化习俗的教学。文化经营学习，更好地发展文化，使文化“走出去”，成为重点经济来源。

产业学习以富民——农工技术学习。讲授鲍家屯村农业和手工业技术，延伸产业链，带动经济发展。商业管理学习，将产业匠人汇聚，推动一产延伸至二、三产，再扩展到一、二、三产“融合”的模式。

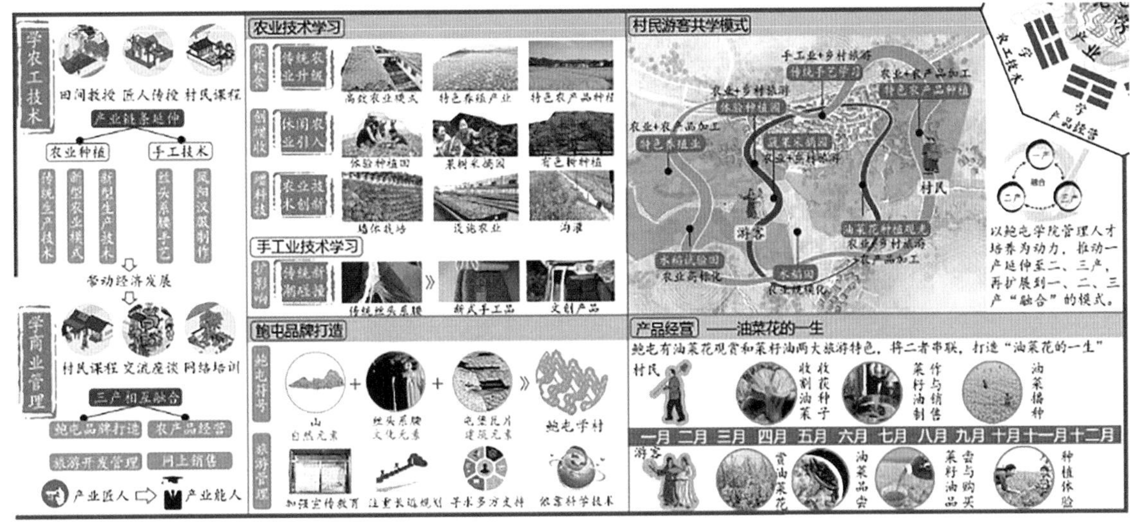

生态学习以养民——生态保护学习。传授环境保护的理念与制度，增强乡村居民环保意识，营造“人人讲环保、人人为环保”的良好氛围，让乡村环保理念深入人心。卫生治理学习，从理论知识和实地参与两个学习途径出发，引导村民建立卫生治理机制，参与卫生整治活动，修建卫生改善设施，从而使人居环境得到改善。

社会学习以聚民——道德伦理学习。让村民了解道德伦理空间的现实意义，对于现存的有特别意义的祠堂、祖墓、牌坊等可以进行功能再塑，使之继续发挥凝聚亲情、传承家风的功能。组织建设学习，培养选拔村民中的先进分子，这些先进分子做利益要求和习性各不相同的群众的工作，熟悉和应对本乡本土的治理任务。

三、续章 · 游乡

1. 游线串联——乡民与游客共享的沉浸式体验

在传统乡村文旅深度融合的时代背景下，学习型村庄的建设，促进实现文旅事业的全域化发展。新文化观认为，只有把自身当作文化产品来生产，进而才能通过人，把整个世界当作文化产品来生产。因此原住民和游客之间的关系也在当下信息爆炸的时代有了新的诠释——共建共享，相互交融。

文化是旅游的灵魂，旅游是文化的载体。

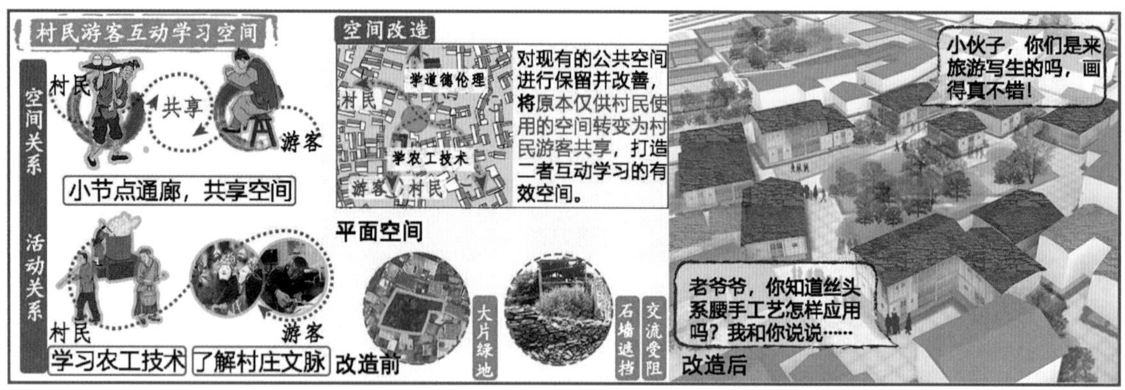

2. 空间营造——过往记忆重塑与新时代的革新并存

在共享空间的同时，我们期许思想和精神的交流，也可以发生在我们塑造的环境之下。游客可以通过打卡学习，实实在在地触碰到650多岁的鲍家屯村，乡民是最好的叙述者；乡民也可以真真切切地通过外界参与，来摆脱自身的陈年旧疾，游客是最好的教授者。借用集体经营性建设的置入，打造村落核心的人流聚集区域，以市场资本为主导，创造乡民的共同增收，为“学村”体系下培育出的乡村人才创造更多就业岗位。以村落的集体性利益发展为出发点，以村民的个人培育为手段，以创建“以学带游、以游促产、以产兴村”的内生动力型村庄发展模式。

四、未来·营屯

1.“一宅多用”，贯彻共享

在集中居住建设方面，结合村民意愿，在村内地形条件较好、公共服务配套较为齐全的周边建设居民点。针对近期村民对住宅更新需求较为强烈，兼具村民使用和游客共享的乡宅会更为合理，同样的空间通过置入不同的功能，能让建筑在生活和游玩中转换，通过建筑单体的组群关系，打造不同界面感的街巷空间。

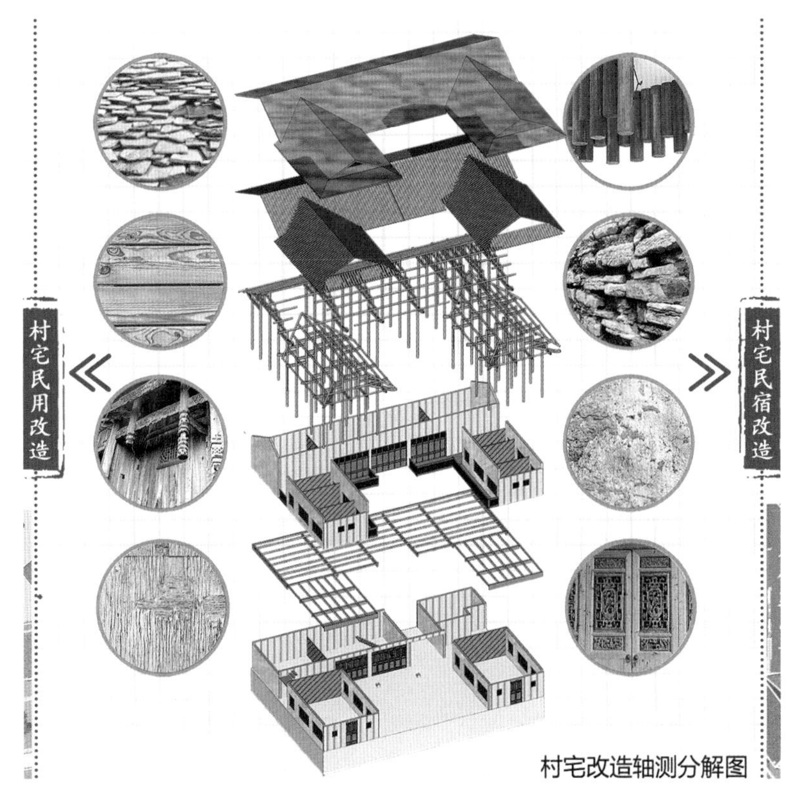

村宅改造轴测分解图

2. 四季可游，四季可学

在现有的村庄中心新建乡村活动中心建筑组群，作为整个“八学”的核心建筑，复合众多功能，“春种、夏游、秋赏、冬屯”。四时节气，皆聚于此，兼学兼游，人兴于斯，故村兴于斯。

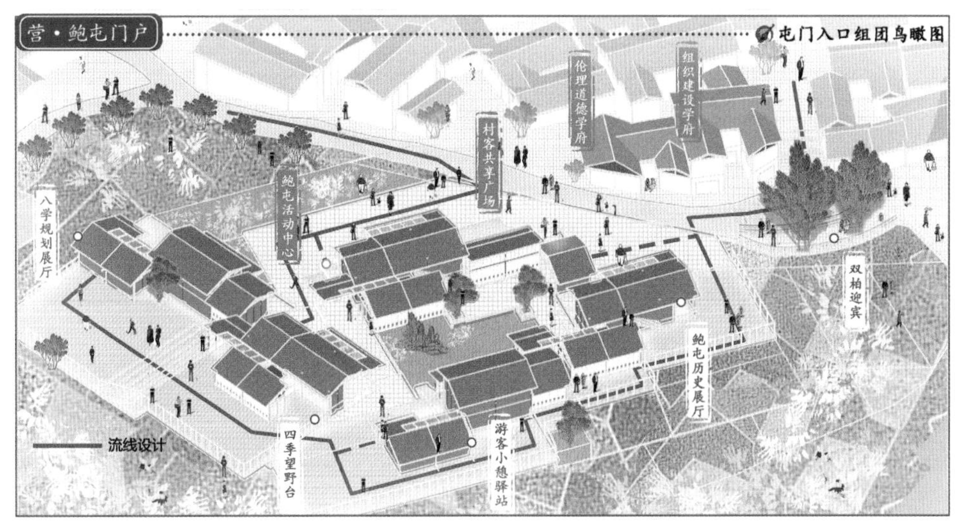

沃野鲍读·八学联村

乡学培育驱动下的历史文化名村复兴计划

壹·开篇

参赛学校名称：重庆大学　指导老师：李云燕 徐煜辉　小组成员：罗展仪 李蕴婷 刘思橙 王笑涵 杨镇铭 刘祖康

始·时代背景

溯本求真·洞若观火

寻源·中国乡村振兴困境

今日之"乡村"，非农耕社会中的"田园牧歌式乡村"，非计划经济时期的"封闭停滞的乡村"，而是在城市化冲击下的"变动不居的乡村"，中国乡村的未来处境堪忧。

基层政府的保护意识不强
忽视文脉传承的过度开发
同质化倾向较为突出
资金和土地的制约
原住民参与不足

文化失传　贫困加剧　"空心村"　人才流失　特色渐失　土地弃耕　思想后退

思途·西部传统村落的振兴出路

乡村的振兴本质内涵——"人"的振兴，制约西部地区乡村发展的核心阻力即人力资源的短缺。未来，知识将成为关键的经济资源，而且是竞争的主导性来源。

"三位一体"：空间格局　文化遗产　自然环境

"三管并进"：原住民主导　专家规划　社会协助

乡学·学习驱动下传统村庄的改革模式

以城市化为社会发展目标模式，对生活生产方式和社会组织方式和机制进行反思和超越，在此基础上建立符合时代和地域特色的共同愿景，促进农民的群体学习。

共同愿景
生态宜居·产业兴旺
乡风文明·人才辈出
文化传承·历久弥新
一路一风景，一季一乐趣

血缘　姓氏　宗族　农学合作社　文化联盟　识字学堂

中小学义务教育
学历阶段性教育
知识扫盲性教育
技术应用性教育
心智超越性教育

望·鲍屯现况

宏观区位：四川　重庆　贵阳　安顺　长沙　昆明　南宁　贵阳

规划区位：上位规划中大西桥镇功能定位的南部屯堡民族风情旅游和新建居住区，以打造历史文化游和生态休闲游为主。

平坝区（贵阳方向）　天龙屯堡旅游休闲村落　天台山景区　鲍屯村　云山屯主题民宿群落　本寨屯堡村落　旧州古镇　安顺市区

鲍家屯村位于大屯堡旅游片区内，以打造精品民族村寨和乡村度假群落为主。

微观区位：大西桥镇　往贵阳市区方向　安顺市化肥厂　鲍屯村　往安顺市区方向

村庄概况：
- 村面积5.1km²
- 总户数700户
- 总人口2400人
- 年人均6200元

就业类型：丝头系腰制作　就近就业　外出打工　养殖务农

闻·鲍屯变迁

古今贯通，未来可期

"始祖公福宝，素裕堪舆，四处观风问俗于黔中寻得一邑，询其名曰杨柳湾，此地名旧屯，览其形，地极壮丽，脉甚丰饶，螺星塞水，狮象把门，文峰玉案，森然排列，地灵人杰，于是铺居杨柳湾，屯田戍边。"

- 1369年·搬迁：征战贵州，鲍公领队家属随后，由皖至黔
- 1369年·建屯堡：观风寻邑，初名杨柳三分守城，七分屯田
- 1391年·兴水利：借鉴江南，兴修水利水旱无忧，稳产高产
- 明中期·营瓮城，造八阵：内外八卦，瓮城卫屯易守难攻，军宅相合
- 清初·改鲍屯，清末·筑碉楼：更名鲍屯，再改鲍屯筑碉强守，亦寨亦率
- 1949年·中华人民共和国
- 2010年·中国历史文化名村：悠悠六百，大明风华屯属第一，黔中都江
- 2020年·学习型村庄探索实践：历久弥新，发展转型以学兴人，以人兴村
- 2030年·学习型历史文化模范村：地灵人杰，星火相传保护发展，相得益彰

问·鲍屯名人

- 始迁祖·鲍公福宝：带兵入黔，兴修水利　明皇浩封振威将军
- 七世祖·鲍文衡：云南姚安知府
- 七世祖·鲍国臣：太傅
- 十一世祖·鲍公大千：纺织手艺创始人　丝头系腰手工
- 传承者·鲍大千后人：纺织手艺床传承人　丝头系腰手工
- 二十世孙·鲍中权：鲍家文化传承人　老村支书

切·保护发展

望闻问切，沉疴得解

尔来　今朝　异日

生态资产

后园坡　石壕坡　大青山　垭口山　小坝山　小青山　黄山

此处乃贵州高原自然条件最优越的坝子，乡亲父老们把兴修农田水利的经验带到这里。

生态为基底

山水格局：七山两水，山水八阵（1 贵人阵　2 …　3 大象阵　4 …　5 天马阵　6 …　7 仙人阵　8 双龙阵　9 八角阵）　鲍屯村

水利工程：大明遗珠，六濒八坝（1 鱼嘴渠　2 苗山渠　3 大青山渠　4 水碾坝　5 门前渠　6 小坝渠）水坝

生态待保：环境保卫者　生态学习　绿水青山

文化资产

正月抬汪公，清明祭先祖，重阳敬老者，祖传鲍家拳。

历经六百多年的非遗地戏需要传承下去，让更多的人能欣赏到它的魅力！

山水育文化

村落格局：内瓮八阵，中轴对称（1 火牛阵　2 鹿角阵　3 雄狮阵　4 白虎阵　5 青龙阵　6 长蛇阵　7 金鸡阵　8 玄武阵　9 中军　10 内瓮城）

民俗文化：非遗节庆，文化共融（1 鲍家拳　2 地戏　3 凤阳汉装·丝头系腰）

传统建筑：名人古建，三房照壁（1 祠堂　2 …　3 鲍开元故居　4 鲍璋故居　5 太傅府　6 汪公庙　7 鲍大千故居）

文化待承：文化传承人　文化学习　文化古村

产业资产

丝头系腰是我们屯独一无二的屯堡文化，可惜不能量产，而且掌握这一门手艺的人很少。

屯堡水稻和油菜轮作，我们用油菜籽榨油三四月油菜花盛开的时候许多游客都来观赏呢！

文化兴产业

农畜业：鲍屯农产（冷水鱼　水稻　养鸭场　玉米　油菜花）

手工业-丝头系腰：鲍屯手艺（本寨　天龙屯堡　雷屯　鲍屯　云山　九溪；1 纺丝　2 挂丝　3 织带　4 绣花　5 翻花　6 染色）

旅游业：鲍屯七景（1 鲍氏陵园　2 古碉夕照　3 瓮城八阵　4 双柏迎宾　5 碾坊听音　6 鱼嘴分流　7 水口园林）

产业待兴：产业带动人　产业学习　鲍屯品牌

社会资产

屯堡有党支部，有村委会，还有一些协会，对屯堡发展有帮助

鲍屯未来要提升我们村民的素质，还要吸引更多的人才到来！

产业凝社会

族谱家训：108句训族格言（1 明朝嘉靖创修　2 明朝续修　3 …　4 清朝续修两次　5 民国十九年（1930年）　6 2007-2008年鲍中权集合同辈三人，重修家谱）学习敬老　学习务农　学习经商　学习读书　学习社交

组织建设：1党1委3协会（党支部　村委会　引领　组织　互助　农业合作社　手工艺术协会　服饰协会）党建引领　村委组织　村民互助

社会待凝：屯堡领头羊　社会学习　屯堡组织

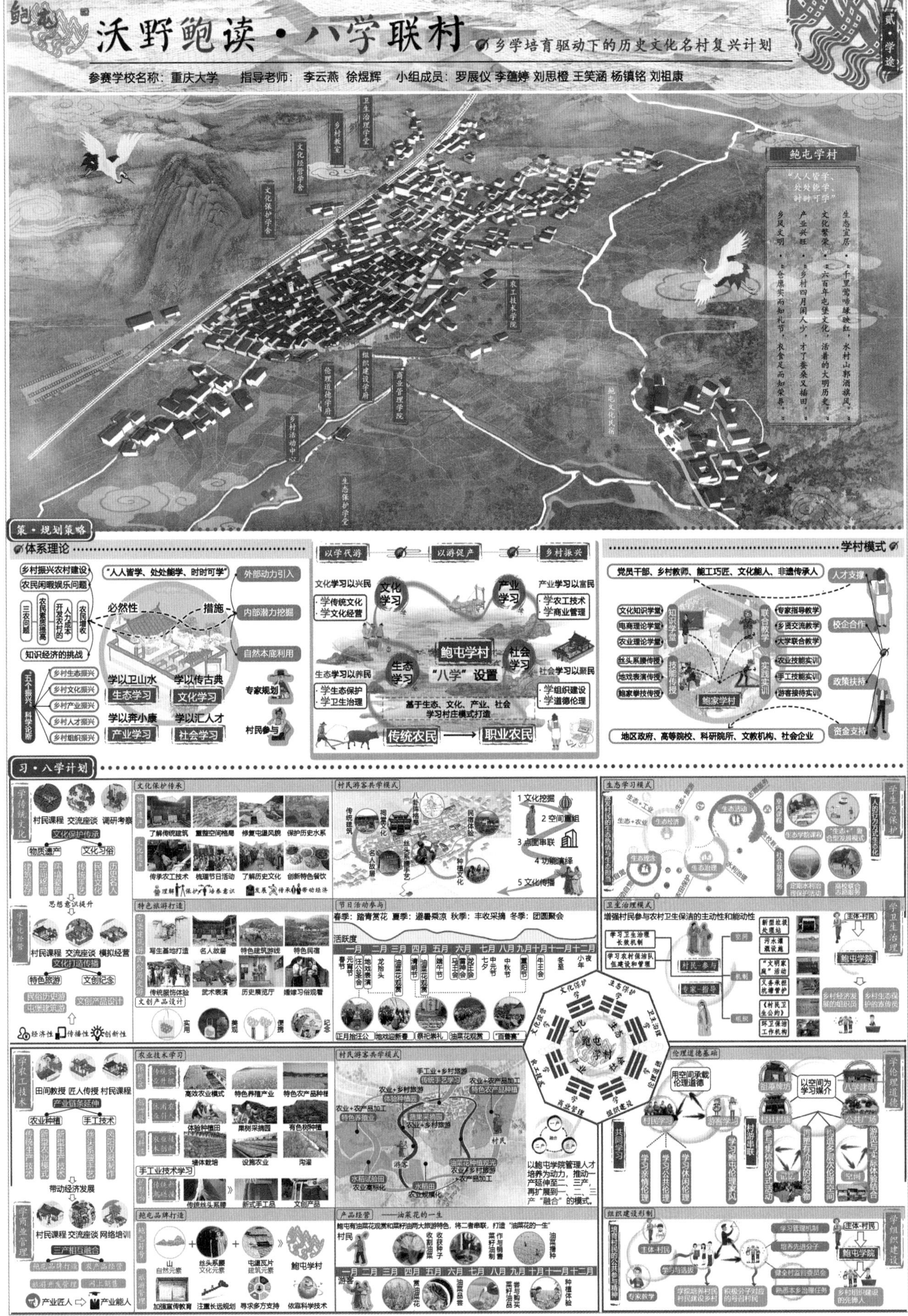

沃野鲍读·八学联村
乡学培育驱动下的历史文化名村复兴计划
参赛学校名称：重庆大学 指导老师：李云燕 徐煜辉 小组成员：罗展仪 李蕴婷 刘思橙 王笑涵 杨镇铭 刘祖康
贰·学途
鲍屯学村
"人人皆学、处处能学、时时可学"
卫生治理学堂
乡村教室
文化经营学舍
文化保护学舍
农工技术学院
组织建设学府
伦理道德学府
商业管理学院
乡村活动中心
生态保护学堂
鲍屯文化院
策·规划策略
体系理论
乡村振兴农村建设
农民闲暇娱乐问题
知识经济的挑战
"人人皆学、处处能学、时时可学"
必然性
措施
外部动力引入
内部潜力挖掘
自然本底利用
学以卫山水 生态学习
学以传古典 文化学习
学以奔小康 产业学习
学以汇人才 社会学习
专家规划
村民参与
乡村生态振兴
乡村文化振兴
乡村产业振兴
乡村人才振兴
乡村组织振兴
以学代游 以游促产 乡村振兴
文化学习以兴民
学传统文化
学文化经营
产业学习以富民
学农工技术
学商业管理
生态学习以养民
学生态保护
学卫生治理
社会学习以聚民
学组织建设
学道德伦理
鲍屯学村
"八学"设置
基于生态、文化、产业、社会学习村庄模式打造
传统农民 职业农民
学村模式
党员干部、乡村教师、能工巧匠、文化能人、非遗传承人
人才支撑
校企合作
政策扶持
资金支持
文化知识学堂
电商理论学堂
农业理论学堂
丝头系腰传授
地戏表演传授
鲍家拳技传授
专家指导教学
乡贤交流教学
大学联合教学
农业技能实训
手工技能实训
游客接待实训
鲍家学村
地区政府、高等院校、科研院所、文教机构、社会企业
习·八学计划
学传统文化
村民课程 交流座谈 调研考察
文化保护传承
物质遗产 文化习俗
思想意识提升
学文化经营
村民课程 交流座谈 模拟经营
文化打造传播
特色旅游 文创纪念
经济性 传播性 创新性
文化保护传承
了解传统建筑 重整空间格局 修复屯堡风貌 保护历史水系
传承农工技术 梳理节日活动 了解历史文化 创新特色餐饮
特色旅游打造
写生基地打造 名人故居 特色建筑游线 特色民宿
传统服饰体验 武术表演 历史展览厅 婚嫁习俗观看
文创产品设计
村民游客共学模式
1 文化挖掘
2 空间重组
3 点面串联
4 功能演绎
5 文化传播
节日活动参与
春季：踏青赏花 夏季：避暑乘凉 秋季：丰收采摘 冬季：团圆聚会
活跃度
一月 二月 三月 四月 五月 六月 七月 八月 九月 十月 十一月 十二月
正月抬汪公 地戏迎新春 祭祀祭礼 油菜花观赏 "百香宴"
生态学习模式
学生态保护
卫生治理模式
增强村民参与农村卫生保洁的主动性和能动性
学卫生治理
主体·村民
鲍屯学院
鲍屯学村
文化保护 文化经营 生态保护 卫生治理 社会伦理 组织建设 商业管理 农工技术
学农工技术
田间教授 匠人传授 村民课程
产业链条延伸
农业种植 手工技术
带动经济发展
农业技术学习
高效农业模式 特色养殖产业 特色农产品种植
体验种植田 果树采摘园 有色种植
塘体栽培 设施农业 沟渠
手工业技术学习
传统丝头系腰 新式手工品 文创产品
村民游客共学模式
手工业+乡村旅游
农业+农产品加工
农业+乡村旅游
村民
游客
以鲍屯学院管理人才培养为动力，推动一产延伸至二、三产，再扩展到一、二、三产"融合"的模式。
学商业管理
村民课程 交流座谈 网络培训
三产相互融合
产业匠人 产业能人
鲍屯品牌打造
山 自然元素
丝头系腰 文化元素
屯堡瓦片 建筑元素
鲍屯学村
加强宣传教育 注重长远规划 寻求多方支持 依靠科学技术
产品经营 ——油菜花的一生
鲍屯有油菜花观赏和菜籽油两大旅游特色，将二者串联，打造"油菜花的一生"
村民
游客
伦理道德基础
用空间承载伦理道德
以空间为学习媒介
学伦理道德
组织建设扶持
主体·村民
鲍屯学院
学组织建设

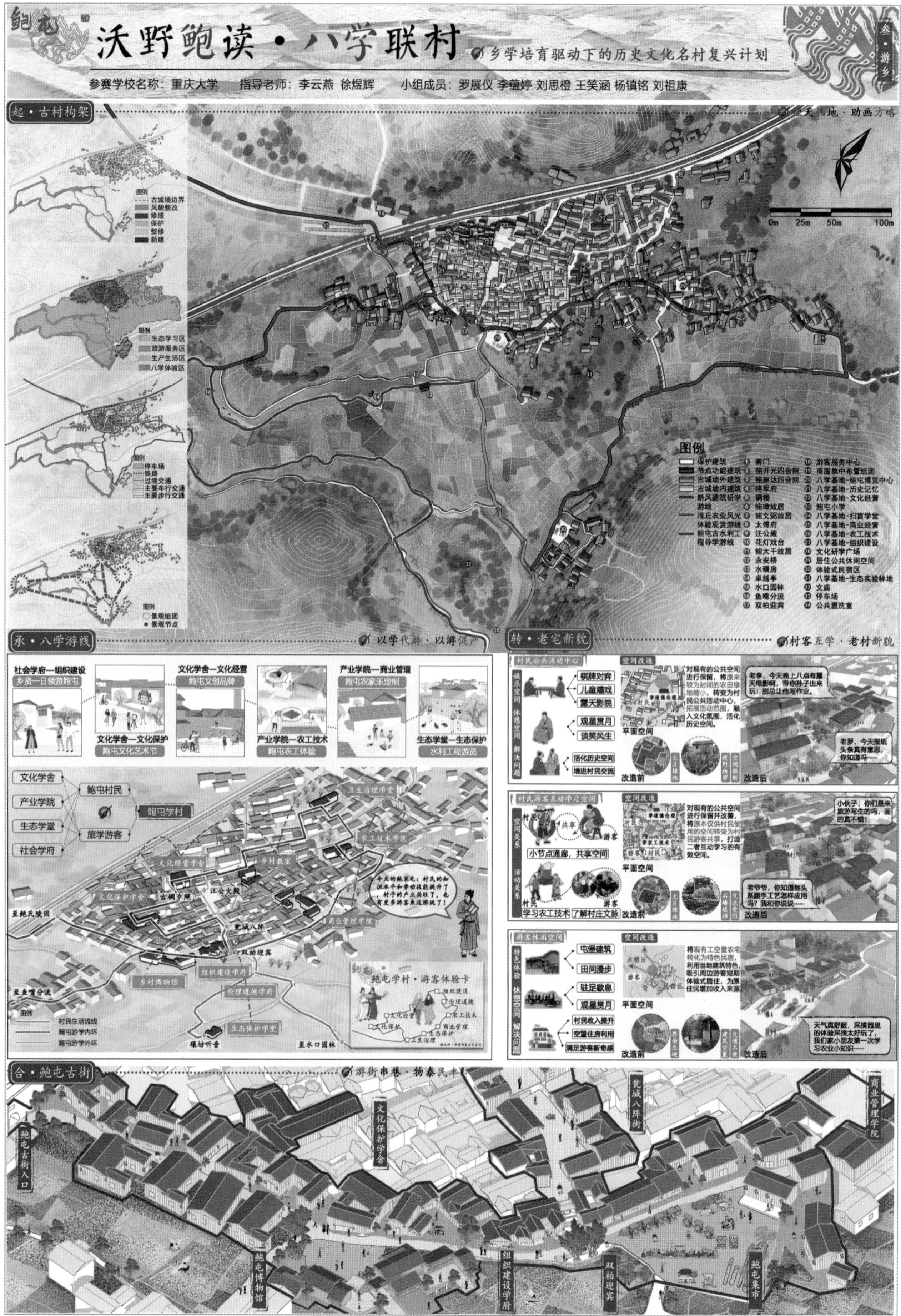

沃野鲍读·八学联村
乡学培育驱动下的历史文化名村复兴计划
参赛学校名称：重庆大学 指导老师：李云燕 徐煜辉 小组成员：罗展仪 李蕴婷 刘思橙 王笑涵 杨镇铭 刘祖康
起·古村构架
天·地·助画方略
承·八学游线
以学代游·以游促学
转·老宅新貌
村客互学·老村新貌
合·鲍屯古街
游街串巷·物泰民丰
鲍屯古街入口
文化保护学舍
瓮城八阵街
商业管理学院
鲍屯博物馆
组织建设学府
双柏迎宾
鲍屯集市

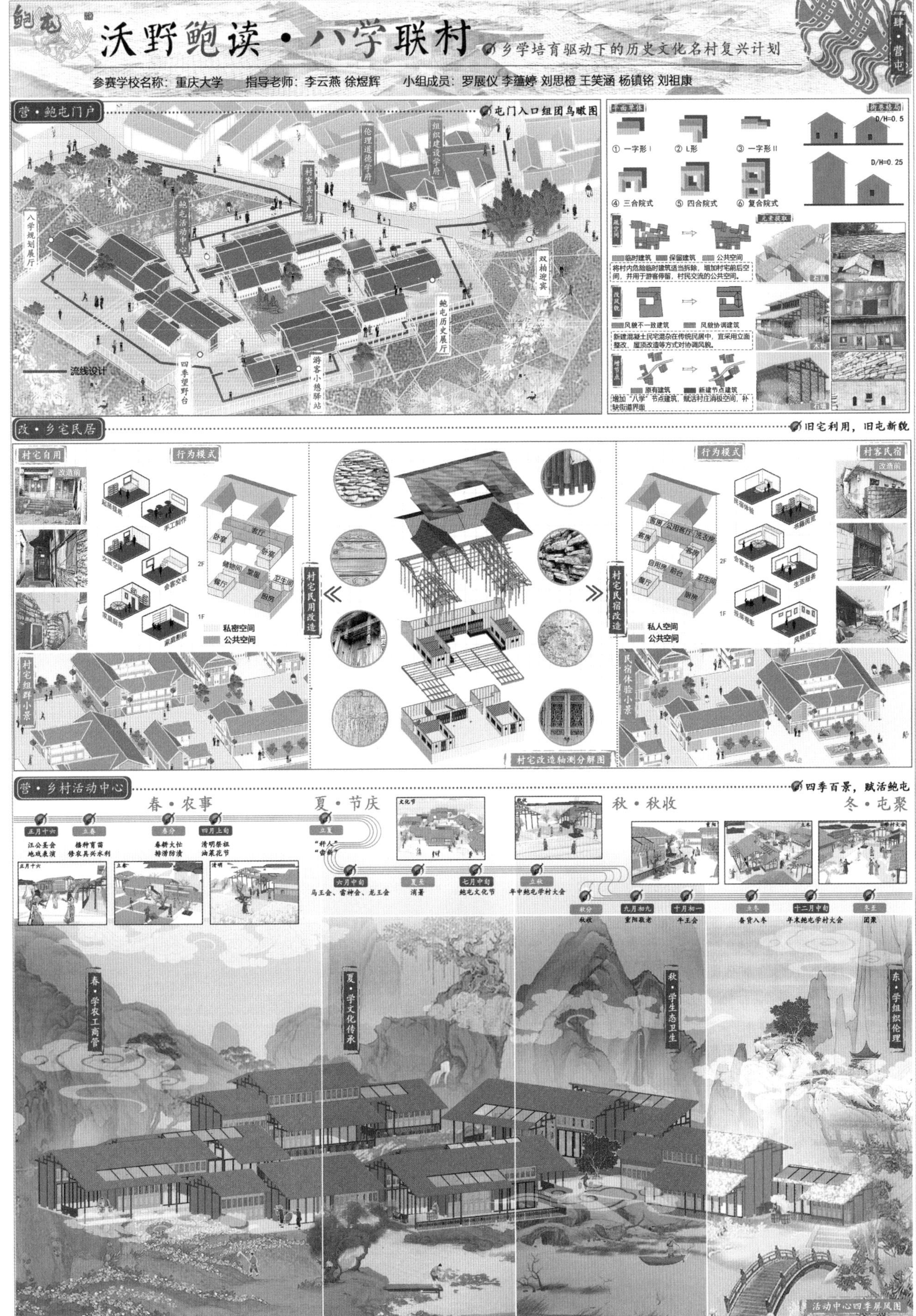
沃野鲍读·八学联村
乡学培育驱动下的历史文化名村复兴计划
参赛学校名称：重庆大学 指导老师：李云燕 徐煜辉 小组成员：罗展仪 李蕴婷 刘思橙 王笑涵 杨镇铭 刘祖康
营·鲍屯门户
屯门入口组团鸟瞰图
流线设计
营·乡村活动中心
四季百景，赋活鲍屯
春·农事
夏·节庆
秋·秋收
冬·屯聚
活动中心四季屏风图

水联三生　同舟共享

二等奖

【参赛院校】 浙江大学建筑工程学院

【参赛学生】

傅莹莉

章　怡

周学文

徐雯雯

胡雪薇

章金晶

【指导老师】

曹　康

王纪武

作品介绍

一、设计思考

在乡村振兴快速发展的背景下，北太湖（望亭）旅游风景区如何能更好地发展呢？如何在既有旅游资源基础上挖掘更大的价值？如何在传承乡村特色的同时，融入新时代乡村振兴、乡村旅游的可持续发展策略是我们探索的方向。

二、基地情况

规划范围：北太湖（望亭）旅游风景区，总用地面积为 3.54km^2。

人口信息：截至 2019 年 12 月，规划范围内共有户籍户数 582 户，户籍人口 2188 人，常住人口 2478 人。

村庄规模：共有 18 个自然村落。

自然资源：具有丰富的稻田资源，与优美的太湖水景形成南河港湖、田相望的独特自然生态景观。

旅游资源：稻香公园、油菜花海、风情顺堤河、长洲苑湿地公园、食味南河港等旅游景点。

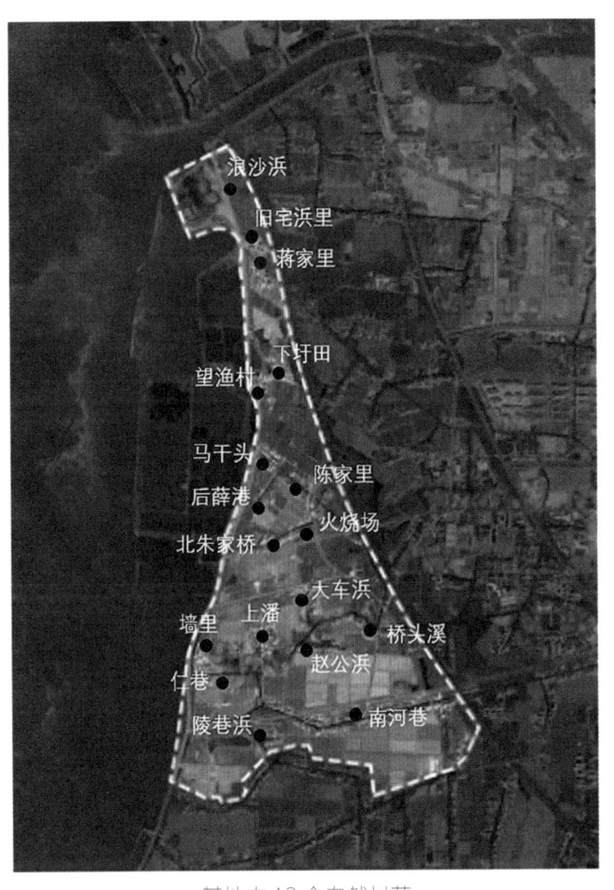

基地内 18 个自然村落

三、现状问题梳理

1. 产业经济方面

（1）三产为主，村民参与度不高

据统计，北太湖风景区内以第三产业产值最高，主要有民宿、餐饮、销售、旅游等相关产业。第一产业次之，以果蔬种植和水稻种植为主。北太湖风景区内村民直接或间接从事与旅游发展相关产业的比例小，约占 23%。当地村民以外出打工和单位上班为主要收入来源。

（2）景区吸引力不足，一日游为主

客流来源分析可知：80% 左右的客源来自江苏省内，其中以苏州市的占比最大，无锡市次之。而游客停留时间主要集中在 0~3 小时，以短途一日游为主，景区吸引力不强，景点分布少。

（3）景点季节性强，可玩度低

圩田樱花林的盛花期在每年的三四月之交，花期只有一到两周的时间。油菜花田定位为望亭油菜花展示核心区和重要的观赏点，油菜花约在每年三四月份的时候开始开花，花期约有 30 天。北太湖花海分为不同地块和品种，其中美女樱四季花从 5 月到 11 月都可观赏，夏天以芝樱为主，秋天以菊花为主。

2. 自然生态

（1）水网密集，景观丰富

水网密集，河、港、塘星罗棋布，点状鱼塘、线状河道和面状湖泊交错纵横，水资源丰富。丰富的稻田景观与太湖水景交相辉映，尽管基底丰富且紧凑，旅游主打水稻田和果园蔬菜，作为生态体验式景观，绿地并未充分利用。

（2）生物种类多样

水生植物和鱼、虾、蟹资源丰富。

（3）水质污染

北太湖区域内部河流存在水体富营养化、水质浑浊等污染情况。

3. 社会生活

（1）老龄化显著，生活娱乐缺乏

居民的年龄结构呈现较强的老龄化趋势，老人以打麻将为主，其他娱乐活动较少，其他年龄段以电视、手机作为主要的休闲活动。总体呈现迁入大于迁出的态势。

（2）建筑生长，沿水而居

整个北太湖风景区内的建筑肌理均沿河生长。

（3）空间节点，分散且无序

现状空间节点分散在北太湖风景区内，由于以现有自然资源作为选取空间节点的主要依据，各节点间没有内在联系，呈现出分散且无序的状态。

（4）院落风貌布局，屋院结合

主屋建筑形制多为一字形，层数以 2~3 层为主，部分主屋有 1 层的辅助性用房，用途为仓库或厨房，与主屋形成 L 形的建筑形制。

（5）以水为界，关系寡淡

乡村周边邻里关系保持良好，但整体的联系较弱。大部分村民对于村落的认同感范围在自然村，即使是一个行政村，但是大家都认为自己是某个自然村而没有行政村认同感。太湖禁渔后，水系渔业水运功能丧失，塘浦圩田系统退化，农业水利功能破坏，与水的关系从紧密到寡淡。

（6）水、稻、渔、田、吴文化

北太湖地区的民众通过充实稻作生长，收获稻米满足基本物质生存，同时在稻作生产的影响下，北太湖地区民众的生活具有明显的稻作文化色彩。以大米为主食并衍生出灿烂的糕团饮食民俗；依靠太湖而繁荣的独特的渔文化；太湖地区特有的“塘浦圩田”水利体系，是古人治水、用水的典范；基地内部的吴文化遗址在一定程度上表明由吴语衍生的昆曲、评弹、吴歌等吴文化在北太湖地区繁荣璀璨。

四、主题演绎

保护 18 个自然村落，延续文脉，包括物质空间和非物质文化，传承和发扬老祖宗留下的遗产；深入挖掘北太湖（望亭）旅游风景区的自然资源和社会价值，适度开发和利用既有区域内优美的生态环境和特色自然村落等资源，使之成为未来乡村和景区经济的持续动力；以基地“水”为切入点出发，从水的基本交通功能出发，结合水乡文化基因促进生产、生态、生活联动发展。

现状总结及问题归纳
良好生态资源禀赋，水系密布依水而居的特色水乡肌理；太湖地区特有的文化基因。
S
W
O
T
村庄内部道路迂回，联系相邻自然村的道路曲折；村内旅游景点吸引力不足，缺乏特色，可玩度低。
上位规划对村庄发展旅游的政策支持与导向，周边城市能提供较大的潜在旅游客源市场。
村庄产业以旅游为主，但村民参与度不高。村民对行政村归属感弱，关系寡淡。

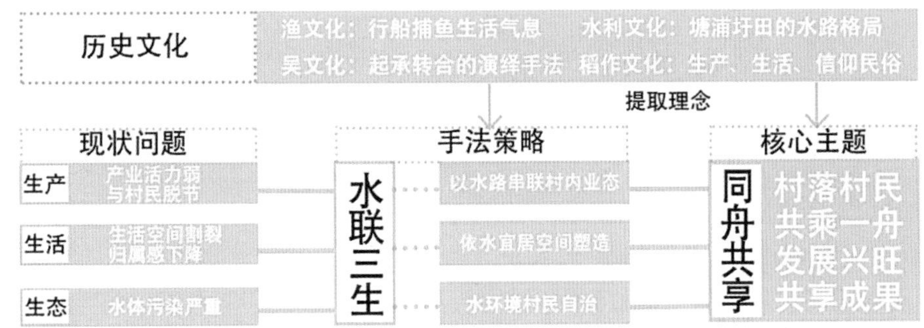

五、规划对策

1. 以水串联村内业态

恢复水上交通功能，根据现有的基地资源禀赋条件，将基地分为稻作、渔猎、吴苑三个主题，结合原有场地，以田野水景为背景，以船为依托，在村内上演大型户外情景剧，内容包含太湖吴歌、渔家秧歌、稻作舞蹈、诗歌朗诵、话剧等民俗文化的艺术再创作形式；同时水也是串联现有项目和植入文旅项目的纽带，一方面解决了现有景区内景点道路迂回的问题，另一方面做到了资源整合，村民作为本土演员参与情景剧表演，提高村民参与度。村庄对应不同主题在村内发展民宿、文创购物、手工体验，进而提高村民收入，改善村民生活水平和质量。

吴苑、渔猎、稻作文化片区

2. 依水宜居空间塑造

保留村庄沿河的肌理特色，恢复河道交通功能，优化沿河的驳岸空间、菜园以及院落空间；将沿河的部分驳岸空间改造成舞台，以及进出村庄的码头；整理沿河的院落前后空间分离游览和生活路线。

3. 水环境村民自治

对村庄内的生活、养殖、径流三种污水进行分类处理，尤其是养殖污水结合基地特有的圩田系统，利用圩田湿地进行净化；同时通过村民、保洁员、志愿者、政府工作人员等多方角色，共同参与村内水环境的治理与管理，进一步提升村民的参与度，以及提升村民的归属感、凝聚力。

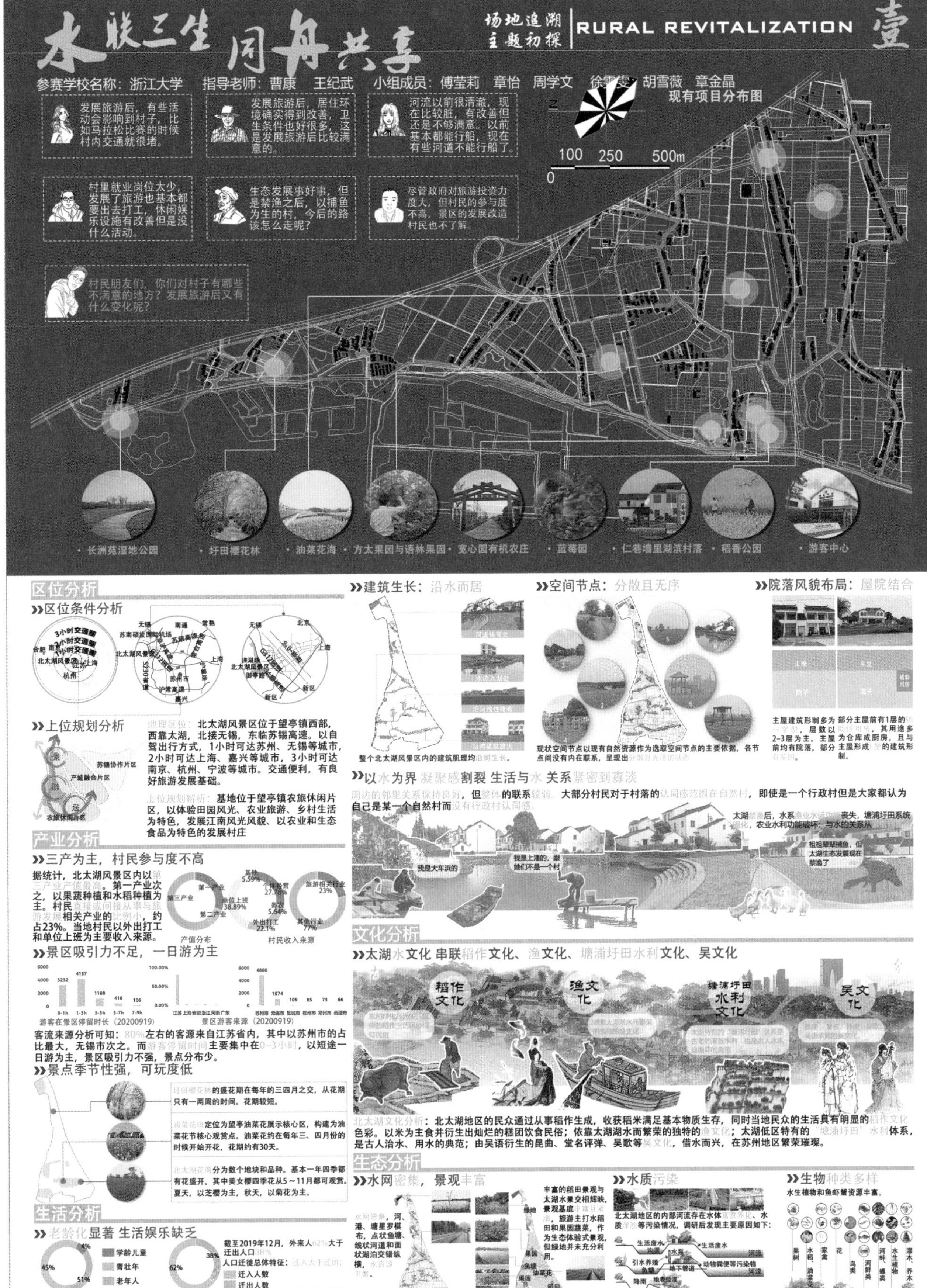

水联三生 同舟共享
场地追溯 主题初探
RURAL REVITALIZATION 壹
参赛学校名称：浙江大学 指导老师：曹康 王纪武 小组成员：傅莹莉 章怡 周学文 徐雪安 胡雪薇 章金晶
现有项目分布图
发展旅游后，有些活动会影响到村子，比如马拉松比赛的时候村内交通就很堵。
发展旅游后，居住环境确实得到改善，卫生条件也好很多，这是发展旅游后比较满意的。
河流以前很清澈，现在比较脏，有改善但还是不够满意。以前基本都能行船，现在有些河道不能行船了。
村里就业岗位太少，发展了旅游也基本都要出去打工，休闲娱乐设施有改善但是没什么活动。
生态发展事好事，但是禁渔之后，以捕鱼为生的村，今后的路该怎么走呢？
尽管政府对旅游投资力度大，但村民的参与度不高，景区的发展改造村民也不了解。
村民朋友们，你们对村子有哪些不满意的地方？发展旅游后又有什么变化呢？
长洲苑湿地公园
圩田樱花林
油菜花海
方太果园与语林果园
宽心园有机农庄
蓝莓园
仁巷塘里湖滨村落
稻香公园
游客中心
区位分析
区位条件分析
上位规划分析
地理区位：北太湖风景区位于望亭镇西部，西靠太湖，北接无锡，东临苏锡高速。以自驾出行方式，1小时可达苏州、无锡等城市，2小时可达上海、嘉兴等城市，3小时可达南京、杭州、宁波等城市。交通便利，有良好旅游发展基础。
上位规划解析：基地位于望亭镇农旅休闲片区，以体验田园风光、农业旅游、乡村生活为特色，发展江南风光风貌、以农业和生态食品为特色的发展村庄
产业分析
三产为主，村民参与度不高
据统计，北太湖风景区内以第三产业产值最高。第一产业次之，以果蔬种植和水稻种植为主。村民直接或间接从事与旅游发展相关产业的比例小，约占23%。当地村民以外出打工和单位上班为主要收入来源。
产值分布
村民收入来源
景区吸引力不足，一日游为主
游客在景区停留时长（20200919）
景区游客来源（20200919）
客流来源分析可知：80%左右的客源来自江苏省内，其中以苏州市的占比最大，无锡市次之。而游客停留时间主要集中在0~3小时，以短途一日游为主，景区吸引力不强，景点分布少。
景点季节性强，可玩度低
圩田樱花林的盛花期在每年的三四月之交，从花期只有一两周的时间。花期较短。
油菜花田定位为望亭油菜花展示核心区，构建为油菜花节核心观赏点。油菜花约在每年三、四月份的时候开始开花，花期约有30天。
北太湖花海分为数个地块和品种。基本一年四季都有花盛开。其中美女樱四季花从5～11月都可观赏。夏天，以芝樱为主，秋天，以菊花为主。
生活分析
老龄化显著 生活娱乐缺乏
学龄儿童
青壮年
老年人
截至2019年12月，外来人口大于迁出人口
迁入人数
迁出人数
人口年龄特征：呈现较强的老龄化趋势。日常活动分析：老人以打麻将为主；其他年龄段以电视、手机作为主要休闲活动。
建筑生长：沿水而居
整个北太湖风景区内的建筑肌理均沿河生长。
空间节点：分散且无序
现状空间节点以现有自然资源作为选取空间节点的主要依据，各节点间没有内在联系，呈现出分散且无序的状态
院落风貌布局：屋院结合
主屋建筑形制多为2~3层为主。主屋前有院落，部分主屋前有1层的附属建筑，其用途多为仓库或厨房，且与主屋形成L型的建筑形制。
以水为界 凝聚感割裂 生活与水 关系紧密到寡淡
周边的邻里关系保持良好，但整体的联系较弱。大部分村民对于村落的认同感范围在自然村，即使是一个行政村但是大家都认为自己是某一个自然村而没有行政村认同感。
太湖禁渔后，水系渔业水运功能丧失，塘浦圩田系统退化，农业水利功能破坏，与水的关系从
我是大车浜的
我是上涌的，跟她们不是一个村
祖祖辈辈捕鱼，但太湖生态发展现在禁渔了
文化分析
太湖水文化 串联稻作文化、渔文化、塘浦圩田水利文化、吴文化
稻作文化
渔文化
塘浦圩田水利文化
吴文化
北太湖文化分析：北太湖地区的民众通过从事稻作生成，收获稻米满足基本物质生存，同时当地民众的生活具有明显的稻作文化色彩。以米为主食并衍生出灿烂的糕团饮食民俗；依靠太湖湖水而繁荣的独特的渔文化；太湖低区特有的"塘浦圩田"水利体系，是古人治水、用水的典范；由吴语衍生的昆曲、堂名评弹、吴歌等吴文化，借水而兴，在苏州地区繁荣璀璨。
生态分析
水网密集，景观丰富
水网密集，河、港、塘星罗棋布，点状鱼塘、线状河道和面状湖泊交错纵横，水资源丰富。
丰富的稻田景观与太湖水景交相辉映，景观基底丰富且紧凑，旅游主打水稻田和果园蔬菜，作为生态体验式景观，但绿地并未充分利用。
水质污染
北太湖地区的内部河流存在水体富营养化、水质浑浊等污染情况，调研后发现主要原因如下：
生物种类多样
水生植物和鱼虾蟹资源丰富。
RURAL PLANNING FOR BEITAIHU
江苏省苏州市望亭镇北太湖风景区乡村规划

水联三生 同舟共享

概念演绎 方案生成 RURAL REVITALIZATION 贰

参赛学校名称：浙江大学 指导老师：曹康 王纪武 小组成员：傅莹莉 章怡 周学文 徐雯雯 胡雪薇 章金晶

主题演绎

现状总结及问题归纳

生态资源禀赋，水系密布依水而居的水乡肌理；太湖地区的文化基因

村庄内部道路迂回；村内旅游景点吸引力不足，缺乏特色

上位规划对村庄发展旅游的政策支持，周边城市提供潜在客源市场

产业以旅游为主，村民参与度不高，村民对行政村归属感弱

设计思路框架

历史文化 — 提取理念

现状问题：生产、生活、生态

手法策略：水联三生

核心主题：同舟共享 — 村落村民共乘一舟 发展兴旺共享成果

生态策略

生活污水—污水处理设施升级

分类处理，提高污水处理效率。生活污水采用厌氧方式沉淀后排放；养殖污水采用圩田湿地净化；径流污水通过过滤径流污染物质，提高本水体下渗能力来净水蓄水。

养殖污水—圩田湿地净化法

径流污水—韧性雨水花园

水环境自治及河道管理

村民、保洁员、志愿者、政府人员等多方角色的参与，共同治理水环境。

生活策略

保留沿河肌理特色

保留村部沿河发展形成的现有聚落布局，延续水乡脉络。

恢复河道交通功能

(1) 清理河道 (3) 乌篷船停泊点

清理河中泥沙

(2) 水上游览路线

乌篷船宽约1.2m，长约4m，河道宽度大于3m；转弯半径要大于4m。

优化沿河空间要素

优化沿河空间典型要素——驳岸空间、菜园与院落空间及院前屋后空间。

(1) 水系驳岸空间—塑造滨河空间

(2) 菜园与院落空间—植入新功能

(3) 院前屋后空间—分离游览和生活动线

串联村落生活空间

(1) 将文化要素融入生活空间

生活空间一：健身空间

稻作文化、渔文化等文化元素融入健身休闲空间，如扁关节训练器改木质打谷机造型

生活空间二：院落巷边

传统水利器具改装饰用品

(2) 以水系串联生活空间

规划利用水系作为媒介，航线作为载体，串联村落生活空间以形成紧密整体。

产业策略

文旅项目植入

以水为载体，天然串联各个村庄，结合村庄周边资源禀赋，确定基地内功能主题

(1) 船在水中行

以昆曲、吴歌为桥梁贯穿古今。提取昆曲的典型结构：起、承、转、合串联三个主题区：稻作篇、渔猎篇、吴韵篇。

开始 → 发展 → 高潮 → 结尾

(2) 人在曲中游

(3) 景在城中现

利用村庄码头、滨水空间打造滨水舞台，游客随船观赏岸上表演

滨水空间空间打造舞台　村庄码头打造舞台

水联新旧 资源整合

规划航线，串联已有项目和规划项目。

三产联动 提升村民参与度

促一产：特色立体农业

重现太湖流域典型农业生态系统："稻鱼共生"

兴二产：恢复院落生产，进行集体培训对农产品进行再加工

旺三产：村民作为演员参与主题表演 发展主题民宿、文创产品

稻米文创商店内售卖当地融入稻米文化的特色农产品、加工品和创意产品等。

稻米民宿内建设再稻田周边，让游客感受到与自然接触的机会，建筑形式也较特别。

创意游船内植入稻田花文化、渔文化等工艺品装饰，打造文化体验式游船，提升游客文化体验

体验式果园集市将农事体验观光场所植入"小集市"增强游客的体验感。

滨水空间植入舞台和休憩空间，打造水上休闲娱乐空间，增强滨水空间趣味性。

吴韵主题餐厅是结合吴文化元素装饰的当地特色餐厅，将美食和文化融为一体。

渔猎文化民宿植入渔猎元素，民宿风格较为原生态，且外部景观丰富，环境优美。

吴文化民宿是体现基地文化体验式的民宿，传承当地的传统文化。

湿地景观平台是休闲娱乐的好去处，既可提高身心健康，又能增加社交。

原生态稻田采用"稻鱼共生"生态立体农业系统，发展稻蟹、稻鱼等农产品。

场景式稻香公园内植入稻田文化表演和场景式体验活动，村民作为"演员"参与表演。

院落口袋公园植入具有稻作文化、渔文化等鲜明文化要素的游乐休闲设施，增强居民归属感。

码头休憩空间作为滨水舞台和游船码头空间，游客路线连接居民区。

图例：规划路线　游览节点

RURAL PLANNING FOR BEITAIHU

江苏省苏州市望亭镇北太湖风景区乡村规划

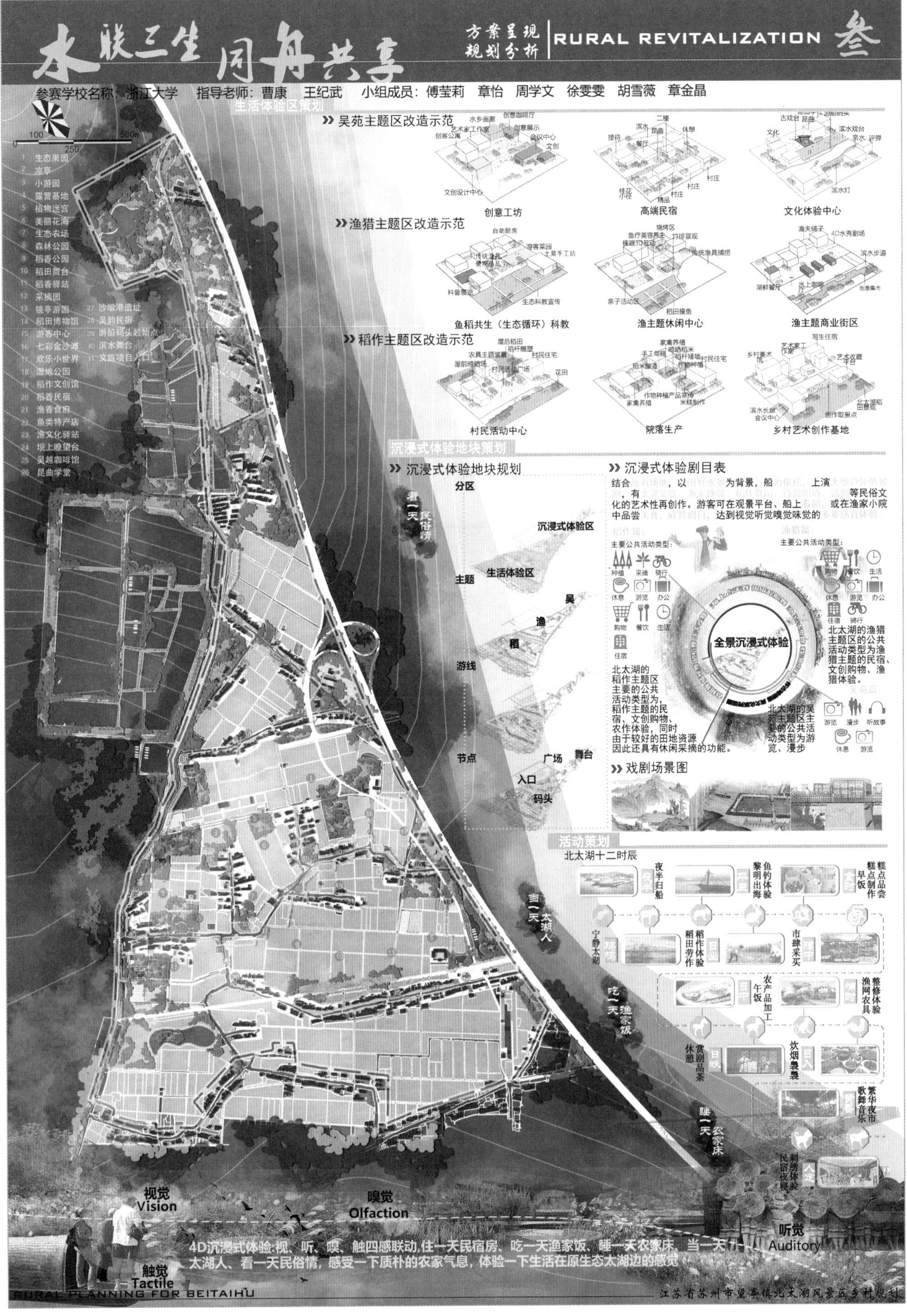
水联三生 同舟共享
方案呈现 规划分析
RURAL REVITALIZATION 叁
参赛学校名称：浙江大学 指导老师：曹康 王纪武 小组成员：傅莹莉 章怡 周学文 徐雯雯 胡雪薇 章金晶
生活体验区策划
吴苑主题区改造示范
创意工坊
高端民宿
文化体验中心
渔猎主题区改造示范
鱼稻共生（生态循环）科教
渔主题休闲中心
渔主题商业街区
稻作主题区改造示范
村民活动中心
院落生产
乡村艺术创作基地
沉浸式体验地块策划
沉浸式体验地块规划
沉浸式体验剧目表
全景沉浸式体验
戏剧场景图
活动策划
北太湖十二时辰
视觉 Vision
嗅觉 Olfaction
听觉 Auditory
触觉 Tactile
4D沉浸式体验：视、听、嗅、触四感联动，住一天民宿房、吃一天渔家饭、睡一天农家床、当一天太湖人、看一天民俗情，感受一下质朴的农家气息，体验一下生活在原生态太湖边的感觉
RURAL PLANNING FOR BEITAIHU
江苏省苏州市望亭镇北太湖风景区乡村规划

水联三生 同舟共享
效果呈现
规划分析
RURAL REVITALIZATION 肆
参赛学校名称：浙江大学 指导老师：曹康 王纪武 小组成员：傅莹莉 章怡 周学文 徐雯雯 胡雪薇 章金晶
节点展示
1.活动休闲广场
位于稻作文化片区的西北侧，是基地内部河流流经区域。通过场地的改造更新，将健身活动、休闲娱乐功能植入成为室外活动中心。
2.村庄入口空间
位于宅基村旧宅滨里入口处，要素众多、杂乱无序，缺乏主空间统筹。置入活动空间和构筑物作为空间主要素，吸引老年人和游客。
3.村庄入口空间
位于迎湖村马干头入口处，现状入口较为空旷，缺乏特色。置入构筑物、舞台和休憩空间，丰富入口空间要素。
4.院落生产空间
院落是乡村故事演出的最好舞台，规划庭院布局，发展庭院经济，拓宽了增收渠道，也改善居住环境。
5.民宿
民宿由基地内部村民住所改造，需满足院落主人私密性与社交功能，又需满足游客的游览需求。院落内设置体现地方风土的劳动工具或娱乐设施。
6.特色商业点
该典型商业点位于稻作文化片区靠近太湖一侧，将民居改造为稻作文创馆和稻作特产商店，呈现出片区特色。
7.村庄歌剧舞台
以昆剧、吴歌为主贯穿古今，利用各种舞台表演稻作舞蹈、渔猎丰收歌舞，以及怀古吴文化历史歌剧，空间上各舞台相互串联。
8.村庄码头+文化舞台
利用村庄码头、滨水空间打造滨水舞台，游客随船欣赏舞台表演，包括文艺表演、太湖山歌等，水陆空间衔接流畅。
空间构成要素
空间处理
规划策略
吴文化片区局部鸟瞰
渔文化片区局部鸟瞰
稻文化片区局部鸟瞰
RURAL PLANNING FOR BEITAIHU
江苏省苏州市望亭镇北太湖风景区乡村规划

◇ 竹隐竹栖 人生人享

二等奖

【参赛院校】 青岛理工大学建筑与城乡规划学院

【参赛学生】

赵紫璇

张云涛

谷淑仪

许根健

杨 徐

高子涵

【指导老师】

祁丽艳

纪爱华

作品介绍

一、认识长寺

当我们真正站在钳口水库旁的时候，我们才对长寺村有了真实的感受。这个被漫山竹林环抱的小山村，静谧地散布在钳口水库两侧，为这片翠绿镶上一串古朴的玛瑙珠链。村子的文化恩泽着村民，村民也影响着村子，浑然一体的包容、勤劳气息让我们初见就被其深深吸引。

1. 基地现状

基本情况：长寺村位于安徽省芜湖市繁昌区孙村镇西北部，全村辖 8 个自然村，11 个村民组，586 户，总人口 2011 人。

空间格局：长寺村具有传统的“背山面水靠田”的村庄格局，村子边界被自然山体水库和农田限定，在两个山谷形成了 V 字形带状基底，进入长寺村的主要道路为“村村通”公路。

2. 问题分析

以人的角度出发，我们从产业、生态、文化三个方面进行分析。

产业方面：耕地面积较小，竹林流转包产到户，但村庄人口外流严重，大部分竹林没有得到管理，已有部分竹林出现衰落迹象，且编竹笆带来的收益较低。为响应建设美丽乡村的国家政策，长寺村已不再进行污染较大的工业生产。第三产业发展较少，其优越的水资源和环境资源可带来较大的发展空间。长寺村的现有产业无法满足村民生活收入的需求，造成村民大量外流。

产业现状

生态方面：长寺村依山傍水，竹林密布，生物种群较多，生态环境优良，其中水资源尤为突出，长寺村水系发达，有不同规模的两个水库、数个水塘和贯穿村子的河道，但水系周边的环境未得到合理整治和开发利用。

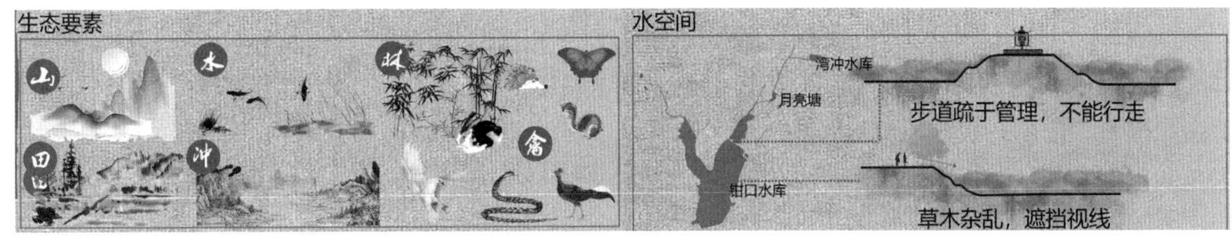

生态现状

文化方面：长寺村历史悠久，周边有多重文化圈，自明代起经历了几次名字的更改，有一些故事和文化习俗流传至今。村域周边有著名的历史文化遗址——人字洞遗址。

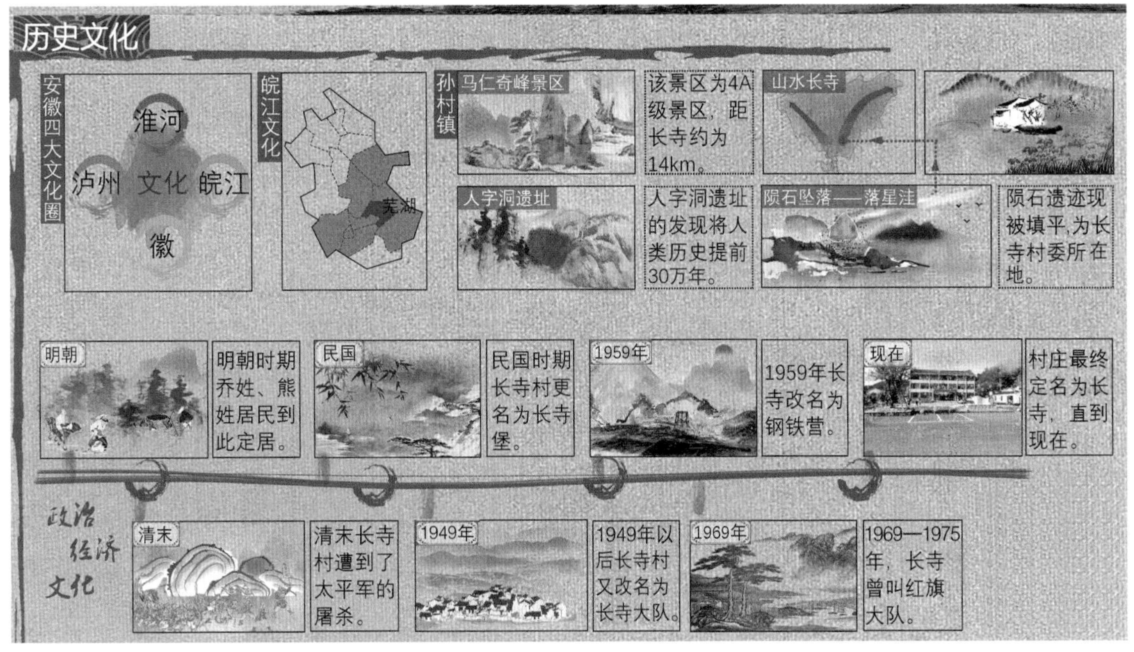

文化传承

二、改造长寺

1. 设计理念

长寺村在从古至今的文化脉络和生态环境的共同影响下，生态不断演进，并在此基础上进行美好社区营造使其具备生态种养、特色康养和儿童体验等功能，让来此的颐养天伦者、旅游体验者、务工实干者和资本注入者产生认同感和归属感，实现自然文化永续、生态价值延展和社区再现活力的愿景。

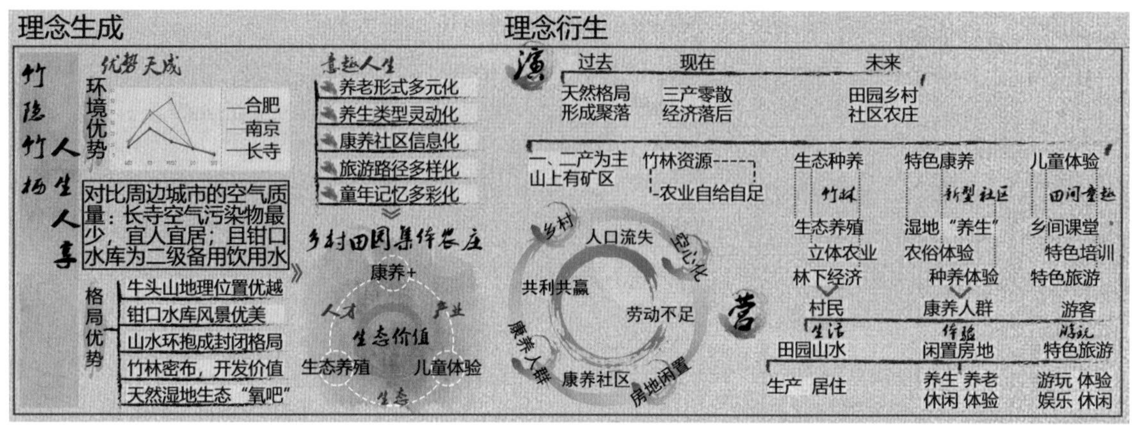

设计理念

2. 方案表达

发现长寺村存在的问题后，我们立足村子的现状，结合它的过去向未来展望，我们决定以老屋基和寺冲村为重点进行规划设计，在长寺村悠久的历史背景下，利用其优越的生态

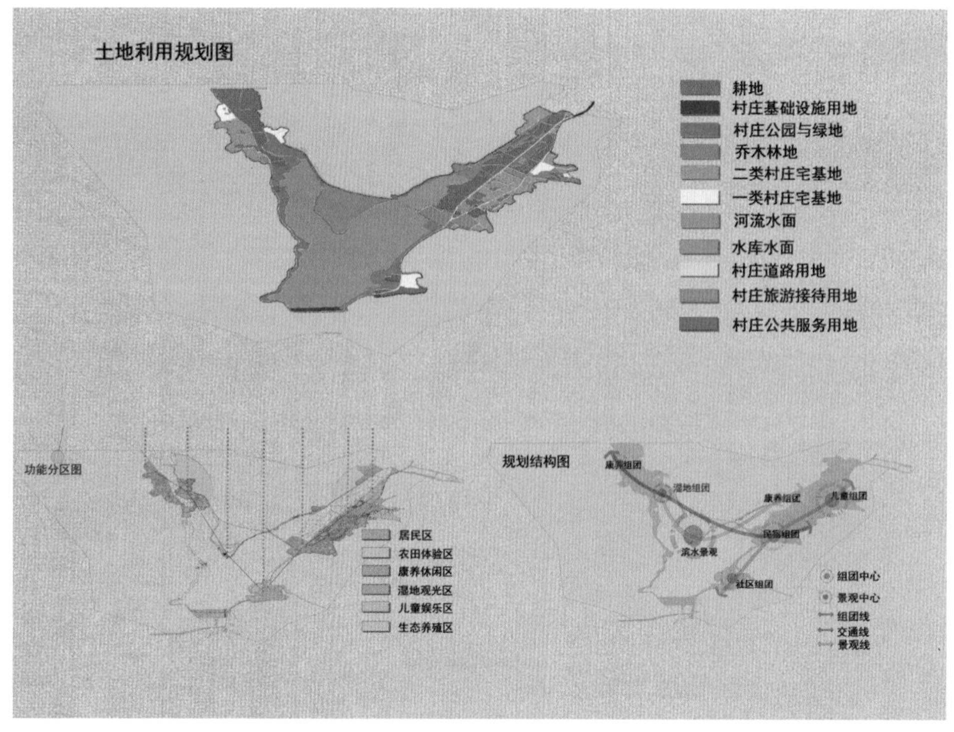

党群服务中心

条件——竹和水进行生态演进，达到吸引外地人口来到长寺村，助乡村完成产业结构转换的目的。

西侧寺冲村主要表现竹隐竹栖的空间，竹隐包括竹文化、竹景观和竹工艺的塑造，竹栖包括竹景、竹居和竹产。东侧老屋基行政村主要表现人生人享的空间，主要包括老屋基对人居社区的营造，尤其是对老人打造的康养社区和对儿童打造的儿童基地，营造人居舒适的生活环境。

方案表达图

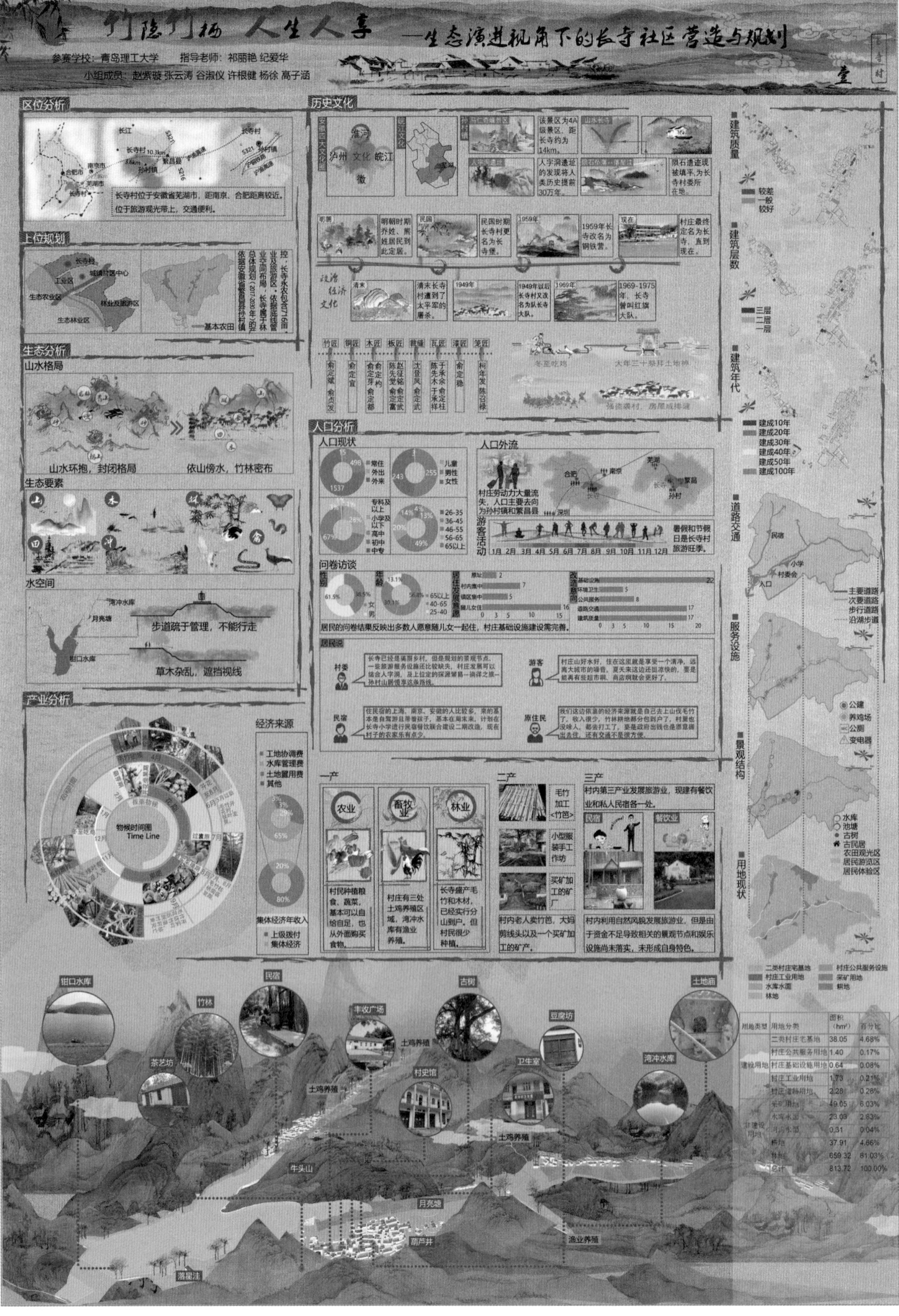

竹隐竹栖 人生人事
——生态演进视角下的长寺社区营造与规划
参赛学校：青岛理工大学 指导老师：祁丽艳 纪爱华
小组成员：赵紫璇 张云涛 谷淑仪 许根健 杨徐 高子涵
区位分析
长寺村位于安徽省芜湖市，距南京、合肥距离较近。位于旅游观光带上，交通便利。
上位规划
历史文化
生态分析
山水格局
山水环抱，封闭格局
依山傍水，竹林密布
生态要素
水空间
步道疏于管理，不能行走
草木杂乱，遮挡视线
人口分析
人口现状
人口外流
村庄劳动力大量流失，人口主要去向为孙村镇和繁昌县
游客活动
暑假和节假日是长寺村旅游旺季。
问卷访谈
居民的问卷结果反映出多数人愿意随儿女一起住，村庄基础设施建设需完善。
产业分析
经济来源
一产
农业
畜牧业
林业
二产
三产
村内第三产业发展旅游业，现建有餐饮业和私人民宿各一处。
村内利用自然风貌发展旅游业，但是由于资金不足导致相关的景观节点和娱乐设施尚未落实，未形成自身特色。
建筑质量
建筑层数
建筑年代
道路交通
服务设施
景观结构
用地现状
钳口水库
竹林
民宿
丰收广场
古树
豆腐坊
土地庙
茶艺坊
村史馆
卫生室
湾冲水库
牛头山
月亮塘
葫芦井
渔业养殖
落星洼

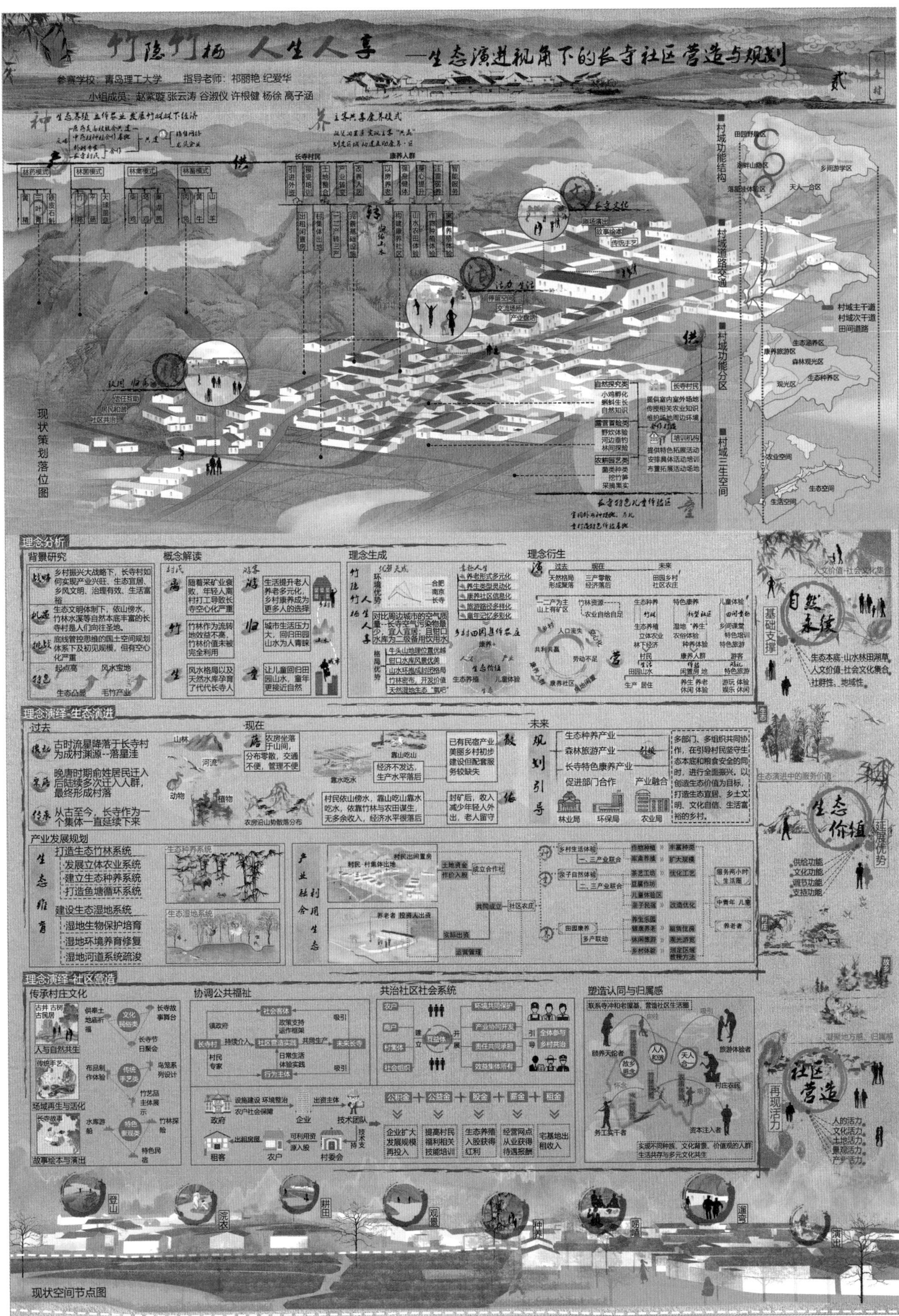

竹隐竹栖 人生人事
——生态演进视角下的长寺社区营造与规划
参赛学校：青岛理工大学 指导老师：祁丽艳 纪爱华
小组成员：赵紫璇 张云涛 谷淑仪 许根健 杨徐 高子涵
现状策划落位图
村域功能结构
村域道路交通
村域功能分区
村域三生空间
理念分析
背景研究
概念解读
理念生成
理念衍生
理念演绎-生态演进
过去
现在
未来
产业发展规划
打造生态竹林系统
发展立体农业系统
建立生态种养系统
打造鱼塘循环系统
建设生态湿地系统
湿地生物保护培育
湿地环境养育修复
湿地河道系统疏浚
理念演绎-社区营造
传承村庄文化
协调公共福祉
共治社区社会系统
塑造认同与归属感
现状空间节点图

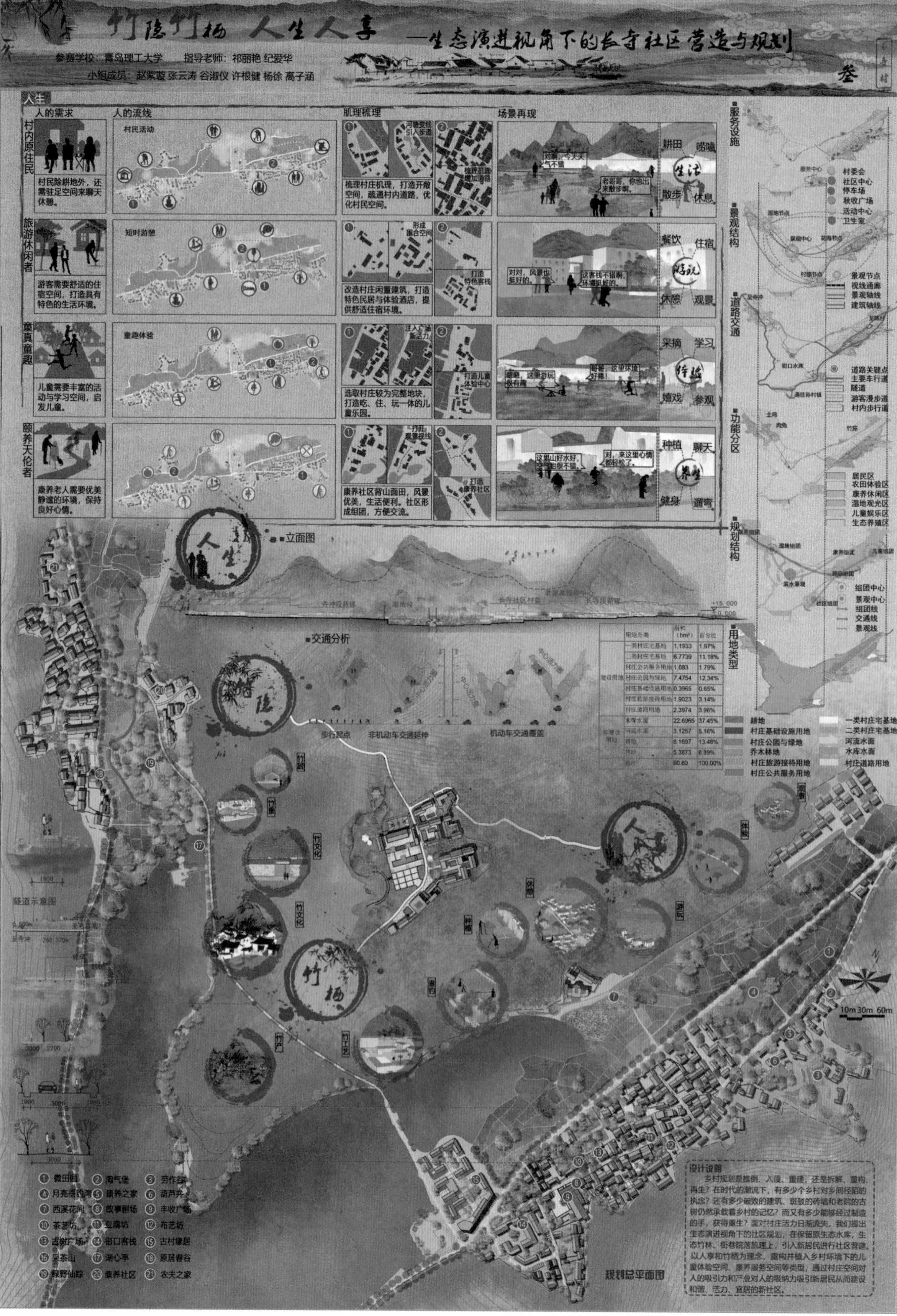

	用地分类	面积（hm^2）	百分比
建设用地	一类村庄宅基地	1.1933	1.97%
	二类村庄宅基地	6.7739	11.18%
	村庄公共服务用地	1.083	1.79%
	村庄公园与绿地	7.4754	12.34%
	村庄基础设施用地	0.3965	0.65%
	村庄旅游接待用地	1.9023	3.14%
	村庄道路用地	2.3974	3.96%
非建设用地	水库水面	22.6965	37.45%
	河流水面	3.1257	5.16%
	耕地	8.1697	13.48%
	林地	5.3873	8.89%
	总计	60.60	100.00%

设计说明

乡村规划是推倒、入侵、重建，还是拆解、重构、再生？在时代的激流下，有多少个乡村对乡间径陌的执念？还有多少破败的建筑、斑驳的砖墙和老院的古树仍然承载着乡村的记忆？而又有多少能够经过塑造的手，获得重生？面对村庄活力日渐流失，我们提出生态演进视角下的社区规划，在保留原生态水库，生态竹林、街巷院落肌理上，引入新居民进行社区营建。以人享和竹栖为理念，重构并植入乡村环境下的儿童体验空间、康养服务空间等类型，通过村庄空间对人的吸引力和产业对人的吸纳力吸引新居民从而建设和谐、活力、宜居的新社区。

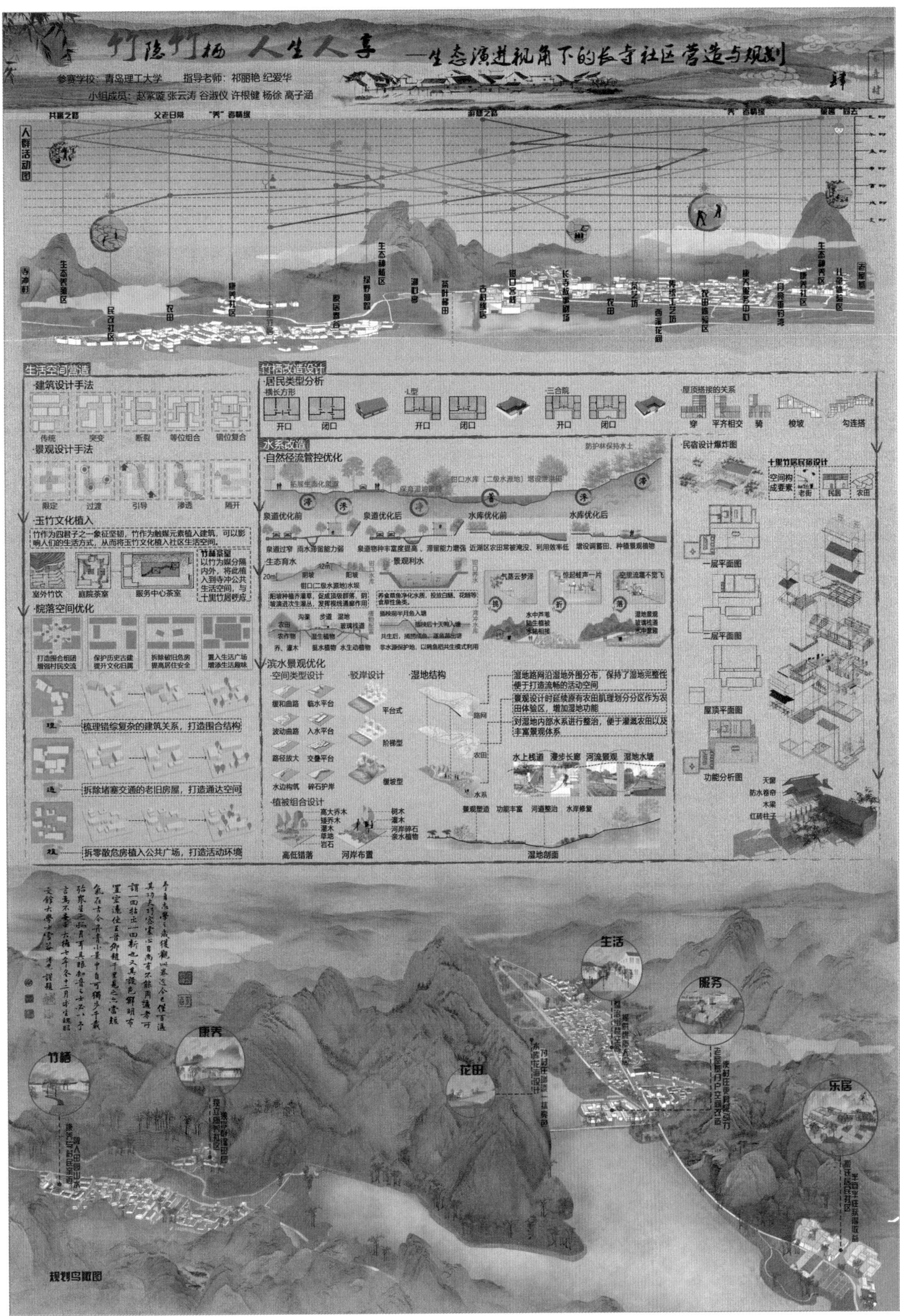
竹隐竹栖 人生人享 ——生态演进视角下的长寺社区营造与规划
参赛学校：青岛理工大学 指导老师：祁丽艳 纪爱华
小组成员：赵家璇 张云涛 谷淑仪 许根健 杨徐 高子涵
人群活动图
生活空间营造
建筑设计手法
传统 突变 断裂 等位组合 错位复合
景观设计手法
限定 过渡 引导 渗透 隔开
玉竹文化植入
竹作为四君子之一象征坚韧，竹作为触媒元素植入建筑，可以影响人们的生活方式，从而将玉竹文化植入社区生活空间。
室外竹饮 庭院茶室 服务中心茶室
院落空间优化
梳理错综复杂的建筑关系，打造围合结构
拆除堵塞交通的老旧房屋，打造通达空间
拆零散危房植入公共广场，打造活动环境
竹栖改造设计
居民类型分析
横长方形 L型 三合院
开口 闭口
屋顶搭接的关系
穿 平齐相交 骑 梭坡 勾连搭
水系改造
自然径流管控优化
泉道优化前 泉道优化后 水库优化前 水库优化后
生态育水 景观利水
滨水景观优化
空间类型设计 驳岸设计 湿地结构
植被组合设计
高低错落 河岸布置
湿地剖面
民宿设计爆炸图
十里竹居民宿设计
一层平面图 二层平面图 屋顶平面图 功能分析图
天窗 防水卷帘 木梁 红砖柱子
竹栖 康养 花田 生活 服务 乐居
规划鸟瞰图

◇ 枫香染，扶瑶上

二等奖

【参赛院校】 贵州大学建筑与城市规划学院、管理学院、历史与民族文化学院

【参赛学生】

全晓澍

张梦杰

刘雨豪

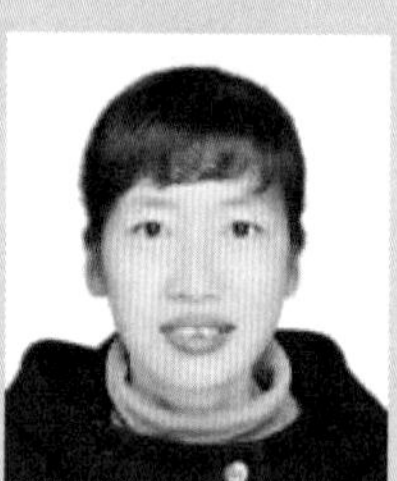
闫晓勇

黄艾薇

杨海露

【指导老师】

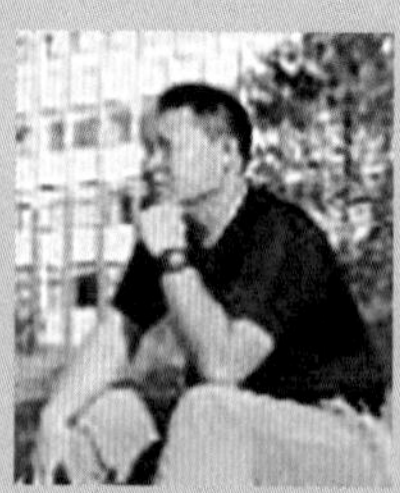
赵玉奇

李　烨

崔海洋

作品介绍

一、基地情况

河坝村位于贵州省黔东南苗族侗族自治州凯里市麻江县龙山镇，境内山川秀丽，气候宜人，资源丰富，民族风情浓郁。麻江县西抵都匀市，西北抵贵定县，东抵凯里市区，南抵丹寨县，北抵马场坪镇，凯麻同城的核心地带。河坝村地处麻江县龙山镇东南部，东邻龙山村，南邻干桥村，西邻宣威镇瓮袍村。距蓝梦谷景区 4km、龙山镇政府 4.5km，距麻江县 11.5km、下司古镇 14km。其历史悠久，距今 700 多年，是瑶族聚居地，瑶族原称为“绕家”，自称“育”，史称为“幺家、禾苗”，瑶族占总人口 90% 以上，保留着丰富的非物质文化遗产。

河坝村

二、问题分析

通过现场调研，我们总结出以下具体问题：

环境：村寨风貌管控不力、人居环境不佳。

人口：大量青壮年外出务工、人才短缺。

产业：产业发展经济效益及转化率低。

文化：文化遗产开发保护利用不足。

设施：基础设施不健全、公服设施不足。

三、方案阐述

1. 规划理念

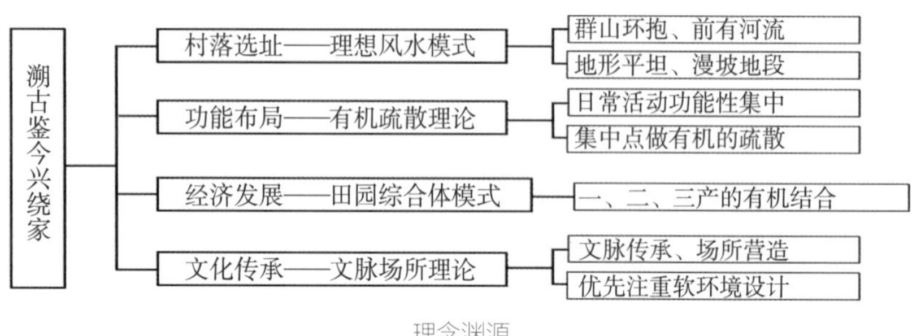

理念渊源

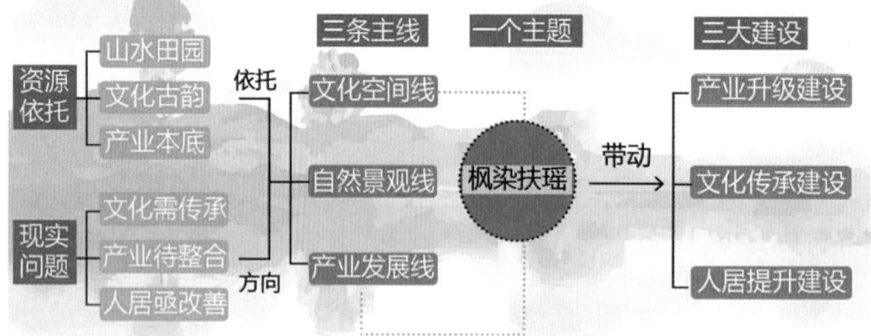

规划理念

2. 规划策略

（1）产业策略：枫香融于文创，带动多产业共生共荣

河坝村要形成以枫香印染产业为亮点，增色文化产业，带动蓝莓等农产品销售的产业链条；反过来，以农耕产业为基础，丰富文化产业体验项目，进而扩大枫香印染产业销量和规模

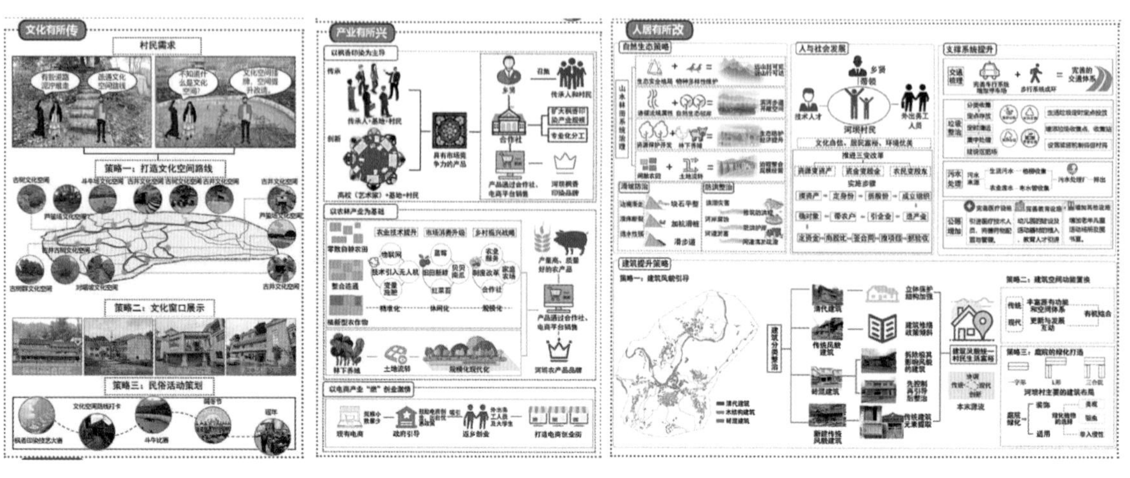

的产业回路。其中，文创产业作为河坝村整体产业群的中间环节，是发展的重心。管理层面：发挥合作社和私人染坊的各自先天优势。合作社当作纽带和召集者，私人染坊出文化和技术，以合作社召集多名传承人，形成村内枫香印染产业的组织规模之后，再去投入市场竞争。工艺层面：准备工作—绘制样图—点花—染布—脱蜡。其中难点在于绘制样图，目的是既能保留文化手工性，又能加快效率。绘制样图要以点带面 + 技术支撑：①由传承人带领不会的村民；②出样板设计图，其他人手工模仿；③形成集聚力量之后形成规模。

（2）文化策略：文化资源深挖，形成完善文化保护体系

深度挖掘本土文化资源，对文化链条进行补充，通过建筑空间、景观布置、活动策划等方式对文化进行系统表达。

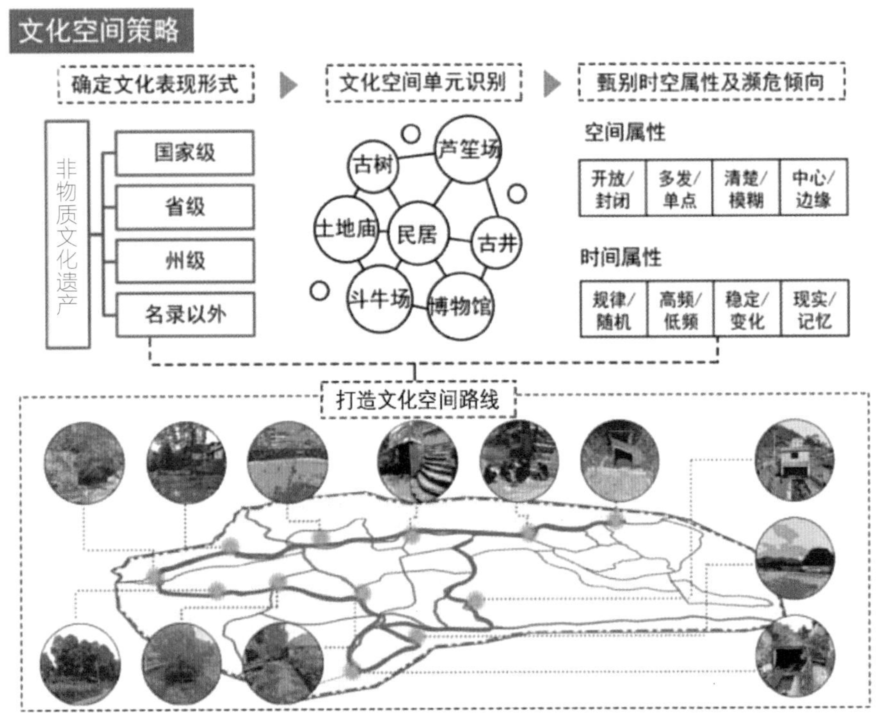

（3）人居策略：要素禀赋整理，改善提升人居环境

自然生态策略：山水林田治理，滑坡和防洪。

人与社会发展：①乡贤—技术人才 + 河坝村民 + 外出务工人员；②三变改革。

支撑系统提升：交通梳理、垃圾整治、污水处理、公共服务设施增加。

建筑风貌改良：①传统风貌保护区：砖房数少于 20% 传统建筑较多（经济较落后、木构建筑较多）。策略：1~2 年，加强对传统风貌的保护同时通过一些政策倾斜（如保护建筑风貌给予补贴等）使传统风貌区的居民生活水平变高；3~4 年，良好风貌为其带来可观的收入（如传统

民宿价格更高等）；5~6 年，传统风貌更好，居民更加富裕。②半传统风貌片区：具有一定数量砖房建筑（经济较为发达）。策略：1~2 年，控制建筑风貌（控制新建砖房建筑）；3~4 年，部分建筑引导风貌改造，分时序、试点，产生较好的试点效果；5~6 年，村民自主参与改造，形成良好的保护意识。

3. 规划愿景

我们希望营造一个产业有所兴、文化有所传、人居有所改的壮美河坝。愿产居融合扶“瑶”上，枫染河坝绕家兴。

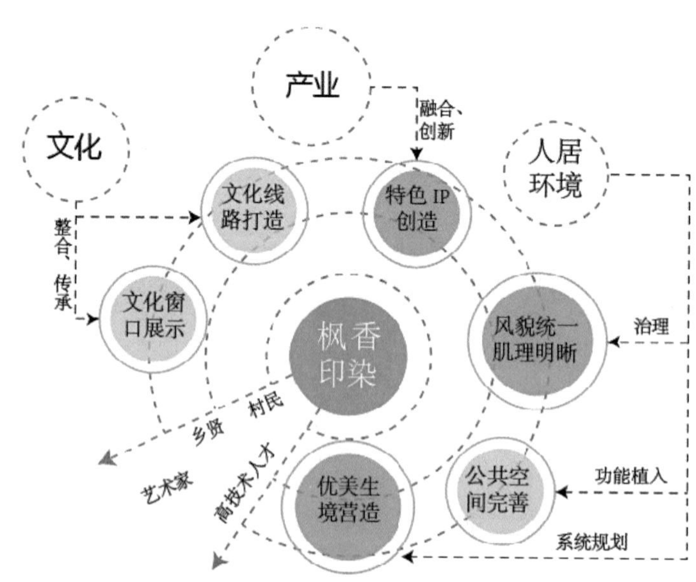

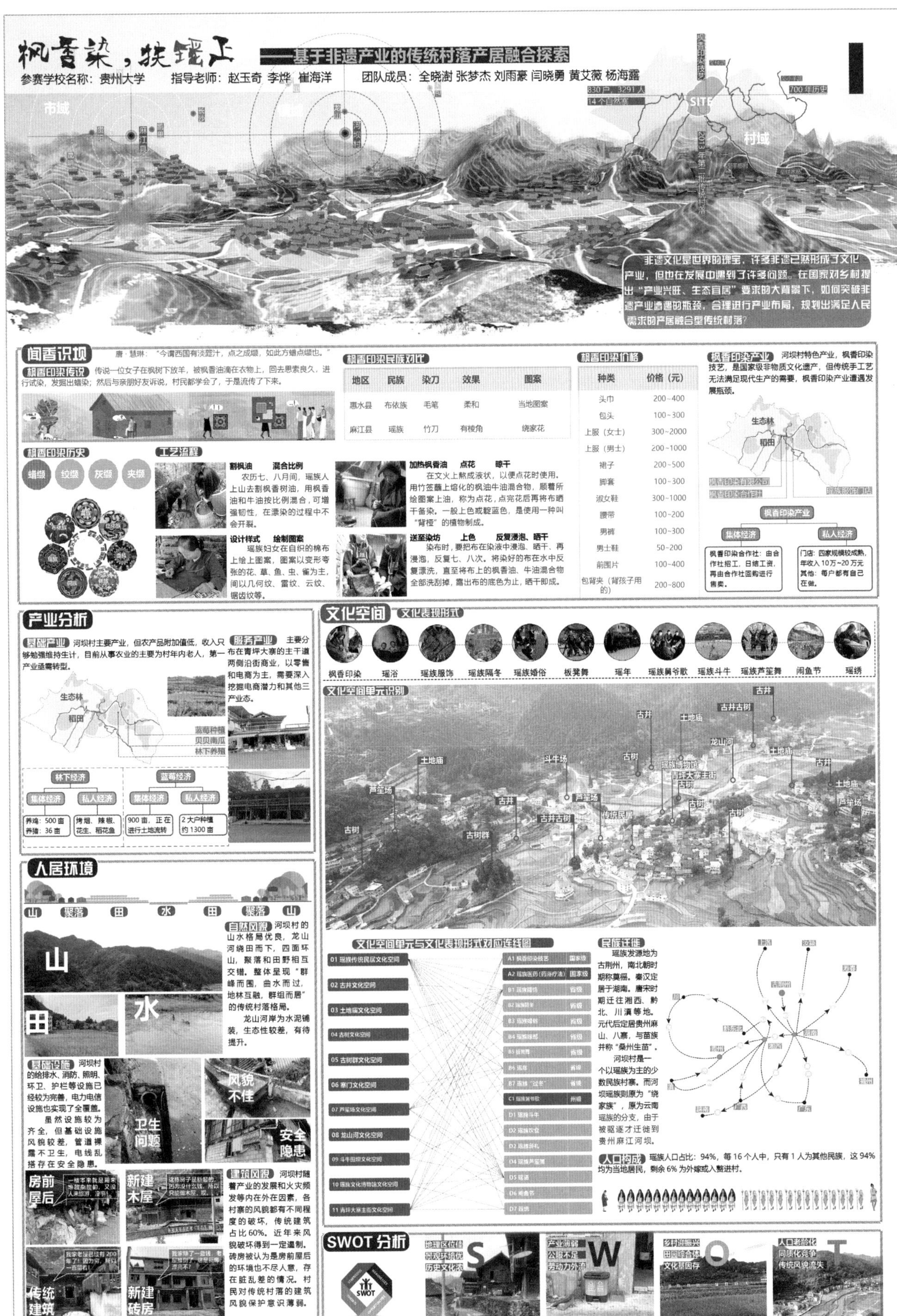
枫香染，扶镭上
——基于非遗产业的传统村落产居融合探索
参赛学校名称：贵州大学 指导老师：赵玉奇 李烨 崔海洋 团队成员：全晓澍 张梦杰 刘雨豪 闫晓勇 黄艾薇 杨海露
市域
村域
SITE
830户，3291人
14个自然寨
700年历史
非遗文化是世界的瑰宝，许多非遗已然形成了文化产业，但也在发展中遇到了许多问题。在国家对乡村提出"产业兴旺、生态宜居"要求的大背景下，如何突破非遗产业遭遇的瓶颈，合理进行产业布局，规划出满足人民需求的产居融合型传统村落？
闻香识坝
枫香印染传说
传说一位女子在枫树下放羊，被枫香油滴在衣物上，回去思索良久，进行试染，发掘出蜡染；然后与亲朋好友诉说，村民都学会了，于是流传了下来。
枫香印染民族对比
地区 民族 染刀 效果 图案
惠水县 布依族 毛笔 柔和 当地图案
麻江县 瑶族 竹刀 有棱角 绕家花
枫香印染价格
种类 价格（元）
头巾 200~400
包头 100~300
上服（女士） 300~2000
上服（男士） 200~1000
裙子 200~500
脚套 100~300
淑女鞋 300~1000
腰带 100~200
男裤 100~300
男士鞋 50~200
前围片 100~400
包背夹（背孩子用的） 200~800
枫香印染产业
河坝村特色产业，枫香印染技艺，是国家级非物质文化遗产，但传统手工艺无法满足现代生产的需要，枫香印染产业遭遇发展瓶颈。
生态林
稻田
枫香印染产业
集体经济
私人经济
枫香印染合作社：由合作社招工，日结工资，再由合作社回购进行售卖。
门店：四家规模较成熟，年收入10万~20万元
其他：每户都有自己在做。
枫香印染历史
蜡缬 绞缬 灰缬 夹缬
工艺流程
割枫油 混合比例
农历七、八月间，瑶族人上山去割枫香树油，用枫香油和牛油按比例混合，可增强韧性，在漂染的过程中不会开裂。
加热枫香油 点花 晾干
在文火上熬成液状，以便点花时使用。用竹签蘸上熔化的枫油牛油混合物，顺着所绘图案上油，称为点花，点完花后再将布晒干备染。一般上色或靛蓝色，是使用一种叫"靛梗"的植物制成。
设计样式 绘制图案
瑶族妇女在自织的棉布上绘上图案，图案以变形夸张的花、草、鱼、虫、雀为主，间以几何纹、雷纹、云纹、锯齿纹等。
送至染坊 上色 反复浸泡、晒干
染布时，要把布在染液中浸泡、晒干，再浸泡，反复七、八次。将染好的布在水中反复漂洗，直至将布上的枫香油、牛油混合物全部洗刮掉，露出布的底色为止，晒干即成。
产业分析
基础产业 河坝村主要产业，但农产品附加值低，收入只够勉强维持生计，目前从事农业的主要为村年内老人，第一产业亟需转型。
服务产业 主要分布在青坪大寨的主干道两侧沿街商业，以零售和电商为主，需要深入挖掘电商潜力和其他三产业态。
生态林
稻田
蓝莓种植
林下养殖
林下经济
蓝莓经济
集体经济
私人经济
养鸡：500亩 养猪：36亩
900亩，正在进行土地流转
2大户种植约1300亩
文化空间
文化表现形式
枫香印染 瑶浴 瑶族服饰 瑶族隔冬 瑶族婚俗 板凳舞 瑶年 瑶族舅爷歌 瑶族斗牛 瑶族芦笙舞 闹鱼节 瑶绣
文化空间单元识别
古井 古井古树 土地庙 龙山河 土地庙 斗牛场 古树 芦笙场 古井 古井古树 传统民居 古树群 古树
文化空间单元与文化表现形式对应连线图
01 瑶族传统民居文化空间
02 古井文化空间
03 土地庙文化空间
04 古树文化空间
05 古树群文化空间
06 寨门文化空间
07 芦笙场文化空间
08 龙山河文化空间
09 斗牛场文化空间
10 瑶族文化博物馆文化空间
11 青坪大寨主街文化空间
A1 枫香印染技艺 国家级
民族迁徙
瑶族发源地为古荆州，南北朝时期称莫徭。秦汉定居于湖南。唐宋时期迁往湘西、黔北、川滇等地。元代后定居贵州麻山、八寨，与苗族并称"桑州生苗"。河坝村是一个以瑶族为主的少数民族村寨。而河坝瑶族则原为"绕家族"，原为云南瑶族的分支，由于被驱逐才迁徙到贵州麻江河坝。
人口构成 瑶族人口占比：94%，每16个人中，只有1人为其他民族，这94%均为当地居民，剩余6%为外嫁或入赘进村。
人居环境
山 聚落 田 水 田 聚落 山
自然风貌 河坝村的山水格局优良，龙山河绕田而下，四面环山，聚落和田野相互交错，整体呈现"群峰而围，曲水而过，地林互融，群组而居"的传统村落格局。
龙山河岸为水泥铺装，生态性较差，有待提升。
基础设施 河坝村的给排水、消防、照明、环卫、护栏等设施已经较为完善，电力电信设施也实现了全覆盖。
虽然设施较为齐全，但基础设施风貌较差，管道裸露不卫生，电线乱搭存在安全隐患。
风貌不佳
卫生问题
安全隐患
房前屋后
新建木屋
传统建筑
新建砖房
建筑风貌 河坝村随着产业的发展和火灾频发等内在外在因素，各村寨的风貌都有不同程度的破坏，传统建筑占比60%。近年来风貌破坏得到一定遏制。诗房被认为是房前屋后的环境也不尽人意，存在脏乱差的情况。村民对传统村落的建筑风貌保护意识薄弱。
SWOT分析
地理区位佳 景观环境优 历史文化浓
产业薄弱 公服不足 劳动力外流
乡村振兴 田园综合体 文化基因存
人口老龄化 同质化竞争 传统风貌流失

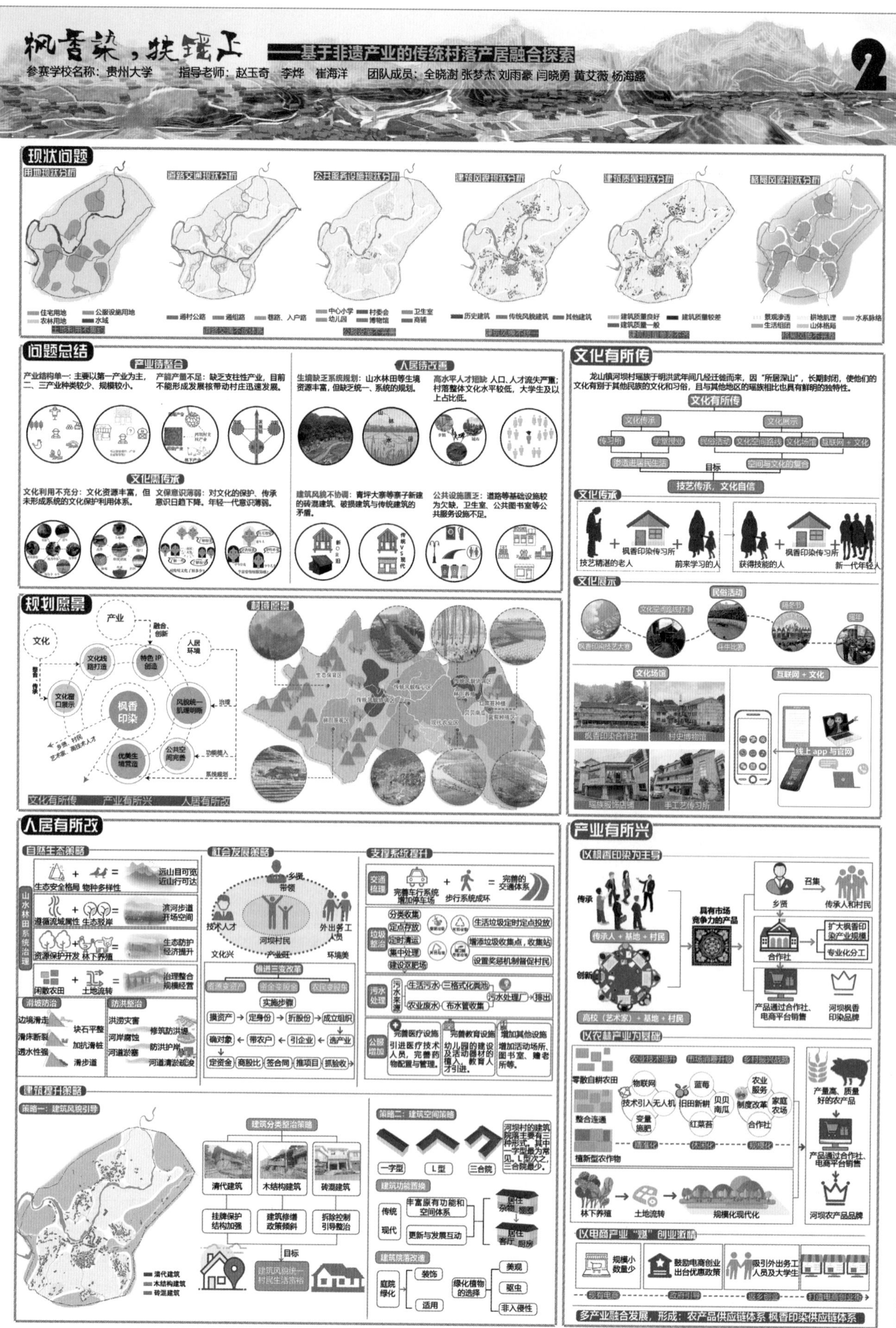
枫香染，扶摇上
——基于非遗产业的传统村落产居融合探索
参赛学校名称：贵州大学 指导老师：赵玉奇 李烨 崔海洋 团队成员：全晓澍 张梦杰 刘雨豪 闫晓勇 黄艾薇 杨海露
现状问题
问题总结
文化有所传
规划愿景
人居有所改
产业有所兴

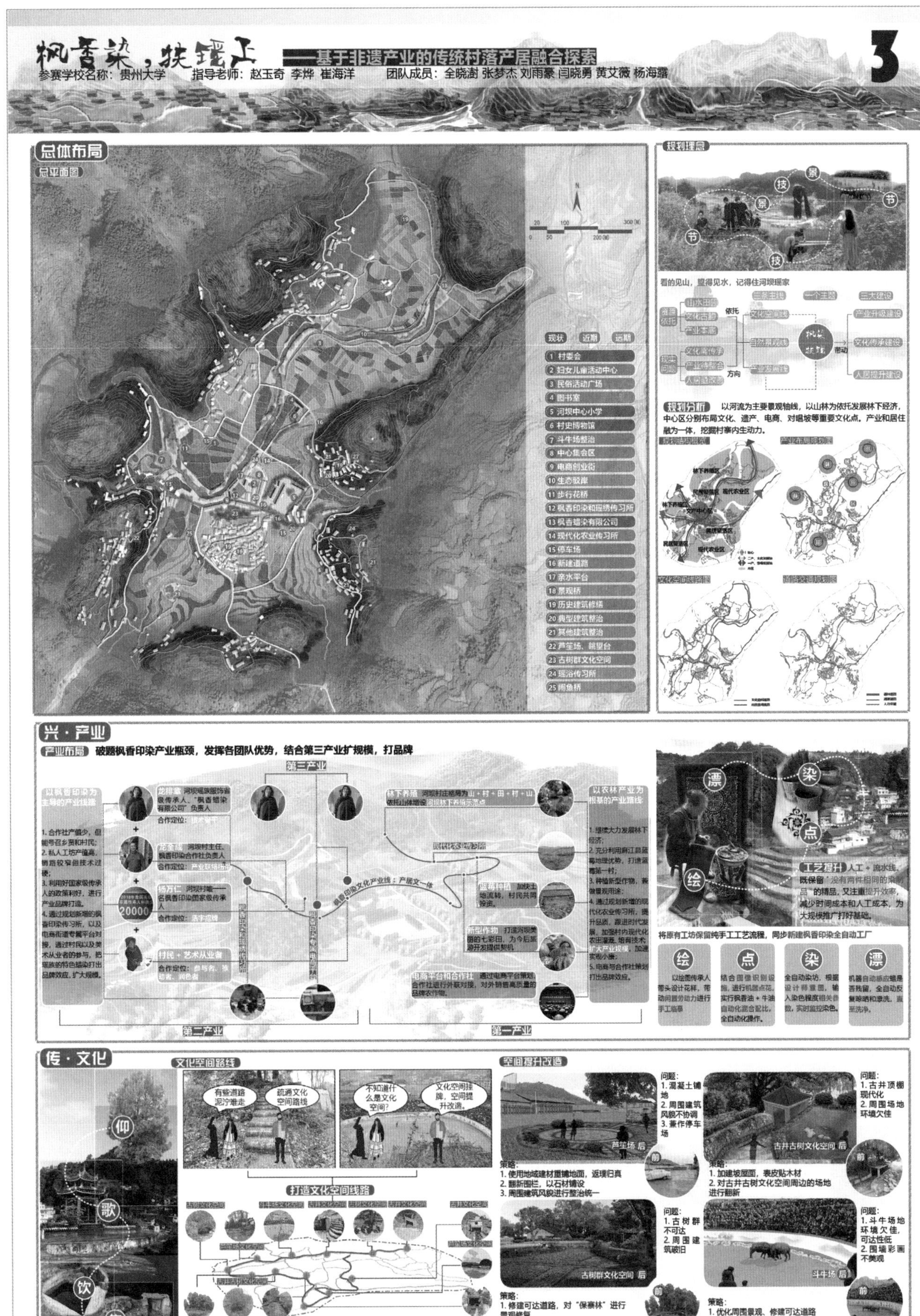
枫香染，跌蹈上
——基于非遗产业的传统村落产居融合探索
3
参赛学校名称：贵州大学 指导老师：赵玉奇 李烨 崔海洋 团队成员：全晓澍 张梦杰 刘雨豪 闫晓勇 黄艾薇 杨海露
总体布局
总平面图
现状 近期 远期
1 村委会
2 妇女儿童活动中心
3 民俗活动广场
4 图书室
5 河坝中心小学
6 村史博物馆
7 斗牛场整治
8 中心集会区
9 电商创业街
10 生态驳岸
11 步行花桥
12 枫香印染和蜡绣传习所
13 枫香蜡染有限公司
14 现代化农业传习所
15 停车场
16 新建道路
17 亲水平台
18 景观桥
19 历史建筑修缮
20 典型建筑整治
21 其他建筑整治
22 芦笙场、瞭望台
23 古树群文化空间
24 瑶浴传习所
25 闸鱼桥
规划理念
看的见山，望得见水，记得住河坝瑶家
规划分析 以河流为主要景观轴线，以山林为依托发展林下经济，中心区分别布局文化、遗产、电商、对唱坡等重要文化点。产业和居住融为一体，挖掘村寨内生动力。
兴·产业
产业布局 破题枫香印染产业瓶颈，发挥各团队优势，结合第三产业扩规模，打品牌
第三产业
第二产业
第一产业
将原有工坊保留纯手工工艺流程，同步新建枫香印染全自动工厂
绘 点 染 漂
传·文化
文化空间路线
有些道路泥泞难走
疏通文化空间路线
不知道什么是文化空间？
文化空间挂牌，空间提升改造。
打造文化空间线路
仰 歌 饮 祭
空间提升改造
问题：1.混凝土铺地 2.周围建筑风貌不协调 3.兼作停车场
策略：1.使用地域建材重铺地面，返璞归真 2.翻新围栏，以石材铺设 3.周围建筑风貌进行整治统一
问题：1.古井顶棚现代化 2.周围场地环境欠佳
策略：1.加建坡屋面，表皮贴木材 2.对古井古树文化空间周边的场地进行翻新
问题：1.古树群不可达 2.周围建筑破旧
策略：1.修建可达道路，对“保寨林”进行景观修复 2.对其周围的建筑进行景观性整治
问题：1.斗牛场地环境欠佳，可达性低 2.围墙彩画不美观
策略：1.优化周围景观、修建可达道路 2.重新绘制围彩画

枫香染，扶摇上
——基于非遗产业的传统村落产居融合探索
4
参赛学校名称：贵州大学 指导老师：赵玉奇 李烨 崔海洋 团队成员：全晓澍 张梦杰 刘雨豪 闫晓勇 黄文薇 杨海露
节点设计
节点区位 平寨是入村必经村寨，平寨北部片区的街道则是村民活动最频繁的地方，集成了教育、商业、文化、景观等浓缩精华。
该节点风貌最差，人车混行，交通不便，亟需进行人居环境整治。
空间策略
增加绿化空间
拆除多余建筑
置换新型功能
滨河广场串联
利用滨水空地
交通梳理整合
问题解析
建筑不规整
建筑破坏场地完整性
场地失去传统特质
场于空旷缺乏围合感
校园入口过窄
河坝中心小学
建筑整治
拆除建筑
新增建筑
场地整合
打造滨水景观
民俗活动场地
建筑轮廓规整
入口广场
节点总平
图例
① 民宿瑶浴馆
② 滨水主题广场
③ 瑶族文化博物馆
④ 枫香染主题广场
⑤ 幼儿园
⑥ 集会广场
⑦ 民俗文化街
⑧ 卫生所
⑨ 寨门
⑩ 电商街
⑪ 瑶族服饰店铺
⑫ 文化广场
⑬ 对唱坡
⑭ 小学
⑮ 公厕
⑯ 停车位
⑰ 妇女儿童活动中心
⑱ 枫香印染研习所
节点透视
枫香染主题广场
中心集会广场
广场鸟瞰图
民俗文化街
改·人居
河坝原有车行道路经过中心集会街道，交通较为混乱，规划将中心集会街道由车行改为人行，在外围增设车行道通往村委会方向。
对垃圾进行分类整理，增加垃圾桶和垃圾亭。增加三格式化粪池进行污水处理。增加文化宣传栏用以提升村民文化自信。
新增车行道路
车行改人行
原有道路提升
垃圾桶
垃圾亭
三格化粪池
文化宣传栏
建筑文化基因
瑶族传统民居具有十分明显的传统要素。其中窗为木窗，均为上下推拉；门有两道，一道腰门，一道正门；中堆样式若干（钱币、花瓣、镂空递减、实心递减）。装板横向养牲畜，纵向为人居用。
窗
腰门
凸柜
中堆
装板
栏杆
风貌指引导则
平屋面改建坡屋面，铺设小青瓦，营造第五立面的优美风貌。
砖房外包防腐木，相应构件依据建筑文化基因进行设计，节点处批量整治。
民居适当考虑村民的使用需求，拆除铝合金，采用木窗+玻璃；重要公建采用瑶族木板窗。
院墙采用符合当地风貌的石材或木材，院门外刷仿木漆，从材质和颜色与风貌相协调。
三变机制
河坝村民
提供土地
提供劳动力
村民合作社
宅基地入股
农田入股
技能培训
资金支持
政府
空间多样化
功能多样化
电商 工坊 合作社 餐饮
蓝莓基地 林下养殖 家庭农场
获得技能
蓝莓加工 物联网
枫香印染技艺 经营 养殖
购买
顾客
吸引
投资者
品牌效应
反作用
滨河空间
龙山河是河坝村的母亲河，是村内重要的景观带，也承载着闹鱼节民俗活动的文化空间。目前风貌被破坏的较为严重。规划考虑对其进行驳岸整治。
产居融合
整治概况
选取三处典型建筑形式进行功能置换、新增和改建。
以瑶族文化为根基，以枫香印染为主线，以产居融合为理念，将节点打造为河坝产业文化示范区
平面格局
整治说明
一字形民居
原有功能：闲置商住，砖房
位置：南侧临街，北侧临河
功能置换：瑶浴传习所
L 形合院
原有功能：闲置民居，砖房
位置：瑶族文化博物馆旁侧
置换功能：枫香印染传习所
形式：U 字形
原有功能：幼儿园与商住民居，砖房
位置：临原有篮球场
功能置换：妇女儿童活动中心
改造思路
瑶浴传习体验所
观景露台
河岸休闲院
临河
枫香印染研习室
染制晾晒广场
点花设计所
枫香印染展示场地
儿童手工艺研习社
幼儿园入口
妇女活动中心
新建
消防指引
河坝白兴大寨“打保战”民俗，是驱赶火灾邪神的祭祀活动。白兴曾经是风貌保存较为完整的寨子之一，但由于火灾频发，村民纷纷将自己的传统木屋改造成了砖房，风貌遭到极大破坏。
拆除过于密集的房屋房屋
减少隐患，提升预警机制
采用阻燃率高的表层涂料
节点鸟瞰
U 形合院
L 形合院
一字形民居

◇

合村歇陌间 · 鄉嚮

二等奖

【参赛院校】 苏州科技大学建筑与城市规划学院

【参赛学生】

何　莲

庄　健

蒋丽丽

林　冰

温迪陆

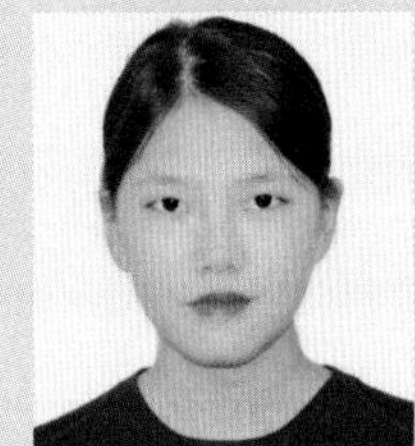
韩家春

【指导老师】

王振宇

刘宇舒

作品介绍

当前，“城乡统筹”背景下的农村新社区建设正在全国地区全面铺开，农村聚落空间正在发生急剧的转变。在大量的农村新社区的建设中出现的聚落空间形式却无法简单地用“城市”或“乡村”之中的任何一方来描述，而是一种处于城乡融合过渡地带的“第三空间”，随着城乡社会融合与一体化发展进程的推进，这一空间不断扩展，其独特的物理景观与经济社会特性也日益鲜明，并在城乡体系中发挥着重要而独特的功能。

一、基地现状

璜山南村位于浙江省绍兴市袍江经济技术开发区西北，斗门镇北侧。2019年9月由前璜村和后璜村两个自然村合并而成，下辖6个村民小组，共385户1226人。村庄因在璜山之南而得名，与璜山北村隔山相望，外有杭甬运河环绕，东傍璜山，中有璜山江穿行而过，连通运河。前璜村、后璜村两个自然村位于村落中心，东西展开，如同两翼，南北延伸，逐江而居。

璜山南村整体依山傍水，水网密布，风光秀丽。村落风貌协调，格局完整，地势平坦，农产业种类丰富，自然地理山水相间，美丽乡村景观初现。村庄西侧主要为农田，现用以种植苗木，东侧以蔬菜基地为主。全村面积0.9km^2，其中土地面积906亩，山林面积369亩，水域面积40亩。

璜山南村的产业发展主要依托优质的农业资源以及产品加工、种植业、纺织加工业等，均有不错的发展。通过产业发展模式的创新，带动了经济的发展，促进农民增收致富。截至2019年底，村集体经济年收入超过300万元，收入可观，完全满足开展村务活动和自身发展的需要。

璜山南村文化底蕴深厚，村内有丰富的文化设施，白云禅寺、松隐观坐落于璜山脚下，时常梵音四溢；始建于明清时期的钟秀桥位于村北，横跨于璜山江上；天助禅寺位于璜山顶部，为佛教活动场所。此外村内还存有状元台门、佛足印等历史文化遗迹。石匠精神、皮匠精神、抗日精神等非物质历史文化丰富了璜山南村村民的精神世界。

二、理念生成与规划目标

通过分析璜山南村的现状概况，以充分利用现存资源产业为原则，引入“第三空间”理念，从物理空间、心理空间、社会空间三方面分别进行规划设计，还原乡村本色，协调城乡空间，建立心理认同。由此分别营造出乡村共同体原乡、和乡、共乡三个层面的特质，将璜山南村打造成一个城乡融合发展的新型农村社区。

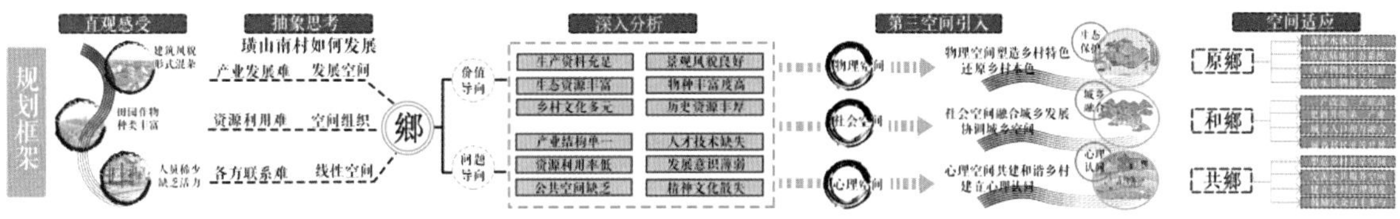

三、规划策略解读

1. 以生态文化为纽带，打造原乡本色

璜山南村经过多年的积淀，形成了浓厚的历史文化。在璜山南村的发展中，对传统历史文化进行修缮保护和传承，有选择地重点挖掘相关历史文化内涵。同时，重视璜山南村的生态修复与保护，还原乡村原本的最纯粹的生态风貌，注重山体、农田的保护和水系的治理。通过对生态和文化的保护和利用，打造璜山南村的原乡本色。

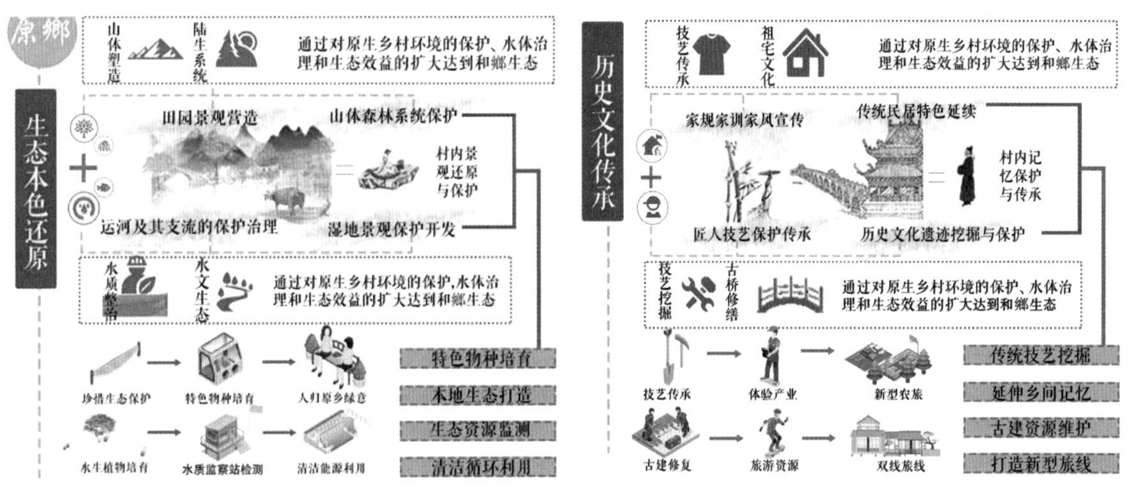

2. 以经济社会为根基，营造和乡活力

产业发展方面，以第一产业为基质，建立新型科技农业；以第二产业为依托，创建体验展示工坊产业；以第三产业为导向，构建宜居宜产的特色旅居产业；实现一、二、三产相联动，大力发展“第六产业”，以提高璜山南村的生产力。

社会方面，要实现城乡社会融合，促进城乡人口的交流，吸引周边城市的人口流入村内，达到城乡人口混居的状态，和谐共处，平等相待，并无从前的身份阶级观念，而是共同居住于乡村。重构乡村居民关系，从以前的传统村集体转变为新型乡村社区。发展“社群+”交友交流模式，使不同职业、不同教育背景、不同身份的人在同一个平台平等无障碍交流，增加了居民的交友范围和渠道。

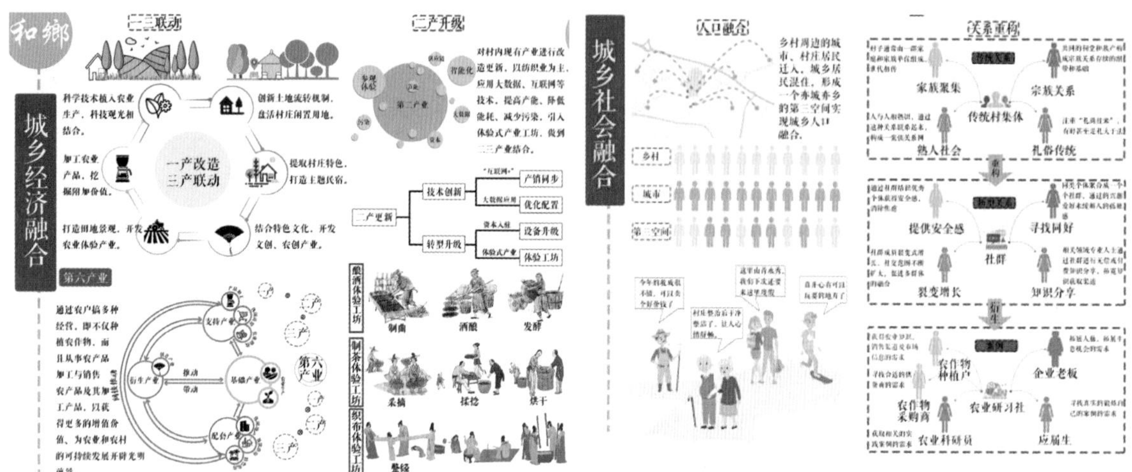

3. 以空间制度为本底，创造共享特质

空间方面，强调公共空间的营造，注重场所精神，增设公共服务设施，如商业设施、医疗设施、体育娱乐等设施，丰富居民的日常生活。打造共享空间，针对不同人群有区别的设计空间特质，以满足多种人群的需求，如家庭共享空间、儿童游乐空间、老年人无障碍娱乐空间等共享空间。

制度治理方面，致力于打造乡村治理共同体，实施“一核多元”模式，以政府为核心，市场、社会组织、居民等多元主体共同参与、共同治理新型乡村社区。激发居民的个人意识，协同多方共同为乡村社区的建设出谋划策。

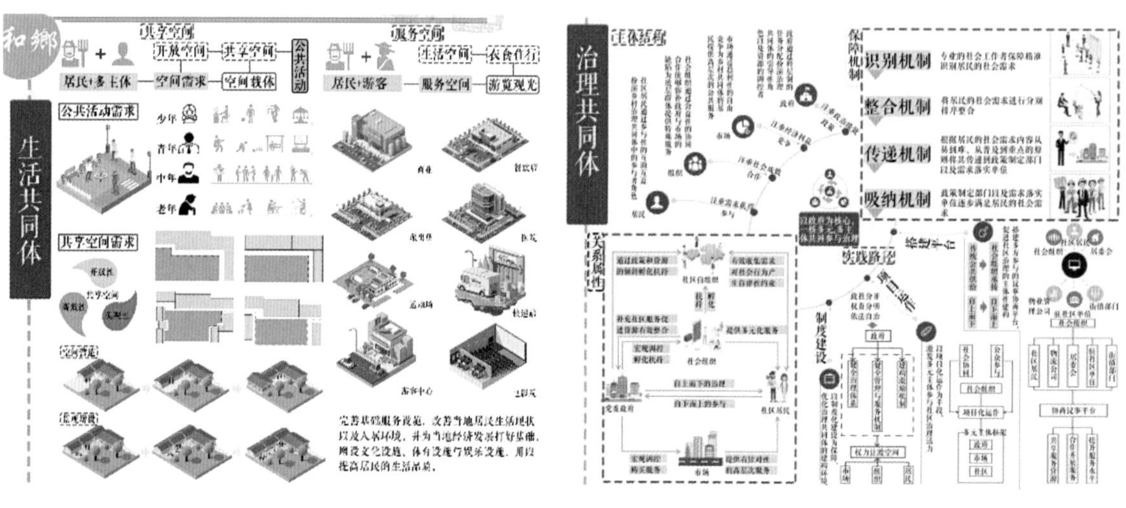

四、总体规划说明

以历史文化底蕴和山水林田格局为依托，为了实现将璜山南村打造成为一个城乡融合发展的新型农村社区，方案从一、二、三产联动发展出发，规划出风貌保护区、更新改造区、新建风貌区、体验展示工坊片区、禅意民宿区、农业科技园区等产业片区。

五、详细设计说明

规划中选取以体验展示工坊为核心，形成“一核两环”规划结构，进行详细规划，包括篮球场、儿童游乐区、村史博物馆、滨水小广场、匠艺展馆等节点。沿中心居住区规划设计一条南北向的景观轴线；沿街增加绿化、铺地，营造舒适宜人的生活休闲环境，为居民提供休憩空间；沿璜山江设置一条商业水街，为村民提供商业服务设施。

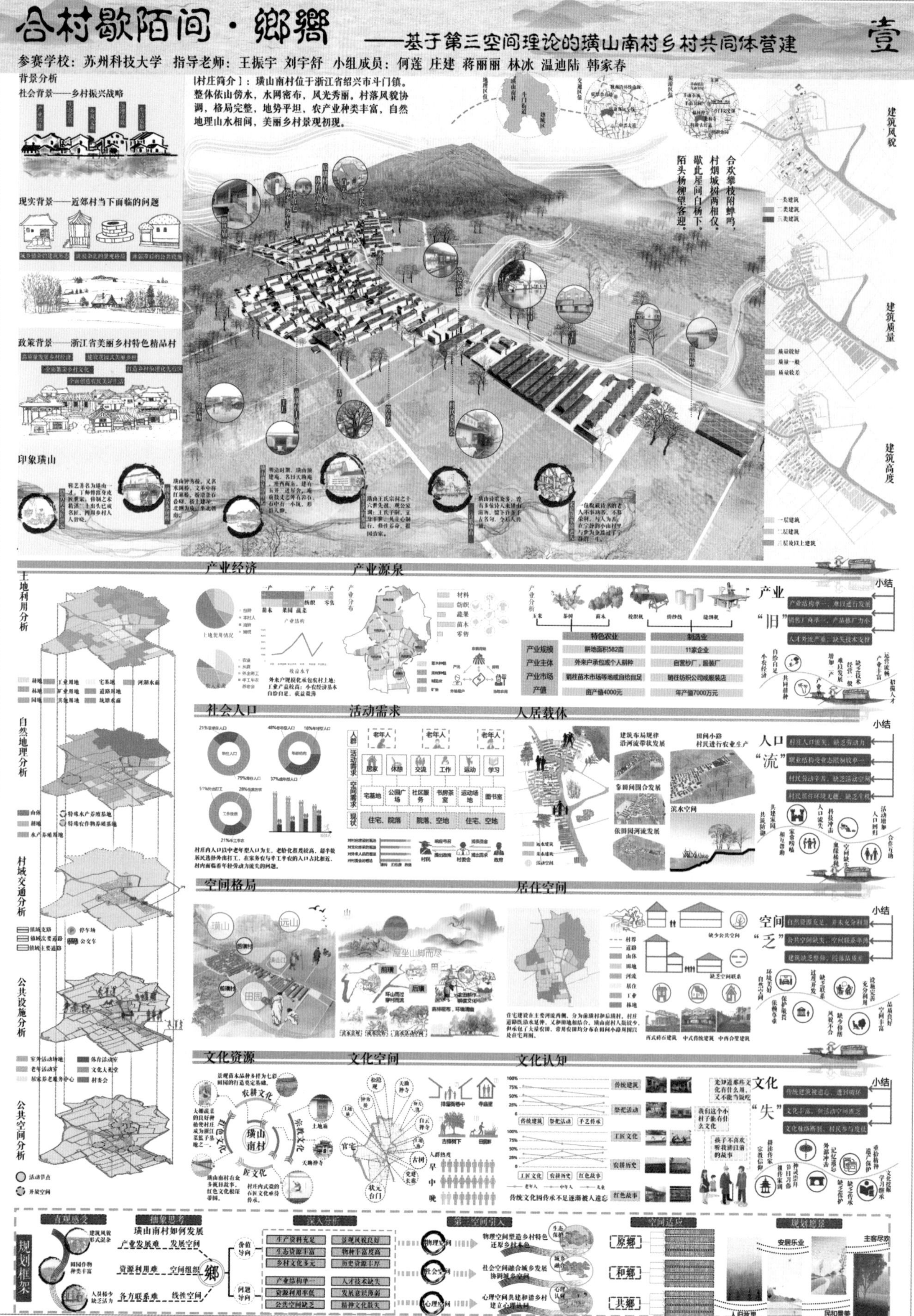
合村歇陌间·鄉嚮
——基于第三空间理论的璜山南村乡村共同体营建
壹
参赛学校：苏州科技大学 指导老师：王振宇 刘宇舒 小组成员：何莲 庄建 蒋丽丽 林冰 温迪陆 韩家春
背景分析
社会背景——乡村振兴战略
现实背景——近郊村当下面临的问题
政策背景——浙江省美丽乡村特色精品村
印象璜山
[村庄简介]：璜山南村位于浙江省绍兴市斗门镇。整体依山傍水，水网密布，风光秀丽。村落风貌协调，格局完整，地势平坦，农产业种类丰富，自然地理山水相间，美丽乡村景观初现。
合欢攀枝附蝉鸣，村烟城树两相仅，歇此屋间白杨下，陌头杨柳望客迎。
建筑风貌
建筑质量
建筑高度
土地利用分析
自然地理分析
村域交通分析
公共设施分析
公共空间分析
产业经济
产业源泉
特色农业
制造业
产业规模
新地面积582亩
11家企业
产业主体
外来户承包或个人耕种
自营纱厂，服装厂
产业市场
销往苗木市场等地或自给自足
销往纺织公司或服装店
产值
亩产值4000元
年产值7000万元
小结
产业“旧”
社会人口
活动需求
人居载体
人口“流”
空间格局
居住空间
空间“乏”
文化资源
文化空间
文化认知
文化“失”
璜山南村
农耕文化
宗教文化
红色文化
匠文化
规划框架
直观感受
抽象思考
璜山南村如何发展
产业发展难 发展空间
资源利用难 空间组织
各方联系难 线性空间
鄉
深入分析
第三空间引入
空间适应
规划愿景
原鄉
和鄉
共鄉
安居乐业
主客尽欢
人和故里
民和景美

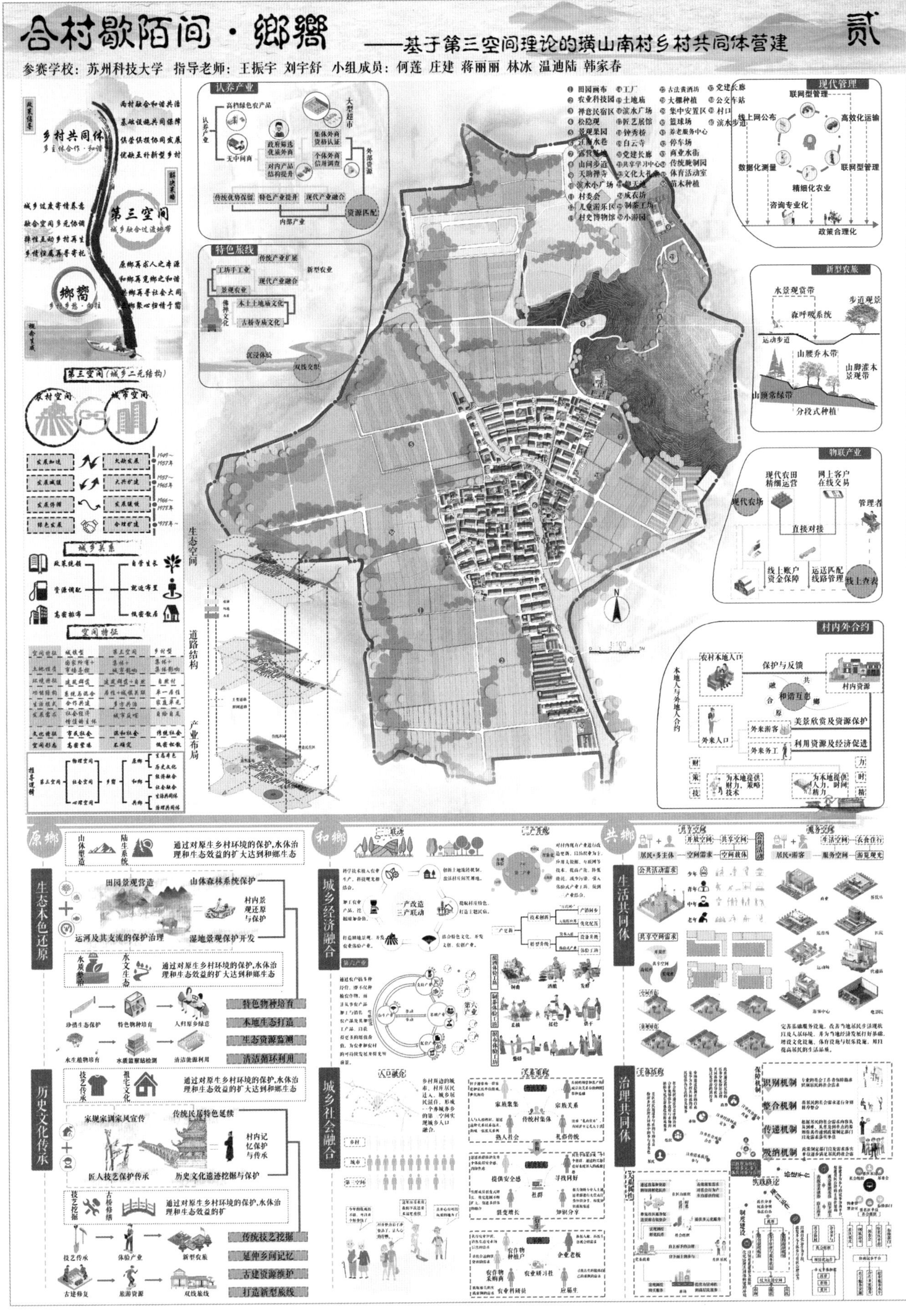

——基于第三空间理论的璜山南村乡村共同体营建
贰
参赛学校：苏州科技大学 指导老师：王振宇 刘宇舒 小组成员：何莲 庄建 蒋丽丽 林冰 温迪陆 韩家春
认养产业
特色旅线
现代管理
新型农旅
物联产业
村内外合约
第三空间
乡村共同体
原乡
生态本色还原
历史文化传承
和乡
城乡经济融合
城乡社会融合
共乡
生活共同体
治理共同体

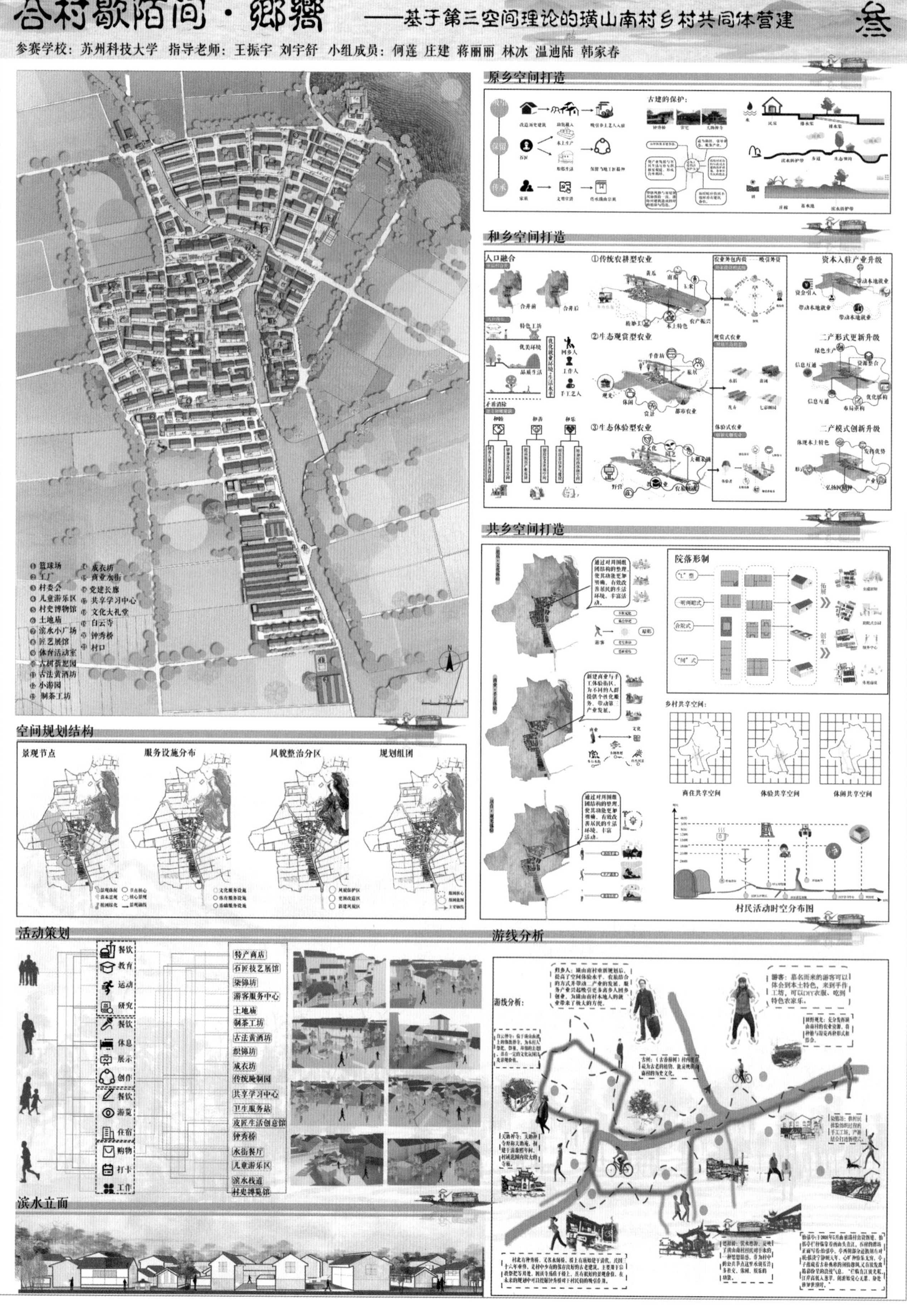
合村歇陌间·鄉嚮
——基于第三空间理论的璜山南村乡村共同体营建
参赛学校：苏州科技大学 指导老师：王振宇 刘宇舒 小组成员：何莲 庄建 蒋丽丽 林冰 温迪陆 韩家春
原乡空间打造
和乡空间打造
共乡空间打造
空间规划结构
景观节点
服务设施分布
风貌整治分区
规划组团
活动策划
游线分析
滨水立面
院落形制
乡村共享空间
村民活动时空分布图

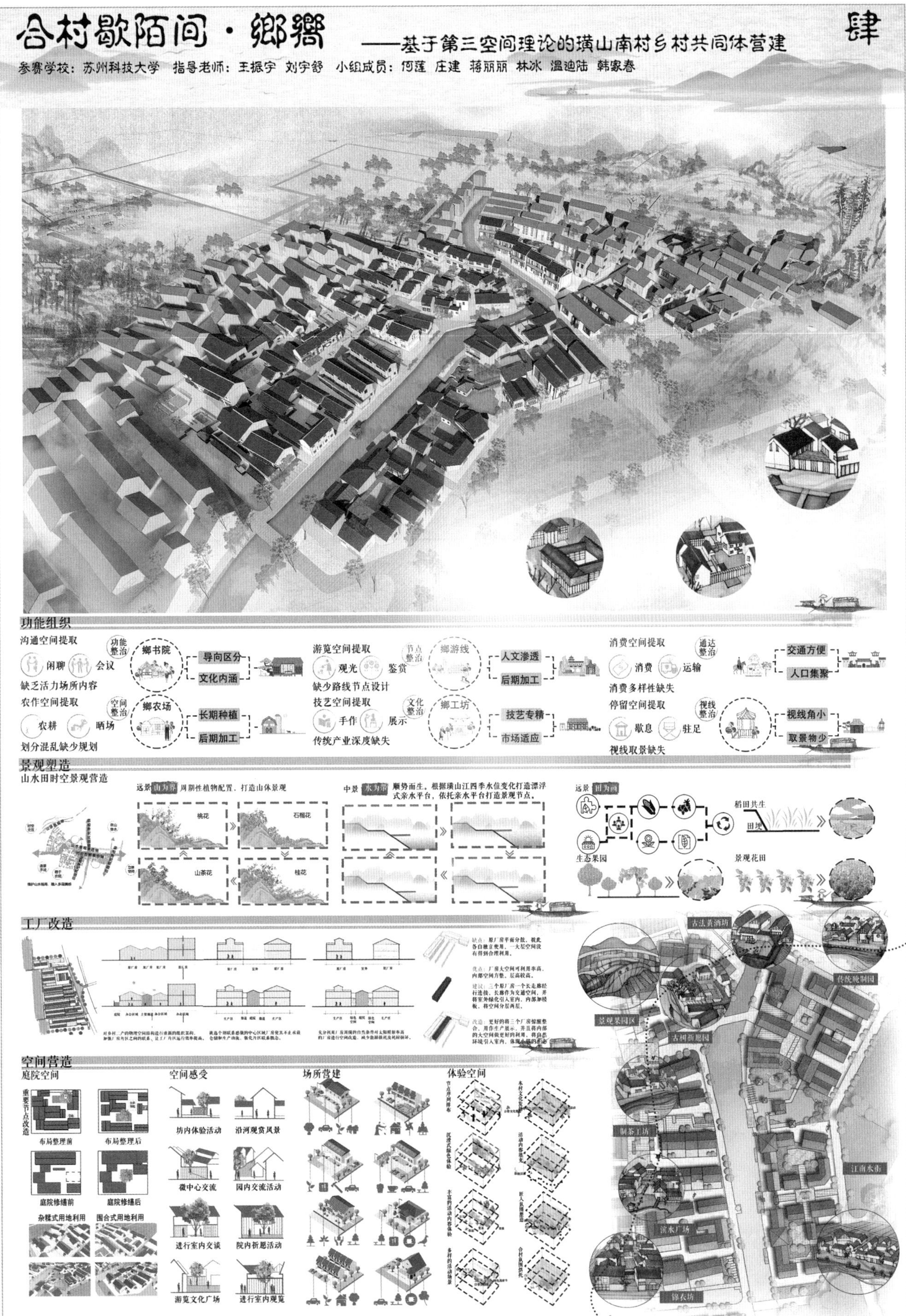

合村歇陌间·鄉嚮
——基于第三空间理论的璜山南村乡村共同体营建
肆
参赛学校：苏州科技大学 指导老师：王振宇 刘宇舒 小组成员：何莲 庄建 蒋丽丽 林冰 温迪陆 韩家春
功能组织
沟通空间提取
闲聊
会议
缺乏活力场所内容
功能整治
乡书院
导向区分
文化内涵
农作空间提取
农耕
晒场
划分混乱缺少规划
空间整治
乡农场
长期种植
后期加工
游览空间提取
观光
鉴赏
缺少路线节点设计
节点整治
乡游线
人文渗透
后期加工
技艺空间提取
手作
展示
传统产业深度缺失
文化整治
乡工坊
技艺专精
市场适应
消费空间提取
消费
运输
消费多样性缺失
通达整治
交通方便
人口集聚
停留空间提取
歇息
驻足
视线取景缺失
视线整治
视线角小
取景物少
景观塑造
山水田时空景观营造
远景 山为骨 周期性植物配置，打造山体景观
桃花
石榴花
山茶花
桂花
中景 水为帘 顺势而生，根据璜山江四季水位变化打造漂浮式亲水平台，依托亲水平台打造景观节点。
近景 田为阃
稻田共生
田埂
生态果园
景观花田
工厂改造
空间营造
庭院空间
重要节点改造
布局整理前
布局整理后
庭院修缮前
庭院修缮后
杂糅式用地利用
围合式用地利用
空间感受
坊内体验活动
沿河观赏风景
微中心交流
园内交流活动
进行室内交谈
院内祈愿活动
游览文化广场
进行室内浏览
场所营建
体验空间
古法黄酒坊
传统鲍制园
景观果园园
古树祈愿园
制茶工坊
江南水街
演水广场
锦衣坊

◇

闻竹 · 入野 · 忆安归

二等奖

【参赛院校】 中南林业科技大学风景园林学院

【参赛学生】

周倩岚

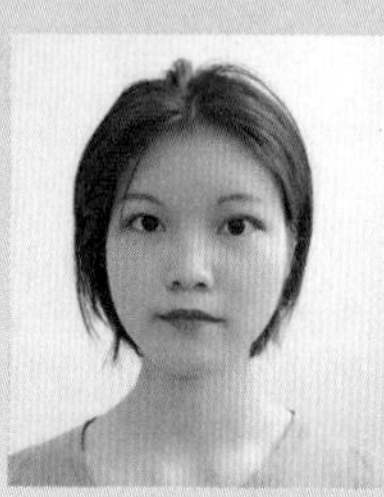
陈丽丽

黄珮尧

苏席靖

吴　限

翟　蕾

【指导老师】

王　峰

刘路云

作品介绍

一、走进竹安

通过前期查找相关资料，以及现场勘探，清晰地了解到湖南省长沙市开福区沙坪街道竹安村的优劣势，明确其可利用资源及发展规划方向。

经实地勘察及调查分析，总结得出竹安村的五项诉求：①资源之诉，诉生态资源待充分利用，交通资源待完善，公共资源需补充；②文化之诉，诉乡贤文化未充分发展，村内缺少文化特色；③产业之诉，诉村庄产业一产待优化，二产待发展，三产待激活；④人才之诉，诉村内缺少新型技术人才，缺少新型管理人才，缺少发展动力；⑤生活之诉，诉两村居民交流互动少，村民归属感不强。

二、一项理念生成

村庄的“五诉”，背后是村民、企业、政府三方核心利益之间的博弈，通过分析三者之忧，了解其内在逻辑关系与博弈机制，得出一个核心理念：基于新乡约乡贤理念重塑竹安村信任网。乡约乡贤在村庄自治特色下起到重要的引导作用，信任网的重塑是恢复村庄活力，增强村庄归属感的重要支撑。二者相互促进，相辅相成，共同推动村庄发展。

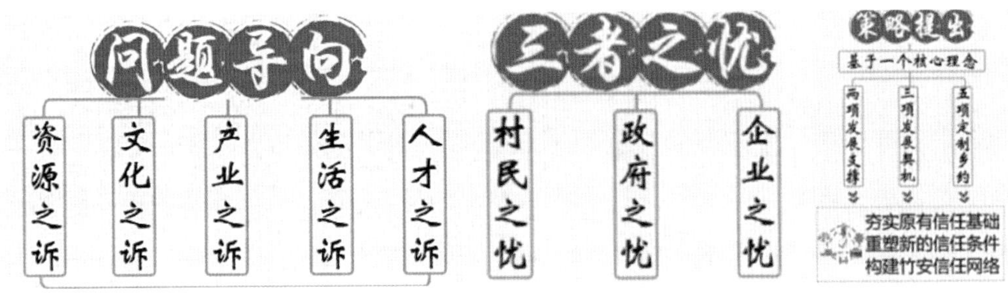

三、两项发展支撑

通过调研与分析，我们总结出其典型意向——“竹”“塘”。其中“竹”作为竹安村的场所记忆，是最具代表性的情感意向，其广泛分布于山野林间、宅前屋后，承载竹安村民的一种对文化与品质的隐约追求。而“塘”作为广布于村内的重要空间意向，其在生产、生活、生态中均扮演着重要角色，是竹安人不可或缺的一个元素。

基于此，我们选取“竹”“塘”作为支撑点，以竹喻乡贤高洁品格，以塘为切入点塑造空间。二者相辅相成，从精神、空间两方面共同支撑乡村发展。

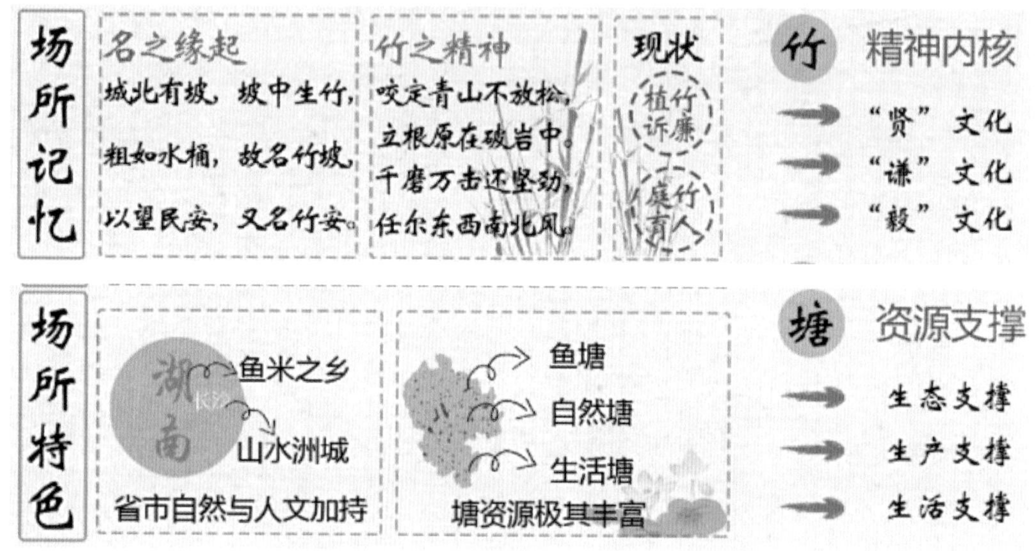

四、三项发展契机

政策扶持是乡村发展的重要保障。在党的十九大乡村振兴战略的引导下，竹安村有田园风光基地、茶园基地、稻虾基地三个纯村农业产业项目。三个纯农业项目指明了乡村发展的方向：一产为主，产业联动。本次规划也在此基础上，抓住发展契机，认真分析场地自然情况，建筑分布情况，道路交通情况，建立相关种植基地，积极发展一产，严格守好基本农田红线。同时在一产为主的基础上，积极与二、三产联动，打造种植—加工—研学销售的产业链，以充分促进乡村发展。

五、五项定制乡约

有序的发展离不开规范化的条约，本着尊重乡村自治特点的原则，本规划积极发扬乡约乡贤作用，从五项诉求出发，逐步推演理念，再进一步分析发展支撑和发展契机，最终得出竹安村发展的五项约定：①人才之约，约选贤与能，培养贤才，共创村庄发展新未来；②产业之约，约产业联动发展，创新创业支持，共增村民收入与村庄活力；③运行之约，约多元主体共经营，乡贤村委共协商，共促公众治理新局面；④生态之约，约多层面坑塘治理，引入新科技，融入塘长制，共美村庄生态环境；⑤空间之约，约多维度空间营造，以竹为媒，由建筑空间到庭院空间再到公共空间，合理利用土地资源，共添优质生活空间。

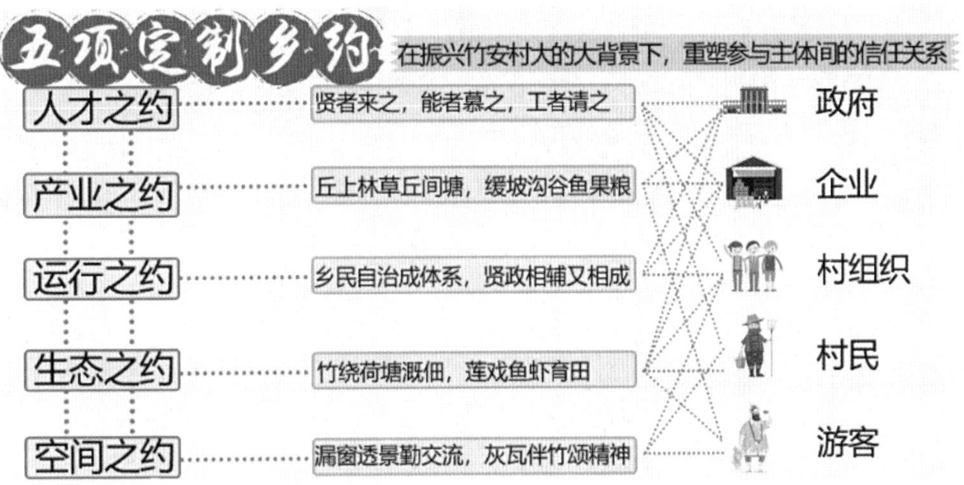

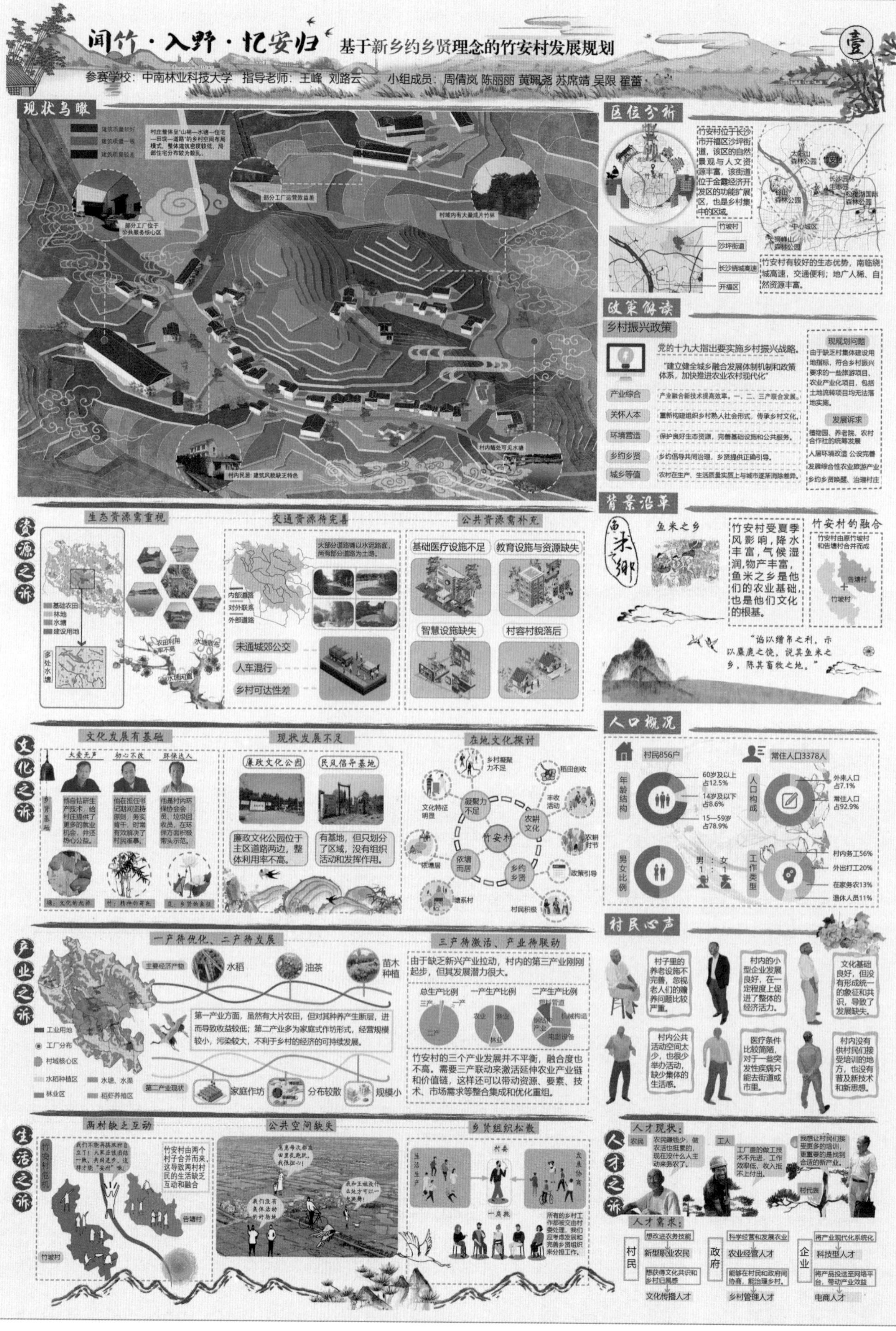
闻竹·入野·忆安归
基于新乡约乡贤理念的竹安村发展规划
壹
参赛学校：中南林业科技大学 指导老师：王峰 刘路云 小组成员：周倩岚 陈丽丽 黄珮尧 苏席靖 吴限 翟蕾
现状鸟瞰
区位分析
竹安村位于长沙市开福区沙坪街道，该区的自然景观与人文资源丰富，该街道位于金霞经济开发区的功能扩展区，也是乡村集中的区域。
竹安村有较好的生态优势，南临绕城高速，交通便利；地广人稀、自然资源丰富。
政策解读
乡村振兴政策
党的十九大指出要实施乡村振兴战略。
"建立健全城乡融合发展体制机制和政策体系，加快推进农业农村现代化"
产业综合
关怀人本
环境营造
乡约乡贤
城乡等值
现规划问题
发展诉求
背景沿革
鱼米之乡
竹安村受夏季风影响，降水丰富，气候湿润，物产丰富，鱼米之乡是他们的农业基础，也是他们文化的根基。
竹安村的融合
资源之诉
生态资源需重视
交通资源待完善
公共资源需补充
基础医疗设施不足
教育设施与资源缺失
智慧设施缺失
村容村貌落后
未通城郊公交
人车混行
乡村可达性差
人口概况
村民856户
常住人口3378人
文化之诉
文化发展有基础
现状发展不足
在地文化探讨
廉政文化公园
民风倡导基地
廉政文化公园位于主区道路两边，整体利用率不高。
有基地，但只划分了区域，没有组织活动和发挥作用。
竹安村
村民心声
产业之诉
一产待优化、二产待发展
三产待激活、产业待联动
水稻
油茶
苗木种植
由于缺乏新兴产业拉动，村内的第三产业刚刚起步，但其发展潜力很大。
第一产业方面，虽然有大片农田，但对其种养产生新层，进而导致收益较低；第二产业多为家庭式作坊形式，经营规模较小，污染较大，不利于乡村的经济的可持续发展。
竹安村的三个产业发展并不平衡，融合度也不高。需要三产联动来激活延伸农业产业链和价值链，这样还可以带动资源、要素、技术、市场需求等整合集成和优化重组。
家庭作坊
分布较散
规模小
生活之诉
两村缺乏互动
公共空间缺失
乡贤组织松散
竹安村由两个村子合并而来，这导致两村村民的生活缺乏互动和融合
人才之诉
人才现状：
人才需求：
村民
政府
企业
新型职业农民
文化传播人才
农业经营人才
乡村管理人才
科技型人才
电商人才

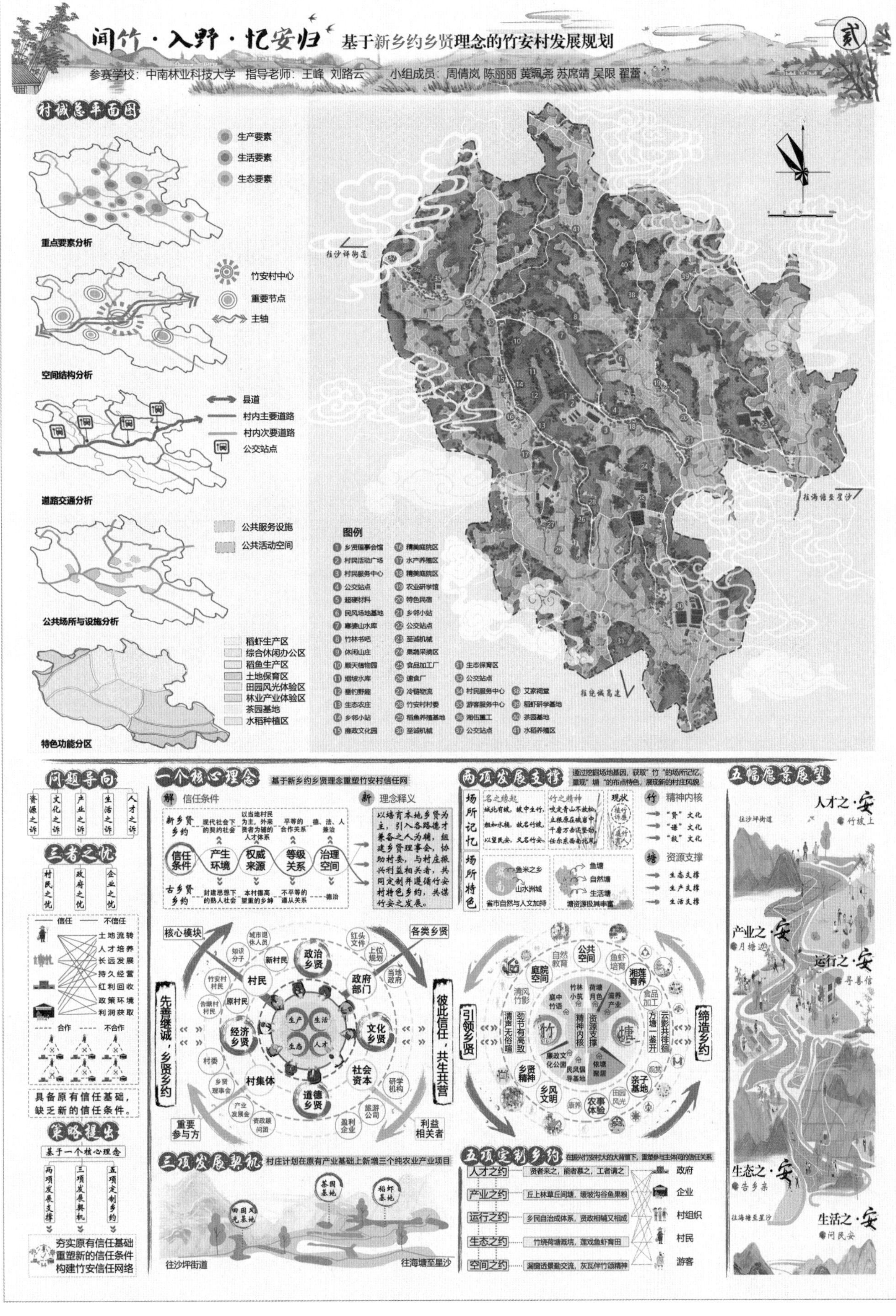

闻竹·入野·忆安归 基于新乡约乡贤理念的竹安村发展规划
贰
参赛学校：中南林业科技大学 指导老师：王峰 刘路云 小组成员：周倩岚 陈丽丽 黄佩尧 苏席靖 吴限 翟蕾
村域总平面图
生产要素
生活要素
生态要素
重点要素分析
竹安村中心
重要节点
主轴
空间结构分析
县道
村内主要道路
村内次要道路
公交站点
道路交通分析
公共服务设施
公共活动空间
公共场所与设施分析
稻虾生产区
综合休闲办公区
稻鱼生产区
土地保育区
田园风光体验区
林业产业体验区
茶园基地
水稻种植区
特色功能分区
往沙坪街道
往海塘至星沙
往沱城高速
图例
问题导向
资源之诉
文化之诉
产业之诉
生活之诉
人才之诉
三者之忧
村民之忧
政府之忧
企业之忧
具备原有信任基础，缺乏新的信任条件。
策略提出
基于一个核心理念
两项发展支撑
三项发展契机
五项定制乡约
夯实原有信任基础
重塑新的信任条件
构建竹安信任网络
一个核心理念 基于新乡约乡贤理念重塑竹安村信任网
信任条件
理念释义
新乡贤乡约
古乡贤乡约
信任条件
产生环境
权威来源
等级关系
治理空间
以培育本地乡贤为主，引入各路德才兼备之人为辅，组建乡贤理事会，协助村委，与村庄振兴利益相关者，共同定制并遵循竹安村特色乡约，共谋竹安之发展。
核心模块
各类乡贤
先善继诚，乡贤乡约
彼此信任，共生共营
重要参与方
利益相关者
两项发展支撑 通过挖掘场地基因，获取"竹"的场所记忆，重现"塘"的布点特色，展现新的村庄风貌
场所记忆
场所特色
精神内核
资源支撑
引领乡贤
缔造乡约
三项发展契机 村庄计划在原有产业基础上新增三个纯农业产业项目
田园风光基地
茶园基地
稻虾基地
往沙坪街道
往海塘至星沙
五项定制乡约 在振兴竹安村大的背景下，重塑参与主体间的信任关系
人才之约 贤者来之，能者慕之，工者请之
产业之约 丘上林草丘间塘，塘坡沟谷鱼果粮
运行之约 乡民自治成体系，贤政相辅又相成
生态之约 竹绕荷塘观境，莲戏鱼虾育田
空间之约 漏窗透景勤交流，灰瓦伴竹musing精神
政府
企业
村组织
村民
游客
五幅愿景展望
人才之·安
产业之·安
运行之·安
生态之·安
生活之·安

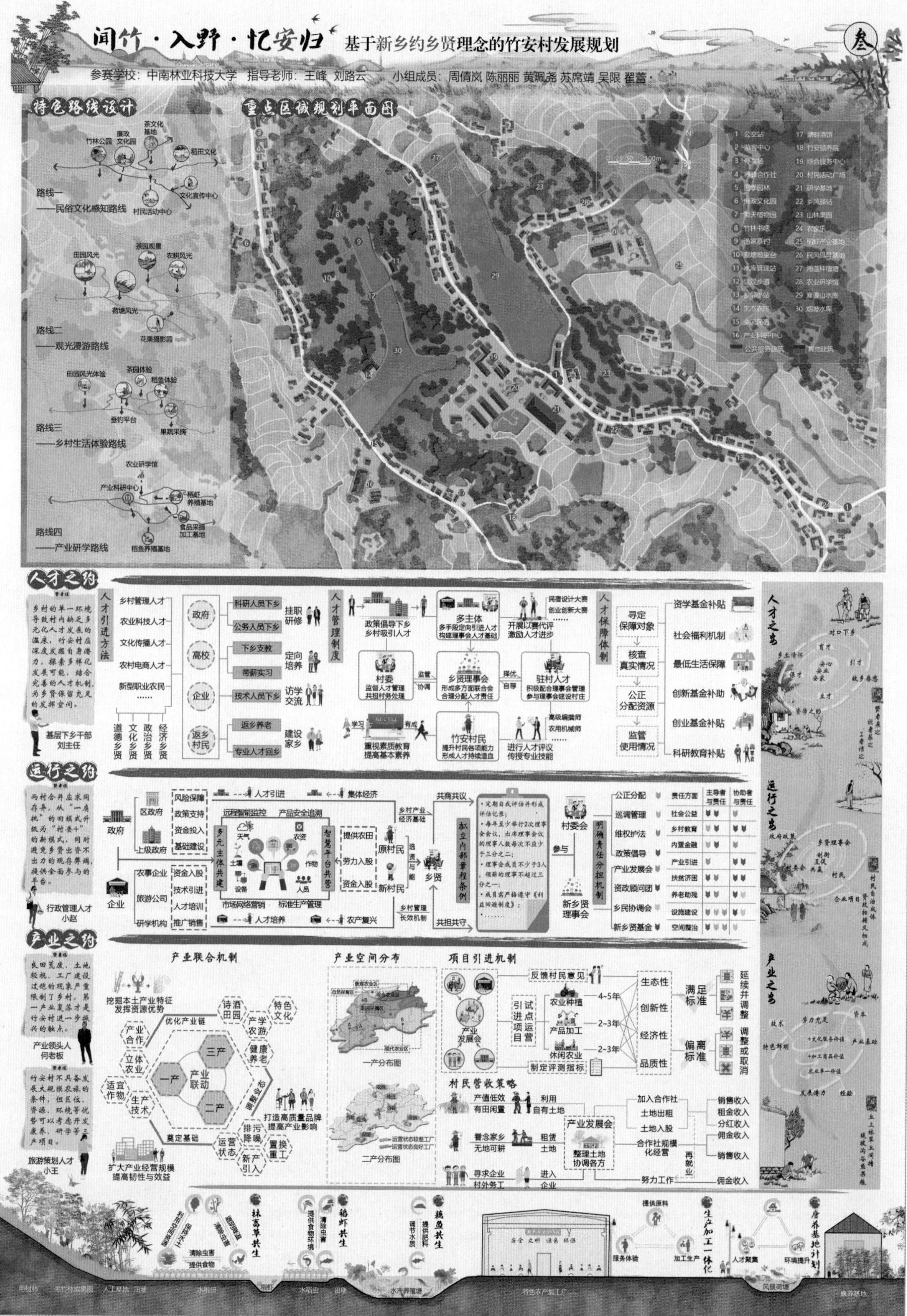

闻竹·入野·忆安归
基于新乡约乡贤理念的竹安村发展规划
叁
参赛学校：中南林业科技大学 指导老师：王峰 刘路云 小组成员：周倩岚 陈丽丽 黄珮斋 苏席靖 吴限 翟蕾
特色路线设计
重点区域规划平面图
路线一——民俗文化感知路线
路线二——观光漫游路线
路线三——乡村生活体验路线
路线四——产业研学路线
人才之约
运行之约
产业之约
人才引进方法
人才管理制度
人才保障体制
产业联合机制
产业空间分布
项目引进机制
村民营收策略
林禽草共生
稻虾共生
藕鱼共生
生产加工一体化
康养基地计划

闻竹·入野·忆安归
基于新乡约乡贤理念的竹安村发展规划
参赛学校：中南林业科技大学 指导老师：王峰 刘路云 小组成员：周倩岚 陈丽丽 黄佩尧 苏席婧 吴限 翟蕾
生态之约
坑塘分类治理
生活污水净化系统
生态坑塘处理工艺
塘长管理制度
空间之约
竹文化的空间运用
空间治理制度
空间肌理塑造
建筑空间营造
庭院空间营造
公共空间营造
鸟瞰效果图
一去二三里
烟村四五家
亭台六七座
八九十枝花

第　三　部　分

乡村调研及发展策划报告竞赛单元

乡村
振兴

2020年全国高等院校大学生乡村规划方案竞赛 乡村调研及发展策划报告竞赛单元 评优组评语

但文红

2020 年全国高等院校大学生乡村规划方案竞赛乡村调研及发展策划报告竞赛单元决赛　评优专家

中国城市规划学会乡村规划与建设学术委员会　委员

贵州师范大学　教授

1. 总体情况

本次乡村规划方案竞赛单元共有 33 个作品进入决赛评选，经过逆序淘汰、优选投票和评议环节，评出各等级奖项，最终结果为：一等奖 1 个、二等奖 2 个、三等奖 3 个、优秀奖 9 个、最佳研究奖 1 个。

2. 闪光点

第一，质量明显提升，好报告集体涌现。

主要有 3 个表现：

（1）水平相近的好作品数量增加；

（2）逻辑性和完整性明显优于去年；

（3）调查视角的多样性、多元化明显增加。

第二，聚焦乡村存在的“真”问题。

如土地产权制度的问题，村落的“水”问题，村里老人的“养老”问题等。通过对乡村“真”问题的深入分析，围绕解决“真”问题编写报告，提出对应的策划方案。

第三，多样性和多元化。

如关注热点政策，长江禁渔、脱贫攻坚等重大政策影响的村落；

引入社会学、经济学理论解释村落文化现象和未来发展的趋势等。

3. 评优原则

第一，对“真”问题分析透彻，策划紧密围绕解决“真”问题展开。

第二，符合村落实际，优先考虑村落内生力落实策划的可能性。

第三，引入多学科理论综合分析优先考虑。

第四，政策把握正确，理论运用有据，策划贴近实际。

（以上内容根据但文红教授在贵阳年会上的竞赛点评 PPT 整理发布。）

2020年全国高等院校大学生乡村规划方案竞赛
乡村调研及发展策划报告竞赛单元专家评委名单

序号	姓名	工作单位	职务 / 职称
1	但文红	贵州师范大学	教授
2	周安伟	海南省旅游和文化广电体育厅	总规划师
3	武联	长安大学建筑学院	教授
4	焦胜	湖南大学建筑与规划学院	副院长、教授
5	何璘	贵州民族大学建筑工程学院	党委书记、副教授

2020年全国高等院校大学生乡村规划方案竞赛
乡村调研及发展策划报告竞赛单元决赛获奖名单

评优意见	序号	方案名称	院校名称	参赛学生	指导老师
一等奖	Q65	多维造梦，拥鲍新生	重庆大学建筑城规学院	陈 桑 杜 雯 孙卓元 黄 鑫 杨 帆 方劲松	徐煜辉 龙彬 周 露
二等奖	Q60	谕怀黔中，稽古居今	福州大学建筑与城乡规划学院	陈晓媛 林君弋 蒋冠怡	王亚军 张雪葳 陈 力
二等奖	X286	何以复渌水，何以解乡“愁”	广西大学土木建筑工程学院	罗 希 蒋佳圆 姚雨馨 吕如愿 时雨欣 江雪怡	陈筠婷 周 游
三等奖	X260	道藏医养生大干	长安大学建筑学院	张远德 徐天玲 李姿懿 张 兴 何小山 田一童	余侃华 张 薇 周 华
三等奖	S48	“渔”音在望，舟游吾乡	贵州大学建筑与城市规划学院	郜 凤 闫梓宁 杨 程 何安微 常瑞丽 李东莹	赵玉奇 杨 柳 毛 可
三等奖	X212	“忆”起戎旅·党铸军魂	苏州科技大学建筑与城市规划学院	彭韵璇 宁文岷 应永飞 于海遥 涂 祺 于彦喆	王振宇 潘 斌 范凌云
优秀奖 + 最佳研究奖	X219	黄山村调查	西北大学城市与环境学院	杨适泽 于 溪 姜小雨 李婷婷 王馨怡 王 帅	李同昇 刘 林 陈伟星
优秀奖	W50	陌上长寺，怡然桑榆	安徽大学商学院旅游管理系	王 溪 高 娟 孙茂栋 郭倩钰 鲁亚琪 戴宁婕	李文静 鲍捷
优秀奖	Z46	乐动璜山南	浙江工业大学设计与建筑学院	叶柯葳 陈书炜 萧瑜含 沈凯健 何西流 周 恬	周 骏 陈玉娟 龚 强
优秀奖	X263	窑果赋能·文旅焕新	西安工业大学建筑工程学院城乡规划系	禹华敏 张 童 唐季鹏 赵 灿 胡文娜 赵雨晨	王 磊 安 蕾
优秀奖	S75	水润原乡，田话江南	福州大学建筑与城乡规划学院	陈馨凝 蔡雅雯 林杨兰	王亚军 张雪葳 陈 力
优秀奖	S47	宜产乐学，稻活乡村	东南大学建筑学院	戴 莉 马雨琪 庄毓蓉 关 毅 苏俊吉	权亚玲 徐 瑾
优秀奖	X262	为有“垣”头活水来	长安大学建筑学院	郭亚婷 王笑涵 付智媛 李博轩 谷伟伟 潘育瑾	张建新 余侃华 周 华
优秀奖	X230	陶然之城野，融于新故间	广州大学建筑与城市规划学院	古伟睿 黄李斌 涂林英 徐海琪 冯婉仪 肖 曼	郭晓莹 户 媛 马雪莲
优秀奖	X269	倚木传艺，临海扬帆	福州大学环境与资源学院	陈 欣 陈美镕 次里品楚 德吉措姆 冯晓敏 高 宸	吴聘奇 刘智才 胡秀娟

（注：因为篇幅有限，故只刊登一、二等奖获奖作品）

2020年全国高等院校大学生乡村规划方案竞赛

乡村调研及发展策划报告竞赛单元

获奖作品

多维造梦，拥鲍新生

一等奖

【参赛院校】 重庆大学建筑城规学院

【参赛学生】

陈　桑　　杜　雯　　孙卓元　　黄　鑫

杨　帆　　方劲松

【指导老师】

徐煜辉　　龙　彬　　周　露

作品介绍

一、鲍屯溯源

1. 风云历史，鲍屯初成

贵州省安顺市鲍家屯村缘起于明洪武二年（公元 1369 年），历史沿革已 650 多年。鲍氏始祖鲍福宝从安徽歙县棠樾村迁移至此，开凿沟渠、驻军屯田。最初称村落为“杨柳湾”，清改为鲍家屯，简称鲍屯，一直沿用至今。

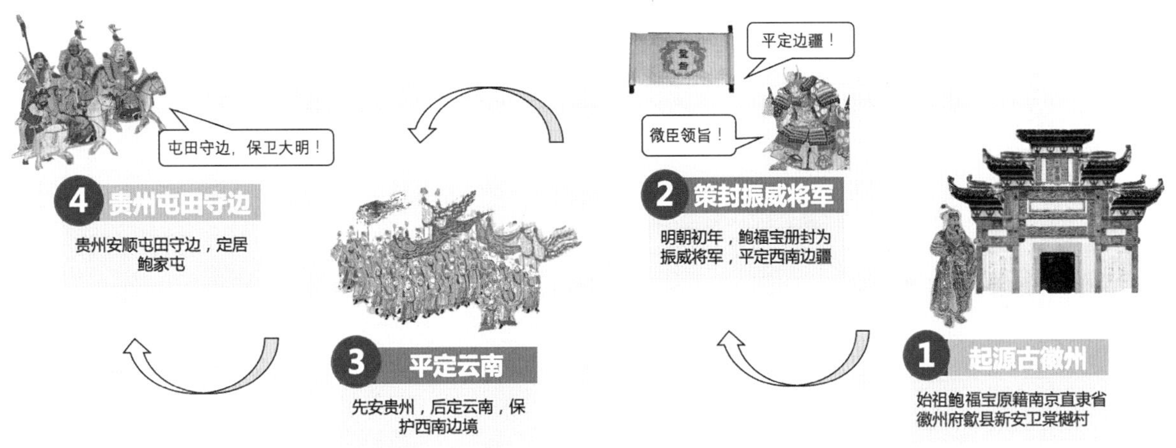

2. 风情技艺，古意盎然

鲍家屯村出名的传统风情和技艺，包括抬汪公活动、丝头系腰、地戏和鲍家拳。

地戏脸谱

地戏活动

二、线上调研

1. 综合调查

（1）政策背景：多方政策支撑，具体落实不够

目前国家、省、市和地方都为鲍家屯村发展提供了良好的政策条件，但其具体的政策落实不够。

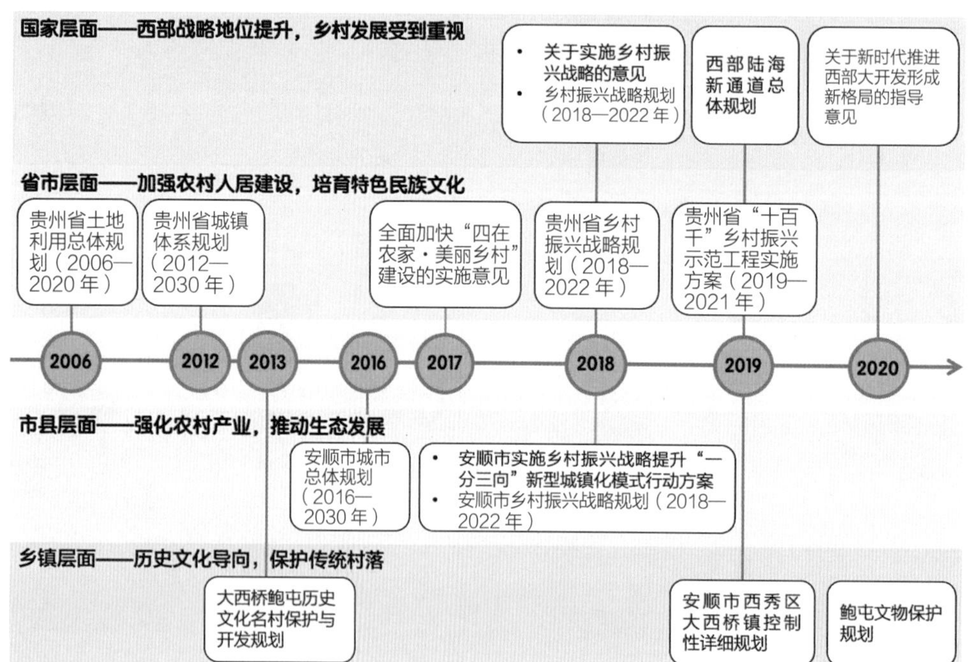

（2）产业现状：产业定位明确，发展动力不足

《安顺市城市总体规划修编（2016—2030年）》《安顺市“十四五”全域旅游发展规划》为鲍家屯村发展做出指引，规划鲍家屯村打造一产（现代农业）和三产（文旅）两大产业。但在现实发展中鲍家屯村面临发展动力不足的问题。

一产：现代农业示范

- 《安顺市城市总体规划修编（2016—2030年）》“突特色、促增收”，加强农业产业结构调整，大西桥镇形成蔬菜、畜牧业两大主导农业产业，着力打造“城郊型、科技型、效益型、示范型”现代农业示范区。
- 目前大西桥已经形成沿清黄高速公路、320国道的1.5万亩反季节蔬菜基地。

三产：屯堡文化集群

- 《安顺市“十四五”全域旅游发展规划》大西桥镇以“屯堡文化、夜郎文化、牂牁文化、民俗文化”等打造文化旅游品牌，实现“五态融合、全要素体验”。
- “旅乡融合”，引导旅游发展与美丽乡村建设结合。
- 以云峰八寨、旧州古镇、鲍家屯等为核心，联合平坝区天龙屯堡旅游区，打造大屯堡精品文化旅游区。

（3）交通状况：交通条件良好，公共交通缺乏

鲍家屯村交通条件良好，贵昆铁路村北侧而过，320 国道和 102 省道位于鲍家屯村北侧，但是从安顺市到鲍家屯村的公共交通方式缺少，唯一一条公交线路耗时 2.5h，且步行距离长。

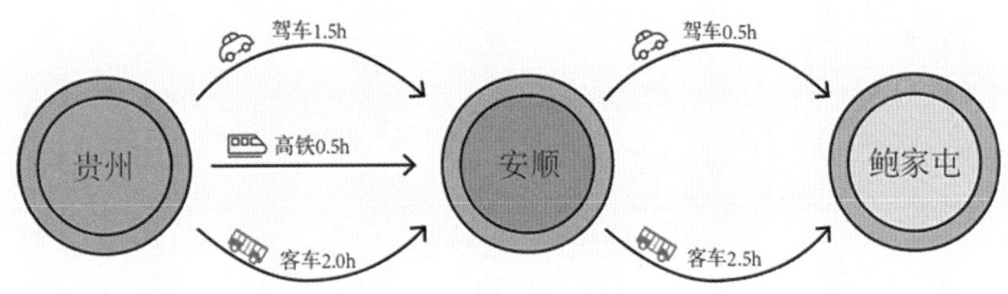

2. 线上问题总结：特色挖掘不够，资源利用不足

三、线下调研

1. 实地勘测分析一

建筑分析：古建历史悠长，古今风貌混杂

业态分析：家庭经营为主，配套服务薄弱

公共空间：山水风光秀美，内部小巷迷魂

小结：古建历史悠长，古今风貌混杂

传统建筑　新建民居　传统与新建民居对比强烈

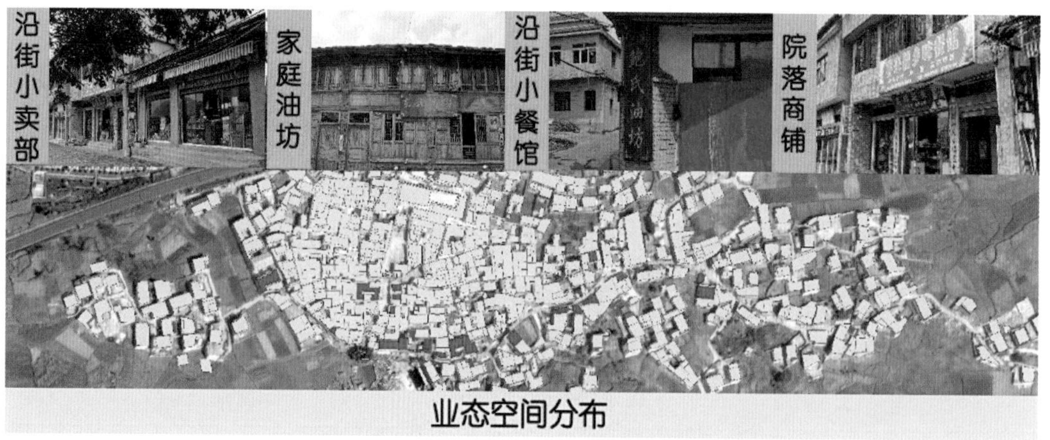

业态空间分布

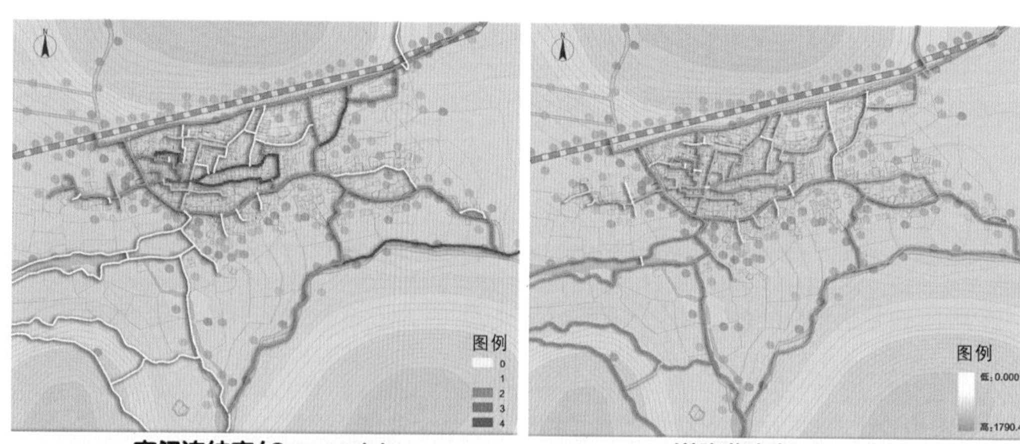

空间连结度/Connectivity　　道路曲率/Curvature

道路方向复杂度（累计距离）

累计距离（m）

0° 20° 40° 60° 80° 100° 120° 140° 160° 180° 200° 220° 240° 260° 280° 300° 320° 340° 360°

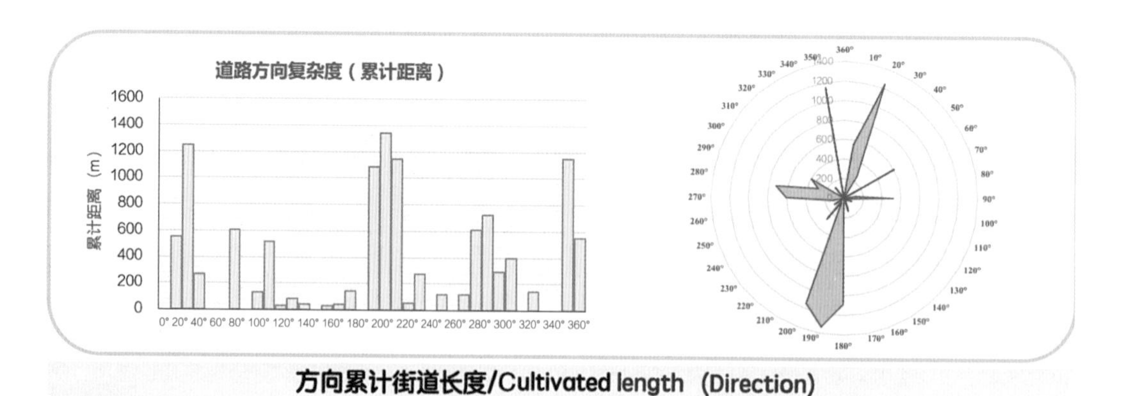

方向累计街道长度/Cultivated length (Direction)

2. 实地勘测分析二

社会分析：村民宗族观念强，老龄化现象突出

经济分析：人均收入不均衡，潜在发展动力足

产业分析：三产联动不充足，旅游驱动未抓牢

小结：现实问题矛盾多，文旅发展认同高

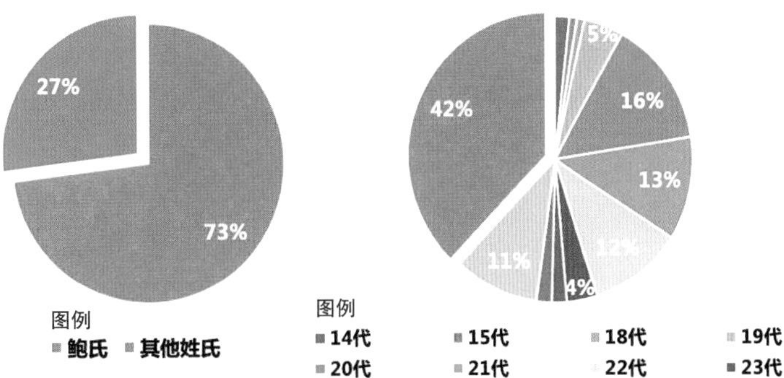
27%
73%
图例
鲍氏 其他姓氏
5%
42%
16%
13%
12%
11%
4%
图例
14代 15代 18代 19代
20代 21代 22代 23代

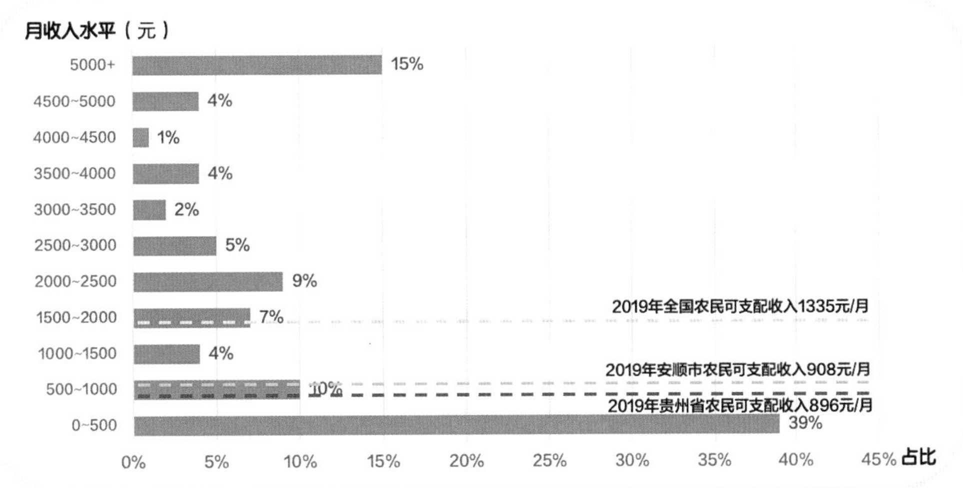
月收入水平（元）
5000+ 15%
4500~5000 4%
4000~4500 1%
3500~4000 4%
3000~3500 2%
2500~3000 5%
2000~2500 9%
1500~2000 7%
1000~1500 4%
500~1000 10%
0~500 39%
2019年全国农民可支配收入1335元/月
2019年安顺市农民可支配收入908元/月
2019年贵州省农民可支配收入896元/月
0% 5% 10% 15% 20% 25% 30% 35% 40% 45% 占比

鲍家屯村油菜花开的时候，我们都会开车过来看看，就是吃的玩儿的太少了，拍拍照就会回市里吃饭住宿。
我们平时就种种地呀，挣不到钱的，自己吃一吃就好了。
游客
村民
写生学生
鲍家屯村风景很漂亮，也有很多民族性的东西，很适合写生；但是住宿不方便，也没有相关的写生器材卖。
关门的服务站
空置的房屋
关门的服务站

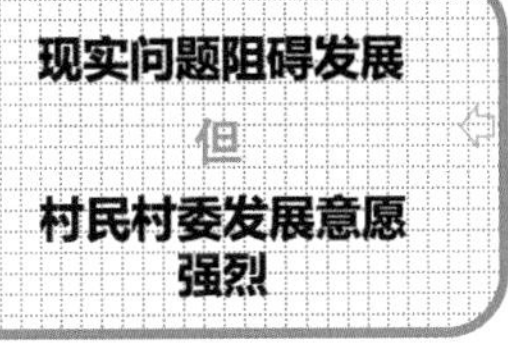
现实问题阻碍发展
但
村民村委发展意愿强烈

好想回家发展，外面好累
可是回家没有钱，难办

四、策略提出

1. 寻机利物

（1）生态文旅示范区，融创旅游先行村，打造特色节点，创建美丽屯堡。

（2）5G 赋能新农业，通过对鲍家屯村农产品资源的梳理与挖掘，确定鲍家屯村的主要农产品，通过直播平台进行直播展示，根据直播用户的评价、购买数量对现有农产品进行反馈优化。

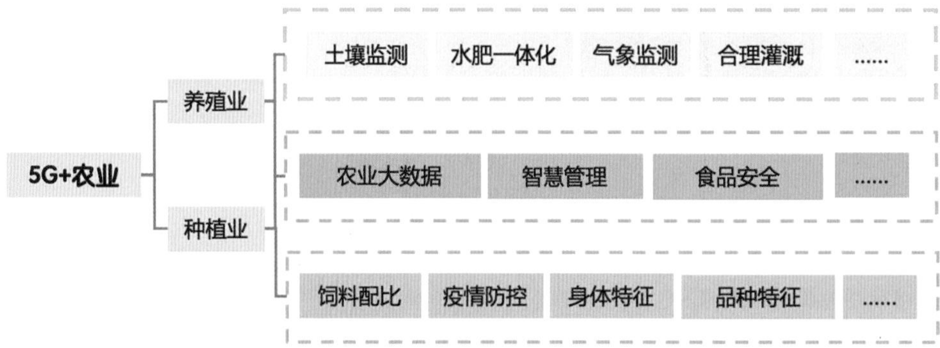

（3）历史民俗重发扬，鲍家屯村以深厚的历史底蕴为基础，编排鲍家屯村的历史文化电影、情景剧、互动视频等，让历史“动”起来，结合现代 3D 投影和 VR 技术，还原历史场景，穿梭时间，感受鲍家屯村丰厚硬朗的军屯文化，让历史“活”起来。

（4）奇屯空间重组织。

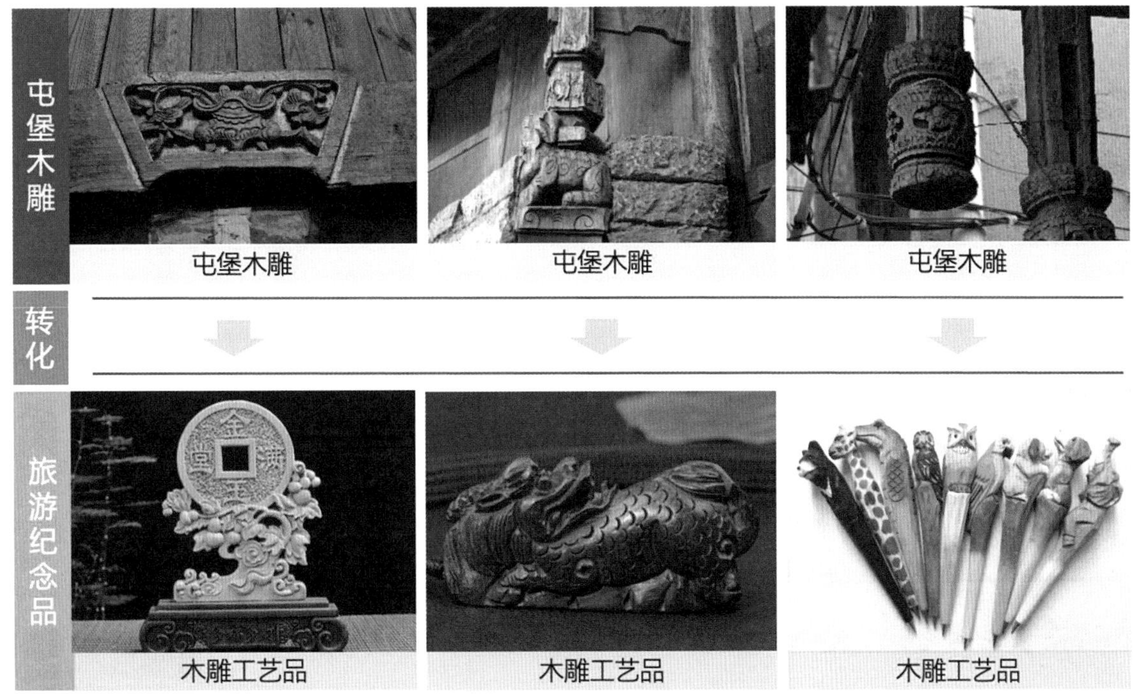

2. 新生计划

（1）“面”新生计划，联合西秀区政府利用5G等现代化技术打造“5G+农业”示范区，在上位规划的基础上融合高新技术，为农业赋能，为农业赋新。构建5G云农业体验活动，让鲍家屯村旅游更显科技、高新。

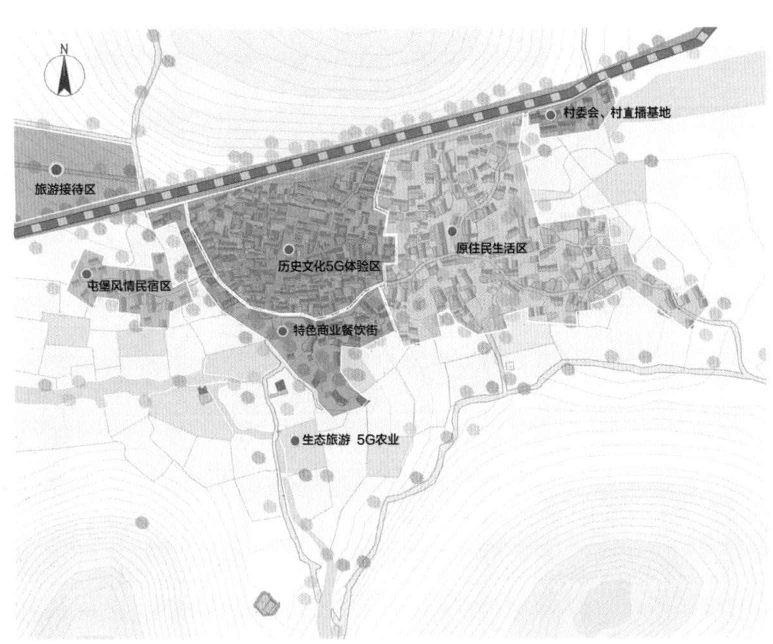

（2）“线”新生计划，根据调研中对内部街巷复杂度、穿行度等的分析，赋予古村落内部八卦阵街巷不同的主题，对外联系最强，穿行度最高的雄狮阵和长蛇阵，是未来人流穿行最多之处，可打造为休闲慢行长线，沿线两侧民居以咖啡厅、象棋室等为主；南侧的白虎阵和青龙阵为传统技艺体验线，布置丝头细腰、玉头饰、凤阳汉装制作等的手工作坊，鲍家拳体验学堂等。

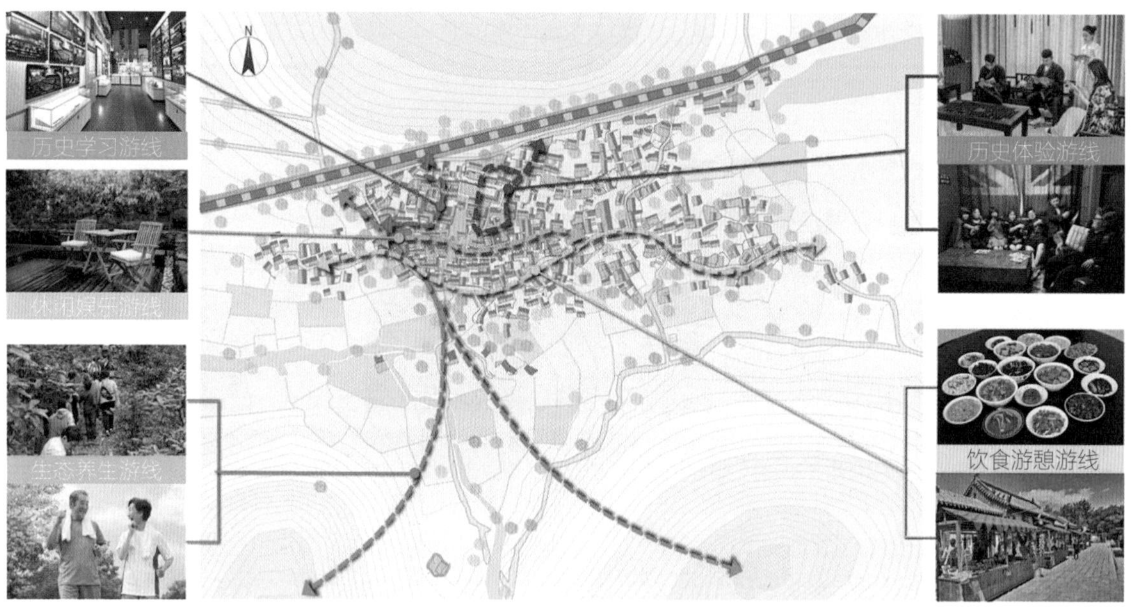

（3）“点”新生计划，根据分区与流线，确定鲍家屯村中重要公共节点18个，主要可分为旅游服务节点和村民服务节点，具体如图所示。

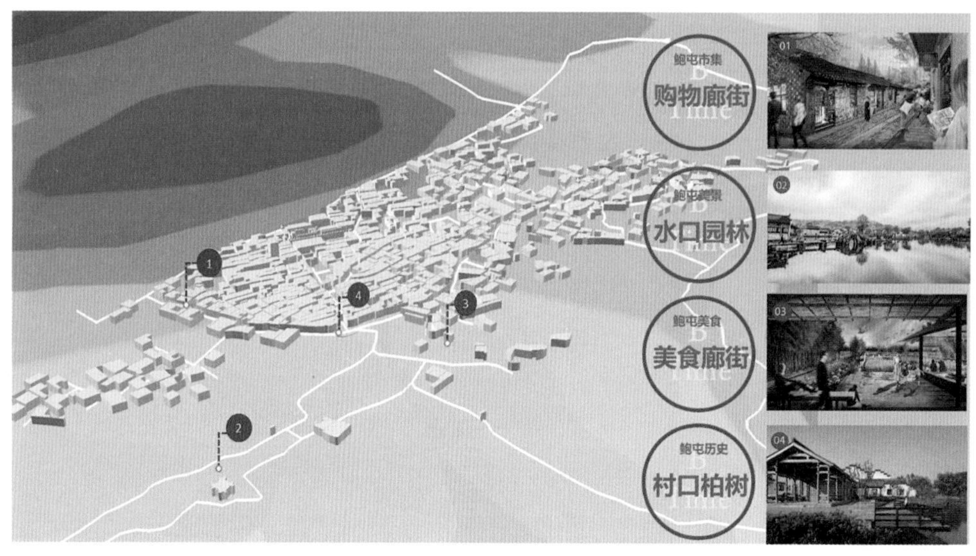

3. 品牌体系

（1）视觉形象

（2）基础物料

（3）全年活动

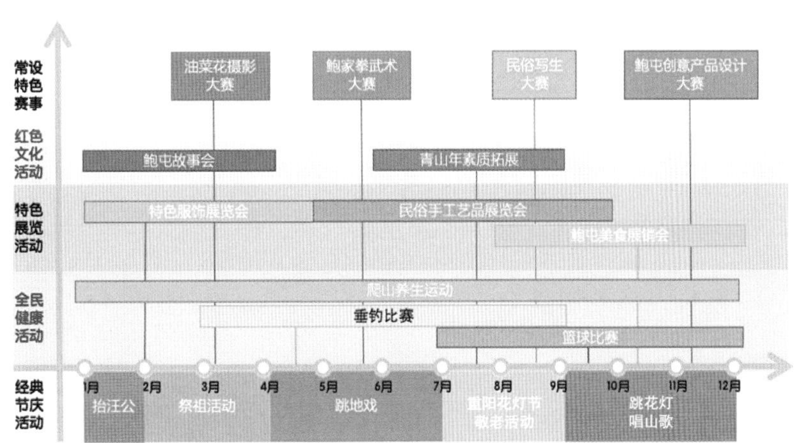

4. 乡村治理

（1）纵向升级重构——各级政府，新型引领；各类乡贤，群策群力；村民参与，多方协调。

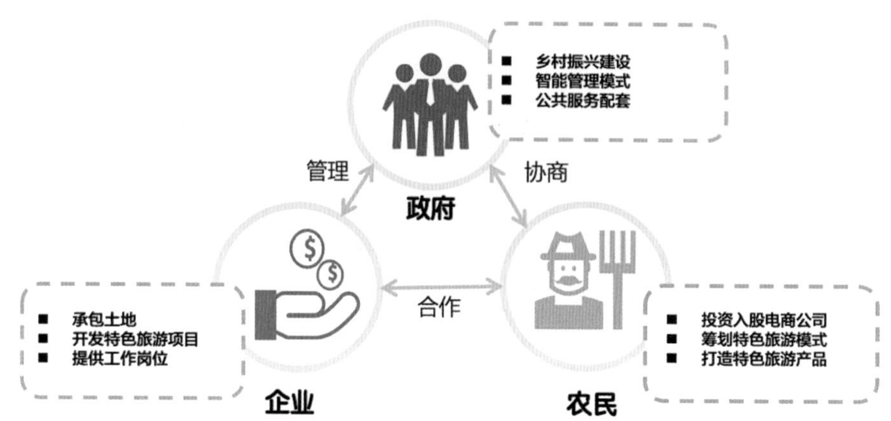

（2）横向多元协同——两方组织，合作共赢；政府主导，各司其职。

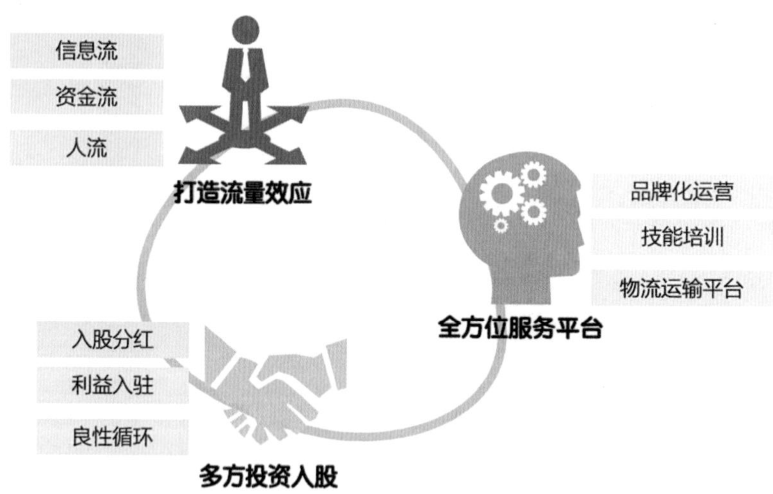

多维造梦，拥鲍新生

院　　校：重庆大学建筑城规学院

学　　生：陈　桑　杜　雯　孙卓元　黄　鑫　杨　帆　方劲松

指导老师：徐煜辉　龙　彬　周　露

摘要：通过对鲍家屯村的线上探寻、线下调研、访谈问卷，总结厘清鲍家屯村现有的问题、发展阻碍。在科技创新的大背景下，提出鲍家屯村应主动适应科技背景、区域发展背景，从点、线、面三个层次对鲍家屯村的农业资源、历史文化资源、空间资源三个方面提出五"新"计划激活鲍家屯村：①"新"科技，5G结合农业和历史文化创造新体验；②"新"动能，科技农业、生态文旅驱动乡村振兴；③"新"空间，七大功能区联动再生；④"新"活力，品牌运营、全年活动助力鲍屯出彩；⑤"新"治理，搭建多方沟通平台，实现乡村治理有效。

关键词：五"新"计划；区域联动；科技兴农；多元治理；乡村振兴；品牌塑造；鲍家屯村

目　录

1 借策·调研回望，因势利导

1.1 铢积寸累，问题梳理

（1）区域发展定位模糊

鲍家屯所在的安顺市周边旅游景点突出、民族特色村镇较多，鲍家屯虽然是“中国传统村落”，但其在安顺市整体区域中的发展定位尚不明确，发展目标定位不明确，导致村庄整体发展动力不足。

（2）村庄产业导向不明

鲍家屯现状产业仍以一产为主，规模十分有限，加上农业产业产出值低，不足以支撑村域经济发展；混有少量以家庭为单位的手工业二产产业，曾试图以旅游为主要发展方向，但发展后续情况不佳。

（3）配套基础设施落后

村域内部基础设施较为缺乏。在环卫设施方面，村内公共厕所、垃圾箱、垃圾收集点等设施覆盖范围难以满足生活需求。在能源供应方面，村民生活主要能源仍以煤炭、秸秆为主，能源供应有待进一步优化。

（4）人口结构老龄化

根据现场实际调查，鲍家屯现状居住人口以老年人和学龄儿童为主，青壮年多外出务工。人口结构较为完整的家庭则多选择移居至大西桥镇。

（5）资金技术较匮乏

由于鲍家屯所处地方外部资源较少，运营人员缺乏，导致资金引入困难较大，产业发展的资金支持遭遇较大困难。

（6）宣传力度不足

鲍家屯拥有丰厚的历史文化资源，优美古朴的物质空间环境。虽然早已申报成为“中国传统村落”，但村落外部宣传仍然不够充分，宣传资料较少，缺乏更进一步的知名度打造。

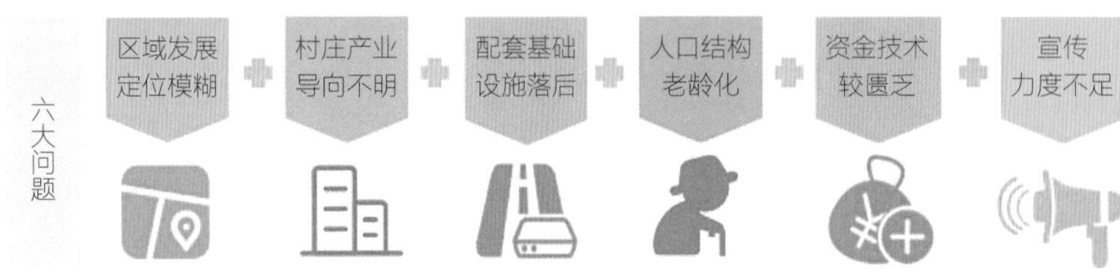

图1-1 鲍家屯现状问题总结

1.2 因势利导，投石问路

通过线上搜集资料，建立对鲍家屯的感性认识，而后对鲍家屯进行线下勘察和问卷访谈，从区域定位、产业、基础设施、人口结构、资金技术和宣传六个方面总结问题，根据问题提出农业、文旅、空间、组织、运营五大层面的发展策划。

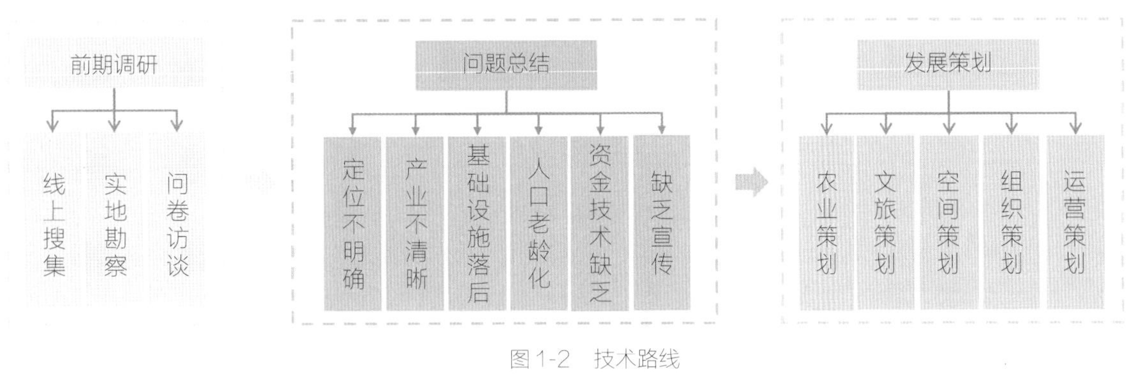

图 1-2 技术路线

1.3 知往鉴今，取其所长

1.3.1 农业转型助村兴[①]——洋墩乡连墩村

洋墩乡位于福建省顺昌县北部，以一产林业为主要产业。连墩村是洋墩乡营林新产业再造的领头羊，为全乡乃至全县产业转型升级起了示范作用。

为响应脱贫攻坚、新型城镇化、乡村振兴战略，连墩村明确了产业扶贫、产业兴村、产业兴镇的发展策略，坚持生态引领，以振兴柑橘产业、培育毛竹杉木、拓展竹林产业链、提高耕地生产能力和劳动力生产率、发展乡村旅游业为主要产业。这些措施使得洋墩乡形成以粮食生产为基础，柑橘、杉木、毛竹和乡村旅游业为主导的绿色支柱产业群，带动全乡脱贫致富，并形成了柑橘特色小镇。

除产业外，洋墩乡提出山区乡村生产生活空间重构。回顾洋墩乡的成功，不难发现其成功源于三个方面：

①对全乡支柱产业、乡村农业的坚守与创新。农业功能向第二、三产业延伸，乡村旅游与农业结合，一、二、三产业融合发展。并且通过引入标准化生产技术、拓展产业链、与科研人员合作等方法，利用现代科技为传统乡村注入新活力。

① 章艳涛，王景新．脱贫攻坚、乡村振兴和新型城镇化衔接的策略、经验与问题——顺昌县洋墩乡响应国家“三大战略”案例研究 [J]. 农村经济，2020（8）：52-59.

图1-3 福建省连墩村主要农业

②科学有效的乡村治理体系。乡村发展离不开村集体与村民的共同力量。建构完整的多元治理体系，有效激活村集体的组织活力和乡民的生产活力。

③乡村空间的重构。通过基础设施的建设、人居环境改造等助力乡村空间的改善，推动美丽乡村的建设。不仅促进乡村旅游业的发展，而且改善乡民的居住环境，生活方式和经济收入都迈上新台阶。

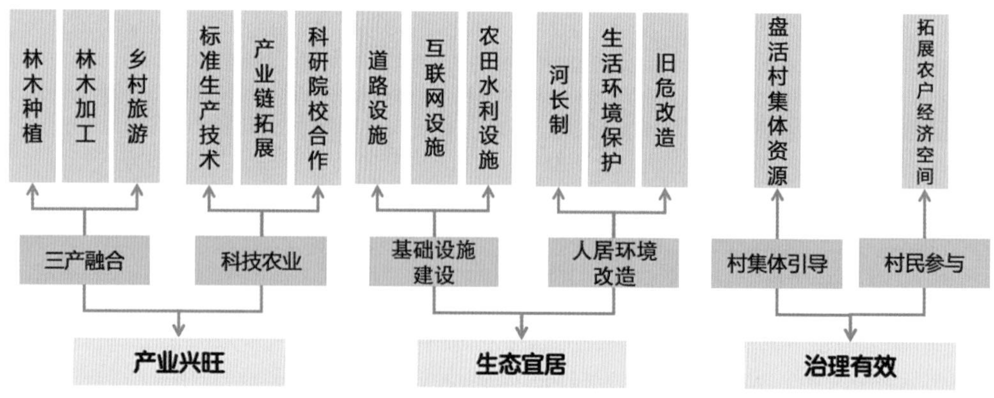

图1-4 福建省连墩村发展模式

1.3.2 电商入村促发展[①②]——颜集镇堰下村

乡村振兴已经越来越离不开互联网助力。江苏省宿迁市沭阳县颜集镇堰下村借助“互联网+”的创新理念，助力农业产品尤其是花木品牌通过网络走出乡村。堰下村被评为全国首批20个“淘宝村”之一，随后在2014年被评为江苏省首批“农村电子商务示范村”之一。

堰下村电商创业经历了萌芽、创业扩散、集聚成熟和转型升级四个阶段。早期村内有远见的村民开始了花木淘宝店经营，通过他们带头带来明显的经济效益，部分村民也开始效仿这一

① 于海云，汪长玉，赵增耀．乡村电商创业集聚的动因及机理研究——以江苏沭阳“淘宝村”为例[J]. 经济管理，2018，40（12）：39-54.

② 王培，段全猛．产业特色型村庄发展策略探索——以颜集镇堰下村为例[J]. 小城镇设，2016（10）：97-101.

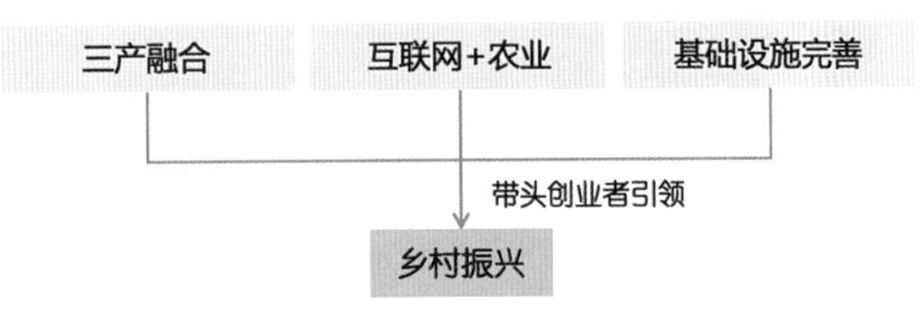

图 1-5 江苏省堰下村发展模式

行为。随着堰下村电商创业的增加，逐渐推动了基础设施的建设，形成花木产业完整产业链。产业进一步成熟，成为外地务工村民及大学生返乡重要吸引力。2014 年起，政府开始有意扶持、规范管理堰下村电商产业，线上线下相结合更进一步促进产业的完善。

回顾堰下村电商发展，可以明显发现带头人榜样的重要性，村民需要“领头羊”的带领。其次是基础设施的完善，“互联网”支撑的农村发展离不开道路、互联网设施等基础设施的完善。

2 寻机 · 顺势而行，寻求机遇

2.1 生态文旅示范区，现代农业观光点

以旅促乡，以旅促农，推进农业、农民、农村生活现代化。根据《安顺市城市总体规划修编（2016—2030 年）》《安顺市“十四五”全域旅游发展规划》等上位规划，鲍家屯将以融入区域生态文旅一体化建设为三产发展目标，同时响应国家粮食安全和农业现代化目标，推进乡村农业现代化，响应区域特色农业带建设目标。

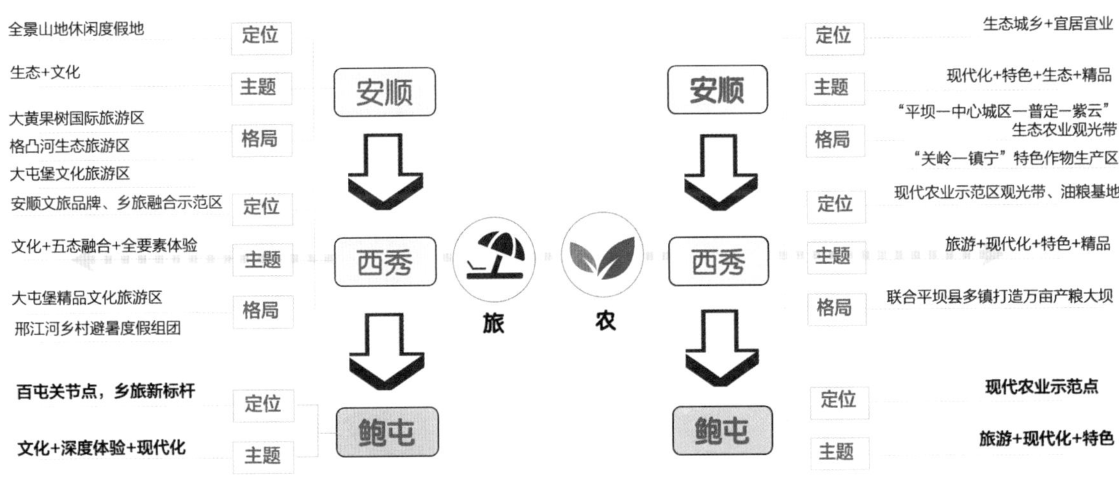

图 2-1 鲍家屯发展趋势推导

2.1.1 以旅游文化为引擎，乡旅融合

打造特色节点，创建美丽屯堡。鲍家屯位于“邢江河文化生态发展带”“大屯堡文化旅游区”，是全域生态文旅一体化和“百屯图”环线旅游产品重要环节。未来可联合周边镇区屯堡，打造以文化旅游、度假观光和休闲游憩功能为主的大屯堡精品文化旅游区，促进“旅乡融合”，推动旅游产业发展与美丽乡村建设。

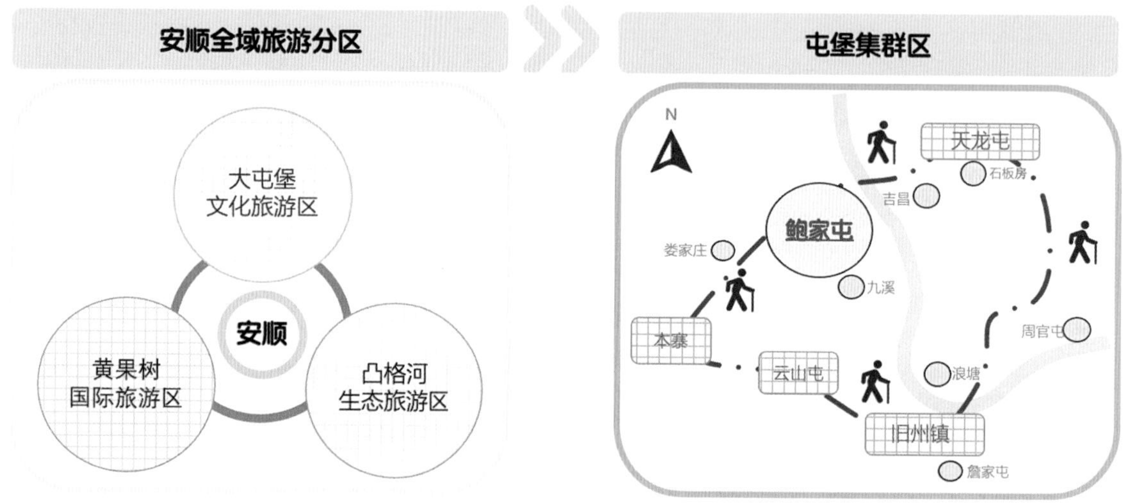

图 2-2 鲍家屯旅游产业区位

打造屯堡产品，构建安顺品牌。安顺市目前已有镇宁波波糖、蜡染、刺绣、屯堡木雕、系腰等特色产品。为加快安顺旅游产品体系的完善和构建，鲍家屯作为代表性屯堡，应着力完成本地名优土特产升级改造，将特色与文化变现，成为屯堡旅游产品打造的重要力量。

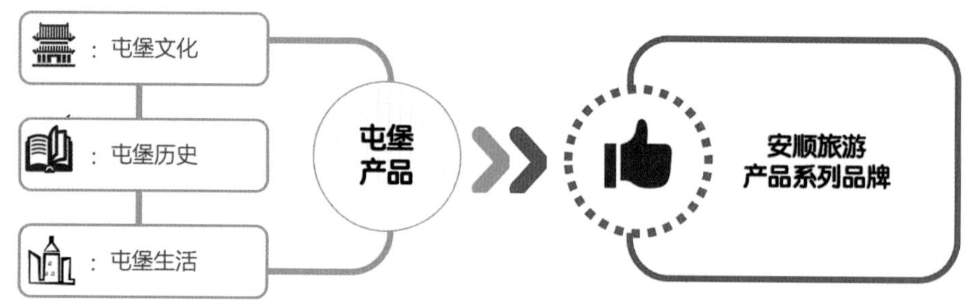

图 2-3 鲍家屯产品打造融入安顺旅游产品链

创新配套服务，丰富旅游体验。改变传统观光旅游为度假旅游、专项旅游、休闲旅游，集观光、娱乐、商务、会议、康体等功能一体的生态旅游业。鲍家屯立足自身优势，需要转变传统打造思路，丰富创新打造路径。

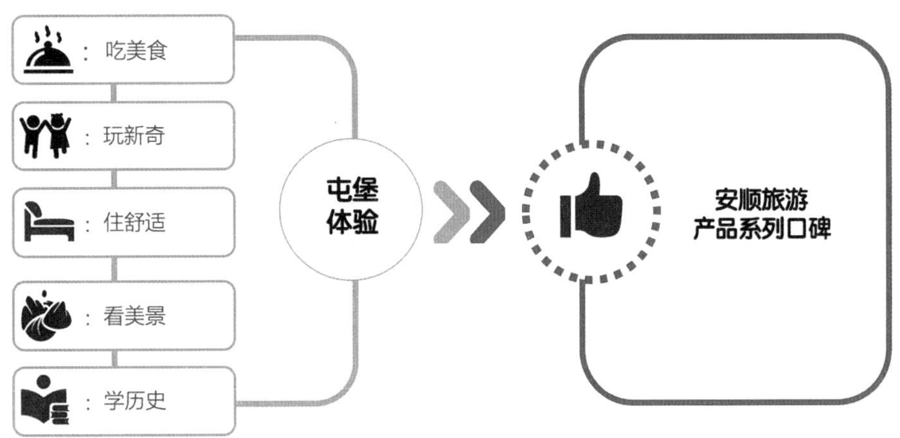

图 2-4 鲍家屯旅游项目打造

2.1.2 促农业转型，走向特色现代化

“突特色、促增收”，打造示范基地，推进农业现代化特色化。鲍家屯位于特色农业生产带，应响应市域现代农业转型，农旅结合，利用自身农产、农田、生态资源优势，加强农业产业结构调整，形成特色屯堡农业生产基地。

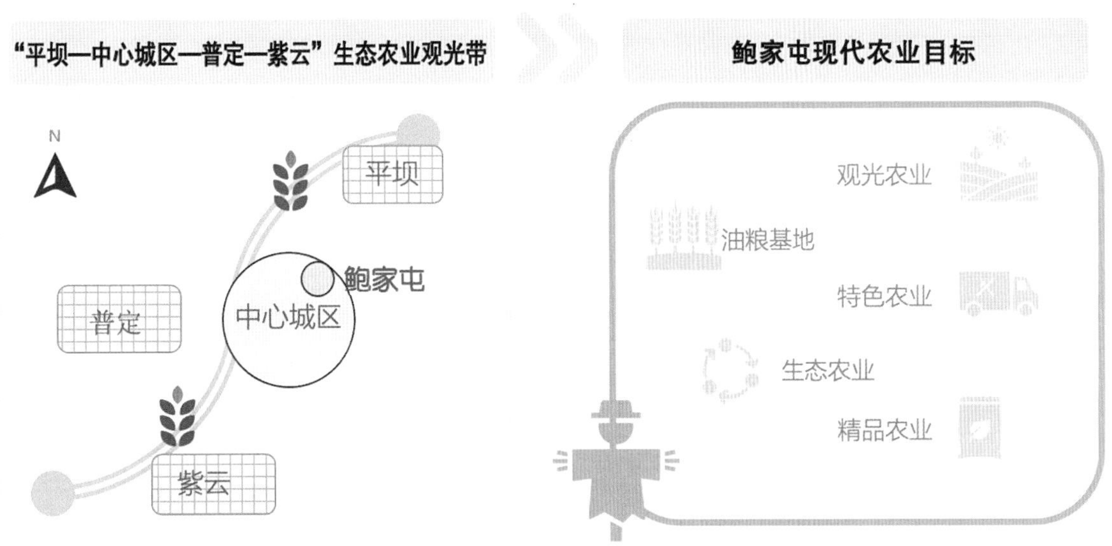

图 2-5 鲍家屯农业区位和发展定位

创新生产模式，促进农商互通，助力乡村振兴。《安顺市整体推进 2018 年农商互联示范县建设工作方案》强调切实推进农商互联工作，助力脱贫攻坚和乡村振兴，加大物流基础设施建设，打通农产品从生产、加工、流通、销售全链条，带动农产品线上线下融合发展，加大“安货出山”宣传推介和通道建设。鲍家屯需要创新农业模式和路径，活用现代化手段。

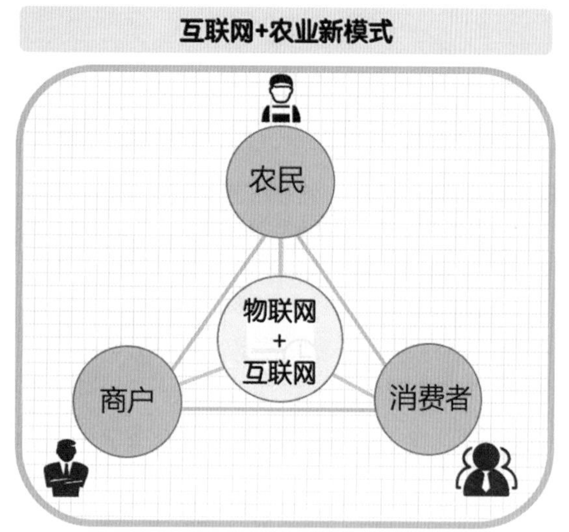

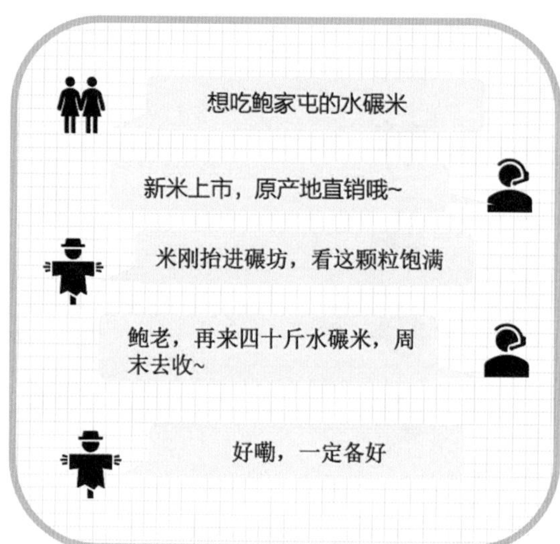

图 2-6 鲍家屯农业转型趋势

2.2 明屯文化活化石，融创旅游先行村

2.2.1 寻求错位，突出重围，打造百屯之眼

对比分析周边发展具有一定水平的屯堡（天龙、云山等），鲍家屯应着眼于650多年明代汉文化的良好延续，在百屯中突出重围，用活“屯堡文化活化石”的核心竞争力、村落空间区位优势以及自然风光与风水福地，打造“百屯之眼”，成为百屯强心。

天龙屯

简介：位于鲍家屯东北侧，平坝区。典型的屯堡聚落。是元代历史上有名驿站——“饭笼驿”。明初屯兵汉族进驻，21世纪初改名“天龙屯堡”
特点：规模大，定位休闲小镇，建筑保存完好，江南水乡与喀斯特山地的结合。
评价：旅游资源配套完整，管理相对完备，公交便利（乡村客运）。

云山屯

简介：位于鲍家屯西南侧，“云峰八寨”之一。地势险要，布局雄奇峻美，虽几经战乱，但保存完好。
2005年评为“中国历史文化名村”。
特点：地势奇特，起伏地形使得村庄傲立山间，形成特色景观。
评价：2015年批复保护规划，旅游资源配套相对完善。

图 2-7 鲍家屯竞争屯堡景点分析

2.2.2 因势利导，破旧立新，塑造未来乡村

“三融”手段，打造未来乡村。以现代化手段融贯古今文化，以品牌打造融通生活与生产，以多元的模式构建融创民族古村落保护和发展。

从静态走向动态，用体验丰富感官，从“消费屯堡”转变到“创造屯堡”，从寻找差异到创造差异。名村打造和振兴要结合当下的新兴技术和娱乐生活需求，将产业发展推进至更深层次的特色挖掘、体验和产业链、品牌、管理体系的全面打造。巧用互联网，推动互联网 + 多产业的深度融合，推进“网红村”的形成并构建持续性的网红经济模式，形成良性经济循环与互动。推进古村落在保护和发展协调的基础上走向现代化村落，打造“未来村落”。

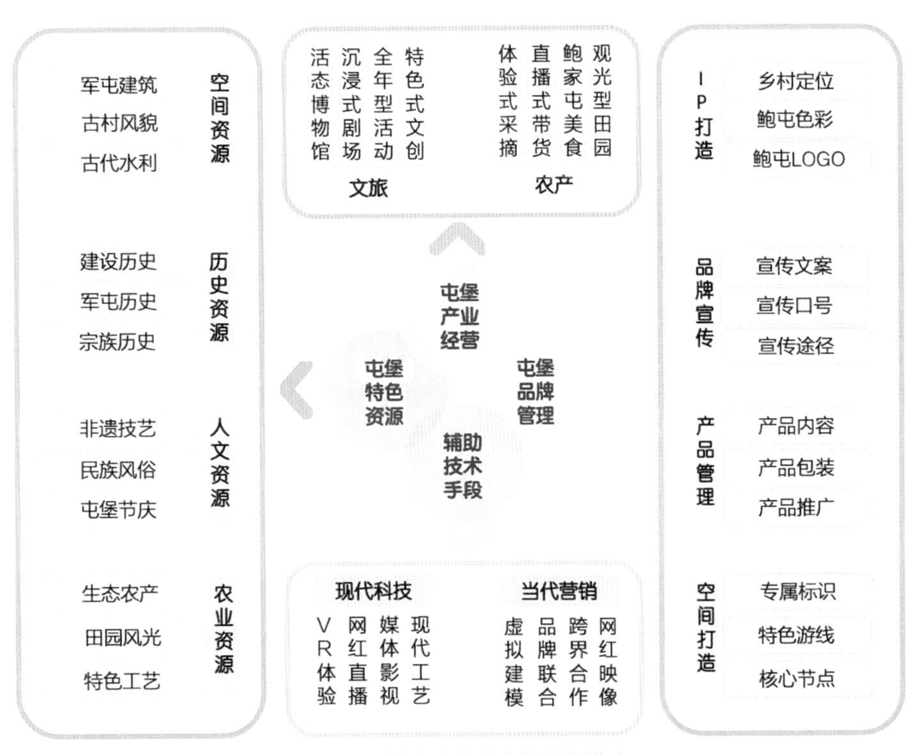

图 2-8 鲍家屯未来乡村打造模式

3 利物 · 古物新用，新物活用

3.1 5G 赋能新农业，有机产品新流通

3.1.1 传统农产，新兴销售

通过对鲍家屯农产品资源的梳理与挖掘，鲍家屯的农产品主要分为稻米、玉米、高粱、豆类等农作物；稻香鱼、稻香虾、猪、鸭等养殖产品以及糟辣椒、腊肉、血豆腐、干盐菜、干豆

豉、高粱酒等特色农副产品。

通过一产培育后，由授权工厂进行工业化加工，该过程伴随着购买者的传统手工加工体验。而后通过品牌的塑造投放到餐饮店、特产店、农家乐等服务门店、线上直播进行售卖，搭建一产培育、二产加工、三产服务形成“三产融合”的农产品流通的生态圈。

以电商平台为媒介，实现农产品线上线下联合流通。通过线上平台的推介、运营品牌形象，线下与实体经济相结合进行批发流转。线上线下共同作用，根据用户的评价、购买数量对现有农产品进行反馈优化，推动鲍家屯的农产品向标准化、品牌化、规模化方向转变①。

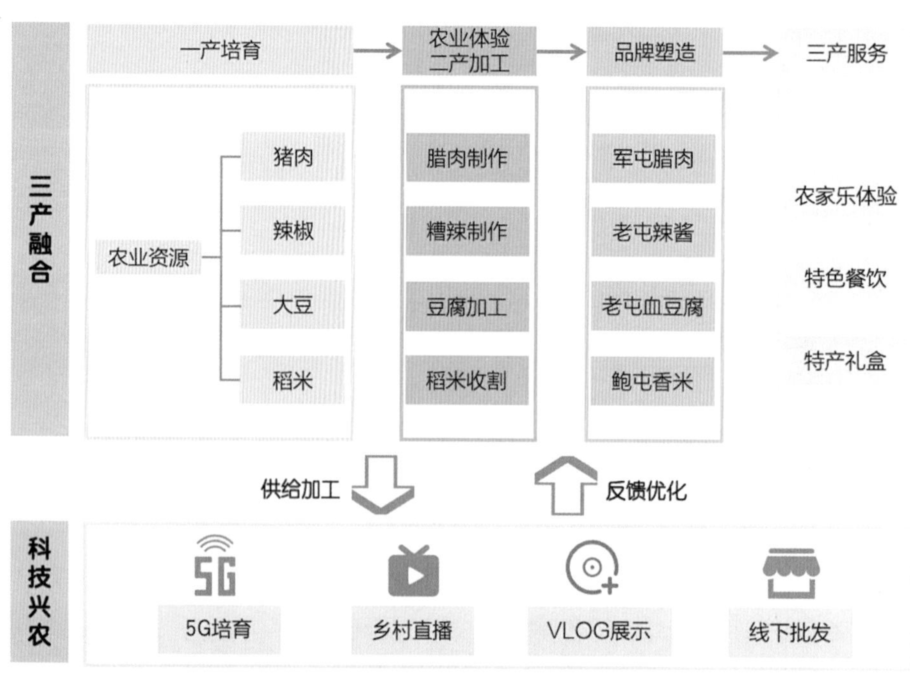

图 3-1 农产品流通方法

3.1.2 农业模式，新型共赢

将传统农业发展模式转变为“劳动力 + 土地 + 资本 + 技术 + 管理 + 规模”的现代农业发展模式。传统村庄农业模式主要是分散经营，以“劳动力 + 土地”的方式，传统的分散经营利润低、成效慢。而现代化农业主要以规模化经营为主，需要资本、技术、管理的联合，通过承包制、规模化吸引在外的企业家返乡创业，当地有一定能力村民承包等方式，以合作社的方式实现村企合作经营模式，保证村委、企业，村民之间的利益协调，探索形成了“村委 + 村民 + 合作社 + 企业”的利益联结机制。

---

① 杜永红 . 乡村振兴战略背景下网络扶贫与电子商务进农村研究 [J]. 求实，2019（3）：97-108，112.

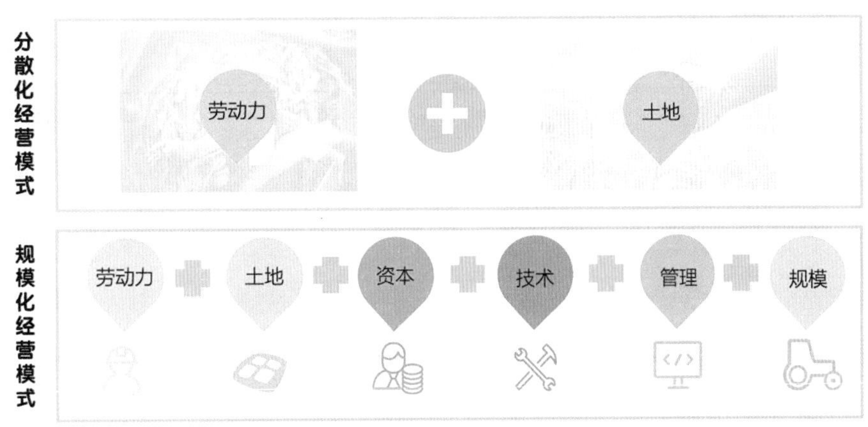

图 3-2 农业开发模式转变

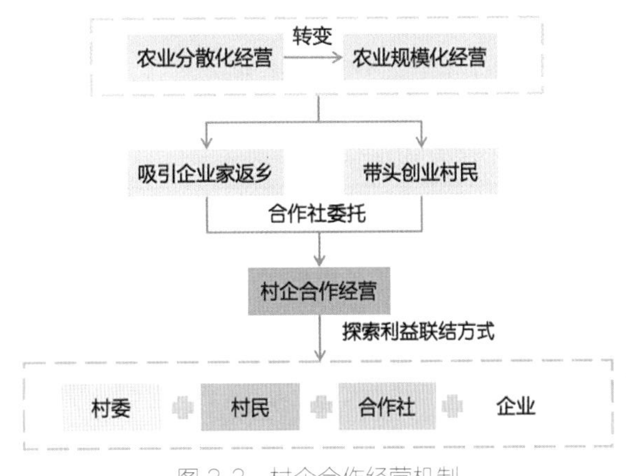

图 3-3 村企合作经营机制

3.1.3 科技农业，助力发展

（1）5G 培育

结合 5G 技术实现农业技术智能化，管理智能化，过程公开化。种植业通过 5G 掌握气象、土壤、灌溉用水等各类数据，进行精准施肥、准确灌溉。养殖业通过 5G 对猪、鸭等动物数据精准把握，包括品种、日龄、体重、进食情况、运动强度、运动轨迹等，同时根据 5G 精准排查动物的身体特征、饮食配比等情况，避免疾病传播、饮食不当等导致损失。

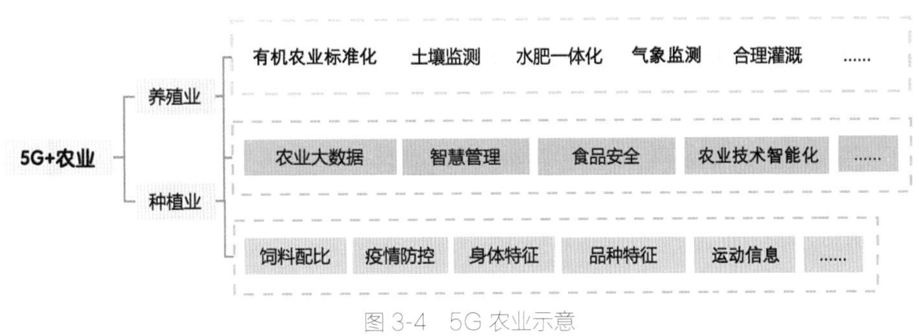

图 3-4 5G 农业示意

（2）VLOG 录制

通过平台展示村内农产品加工，向购买者展示干净、卫生、完整的农产品加工体系。从农产品的培育、采摘、加工生产、包装全过程的直播，让购买者买得放心、用得开心、吃得安心。“新农人群体”作为 VLOG 主体对农作物、动物从幼苗、幼崽的生长开始进行拍摄。例如“水稻的一生”“猪苗成长日记”主题等，同时聘请厨艺优秀者录制食物制作过程，如“豆腐的宴席”“腊肉的百搭”等主题视频。食物制作可以与淘宝直播结合，共同加强农产品的品牌形象。

图 3-5　农业 VLOG 视频示意

（3）乡村直播、电商入村

以村为基本单位，在抖音、快手、今日头条、微信、淘宝运营官方号，构建鲍家屯的新媒体体系，全方位整合营销推广本土农产品。通常直播主题能直接刺激消费者的消费行为，鲍家屯可联合周边村落构建“屯堡产品”“有机农产品”等主题直播吸引消费者。

直播初期以市长、县长直播，邀请当地知名网红为农产品打开销路。同时建立直播基地对乡村主播进行选拔、培训。乡村主播主要选择扎根农村，了解农村的“新农人”、本地村民、基层人员，培养本地化乡村主播，利用短视频结合直播的形式孵化本地“网红”，将流量变现资金，配合农产品培育、生产构建完整的产品生产—前端消费链，形成初期人气引流、中期流量变现结合口碑塑造、后期转型升级的良好直播生态。

图 3-6 带货直播示意

3.2 历史民俗重发扬，鲜活文化博物馆

3.2.1 生动历史，鲜活讲解

鲍家屯距今已有 650 余年历史，屯田戍边、抵御外敌、抗击匪寇……有很多的历史故事，而且鲍家屯老年人多，生活经历丰富，又喜爱与他人聊天，可充分利用当地屯堡文化特色，以村民为媒介，通过他们向外人生动描述他们祖先的历史，打破传统二维纸质记录模式、千篇一律的导游讲词风格，营造群体博物馆氛围，每一个人都是历史的传播者。

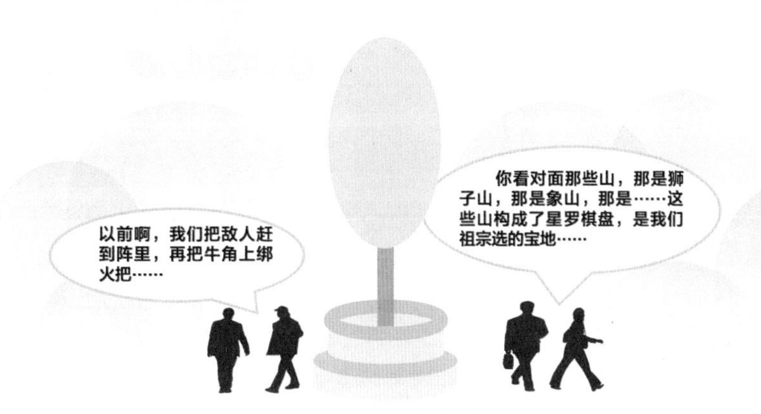

图 3-7 口口相传的历史故事

3.2.2 特色文化，精品活动

鲍家屯目前保持着独特的汉族古代风俗，现存有抬汪公、跳地戏、千人祭祖等民俗文化活动，活用文化资源，打造各种特色文化活动，如鲍屯故事会、传统手工艺体验等。

图 3-8 民俗活动利用意向图

3.2.3 科技助力，时空穿梭

以鲍家屯深厚的历史底蕴为基础，编排鲍家屯的历史文化电影、情景剧、互动视频等，让历史“动”起来，结合现代 3D 全息投影和 VR 技术，还原历史场景穿梭时间，感受鲍家屯丰厚硬朗的军屯文化，让历史“活”起来。

图 3-9 鲜活历史打造方式

3.2.4 文化 IP，艺术创收

充分利用鲍家屯深厚的历史文化底蕴，如屯堡文化、地戏、传统手工技艺的丝头细腰、凤阳汉装等，派生一系列相关衍生产品，形成自身形象化符号，吸人眼球，留下印象，同时能够创收。

图 3-10 历史文化衍生品意向图

3.3 奇屯空间重组织，山水美景引游人

3.3.1 八卦奇阵，多重组织

鲍家屯古街古建历经 650 多年风尘而保留至今，其具有独特的价值。特别是巷道空间，忽窄忽宽，其融入八卦思想进行建造，其战争背景下的营建思想，是优良的历史教育资源。可对其八卦空间进行组织，营造多种空间使用，如历史教育、军事体验、茶歇巷道等。

图 3-11 八阵空间资源图

3.3.2 山河远眺，稻香映帘

鲍家屯选址时注重山水相依，其山水资源丰富，受益于明代水利工程，鲍家屯周边风调雨顺，都是富饶的山水格局。鲍家屯山水视廊极其丰富，通过山水视廊分析，重点节点有4个，可重点打造观赏平台，近处田园可种稻花或油菜花，等到花开之日，可远眺秀美山水，近嗅稻花清香。

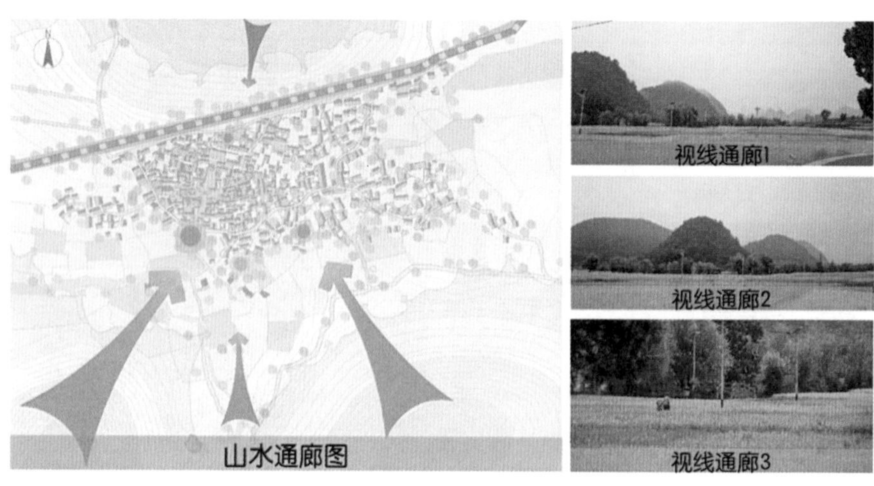

图3-12 山水资源分析图

3.3.3 屯堡奇雕，纪念精品

鲍家屯建筑细节中的石雕木雕十分精美，体现屯堡人精湛的工艺，是传承650多年的文化瑰宝，可进行进一步的艺术加工，使其成为工艺品和旅游纪念品，一方面充分展示鲍屯文化，另一方面吸引更多游客观光。

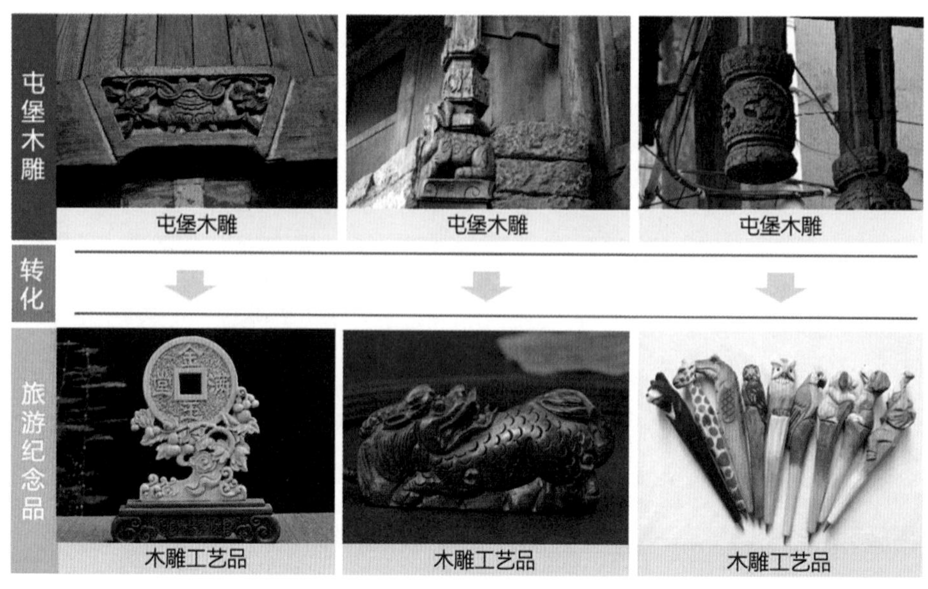

图3-13 木雕艺术转化图

4 新生·点线面计划，多维新生

4.1 “面”新生计划

4.1.1 生态文旅，科技兴村

上位规划中将鲍家屯定位中国水利工程露天博物馆，有“小都江堰”之名却无都江堰的波澜壮阔，而且单一的水利设施游玩无法转换为有效的村庄发展动力。

区位上，鲍家屯周边景区众多，有知名景区例如黄果树景区。鲍家屯新定位着眼于区域层面，主动对接黄果树景区、红枫湖、马岭河峡谷等打造生态旅游线路，联合天龙屯堡、旧州古镇打造屯堡文化旅游线路。不同类型旅游线路，构建一体化的旅游系统，利用区位优势构建云南、贵州、重庆、四川旅游中间点。联合区域旅游景点，组建一体化购票系统，搭建区域旅游联盟平台。

联合西秀区政府利用 5G 等现代化技术打造 5G+ 农业示范区，在上位规划的基础上融合高新技术，为农业赋能，为农业赋新。构建 5G 云农业体验活动，让鲍家屯旅游更显科技、高新。

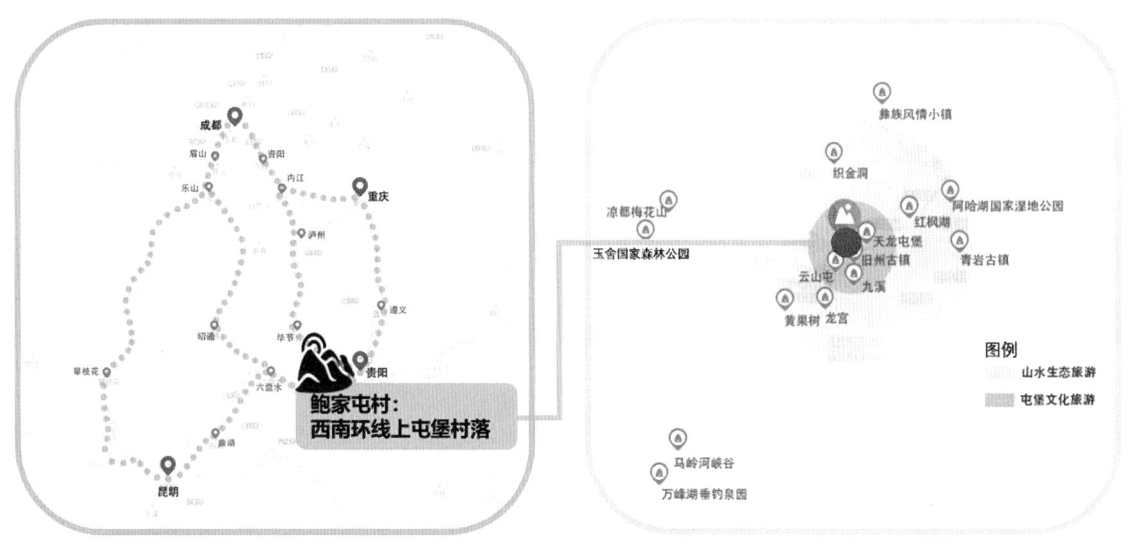

图 4-1 生态文旅定位图

4.1.2 传统屯堡，新兴功能

根据鲍家屯的区位现状、交通现状、村内建设现状以及资源要素等，将鲍家屯划分“一核心六片区”。

核心区利用现有的“八卦”核心区域，保留原有的建筑风貌、街巷格局，历史建筑与鲍家屯传统文化相结合打造历史文化核心体验区。历史文化核心体验区结合巷道打造 3D 全息投影

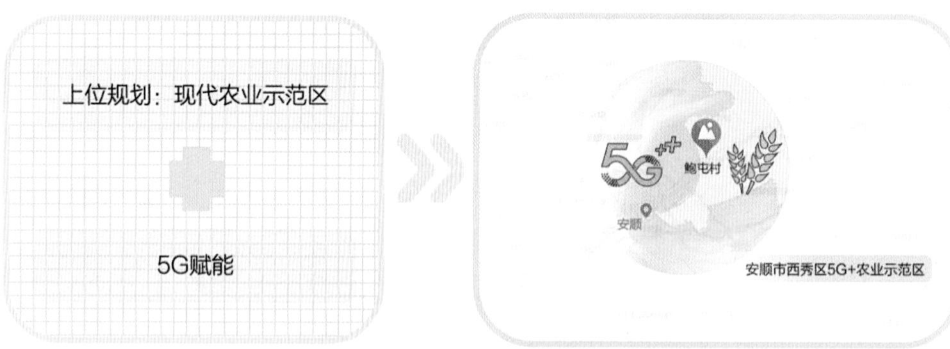

图 4-2　科技农业定位图

和 VR 文化体验，还原鲍家屯历史感。六片区分为特色商业餐饮区、5G 农业生态游、原住民生活区、旅游接待区、屯堡风情住宿区、村委村播基地。

特色商业餐饮区主要分布在进村主要道路两侧，整合利用现有的商业餐饮资源，增补新的资源，塑造充满活力、便捷、特色的商业餐饮街区；5G 农业生态游结合水利工程、农田、具有喀斯特风貌的山体打造农家风光、水利风光、自然风光于一体的生态深度体验游；原住民生活区主要是居民聚集较多的区域，建筑风貌以新建建筑为主，围绕现状情况保存原住民的生活区域，保留其传统的社会关系，避免鲍家屯成为空壳空心旅游区；旅游接待区利用鲍家屯外围的新建建筑区以及停车场等空间建设便利性高的旅游接待场所；屯堡风情住宿区利用西边的住区结合生态旅游建设高品质的住宿；村委村播基地主要是村委会、企业、村播基地构成。

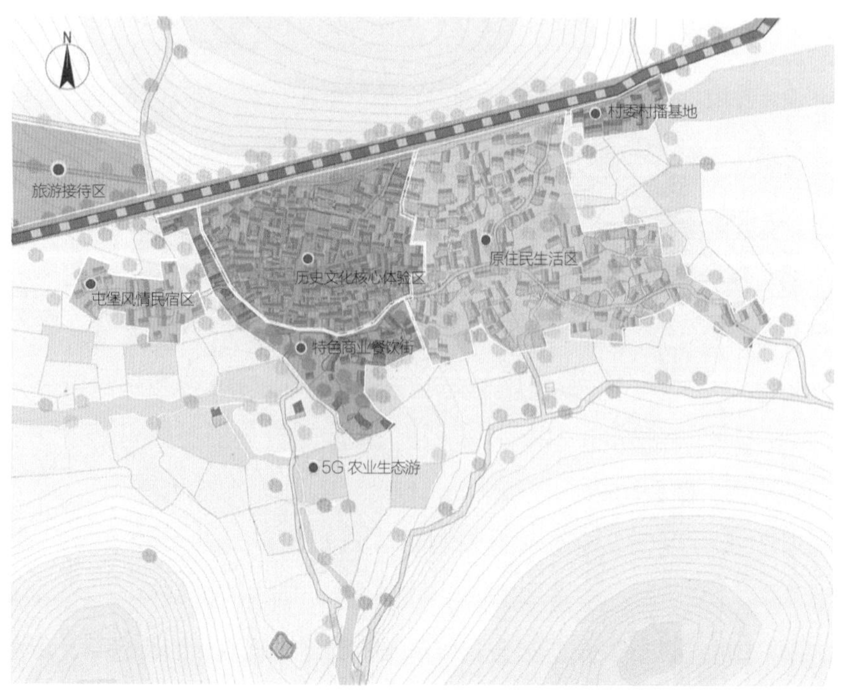

图 4-3　村落空间功能分区图

4.2 “线”新生计划

4.2.1 人车分流，安全组织

为改变人车混行的现状，汽车在村落内部狭窄的道路上穿行，干扰内部村民、游客，为将来旅游发展打造良好的体验感，需要将人车进行分流，依托现有的村落外围道路和村委会前空地，把车行线路和村落中心的停车场外移，形成外围半环抱车行线路，保证古村落内部的安静、安全性，提高游玩氛围。

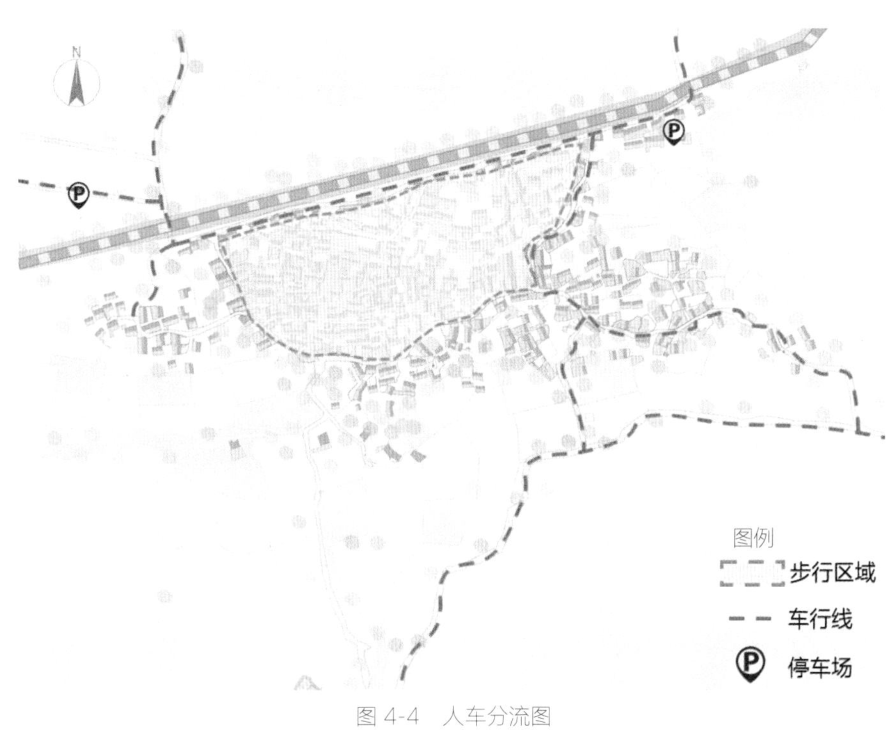

图 4-4 人车分流图

4.2.2 八卦巷道，多样活动

根据调研中对内部街巷复杂度、穿行度等的分析，赋予古村落内部八卦阵街巷五个不同的主题：

①慢行休闲文艺线：以对外联系最强，穿行度最高，未来人流穿行最多的雄狮阵和长蛇阵为基础，沿线两侧民居布置咖啡厅、象棋室等休闲功能。

②传统技艺体验线：以南侧的白虎阵和青龙阵为基础，布置丝头细腰、玉头饰、凤阳汉装制作的手工作坊，鲍家拳体验学堂等。

③鲍屯历史环线游：利用西北角的鹿角阵和火牛阵形成内外两层环线结构，布置鲍屯历史展板、历史讲解馆等。

④历史游戏沉浸线：东北角的玄武阵和金鱼阵街巷复杂度较高、穿行度较低，可以鲍家屯历史故事为剧情，布置闯关破阵、密室逃脱等一些现代娱乐活动。

⑤中轴特色集市线：中间串联各个阵的人流集聚中轴线并将之打造为特色创意集市，彰显鲍家屯特色。

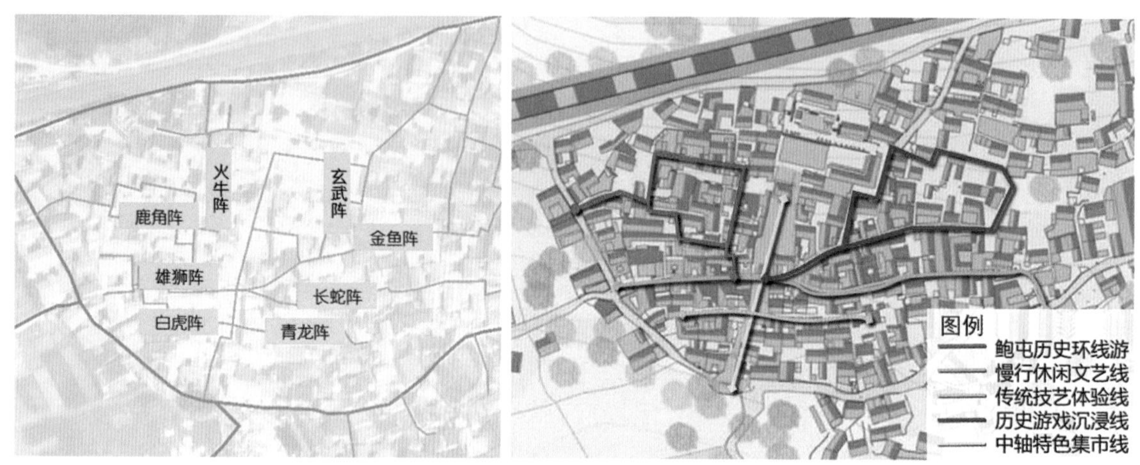

图 4-5　古村八卦阵街巷功能定位图

4.2.3　全域游线，多重体验

对鲍家屯现有的各种空间资源进行针对性的开发利用，结合不同游客人群需求，分白天和黑夜两个时段，打造不同空间游线，使游客在鲍家屯有多样的旅游体验，多时段的旅游活动，留下游客，让其从看完就走变为看完想玩，玩后想住不愿走。

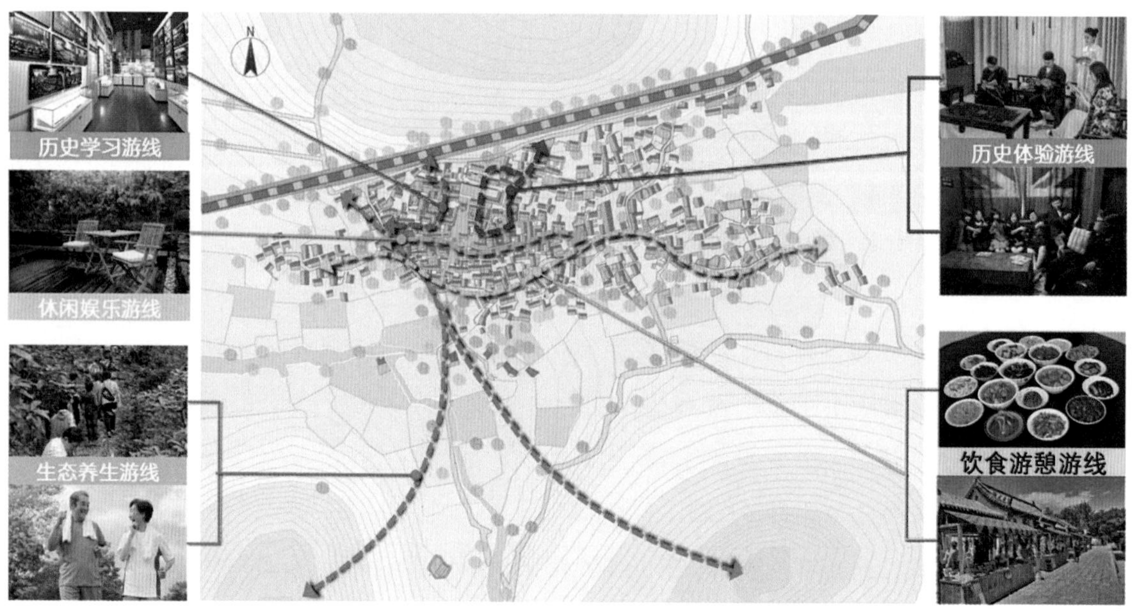

图 4-6　不同主题游线空间分布图

（1）白天游线

以鲍家屯现有空间资源分布为基础，打造四大不同主题游线：

生态养生游线：利用周边山体和古水利工程的田间渠道，以看风景、锻炼身体为主，可爬山、田间打拳、晨练、品茗。

休闲娱乐游线：利用雄狮镇和长蛇阵，以慢脚步、体验生活为主，可喝咖啡、闲坐、制作手工艺品。

饮食游憩游线：利用鲍家屯南侧的主要街道，以吃喝购物为主，可尝试当地特色美食，购买特色农产、纪念品等。

历史体验游线：利用八卦阵北侧的火牛阵、鹿角阵、玄武阵、金鱼阵，以传统体会历史学习游线和现代化沉浸历史体验游线两部分组成。

（2）夜景灯带

鲍家屯夜晚水声环绕，野声野趣，使人心情平静舒畅。而且调研也发现当地人夜晚活动也比较多，到晚上 12 点左右还有很多人在外面散步、聊天。但是目前的灯光仅集中在村中心区域，需要解决部分照明问题。可以加以设计，形成引导性晚上静心散步游线，吸引游客留下，感受鲍屯夜晚的宁静，找寻内心的安宁和梦中的乡愁。

图 4-7 核心区域夜晚灯景打造图

4.3 “点”新生计划

4.3.1 全域节点，活穴鲍屯

根据分区与流线，确定鲍家屯中 20 个重要公共节点，主要可分为旅游服务节点和村民服务节点，具体分布如下图所示。通过这 20 个节点，激活鲍屯发展。

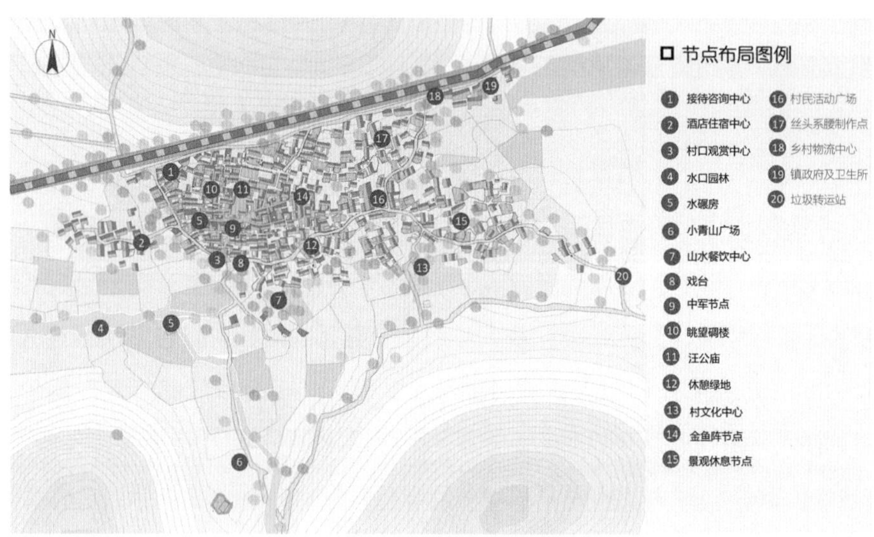

图 4-8 总节点分布图

4.3.2 重要节点，意向营造

（1）旅游服务重要节点

旅游服务节点共包括 4 个节点空间打造，重点包括购物廊街、水口园林、美食廊街和村口柏树节点的打造。

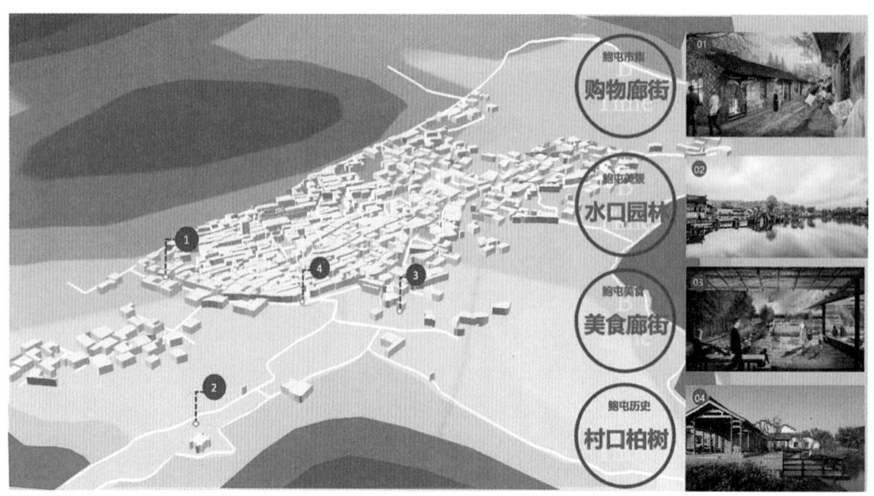

图 4-9 旅游服务节点图

（2）村民活动重要节点

村民活动节点共有 8 个，包括村活动中心、直播创业中心、木雕创作中心、丝头系腰创作中心、乡村物流中心、生态体验农田、农村新居引导、鲍屯油坊，并包括村庄提质改造工程，如农村新居引导建设。

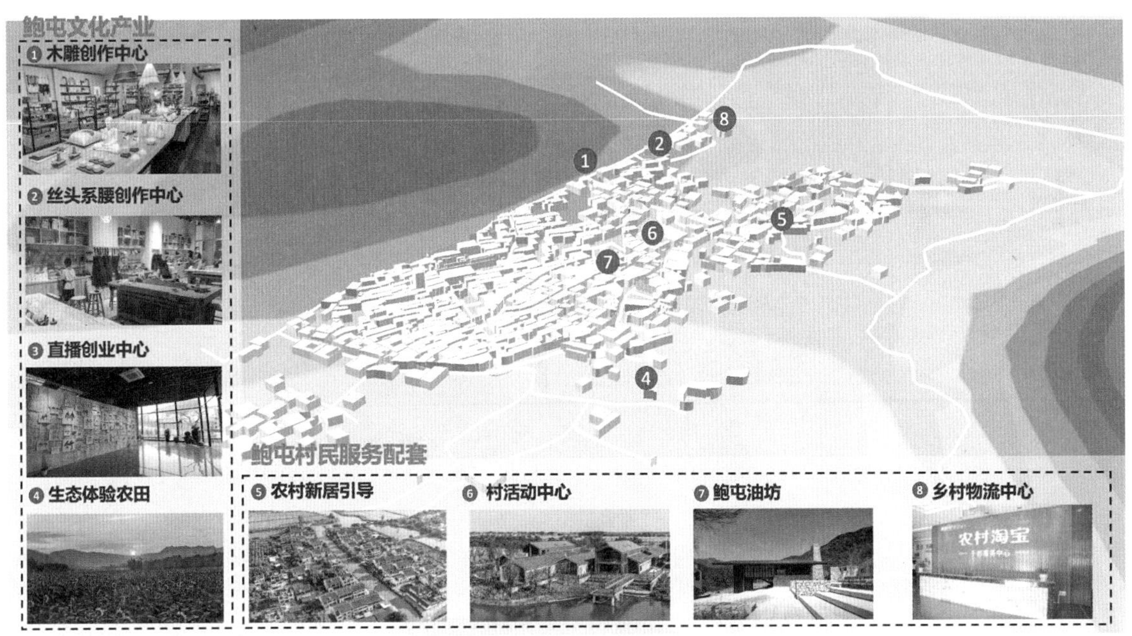

图 4-10 村民活动节点图

5 造势 · 品牌塑造，“鲍”名远扬

5.1 视觉形象，文艺鲍屯

视觉形象设计选取鲍家屯的“鲍”字作为代表符号，对六种字体的图形对称性、符号抽象化表达程度进行考量。最终选取汉仪小篆体为视觉设计核心字体。

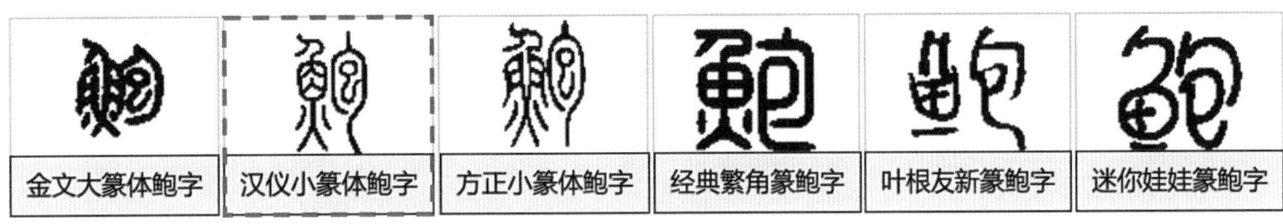

图 5-1 文字符号选取

在字体选取的基础上，结合中国古代传统印章元素，取军屯的军令和文化符号之意，设计红底阴纹印章标志，象征鲍家屯悠久的文化历史底蕴和其代表的独特军屯文化。

对鲍家屯的手工工艺特产丝头系腰进行元素拆解，提取其特征构成元素，进行形象重塑，设计出多种辅助装饰纹理，可用于产品包装、物料装饰的边缘部分。

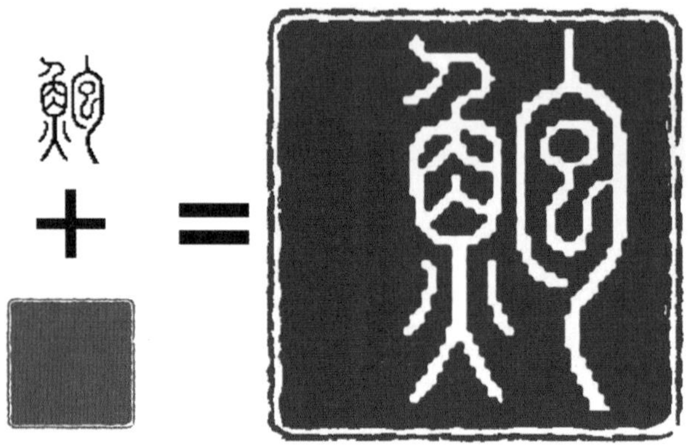

图 5-2 设计生成过程

图 5-3 装饰性元素的抽象提取

5.2 基础物料，品牌运营

基础物料设计部分围绕旅游发展的吃、住、行、游、购、娱六个主要方面进行设计，设计食品类、居住类、出行类、旅游类、购物类、娱乐类六类视觉物料，建立起全方位的品牌视觉物料体系。

图 5-4 食品类视觉物料

图 5-5 居住类视觉物料

图 5-6 出行类视觉物料

图 5-7 旅游类视觉物料

图5-8 购物类视觉物料

图5-9 娱乐类视觉物料

5.3 全年活动，活力鲍屯

以鲍家屯现有民俗活动和各种资源为基础，打造全年全时段活动策划。

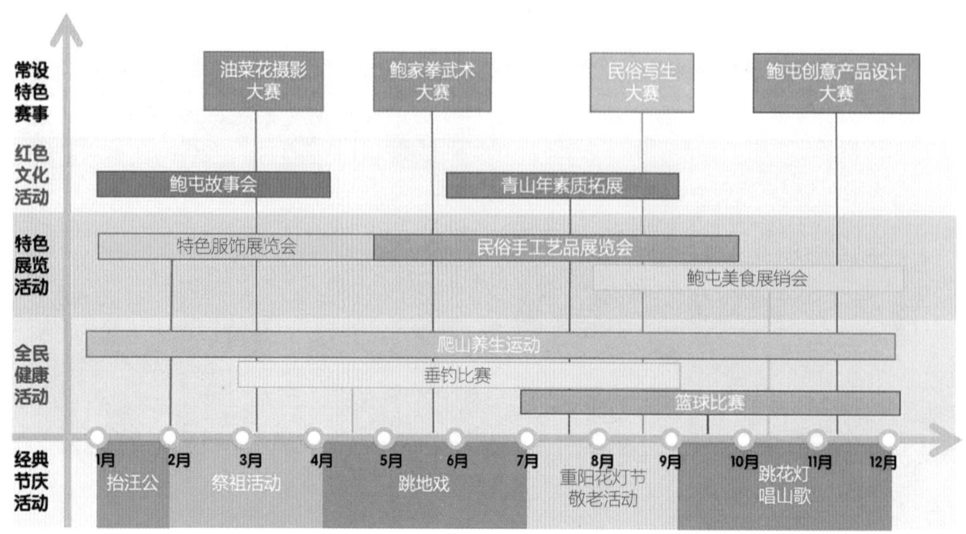

图5-10 鲍家屯全年活动策划

6 点穴·乡村治理，多元振兴

6.1 纵向升级重构

纵向升级重构具有外生性和内生性要求。外生性上，农村第一产业转向与第三产业结合，特别是“互联网+”产业兴起，外来投资者、企业、游客与乡村治理体系发生互动；内生性上，上述产业转变引发新一轮社会矛盾，导致村内各利益相关者要求自我身份、体系发生变化。

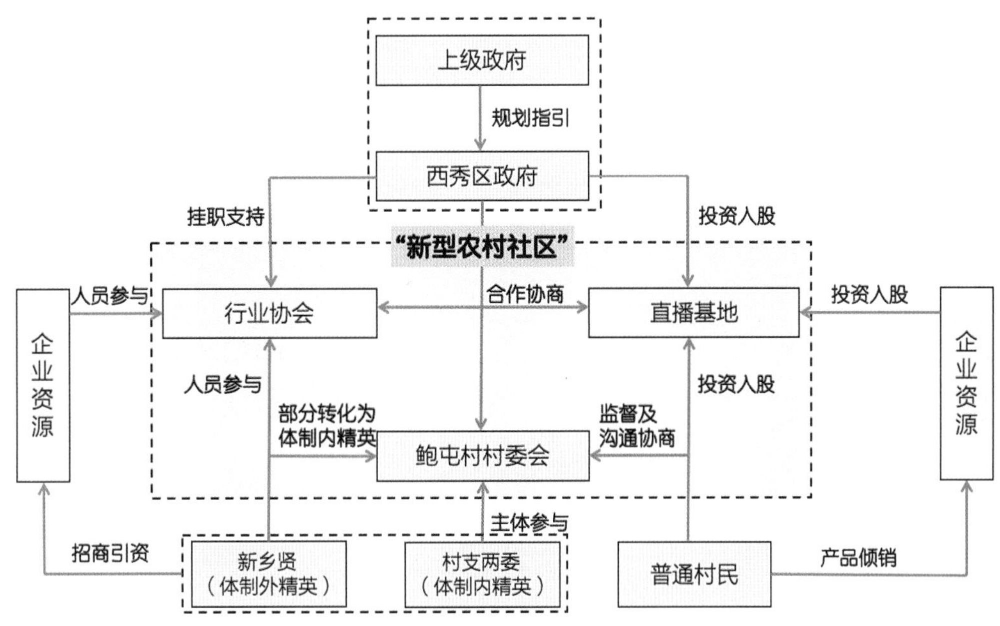

图 6-1 纵向升级重构示意图

6.1.1 各级政府，新型引领

在上级政府领导下，县（区）政府通过因地制宜政策，打造“村委会—行业协会—直播基地”三方联动的“新型农村社区”，推动“互联网+”产业，包括打造流量效应——网上直播平台合作、培育村内网红；多方投资入股——通过入股分红方式吸引各利益主体入驻，实现产业的良性循环发展；建设全方位服务平台——结合直播基地成立“技能培训—物流配送—产品销售”全方位服务平台。

6.1.2 各类乡贤，群策群力

在各级政府的引领作用下，还要发挥体制内精英的主导作用。首先内部村委会与政府驻村工作队、新乡贤积极对接，建言献策确定鲍家屯发展策略，外部与行业协会协商沟通、投资入股建设直播基地进行实际操作；其次发挥有能力、有资源的新乡贤返乡发展，利用人脉优势招商引资，吸引企业资源，并凭借自身较高的社会经济地位成为行业协会、村委会的商业、政治精英。

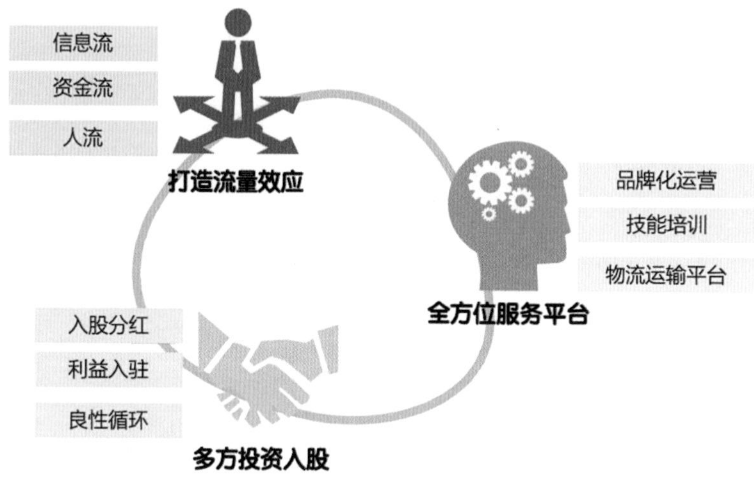

图 6-2 各级政府引领示意图

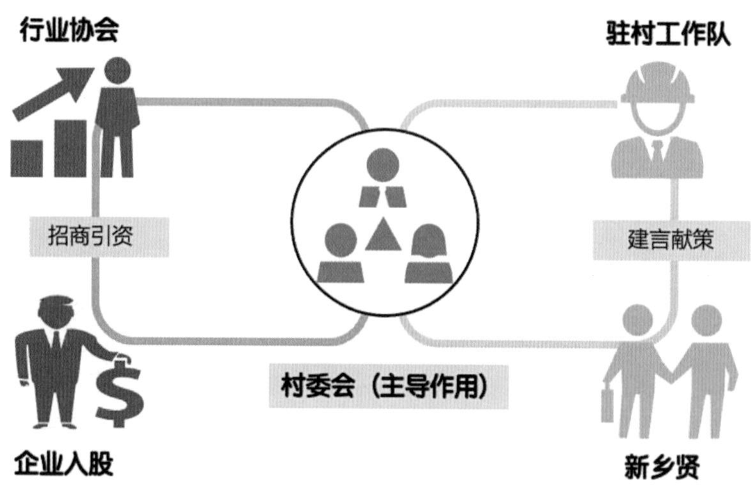

图 6-3 精英人才主导示意图

6.1.3 村民参与，多方协调

提升村民参与主动性与参与能力是实现政策执行力的首要前提。村委会作为乡村公共事务的主导者，承担着村民与乡镇之间沟通协调、基础设施建设工作、电子商务培训组织。村民在经过培训学习后成为主播、电商经营者、旅游从业者等“新农民”，实现兼业或职业转型。结合奖励机制，鼓励村民积极参与线上村务与线下工作营等，通过精英代理、建言献策等方式来实现自身的利益表达。

图 6-4 村民积极参与示意图

6.2 横向多元协同

依托多元利益主体形成的正式组织和非正式组织构建新型农村社区，实现横向多元协同，生产生活共促的发展格局，塑造政府—企业—村集体—村民协作下的“共建共享”运营管理模式。

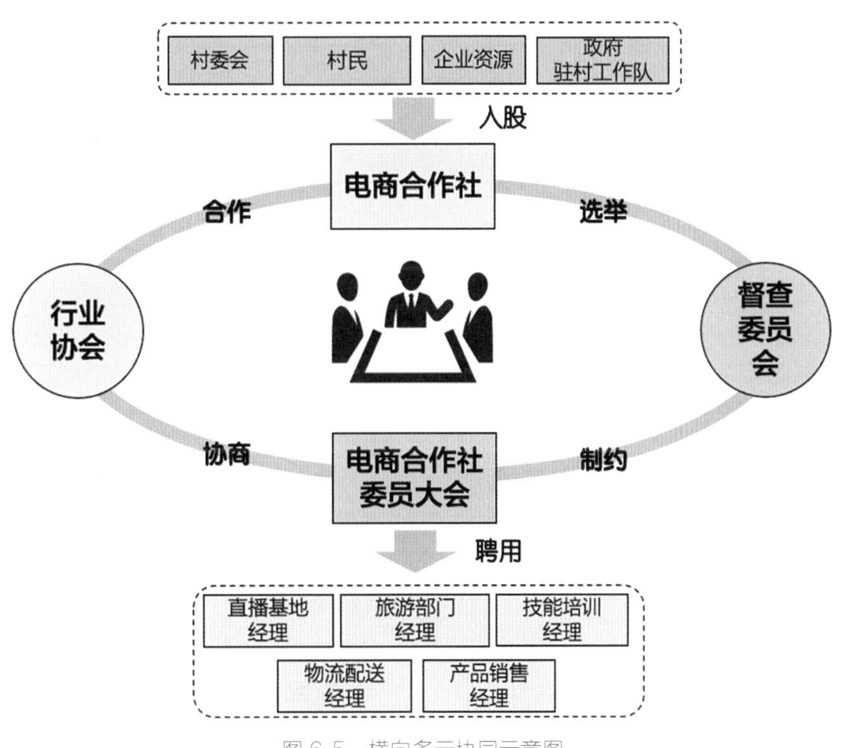

图 6-5 横向多元协同示意图

6.2.1 两方组织，合作共赢

（1）合作社治理，股份化决策

在政府统筹下，各方资本（包括村民、村委会、企业资源、政府驻村工作队）开展电商合作社治理形式，通过电商合作社参与重大事务决策。按届选举产生电商合作社委员会并负责日常性事务管理与决策，委员会的成员名额根据各主体对乡村投入份额确定。村民可通过土地与房屋折价入股参与决策。

（2）“代理人”经营，透明化监管

电商合作社委员参考行业协会意见，聘用有能力的经理（代理人）参与直播基地、旅游部门、技能培训、物流配送及产品销售，并定期进行绩效考核。电商合作社选举产生督查委员会，负责对电商合作社选举流程、经营过程、分配过程进行监督并提出质询，定期主动披露财务报表与业绩信息，并定期向电商合作社中的各股东汇报督查结果。

（3）成立行业协会，制定行业标准

乡村精英、企业人员及政府官员建立行业协会，结合多方经验，对电商合作社大会的委员选举、人员聘用及发展策略提出可行性建议。制定相应标准及规章制度，定期举办培训大赛、表彰大会及成果展示，对各行业的优秀从业人员进行保障鼓励，力求产品质量达到国内外顶尖水平。

6.2.2 政府主导，各司其职

构建相互支撑、共荣共赢的共建共享模式——政府主导、各司其职、通力合作。政府作为管理主体，制定规则，明确乡村振兴重点以及建设时序安排。企业以业态开发、项目经营为主，大力培育现有的企业并引进工商资本，打造电商、直播、旅游开发，发展新业态，壮大村集体经济。村集体及村民对接政府、企业，形成良好合作关系。

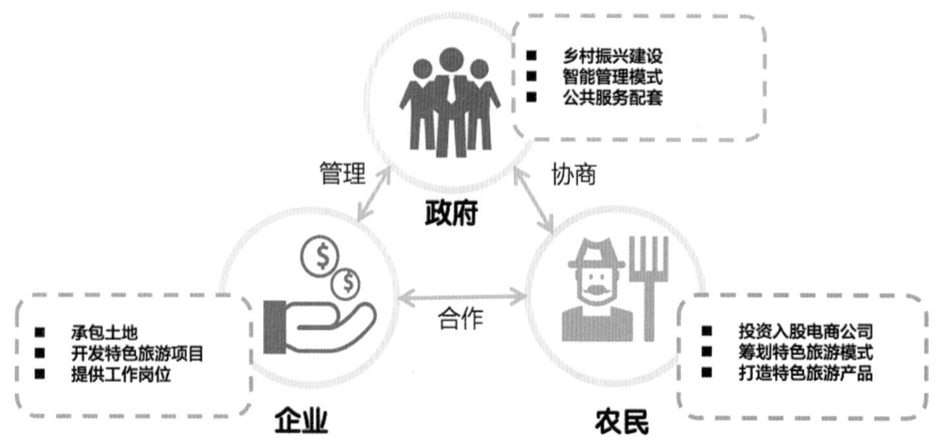

图 6-6　运营管理示意图

7 愿景 · 愿景展望，鲍屯新生

7.1 特色亮点突出

局部地区亮点空间突出，各个空间节点都有自身的独特之处，记忆点鲜明突出，成为对游客、居民具有巨大吸引力的特色亮点，成为鲍家屯的打卡网点，村庄对外宣传的标签。

图 7-1 公共空间愿景图

图 7-2 居住空间愿景图

图 7-3 产业空间愿景图

图 7-4 村落鸟瞰愿景图

7.2 整体良性提升

规划愿景下，企图通过多种规划策划措施的发展引导，使得鲍家屯空间品质提升，功能布局进一步丰富合理，产业结构综合完善，最终使村域整体空间得到提升，达到良性循环，成为贵州省乡村旅游的先导名片。鲍家屯村民安居乐业，生活幸福，幼有所教，老有所依，实现现代背景下的新生！

附　录

附录1：参考资料

参考网页：

[1] 安顺市人民政府官网
http：//www.anshun.gov.cn/

[2] 百度百科——鲍家屯村
https：//baike.baidu.com/

[3] 《安顺市城市总体规划修编（2016—2030）》规划公告
http：//www.anshunjkq.gov.cn/zjkfq/xzqh/201808/t20180813_25474429.html

[4] 《贵州省安顺市市域经济与产业规划》
https：//wenku.baidu.com/

[5] 中国传统村落数字博物馆鲍家屯村博物馆
http：//main.dmctv.com.cn/villages/52040210503/Index.html

[6] 前瞻产业院——西秀区产业统计
https：//f.qianzhan.com/yuanqu/diqu/520402/

[7] 贵州网——西秀区鲍家屯村鲍海鸥：山药深加工 打开致富门
http：//news.gzw.net/

参考文献：

[1] 朱旭佳，罗震东，申明锐．基于空间三重体理论的传统村落保护认知 [J]. 乡村规划建设，2017（2）：10−16.

[2] 罗震东，周洋岑．精明收缩：乡村规划建设转型的一种认知 [J]. 乡村规划建设，2016（1）：30−38.

[3] 周思悦，申明锐，罗震东．路径依赖与多重锁定下的乡村建设解析 [J]. 经济地理，2019，39（6）：183−190.

[4] 戈大专，龙花楼．论乡村空间治理与城乡融合发展 [J]. 地理学报，2020，75（6）：1272−1286.

[5] 罗震东，陈芳芳，单建树．迈向淘宝村3.0：乡村振兴的一条可行道路 [J]. 小城镇建设，2019，37（2）：43−49.

[6] 张尚武．乡村的可持续发展与乡村规划展望 [J]. 乡村规划建设，2016（1）：25−29.

[7] 张尚武．乡村的宜居性与乡村振兴战略 [J]. 乡村规划建设，2019（1）：10−16.

[8] 张尚武，李京生，郭继青，等．乡村规划与乡村治理 [J]. 城市规划，2014，38（11）：23−28.

[9] 屠爽爽，龙花楼．乡村聚落空间重构的理论解析 [J]. 地理科学，2020，40（4）：509−517.

[10] 李婷婷，龙花楼，王艳飞．中国农村宅基地闲置程度及其成因分析 [J]. 中国土地科学，2019，33（12）：64−71.

附录 2：图片来源

序号	图名	来源
图 1-1	鲍家屯现状问题总结	来源：作者自绘
图 1-2	技术路线	来源：作者自绘
图 1-3	福建省连墩村主要农业	来源：网络图片
图 1-4	福建省连墩村发展模式	来源：作者自绘
图 1-5	江苏省堰下村发展模式	来源：作者自绘
图 2-1	鲍家屯发展趋势推导	来源：作者自绘
图 2-2	鲍家屯旅游产业区位	来源：作者自绘
图 2-3	鲍家屯产品打造融入安顺旅游产品链	来源：作者自绘
图 2-4	鲍家屯旅游项目打造	来源：作者自绘
图 2-5	鲍屯农业区位和发展定位	来源：作者自绘
图 2-6	鲍家屯农业转型趋势	来源：作者自绘
图 2-7	鲍家屯竞争屯堡景点分析	来源：作者自绘
图 2-8	鲍家屯未来乡村打造模式	来源：作者自绘
图 3-1	农产品流通方法	来源：作者自绘
图 3-2	农业开发模式转变	来源：作者自绘
图 3-3	村企合作经营机制	来源：作者自绘
图 3-4	5G 农业示意	来源：作者自绘
图 3-5	农业 VLOG 视频示意	来源：网络图片
图 3-6	带货直播示意	来源：作者自绘、网络图片
图 3-7	口口相传的历史故事	来源：作者自绘
图 3-8	民俗活动利用意向图	来源：网络图片
图 3-9	鲜活历史打造方式	来源：网络图片
图 3-10	历史文化衍生品意向图	来源：网络图片
图 3-11	八阵空间资源图	来源：作者自绘
图 3-12	山水资源分析图	来源：作者自绘
图 3-13	木雕艺术转化图	来源：作者自绘、网络图片
图 4-1	生态文旅定位图	来源：作者自绘
图 4-2	科技农业定位图	来源：作者自绘
图 4-3	村落空间功能分区图	来源：作者自绘
图 4-4	人车分流图	来源：作者自绘

续表

序号	图名	来源
图4-5	古村八卦阵街巷功能定位图	来源：作者自绘
图4-6	不同主题游线空间分布图	来源：作者自绘、网络图片
图4-7	核心区域夜晚灯景打造图	来源：作者自绘
图4-8	总体节点分布图	来源：作者自绘
图4-9	旅游服务节点图	来源：作者自绘、网络图片
图4-10	村民活动节点图	来源：作者自绘、网络图片
图5-1	文字符号选取	来源：作者自绘、网络图片
图5-2	设计生成过程	来源：作者自绘
图5-3	装饰性元素的抽象提取	来源：作者自绘
图5-4	食品类视觉物料	来源：作者自绘、网络图片
图5-5	居住类视觉物料	来源：作者自绘、网络图片
图5-6	出行类视觉物料	来源：作者自绘、网络图片
图5-7	旅游类视觉物料	来源：作者自绘、网络图片
图5-8	购物类视觉物料	来源：作者自绘、网络图片
图5-9	娱乐类视觉物料	来源：作者自绘、网络图片
图5-10	鲍家屯全年活动策划	来源：作者自绘
图6-1	纵向升级重构示意图	来源：作者自绘
图6-2	各级政府引领示意图	来源：作者自绘
图6-3	精英人才主导示意图	来源：作者自绘
图6-4	村民积极参与示意图	来源：作者自绘
图6-5	横向多元协同示意图	来源：作者自绘
图6-6	运营管理示意图	来源：作者自绘
图7-1	公共空间愿景图	来源：作者自绘
图7-2	居住空间愿景图	来源：作者自绘
图7-3	产业空间愿景图	来源：作者自绘
图7-4	村落鸟瞰愿景图	来源：作者自绘

◇ 谕怀黔中，稽古居今

二等奖

【参赛院校】 福州大学建筑与城乡规划学院

【参赛学生】

陈晓媛

林君弋

蒋冠怡

【指导老师】

王亚军

张雪葳

陈　力

作品介绍

引

贵州省安顺市鲍家屯村自650多年前聚居繁衍，至今仍较为完整地守护传承了古水利、军事防御体系、明朝服饰等传统文化。然而，有着突出人文价值优势的风水宝地，有留人的物质却无留人的品格。故步自封的传统村庄发展体系已无法满足鲍家屯的发展需求，本次策划从古代匠人精神中寻求灵感，以古技艺学习之章法，冶现代村庄未来之生计。将具有前瞻性、全局性、可持续性的规划手段和古鲍屯传统智慧相结合以求鲍屯发展新出路。不破不立，何以破旧制，何以立新风，唯有一“守”二“破”三“离”。

序

“守”·“破”·“离”规划思路

首先是“守”前人之风物，继承与发展优秀的村落文明，其次是“破”古屯之局限，解决现状问题提升生活质量，最后“离”新风之境界，紧跟时代发展，发展鲍家屯特色文旅产业，以此来构建一个“居于今世而求合于古”的新鲍屯发展模式。

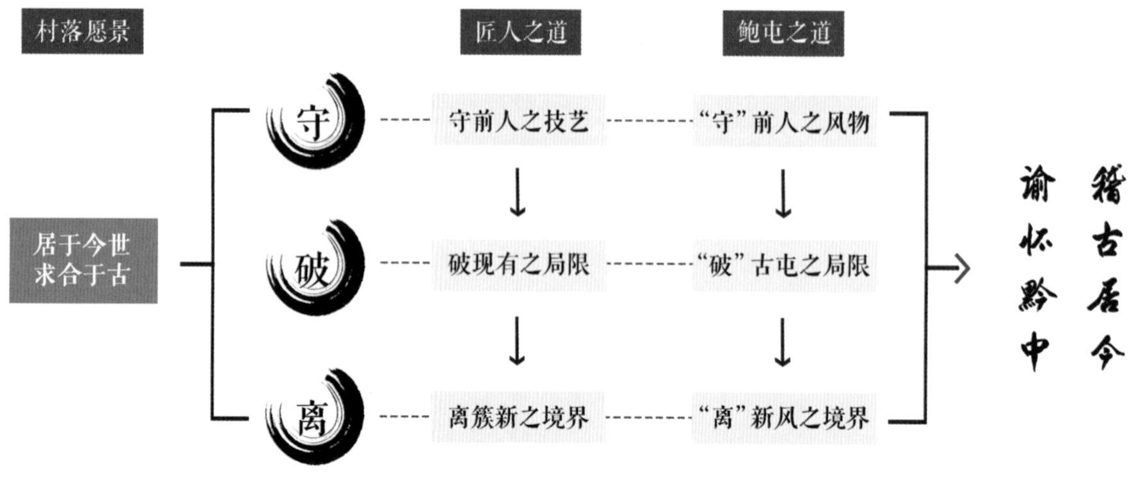

“守”·“破”·“离”概念图

“三生 + 文旅” 3+1 模式村落愿景

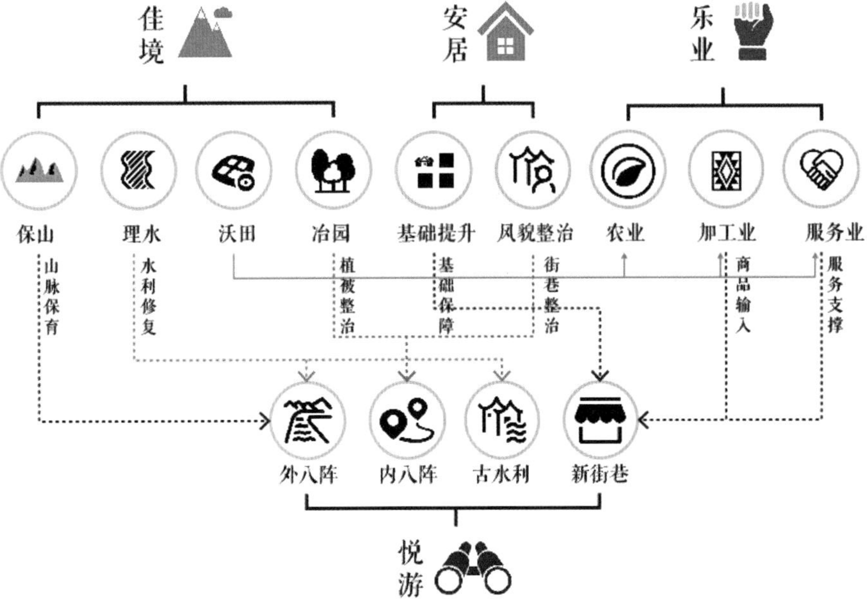

3+1 模式关系图

村落愿景图

一、守，源于守——发展潜力

1. 村落概况

（1）地理区位：“扼锁滇黔”，贵州省安顺市西秀区

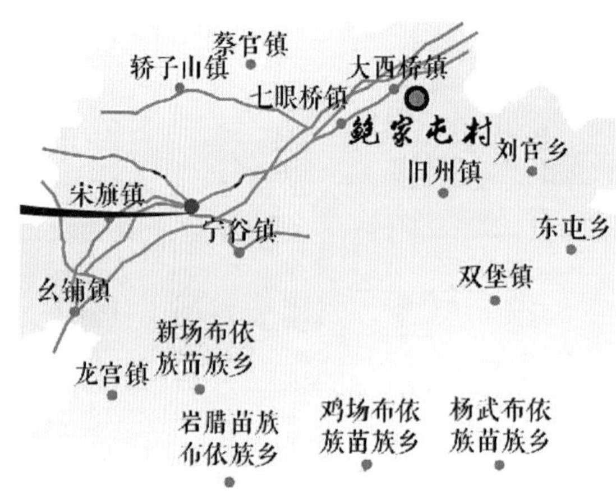

西秀区内区位

（2）发展时序

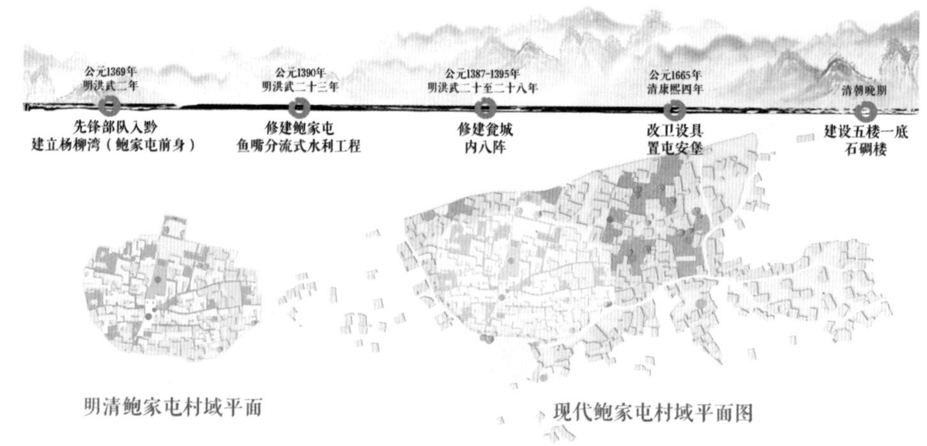

发展时序分析图

（3）人口概况

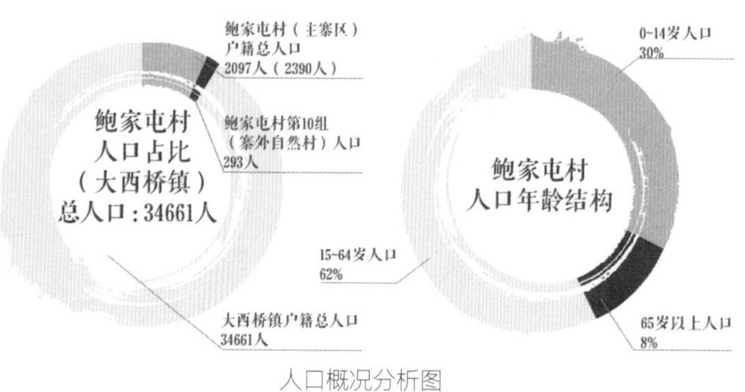

人口概况分析图

（4）产业结构

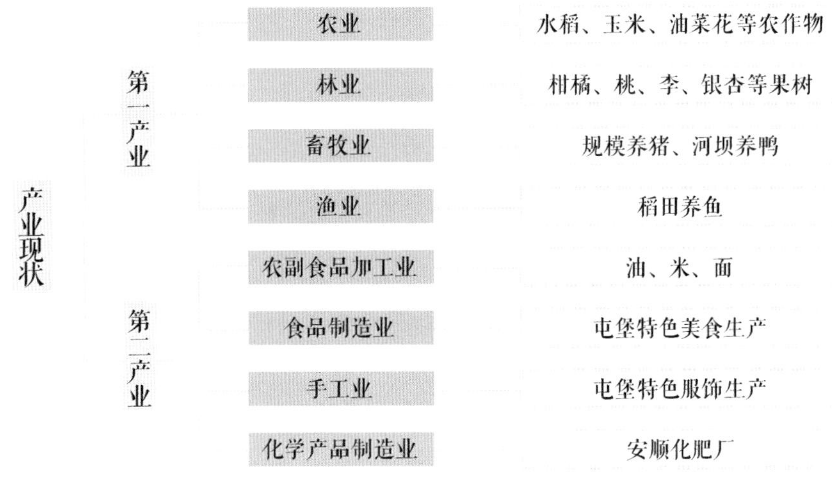

现状产业结构关系图

（5）山水格局（外八阵）：鲍家屯利用村子周围的七山两水构筑了八个外围防御阵地，自然与人工相结合形成了鲍家屯独特的山水格局。

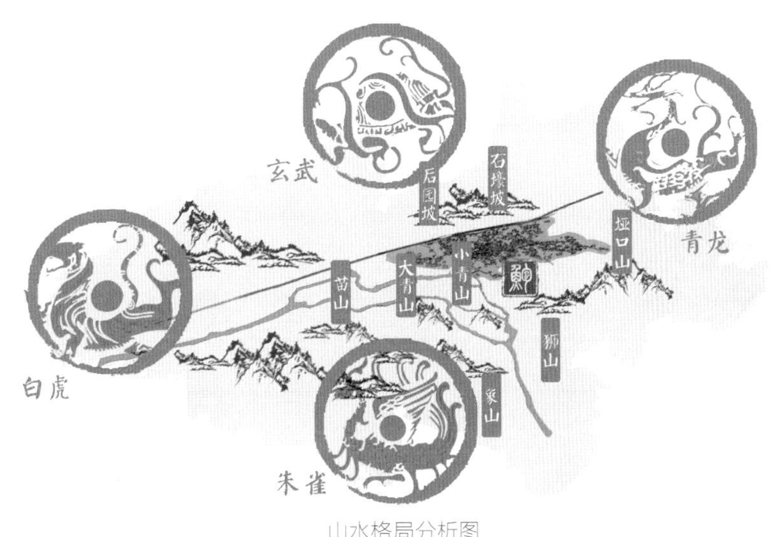

山水格局分析图

选址分析图

（6）古巷道（内八阵）：鲍家屯古军屯建筑布局形成“街巷为阵，屯阵合一”的坚固堡垒，进可攻，退可守，还可“诱敌深入，逐个歼灭”。

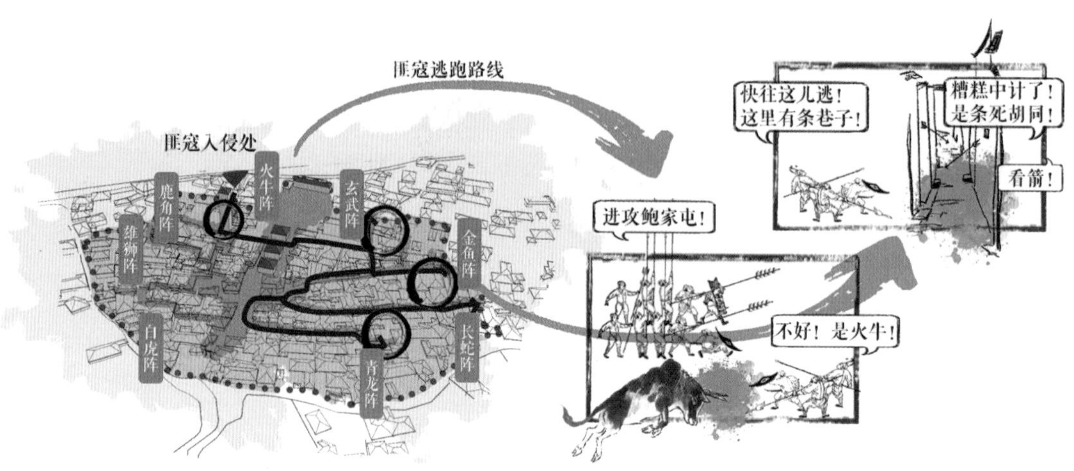

八阵及御敌概况图

（7）古水利

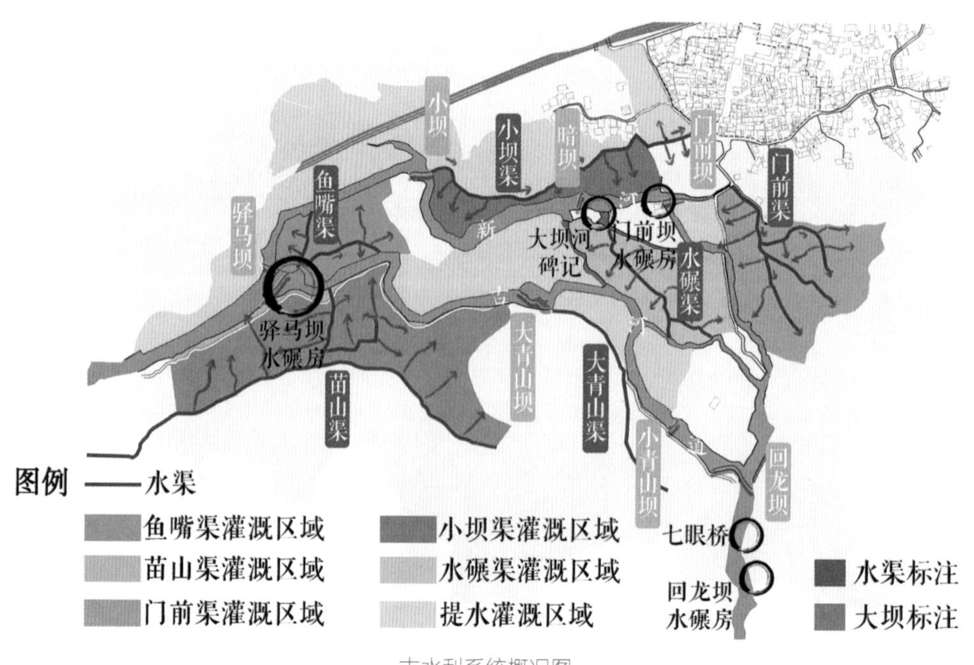

古水利系统概况图

2. 发展优势

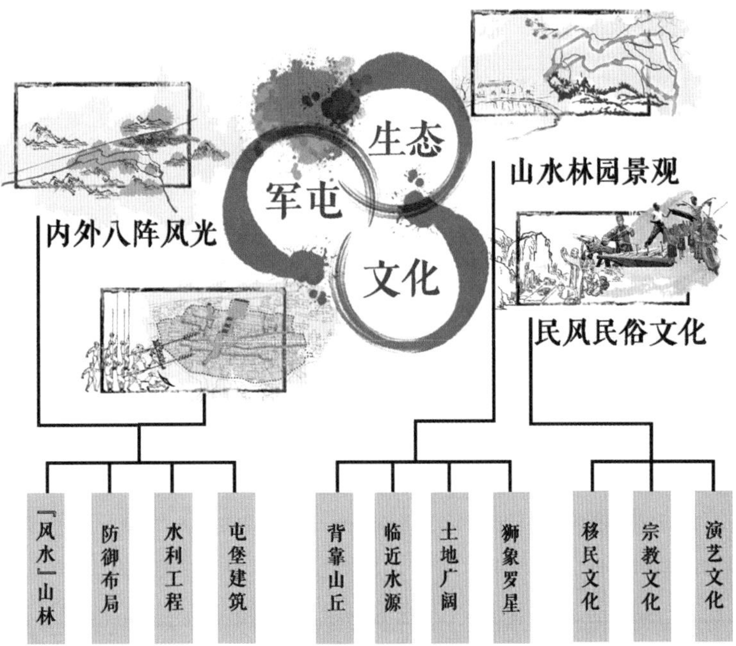

发展优势分析结构图

3. 制约因素

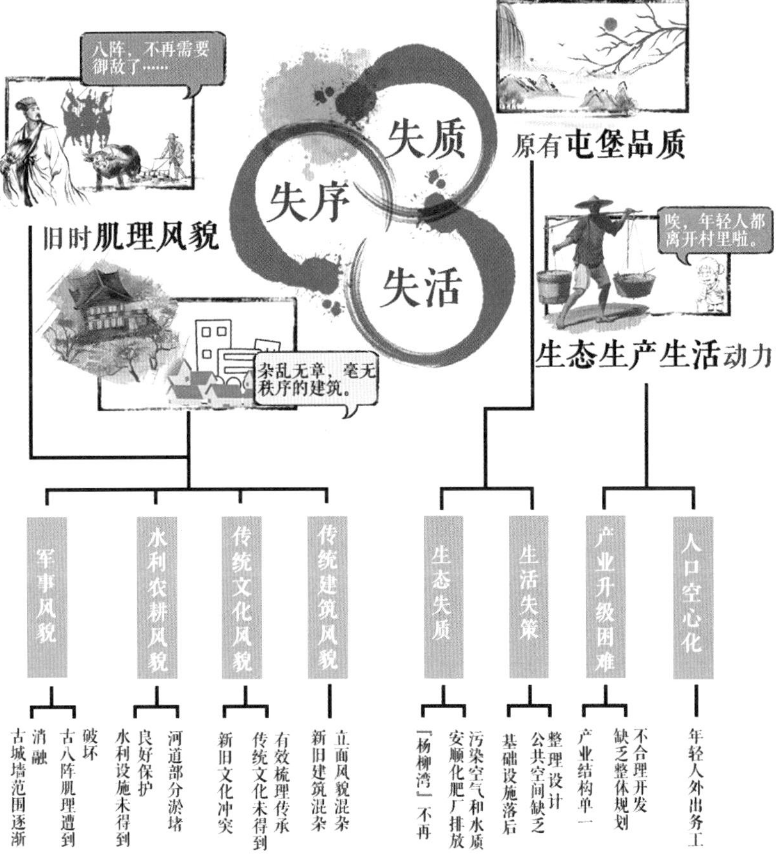

制约因素分析结构图

4. 新背景 新要求 新机遇

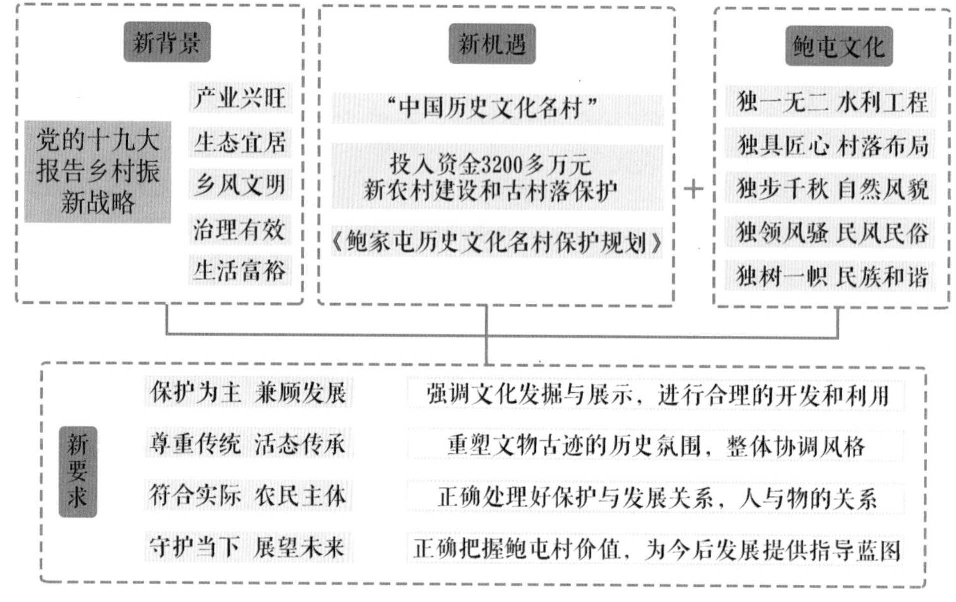

发展潜力结构分析图

二、破，基于破——振兴基础

在“守”的基础上做出适当的“破”——以鲍家屯传统民风的保护融入鲍屯空间形态、产业布局、生态保护、基础设施、公共服务等实际问题，应对新时代鲍家屯面临的“新背景”“新机遇”“新要求”，实现鲍家屯三生发展的三重愿景。

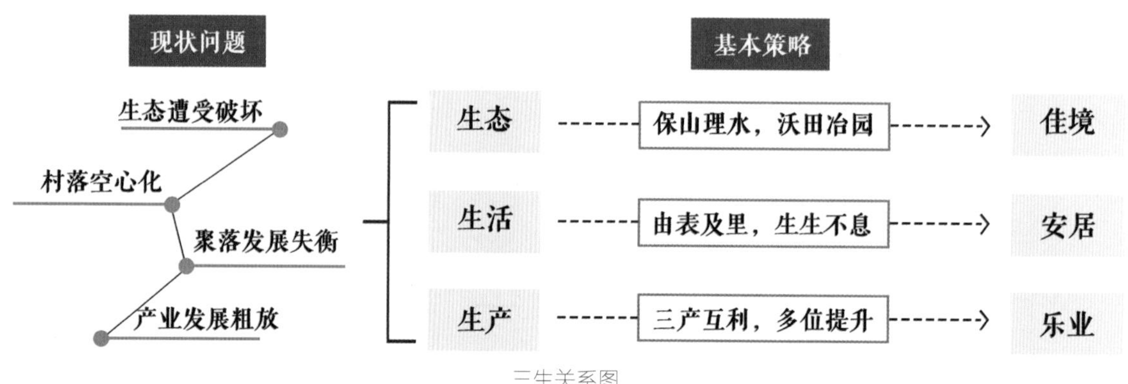

三生关系图

1. 何以佳境——保山理水，沃田冶园

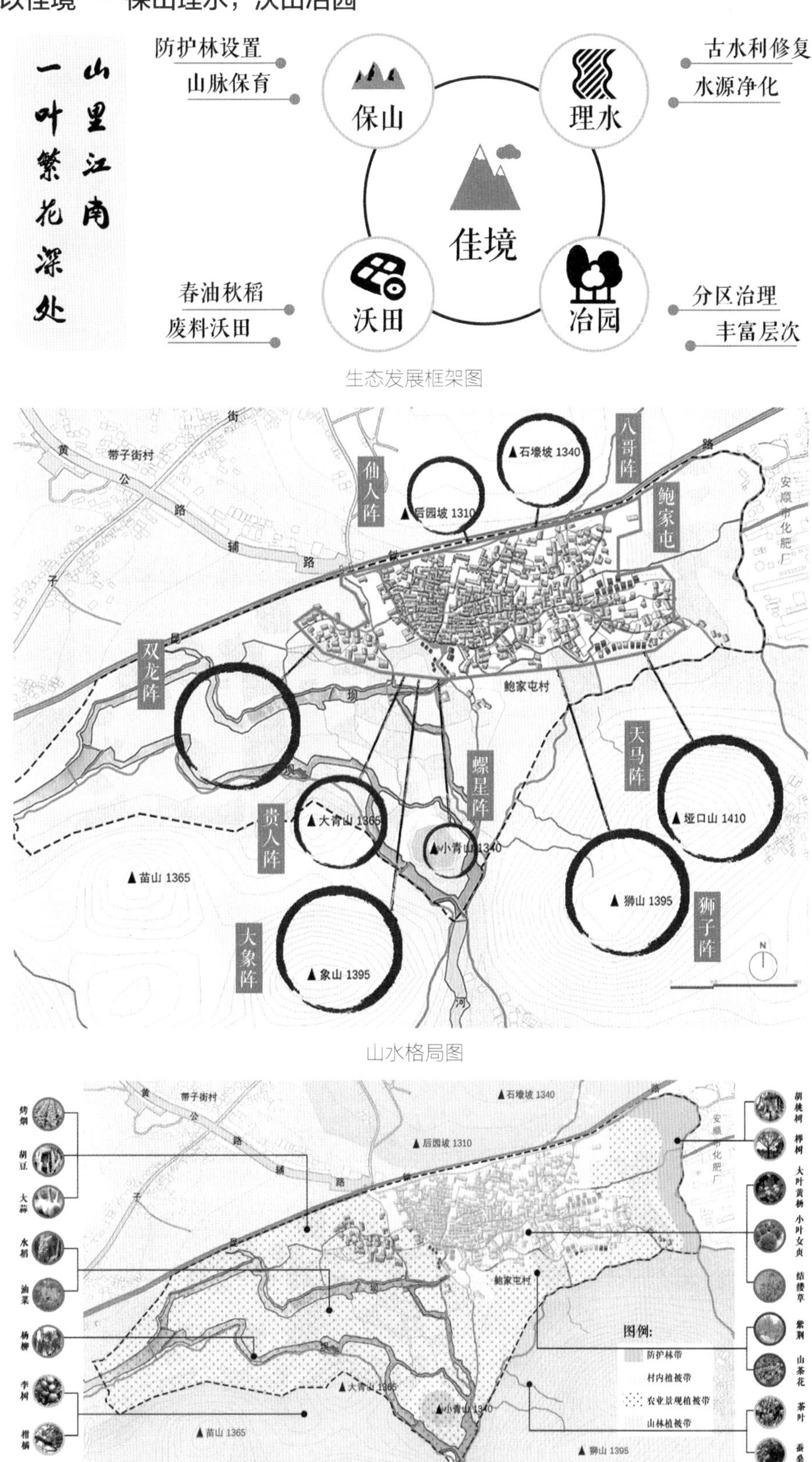

生态发展框架图

山水格局图

植被层次规划图

2. 何以安居——由表及里，生生不息

“由表及里，生生不息”，保障村民基本民生，提高村民现代生活质量，保留村落生活传统文化习俗，营造“太平歌舞春绕，墟里炊烟”的美好生活愿景，为居民乐业作保障基础。

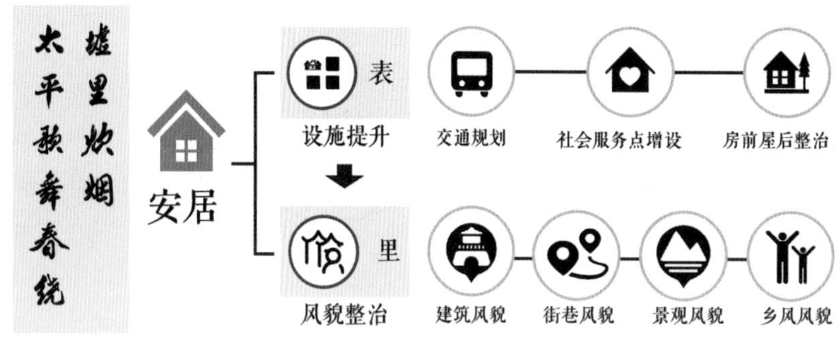

生活发展框架图

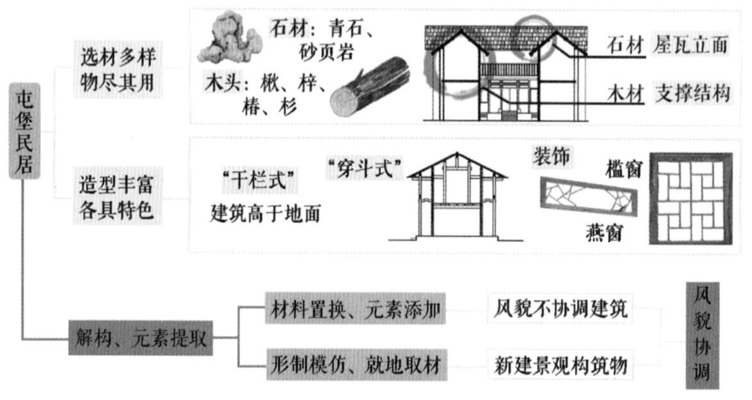

景观风貌规划图

3. 何以乐业——三产互利，多位提升

本次规划旨在形成“三产互利，多位提升”的产业规划格局，三产之间促进反哺，互惠互利，描绘鲍家屯特色产业链发展“百里尽染金黄，渡绿千山”的产业蓝图。

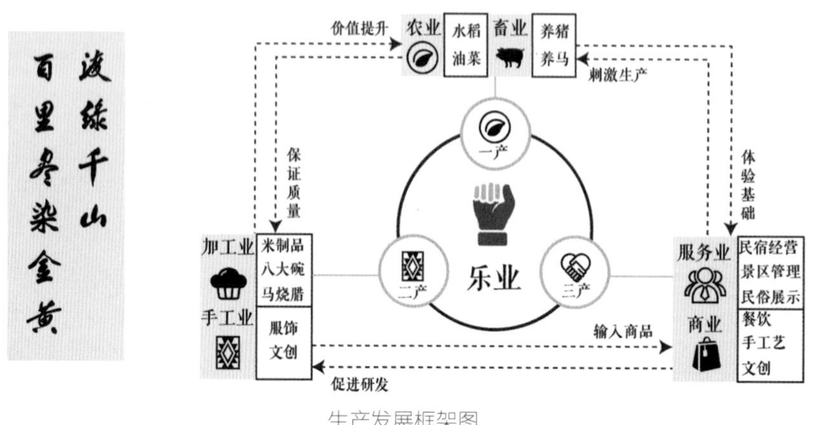

生产发展框架图

食品精加工产业分析图

手工业发展分析图

第三产业收入来源分析图

三、离，兴于离——发展态势

有所“破”后亦有所“离”，村落需要全新的发展态势。结合村落“居于今而求和于古”的定位，是以在山明水秀、安居乐业的基础上为村落另辟出新的前进道路——悦游，锚固差异发展方向，建设鲍屯文旅品牌，与周边村落形成百村百态、各放异彩的文旅产业格局。

1. 何以悦游——古人与稽，今人与居

本项规划主要利用分区保护、多维联动的手段，以“古人与稽”“今人与居”将文旅体验路线分类规划，塑造鲍屯村“八阵壮志犹存，归望古今”的历史文化氛围。

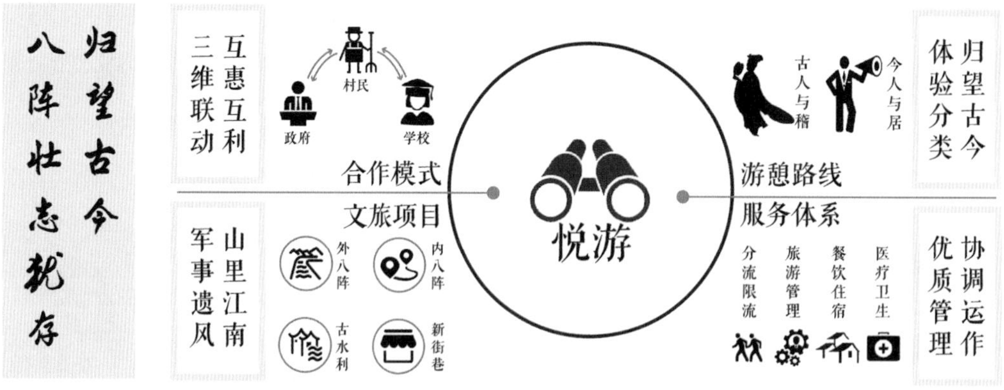

文旅发展关系图

合作模式框架图

游憩体系概况图

2. 游览路线：主要分为“古人与稽”“今人与居”两类

“古人与稽”（古鲍屯军事文化游览路线）：展示明朝军事文化的独特韵味。

“今人与居”（新鲍屯民俗风情游览路线）：“群英升坪”地戏表演文化；沿南游赏春油秋稻的季节性田园风光；“碾房听音”“米香萦间”体验与古水利相结合的农产品精加工运作过程；沿东步入“叙时依旧”古法民宿主题街、“黔韵艺塾”民俗作坊主题街、“闻香知味”饮食文化主题街。

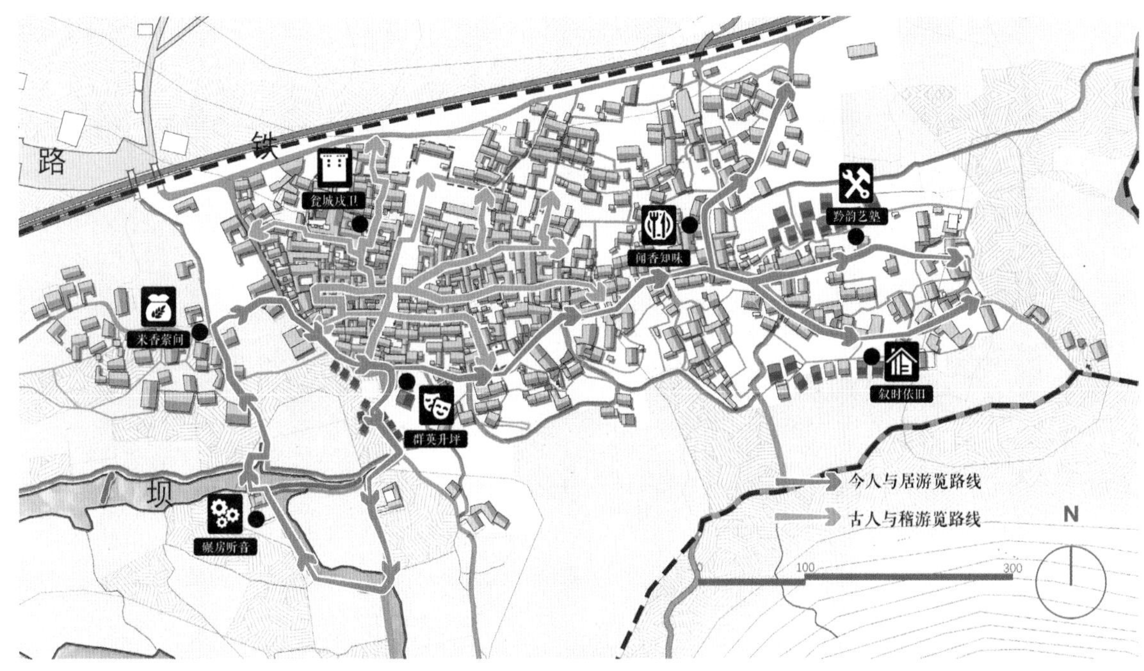

游览路线规划图

3. 文旅项目

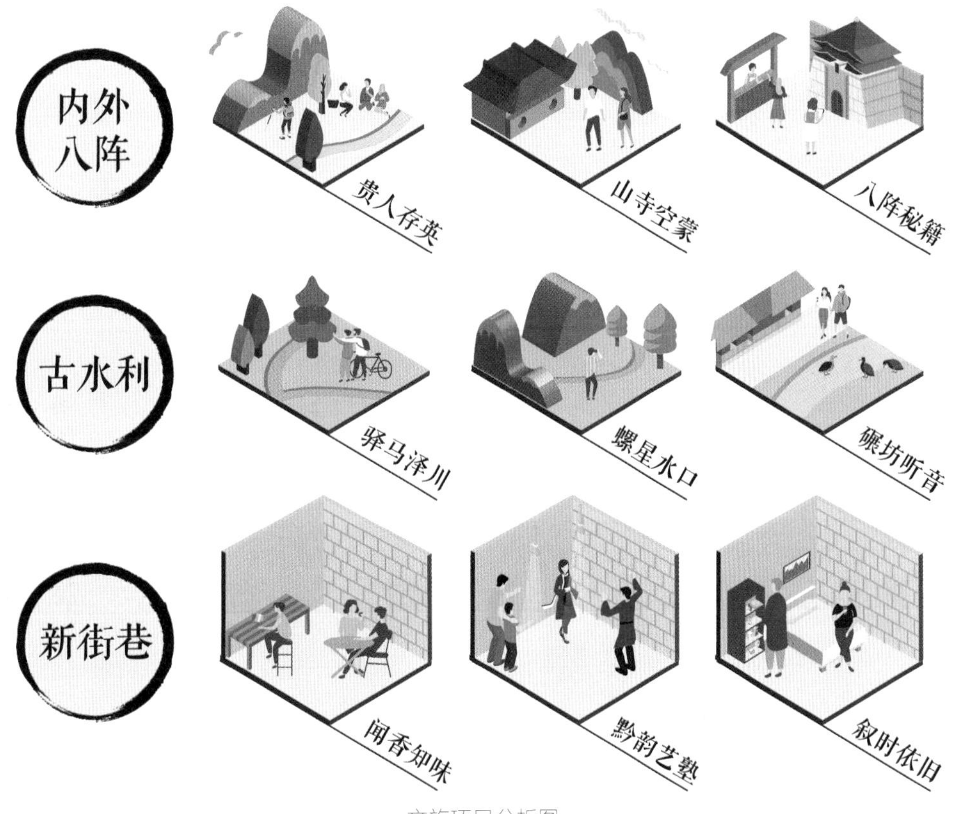

文旅项目分析图

4. 内八阵：以“八阵秘籍”的形式设置文化和旅游故事线索，引导游客前往探寻古八阵。

游阵印记

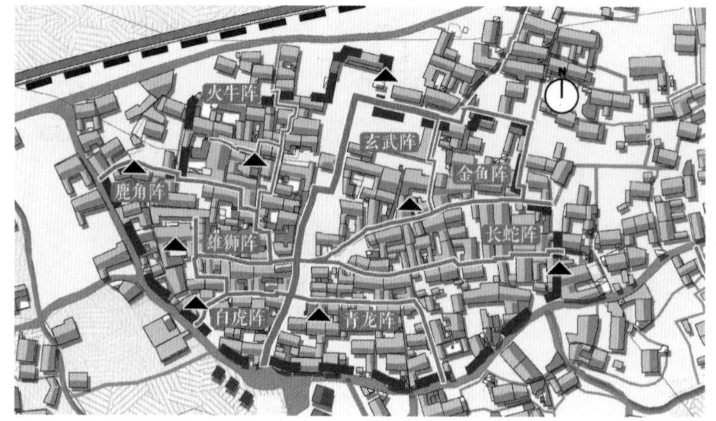

内八阵项目图

5. 策划总结

（1）兴鲍屯

保山理水，沃田冶园
由表及里，生生不息
三产互利，多位提升
古人与稽，今人与居

（2）鲍屯兴

一叶繁花深处，山里江南
太平歌舞春绕，墟里炊烟
百里尽染金黄，渡绿千山
八阵壮志犹存，归望古今

人群活动规划展望图

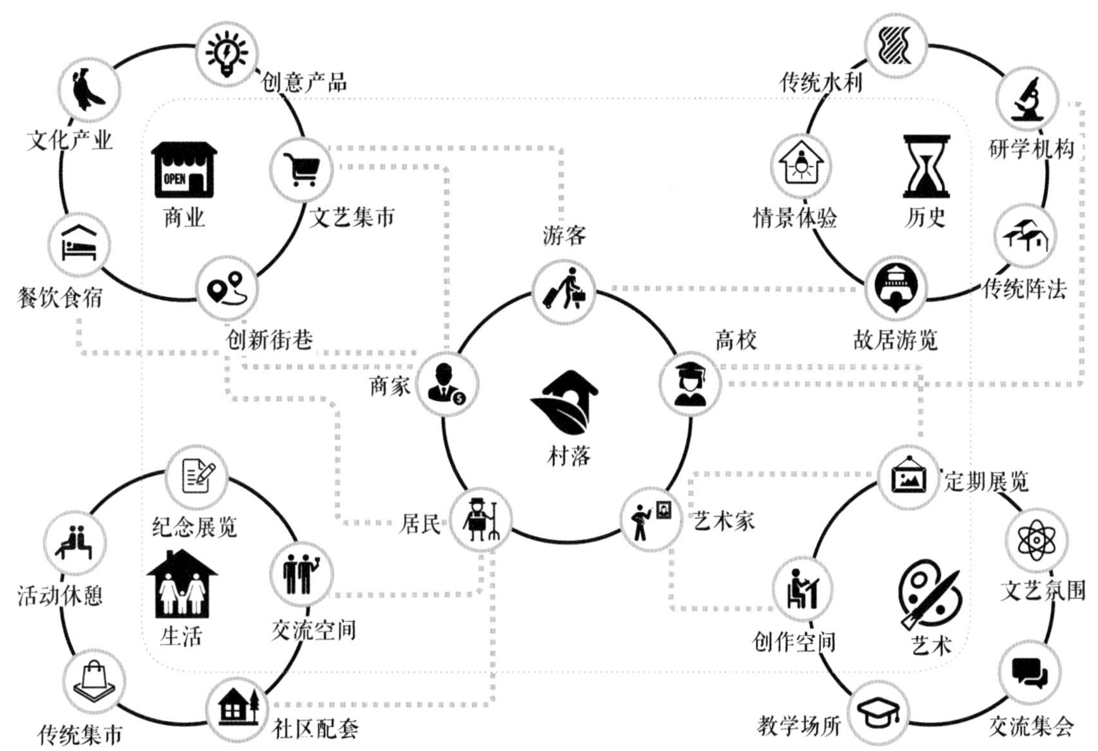

产业发展引导图

鲍家屯物产丰富、历史悠久、乡风独特，内外八阵和古水利是古代智慧的结晶，我们希望从传统技艺学习中总结出经验，以古法治古村，在这片富饶的土地上创造繁荣，让鲍家屯文明源远流长。“居于今世而求合于古”，以吾辈学子浅薄的智慧，为往昔智慧继绝学，为万世发展开太平。

谕怀黔中，稽古居今

院　　校：福州大学建筑与城乡规划学院
学　　生：林君弋　蒋冠怡　陈晓媛
指导老师：王亚军　张雪葳　陈　力

摘要：安徽歙县棠樾村鲍氏因“调北征南”入黔，军事移民建卫所屯垦留戍形成鲍家屯。屯堡源于战事、兴于黔西南；江南文化扎根鲍屯，现“山里江南”图景。研究表明鲍屯困境主要在4个方面：旧时肌理风貌失序、屯堡基底品质衰退、产业发展动力不足、人口结构空心化；人口空心化问题，粗放旅游业开发恶性竞争问题，传统智慧失守问题的三重压迫下，唯有“守”“破”“离”。规划采用“三生＋文旅”3+1模式实现村落愿景。策略措施有：何以佳境——保山理水，沃田冶园；何以安居——由表及里，生生不息；何以乐业——三产互利，多位提升。运营方式主要体现在合作模式、游憩体系和服务体系的构建上。“源于守、基于破、兴于离”，最终实现“谕怀黔中，稽古居今”的理念。

关键词：乡村振兴；鲍家屯；屯堡建筑；守破离；三生＋文旅；乡村愿景

目　录

序

1. 鲍家屯新定位

《礼记·儒行》道“儒有今人与居，古人与稽；今世行之，后世以为楷”，面对新时代下的古鲍屯，我们亦提出“居于今世而求合于古”的美好愿景，结合乡村振兴战略，以保留屯堡记忆、建设美丽宜居乡村、文旅富民为目标，建设集生态宜居、研学教育、户外运动、特色住宿等功能于一体的新鲍家屯。在古老的明朝遗风与如今的民俗生活之间，基于“守·破·离”的导向探索出一条适合于鲍家屯的复兴之路。

2. “守”·“破”·“离”

“守”·“破”·“离”源自传统技艺学习方法。

◇“守”：守前人之技艺，从前人那里学到知识和经验谓之“守”；

◇“破”：破现有之局限，基础熟练后，试着突破原有的规范让自己得到更高层次的进化谓之“破”；

◇“离”：离簇新之境界，在更高层次得到新的认识并总结，另辟出新境界谓之“离”。

3. 鲍屯之“守”·“破”·“离”

基于传统之“守”·“破”·“离”，我们尝试探索适用于古鲍屯乡村复兴的新“守”·“破”·“离”。

◇“守”：守前人之风物，传承军事遗风、生态智慧、民俗技艺、聚落风貌等古鲍屯文明。

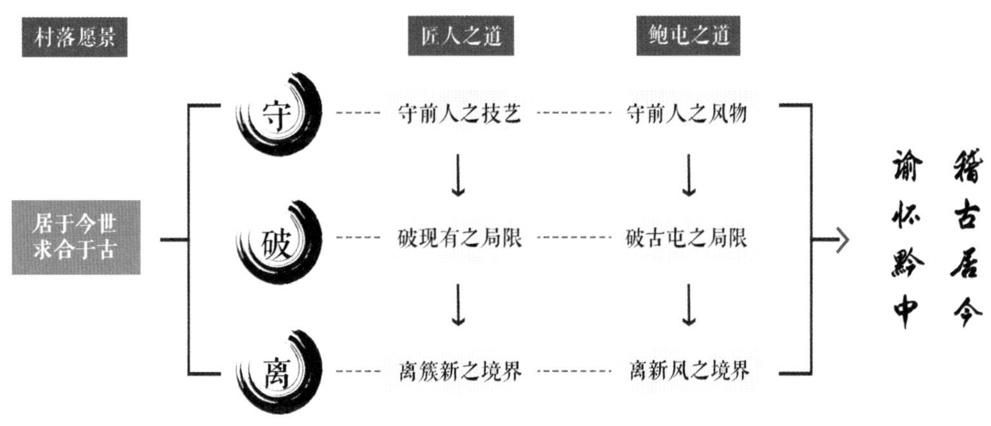

图 0-1 “守·破·离”概念图

◇“破”：破古屯之局限，解决现有问题，突破已有三产的技术与策划瓶颈，升级展望。

◇“离”：离新风之境界，以文旅为核心的“稽古居今”鲍家屯新发展模式。

4.“守”·“破”·“离”规划思路

鲍家屯村具有丰富的文化底蕴和生态底蕴优势，村落发展正遭受着村落空心化、聚落保护失衡、生态破坏等问题的制约，规划思路从古代匠人精神中汲取灵感，将村落规划分为“守”“破”“离”三步走，首先是“守”前人之风物，继承与发展优秀的村落文明，其次是“破”古屯之局限，解决现状问题提升生活质量，最后“离”新风之境界，紧跟时代发展，发展鲍家屯特色文旅产业，以此来构建一个“居于今世而求合于古”的新鲍屯发展模式。

5.“三生 + 文旅”3+1 模式村落愿景

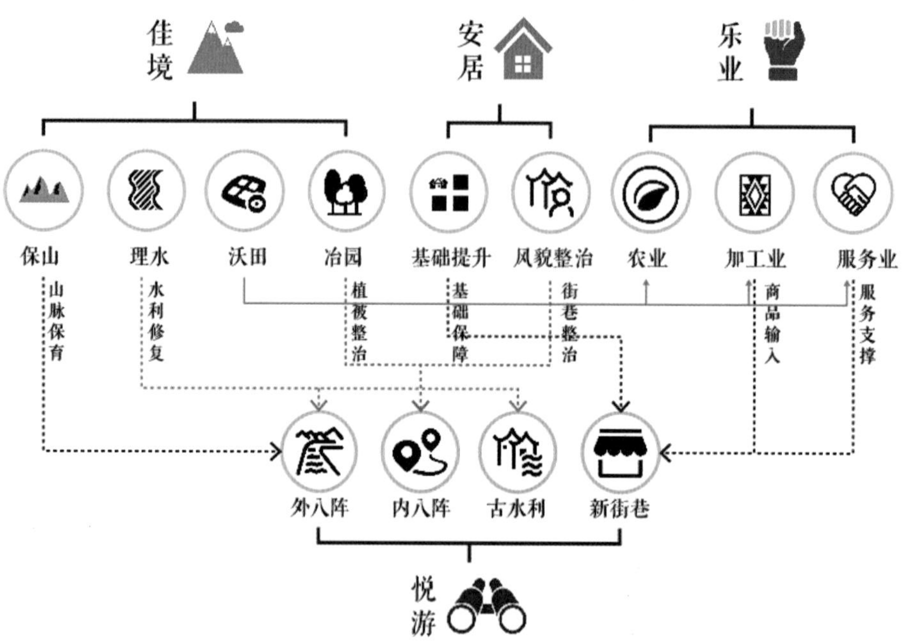

图 0-2 “三生 + 文旅”3+1 模式关系图

本次规划以三生发展振兴基础，文旅建设为发展态势的古鲍屯发展蓝图，形成了谕怀黔中，稽古居今的村落愿景。

①以生态建设为基石，用“保山理水，沃田冶园”策略以至“佳境”，描绘出一幅“一叶繁花深处，山里江南”的鲍屯生态风光画卷。

②以生活质量提升为保障，用“由表及里，生生不息”策略得以“安居”，谱写出“太平歌舞春绕，墟里炊烟”的生活图景。

③以产业升级为关键点，用“三产互利，多位提升”策略以达“乐业”，发展“百里尽染金黄，渡绿千山”的三产丰饶的特色产业形态。

④以文旅升级为核心，用“古人与稽，今人与居”策略得以“悦游”，塑造鲍屯村“八阵壮志犹存，归望古今”的历史文化氛围。

图 0-3 村落愿景图

1 守——源于守（发展潜力）

1.1 村落概况

1.1.1 区位概况

鲍家屯地址位于贵州省安顺市西秀区。距贵阳约 60km，距安顺市不足 30km，道路交通便利；周边文旅资源丰富，许多知名风景旅游区临近周边，处于贵安地区屯堡聚落。

西秀区在地理位置上素有“黔之腹、滇之喉、粤蜀之唇齿”“扼锁滇黔”之称，总面积 1704.5km^2。其地貌分区属黔中喀斯特小起伏中山丘陵，是我国西南中高山地的重要组成部分。

1.1.2 人口概况

（1）人口概况

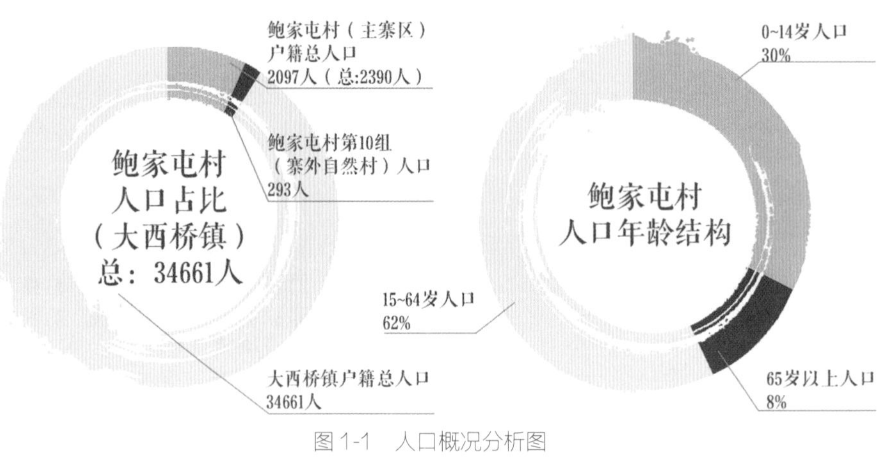

图1-1 人口概况分析图

（2）就业方向

面对社会发展需要，鲍家屯部分村民选择离开村寨去外地工作，其中以青壮年人口居多。常住鲍家屯的村民中，大部分仍然以传统农业和手工业作为主要经济来源，部分选择至安顺化肥工厂工作。

1.1.3 产业现状概况

（1）产业结构

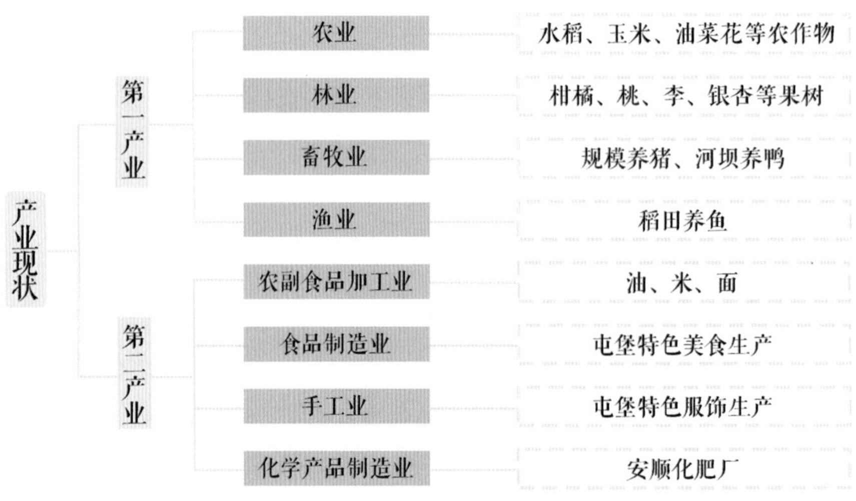

图1-2 现状产业结构关系图

（2）产业联系

鲍家屯目前的主要产业仍然以第一产业与第二产业为主，第一产业占据了绝大部分，产业之间存在部分产业联系，如：水稻种植—稻田养鱼—河坝养鸭，但是未形成产业链及规模化的乡村产业生态。

1.1.4 道路系统现状

（1）外部交通

鲍家屯村距离安顺市区约 20km，距省会贵阳约 60km。与安顺市区的主要车行交通依靠 102 省道，与贵阳市区的车行交通主要依靠贵黄公路。铁道货运依靠与村庄紧邻的贵昆铁路，货运便捷。

（2）内部交通

村落内部道路以老村寨中轴线为核心向四周发散，道路基本已经完成水泥硬化工作，仅可供人行，机动车无法进入。老村寨的传统街巷，大部分曲折蜿蜒，断面宽窄不一，同时受到地形变化与传统军事布局限制，部分道路通达性差，联系性不强。

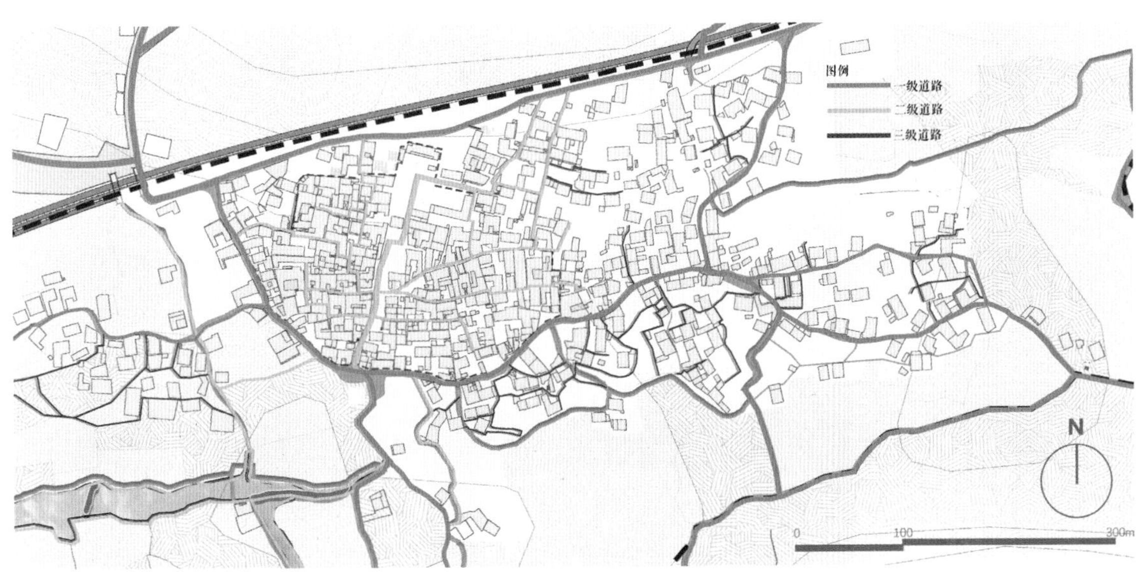

图 1-3 内部交通分析图

1.1.5 村落格局

（1）山水格局——外八阵

鲍家屯利用村子周围的七山两水构筑了八个外围防御阵地，自然与人工相结合形成了鲍家屯独特的山水防御格局。

（2）巷道空间——内八阵

古军屯建筑布局的文化特色，也是中国历史文化名村鲍家屯文化遗产的核心组成部分。鲍家屯古军屯建筑布局，通过屯围墙、大屯门、小后门、内瓮城、八阵巷道、碉楼等组成，形成“街巷为阵，屯阵合一”的坚固堡垒，进可攻，退可守，还可“诱敌深入，逐个歼灭”。

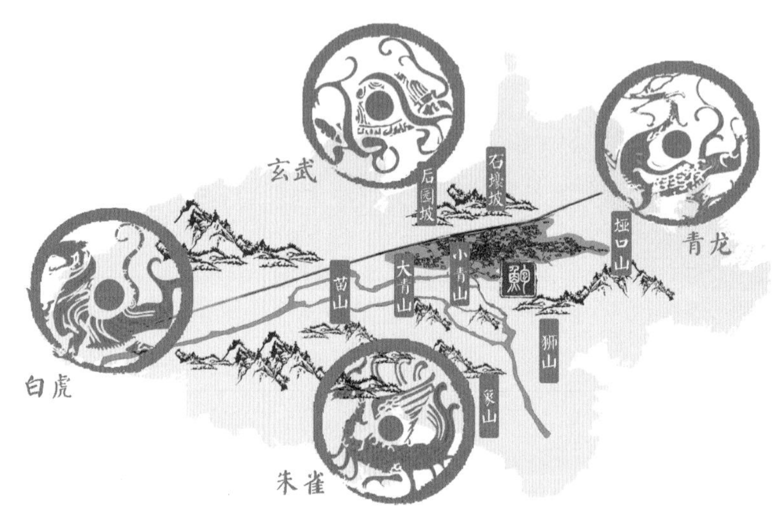

图1-4　山水格局分析图

图1-5　选址分析图

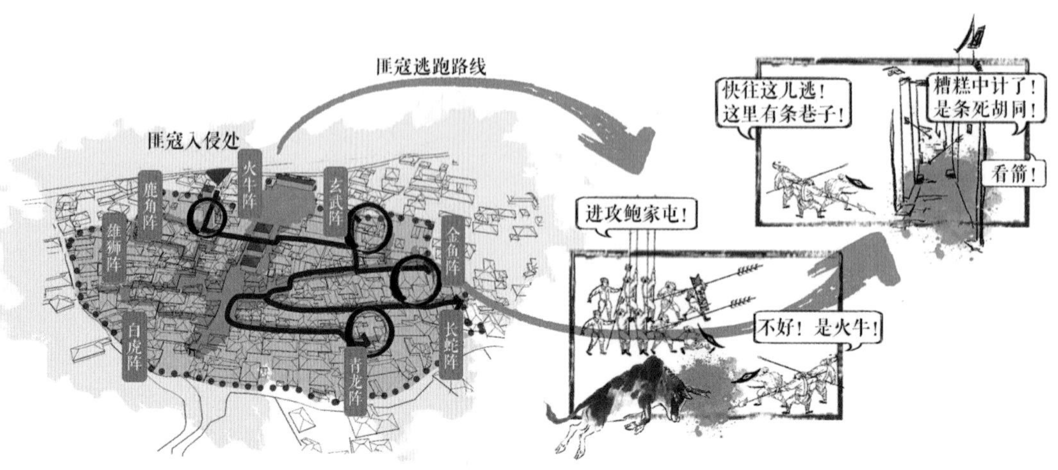

图1-6　八阵及御敌概况图

1.2 发展资源分析

1.2.1 自然资源

（1）生态资源

鲍家屯生态区位良好，山水格局独特。黔中安顺地区是典型的喀斯特地貌，山地阻隔，地势复杂。在地势条件允许的前提下，屯堡人会综合考量其水口园林与其村落和周边山体河流的位置关系。据《鲍氏家乘》记载：鲍氏祖先发现这里“狮象把门，螺星塞水”，于是根据“靠山不近山，靠水不近水”的原则，选择了建村的用地。

（2）土地资源

坚固的屯堡防御体系，使村民有了安居乐业的保障，家屯的先民“屯军驻堡”，开垦出大量的良田耕地，自行修建“鱼嘴分流”的古水利工程，把杨柳湾变成了一个水资源丰富的平坝，并运用江南地区的先进耕种技术，实现粮食丰收。

鲍屯选址于开阔的平坝，农耕资源丰富面向平阳。贵州地属喀斯特地区，区域内因山地居多，良田少，因此选址时，因地制宜，尽量避开良田，合理有效利用土地资源。

1.2.2 文化资源

（1）安顺屯堡文化变迁

屯堡文化特指贵州中部安顺一带特有的以明代屯军堡子为环境载体的文化现象。由于在安顺屯堡区域内自其先民定居以来，历经650余年，在服饰、风俗、宗教、信仰等方面不被其他文化衍化，顽强地存在于黔中这一特定的地域环境之中。鲍家屯保留有丰富的明朝时期的文化

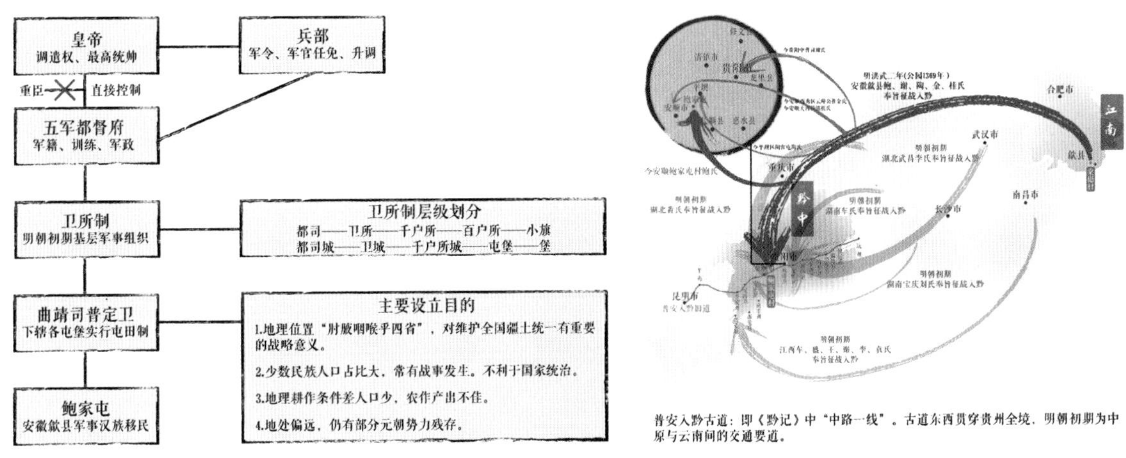

图 1-7　鲍屯军防体系及移民概况图

与传统，是十分珍贵的文化资源，值得进行深入挖掘与研究。

（2）贵州明代水利工程

鲍屯古水利工程是贵州目前发现的唯一保存最为完整并依然有效发挥水利功能的明代古水利工程。鲍屯古水利工程构思精巧、布局合理、功能完备，是屯人600余年的生命线绿色水利的样板。

屯堡建筑、古水利、传统农业、传统手工业，这些历史的遗存是最好的教科书，鲍家屯较为完好地保存了遗迹文化，具有很高的科研与教育意义。

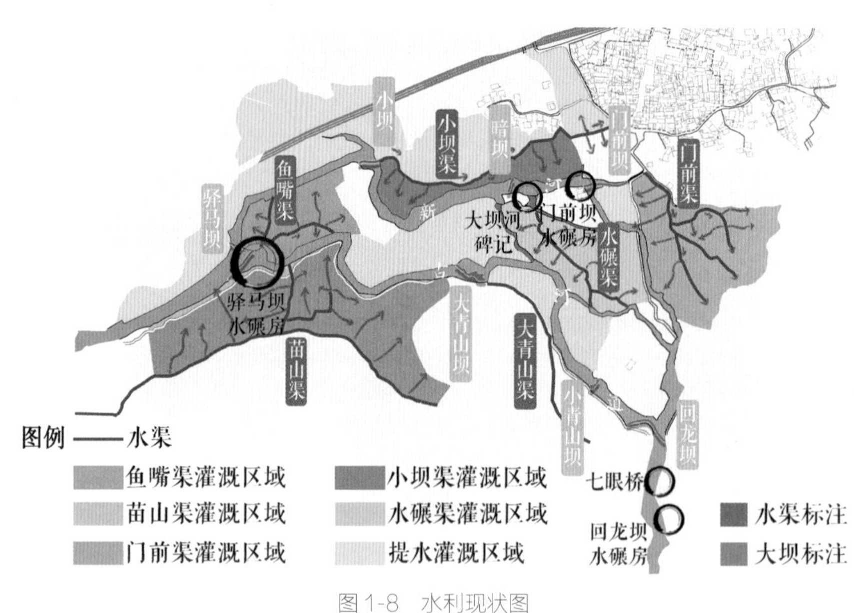

图1-8 水利现状图

1.3 发展优势

1.3.1 自然要素优势

（1）背靠山丘，正面开阔

鲍家屯处于一块“风水”位置极佳的平坝，村落被山水环绕，却仍然视线开阔。

（2）临近水源，可取可防

鲍家屯前有水流经过，明朝的屯田戍边政策离不开水源。水源既可作生活取水灌溉农田，又形成天然屏障，率兵御敌。

（3）有地可建，有土可耕

贵州是多山地丘陵的地区，大量用地不适宜居住屯守或者改造难度极大。鲍家屯刚好处于山区环绕的平坝地区，山地、平地、耕地都能满足村落建设的需求。鲍家屯建设之初就考虑到

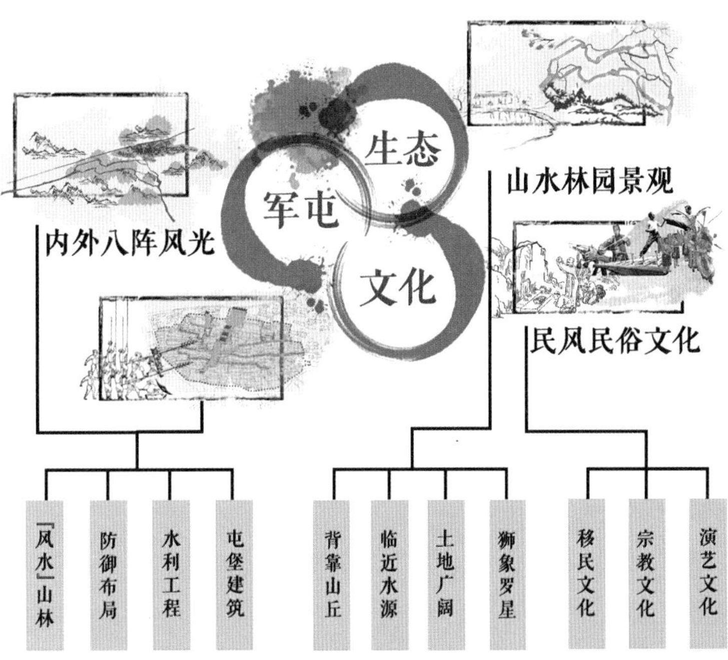

图 1-9 发展优势分析结构图

了：一是预留足量耕地以适应日后耕种的农业社会生活；二是考虑村选址的安全性，地处动荡的偏远边界地区，乱军寇贼出没；三是为了村落扩建预留建筑用地。

（4）狮象地门，螺星塞水

一侧有护山，不远处有秀峰，且基地宽阔，水口紧锁，四周有宽广平坦的坝地，其土质肥沃，而又通风向阳且宜农耕，是自给自足的小农经济模式的体现。这种选山水格局有地势较高、视野开阔的便利。便于取得自然水，且无洪涝灾害的困扰。

1.3.2 人文要素优势

（1）军屯文化

鲍屯的村落原型是根据明太祖朱元璋的“高筑墙、广积粮、缓称王”的战略思想而建造的，因此，全村的整体布局、大街小巷，以及独房院落的设计与修建，都充分考虑到军事战争的实际需要。

（2）农耕水利文化

自然与人工结合的溪河水系在田地间纵横交错，为鲍屯田地提供了丰沛稳定的灌溉水源。此外，在村入口处修建村口塘、在小青山前水流汇集处修建水口园林，颇具江南稻耕水乡的特色。

（3）移民文化

明太祖朱元璋下令修整所有通往云贵的驿道且沿线遍设卫所，并从江南地区移民屯田戍守，从而形成了江南移民在贵州安顺鲍家屯的适应性过程。几百年来，屯堡人的语言、服饰、民居建筑及娱乐方式都沿袭着明代的文化习俗。

1.4 制约因素

1.4.1 旧时肌理风貌失序

鲍家屯拥有深厚的历史底蕴，然而目前村内现有的历史印记，缺乏标志性，村内缺少整体的历史氛围，历史文脉也缺少合理的宣传，无法更好地促进鲍家屯历史文化名片的打造。由于社会的发展，村民生活的需要，原有民居内部基础设施和村落整体基础设施跟不上时代的需求，传统农耕方式的人畜共居、卫生条件差、排污不畅等造成环境持续恶化。为改善居住条件，拆旧建新，而使村落传统的建筑风貌遭到严重破坏，村落的保护与村民对现代生活的需求矛盾突出。

军事风貌方面，古城墙遗迹逐渐消失，古八阵的肌理遭到破坏。

水利农耕方面，水利设施未得到良好的保护，部分古水坝水碾房只存在基址，河道形成部分淤堵，灌溉水渠也不及古代利用范围广。

传统文化风貌方面，存在新旧文化的冲突，传统文化未得到有效的梳理传承，仍是以原始粗放的形式发展，可能在今后会形成古技艺失传的问题。

传统建筑风貌方面，存在新旧建筑混杂，建筑风貌不协调，立面形式不统一的问题。

1.4.2 原有屯堡品质破坏

（1）生态失质

化肥厂成为该村最大的污染源：建在鲍屯村的安顺市化肥厂排放大量废气、废水和废渣，严重污染鲍屯村的空气、水源和土壤。化肥厂在鲍屯东面三处终年不竭的“珍珠泉”处无偿取水，管道横陈，破坏了水源，破坏了村落整体风貌。村中的两棵数百年的古柏树也于化肥厂建立以后死亡。村庄东面的田地也因为化肥厂废弃。

水质污染：滋养了鲍屯人650多年的古水利工程，近年来由于维修经费短缺，水质受到污染，水质富氧化严重，加上化肥厂排放的废水，污染了泉水和地下水。同时，村里缺乏给水排水配套设施，生活污水直接排到沟渠也是水质污染的一大原因。

村落整体风貌遭到破坏：六株复线铁路从鲍屯村的后园坡经过，割裂了鲍屯的整体传统生态风貌，成为一大不可逆转的破坏。村屯向南地区，是鲍屯视野最为开阔、田园山水风光最为优美的地段，可惜近年来，这地带建造起了房屋，破坏该村的整体生态风貌和视野。

（2）生活失质

基础设施建设落后：村内的排水系统、电力系统以及公共交通系统都相对落后。传统民居中的电力设施由于没有安置好电路电网，导致很多电线乱拉外露。明沟由于裸露在外，对风貌有一定的影响。

公共空间缺乏整体设计：大部分活动场地未经过合理的规划设计，为村民自行搭建，村中的空地和节点空间未进行梳理整合定位。

1.4.3 生态生产生活动力不足

（1）产业结构单一

当前鲍屯人民产业主要以发展种植业和养殖业为主，村内大部分为基本农田，用于生产水稻。旅游业虽有发展但是仍不规范。

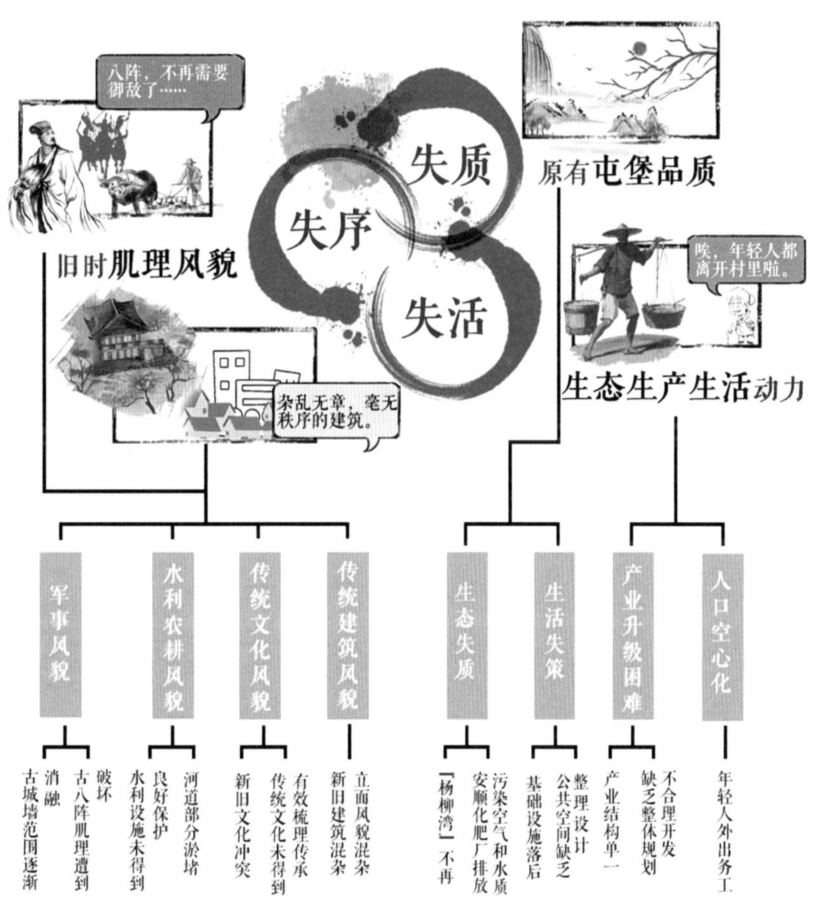

图 1-10 制约因素分析结构图

（2）缺乏整体规划

目前鲍屯村的旅游业开发较为散乱，缺乏系统的规划梳理，旅游的配套设施项目以及管理方式也不够完善。

（3）不合理开发

由于该地区独特的历史资源，导致村落内部有许多待修缮和保护的建筑及设施，若是没有对此地的历史资源进行一个评估整合以及有针对性地处理改造，只依靠村民随意开发则会导致历史资源的破坏。

1.4.4 人口结构空心化

由于该村落的地理位置较为封闭，导致和外界有一定的隔绝，不够充分的发展也导致了村内青壮年大多不愿意停留在此地，而是外出务工寻求更好的发展。因此导致了村内人口结构空心化。

1.5 发展潜力

党的十九大报告提出了必须实施乡村振兴战略。2010年，鲍家屯村被住房和城乡建设部、国家文物局评定为中国历史文化名村，近两年来，各级有关部门向鲍家屯村投入资金3200多万元来进行新农村建设和古村落保护。面对新背景、新机遇，极具发展潜力的鲍家屯更应以新要求应对，呈现出新的乡村面貌。

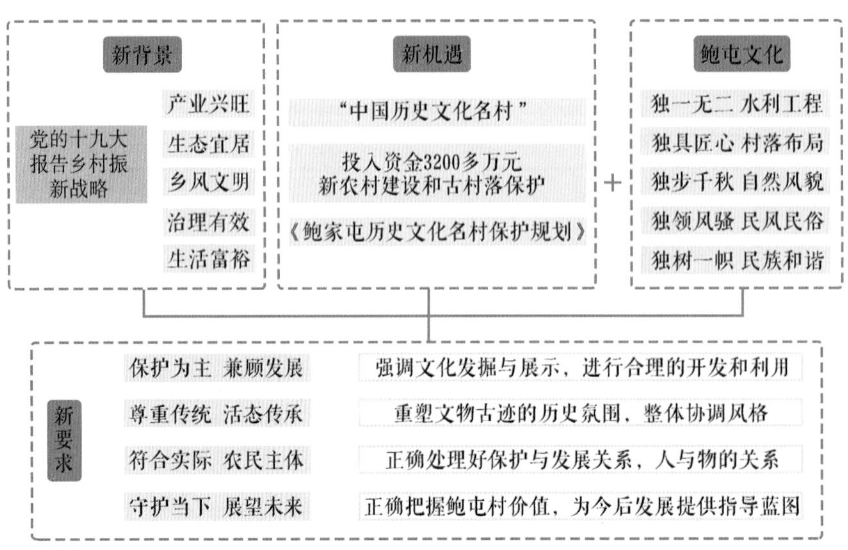

图1-11 发展潜力结构分析图

2 破——基于破（振兴基础）

2.1 规划思路

在传统技艺学习中，基础熟练后试着突破原有规范让自己得到更高层次的进化，谓之“破”。面对飞速发展的现代社会，不断拉大的城乡差距，片面地封闭自我已无法满足鲍家屯当下的需求。村落面临着生态破坏、村落空心化、古聚落保护失衡、产业发展粗放等制约村庄发展的问题，因此必须在“守”的基础上做出适当的“破”——以鲍家屯传统民风的保护融入鲍屯空间形态、产业布局、生态保护、基础设施、公共服务等实际问题，应对新时代鲍家屯面临的“新背景”“新机遇”“新要求”，实现鲍家屯三生发展的三重愿景。

（1）以生态建设为基石，用“保山理水，沃田冶园”策略以至“佳境”，描绘出一幅“一叶繁花深处，山里江南”的鲍屯生态风光画卷；

（2）以生活质量提升为保障，用“由表及里，生生不息”策略得以“安居”，谱写出“太平歌舞春绕，墟里炊烟”的生活图景；

（3）以产业升级为关键点，用“三产互利，多位提升”策略以达“乐业”，发展“百里尽染金黄，渡绿千山”的三产丰饶的特色产业形态。

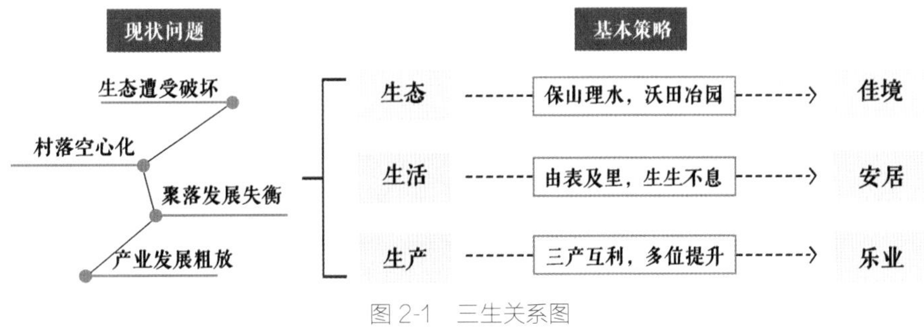

图 2-1 三生关系图

2.2 风貌公约

我们需要从风貌公约的四个方面进行策划设计。

在生态保育方面，运用科学方法计算人流量，规划适合的限制人流方法，降低人群活动对生态的影响，达到一定程度上封山育林的效果。

在耕地保护方面，保护和传承当地特有的古水利农耕文化特色，组织村民学习先进农业知识，教育村民树立生态农业意识。营造浓烈的集约用地、保护耕地氛围，组织开展村落干部和村民对于土地法律法规和耕地保护知识的学习。

在古屯传承方面，对古建筑、古巷道的更新和利用，不能过于现代化、城市化，应遵循全面、整体恢复历史面貌的原则，特别是中轴线部分，必须严格按照原来的建筑面貌加以修复。

在新街展望方面，置入文旅活动必要服务空间，造型结构方面结合设计进行创新，体现鲍家屯文化特色，成为鲍家屯民俗文化新时代载体，同时进行古鲍屯生态、文化保护宣传，促进游客形成爱护古鲍屯文明的意识。

图 2-2　风貌公约关系图

2.3　空间格局规划

鲍家屯基于“守”·“破”·“离”导向下的布局规划构成由村落的山水格局、人文环境、历

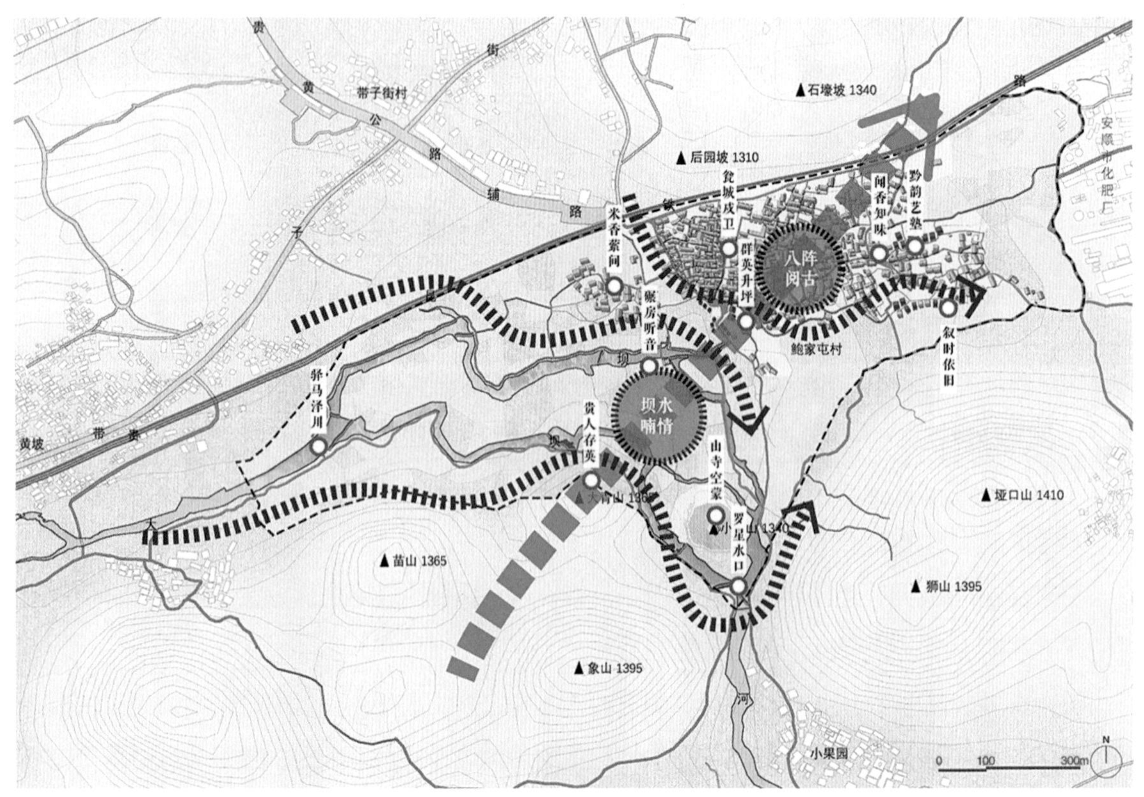

图 2-3　空间格局规划图

史文脉、场地节点分布形成“一轴连屯、两核聚智、三脉贯古、多点齐晖”的规划结构。

一轴：以聚落主街中轴线延伸出的连接两个主要核心发展区的发展轴线。

两核：古水利灌溉系统“坝水喃情”发展核心、聚落文明“八阵阅古”发展核心。

三脉：新街文旅脉、古水利文化脉、山水游赏脉。

多点：外八阵节点“贵人存英”“山寺空蒙”；

古水利节点“驿马泽川”“螺星水口”“碾坊听音”；

新街节点“闻香知味”“黔韵艺塾”“叙时依旧”。

2.4 分区保护规划

为了在全面保护鲍家屯古村落风貌的前提下，发挥古村落的潜在优势，突出人居环境特色，充分利用现存的历史遗产、人文资源，将村落区域根据保护对象性质和措施的不同划分为六个层次：古屯堡核心聚落区、缓冲区、新居聚落区、水利保护区、农田保护区、外围保护区。

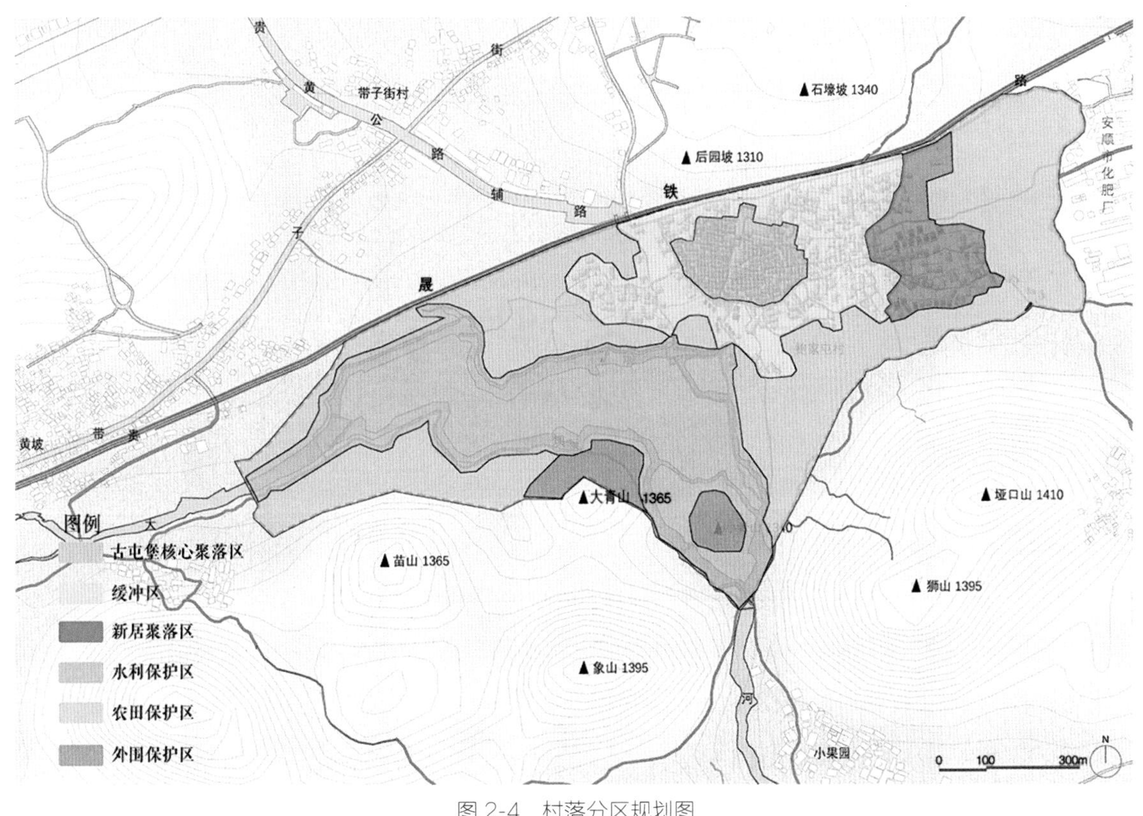

图 2-4 村落分区规划图

2.5 策略措施

2.5.1 何以佳境——保山理水，沃田冶园

鲍家屯生态之困主要为：

①古代水利系统的破坏和淤堵；

②源自化肥厂的空气、水源污染；

③原始畜牧业养殖方式对土壤水源的污染；

④景观系统单薄、无序。

在该项规划中，从“保山”“理水”“沃田”“冶园”四个方面依次对鲍家屯生态环境进行治理，从山脉到植被，从植树造林到植绿造景，不破坏村落肌理，利用鲍家屯生态底蕴优势，还古鲍屯一个“一叶繁花深处，山里江南”的生态之境，作为鲍屯物质文明精神文明发展的基石，营造一个村民、游客、花草、动物都怡然自乐的生境空间，村民在此得以安居、得以乐业。

（1）保山——山脉保育与防护林设置

屯堡村落选址的重要原则之一“靠山不近山，靠水不近水”，村落南侧的小青山、大青山、狮山等山上的山林长期作为“风水林”而受到严格保护。村落四周建立了牢固的屯墙，两侧山体构成了天然的地形庇护，形成小范围内的聚落防御体系。“风水林”现有寺庙、古遗迹散落其间，但交通路径不明确，人群活动范围不清晰。应采取相应措施：

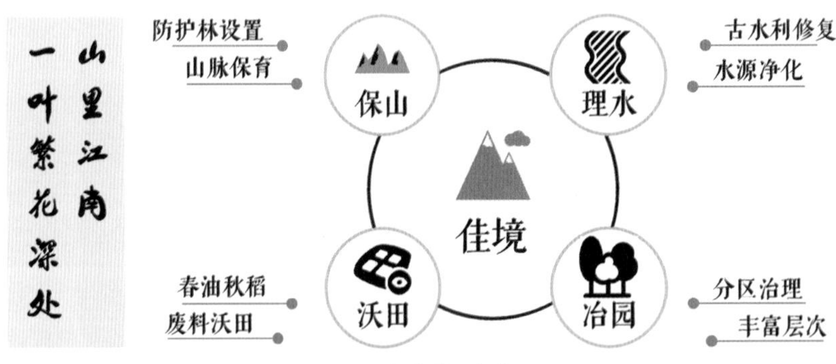

图 2-5　生态发展框架图

①对古道进行修复，规范人群活动空间；

②合理开发景观带，降低人群活动对“风水林”的影响；

③梳理林地类型，保护生物多样性，形成天然生态屏障。

同时采取保守、谨慎的态度配置必要的步行游览和安全防护设施，开展环线游憩活动，配套必要的保护、环卫设施消除游憩活动对山林生态环境产生的负面影响，整体上控制游人进入山林，严禁机动交通及其设施进入。除游憩设施占地以外的林地采取封山育林的方式进行保育。

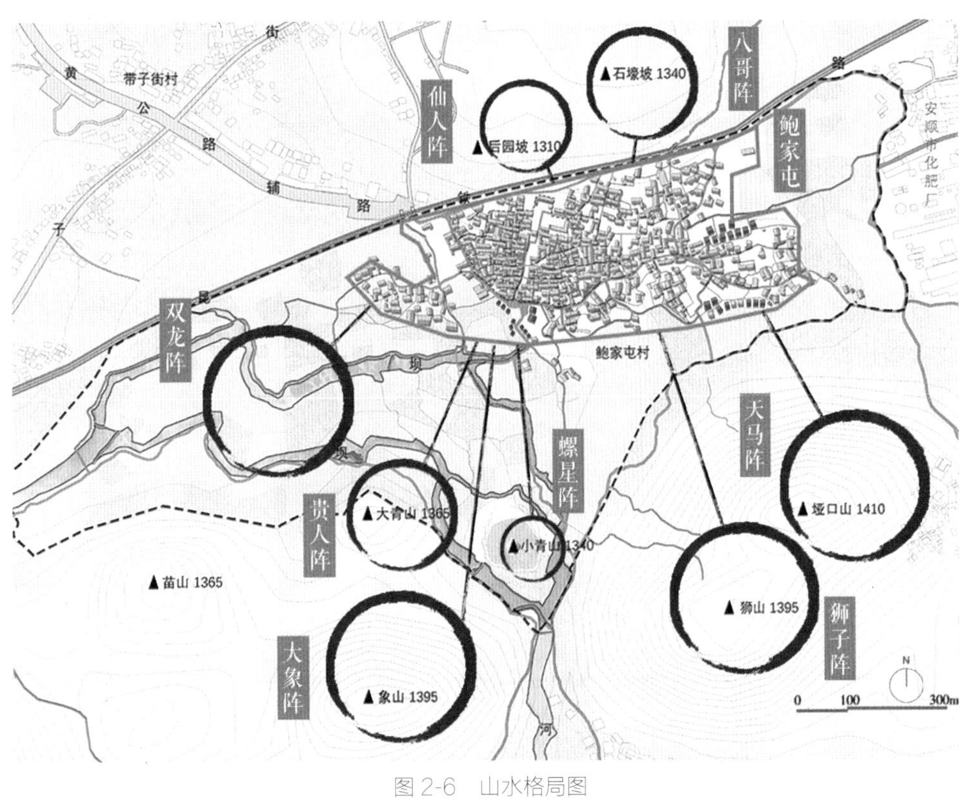

图 2-6　山水格局图

通过在村域东北角周边设置防护林，隔离化肥厂产生的空气污染，填补视觉方面化肥厂对于景观连续性的破坏。成片防护林形成生物过滤带，净化流向农田的水源。

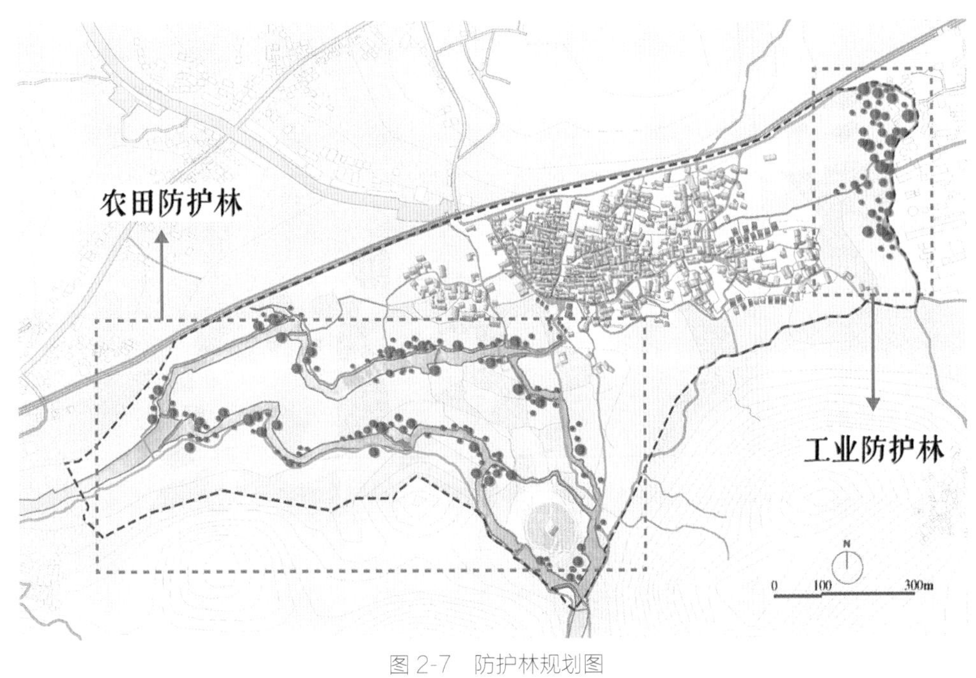

图 2-7　防护林规划图

（2）理水——水利修复

鲍家屯的水利工程虽为民间修建，却是一个非常成熟的农田水利系统。鲍屯水利工程体系按不同的渠坝类型分为五个灌溉区域，分别是鱼嘴渠灌溉区域、苗山渠灌溉区域、小坝渠灌溉区域、水碾渠灌溉区域、门前渠灌溉区域，剩余部分农田则需要提水灌溉。现状存在部分水坝淤堵，灌溉渠道被破坏、闲置的问题。

水碾房方面，现状保存较好的是门前坝水碾房，小青山坝水碾房残存部分构件，驿马坝水碾房和原小坝水碾房残余部分基址。

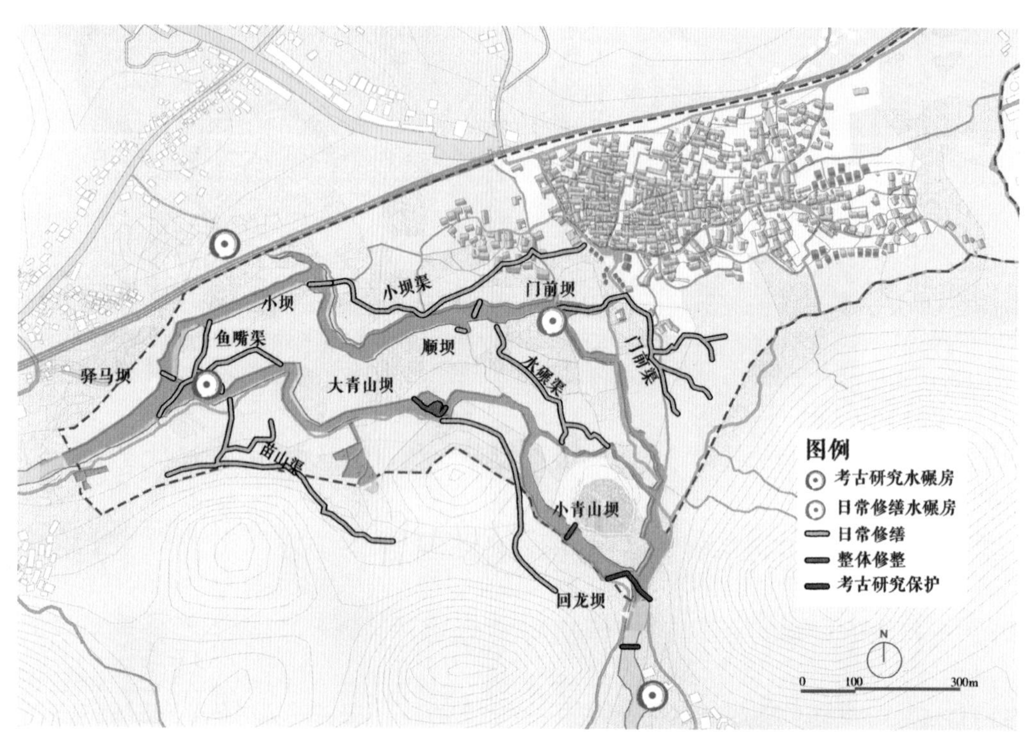

图2-8　水利修复规划图

通过修旧如旧的修复手法，恢复原有传统智慧水利工程，对现存较完好的河坝、水碾房进行整体还原修复，对河坝、水渠遗址进行考古研究保护和传统智慧展示，对河道、水渠进行定期修缮，构建生态和谐的鲍家屯水文网络。

（3）沃田—— 春油秋稻农业风光

将农业产能提升与土地涵养结合起来，推广发展水旱轮作的农业种植体系，稳定粮食产能，春夏季种植稻米，谷类作物和多年生牧草有庞大根群，可疏松土壤、改善土壤结构；秋冬季利用闲田种植油菜，不但可以增加收入，而且能提高土壤肥效，增加来年水稻产量。届时，村民和游客还将欣赏到“春夏一片嫩绿，秋来十里稻香”的特色农业风光。

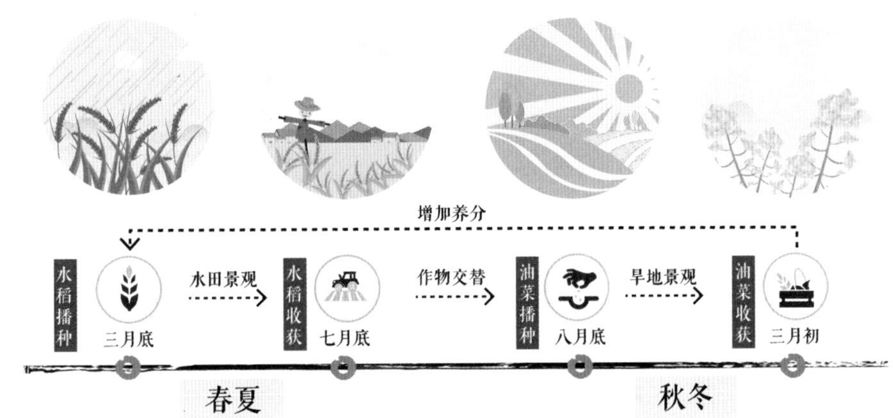

图 2-9 农业系统分析图

养殖场粪便沃肥：粗放式的农村畜禽方式导致农户对粪便等污染物的处理比较随意，产生的粪便等随意排放，当总量超出了生态环境的最大承载力时便会凸显出各种生态问题。在前期对鲍家屯村内畜牧业养殖规模化的前提下，对畜牧业产生的有机物污染进行统一处理，一方面可以及时解决大量排放的粪便等问题；另一方面可以为种植户提供更多的有机肥，减少化肥的使用，减轻农业面源污染，实现双赢。

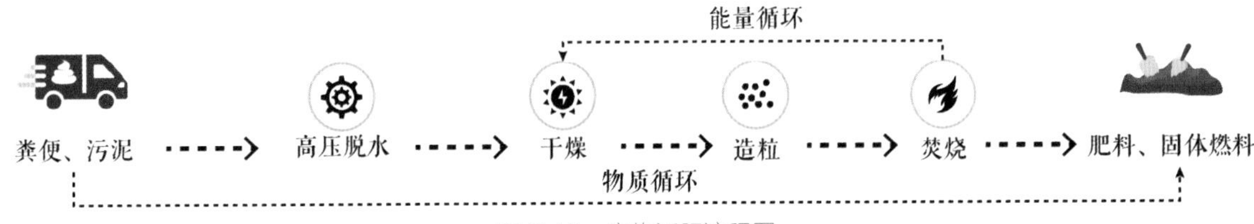

图 2-10 废物沃肥流程图

（4）冶园——山林植被与景观空间

将村域植被分为村内植被带、农业景观植被带、山林植被带，对植被空间进行分层整治，进行近、中、远三种不同层次的景观规划。让游客和村民感受近可观花鸟，远可观山水，远近高低各不同的鲍家屯园林风光。

村内植被带：对于与村民游客有着直接关联的村内植被，对村内不协调的花坛、绿地进行规划更新，将乡土植被应用于花坛设计，将村民的休闲活动空间和绿地设计相结合，营造观赏性和功能性兼具的村内植被空间。

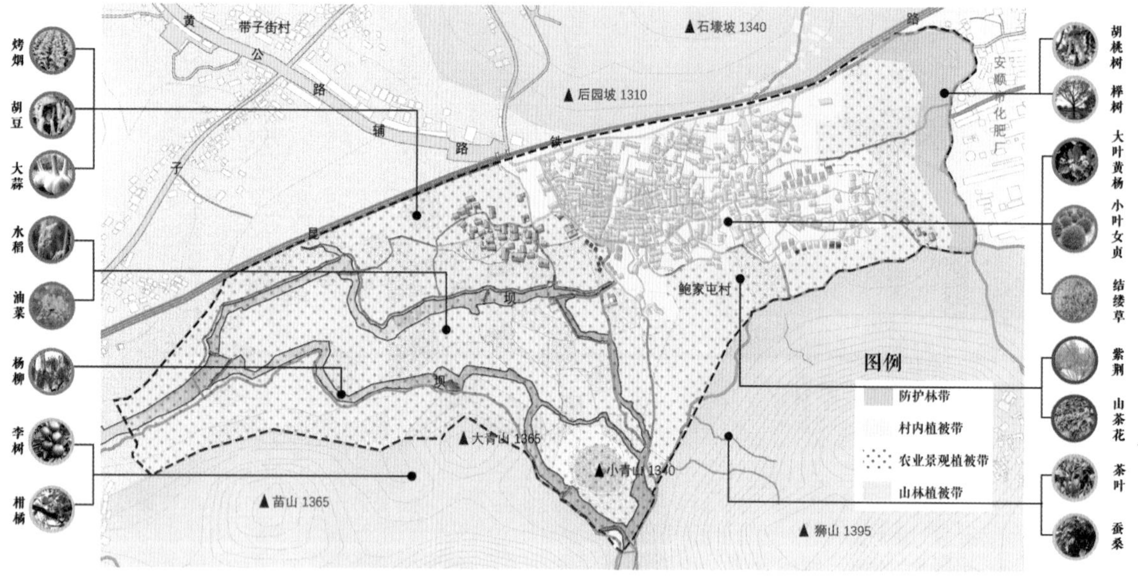

图 2-11　植被层次规划图

农业植被带：将农田景观根据离村远近和地形情况作划分，大片靠近山脚地形坡度较大的梯田和古水渠覆盖的区域重点作为稻油轮种农业基地；中层次农田和村庄闲置地作为辅助农田种植果蔬；临近村域建设用地景观面较好的农田种植观赏型经济物种，如油菜、山茶花。

山林植被带：地势较平缓的山脚空间作为林业种植基地，种植当地果蔬作物；地势较高的山地，规划步行道，划分人群活动和自然生态空间，进行人群活动影响较小的野外活动；“风水林”严格实行保护措施，控制游客进入“风水林”，保持外八阵水土。

2.5.2　何以安居——由表及里，生生不息

鲍家屯生活之困主要体现为：

①村落居住环境质量低

②基本服务设施不全

③文旅开发和居民生活发展不协调

本项规划从全局性的村庄空间格局方面入手，从格局整治到基础设施建设，再到村庄风貌的营建，“由表及里，生生不息”，保障村民基础民生，提高村民现代生活质量，保留村落生活传统文化习俗，营造“太平歌舞春绕，墟里炊烟”的美好生活愿景，为居民安居乐业作保障基础。

（1）表——设施提升

对居民生活质量的提升首先从村庄基础设施着手，从交通、社会服务、房前屋后空间几个方面对基础生活进行整体保障升级。

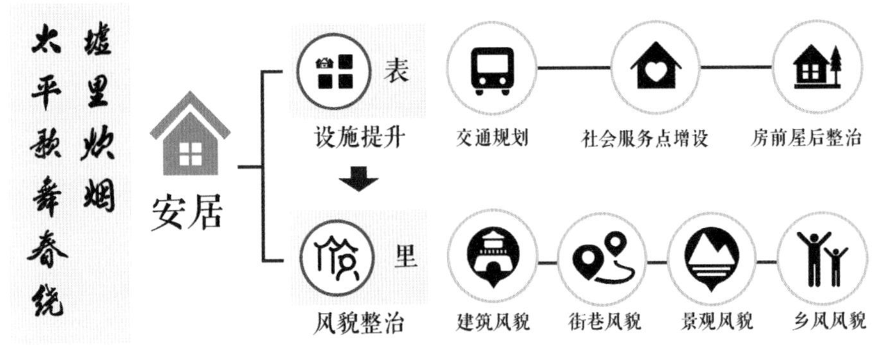

图 2-12　生活发展框架图

1）提升原有村内道路质量，并为置入的新空间织补新的交通网络，对交通进行梳理，进行一、二、三级的道路划分。

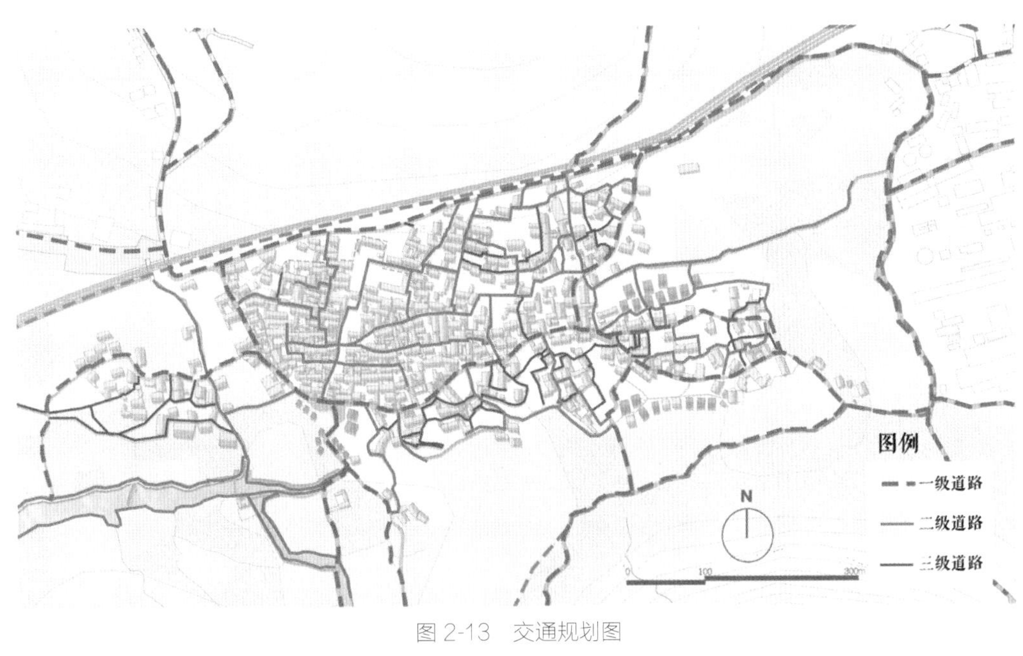

图 2-13　交通规划图

2）增设村庄社会服务点，修缮原先落后的服务点，根据居民生活和游客路线增设新的服务点。

3）合理利用房前屋后的空地，进行铺装、植被、户外活动设施等方面的改造，结合当地乡土文化，创造具有鲍家屯特色的乐活空间。

（2）里——风貌整治

对村庄风貌协调进行提升，保护居民的传统的生活方式，从更深的层次对居民生活的内核进行规划。

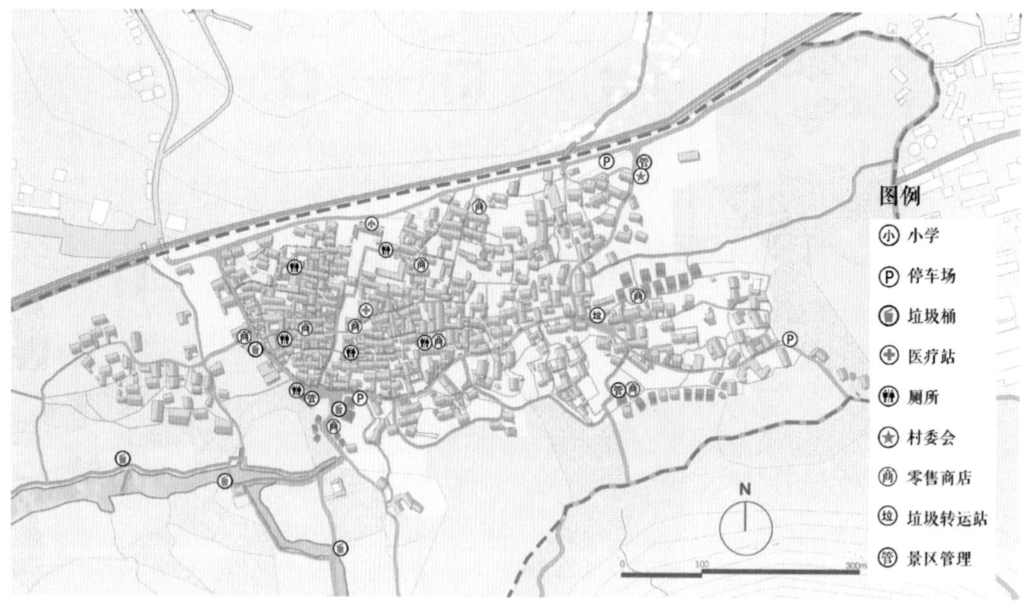

图 2-14　社会服务点规划图

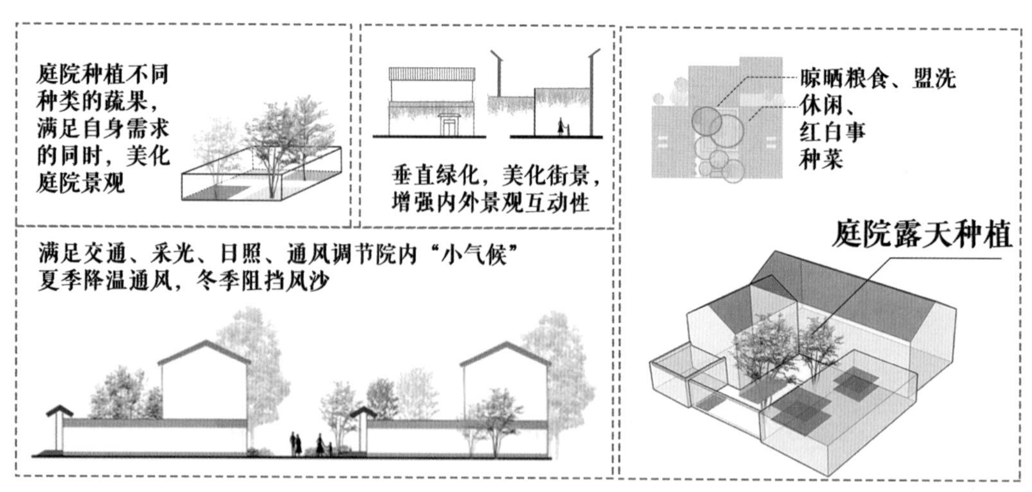

图 2-15　房前屋后整治图

1）建筑风貌

将村域建筑分成古建、新居两个层次，对于古建采取重点保护、局部开放的策略，对于新居采取整体街道风貌传承协调的策略，保持村庄建筑风貌连续性、整体性。

经过对鲍家屯古鲍屯核心保护区内现存建筑的详细调查和评估后，根据活动特点和投资情况，将鲍家屯古鲍屯核心保护区中需要改造修缮的建筑及宅院分为三级进行保护：一级——重点修缮单位，二级——一般修缮单位，三级——非传统建筑。

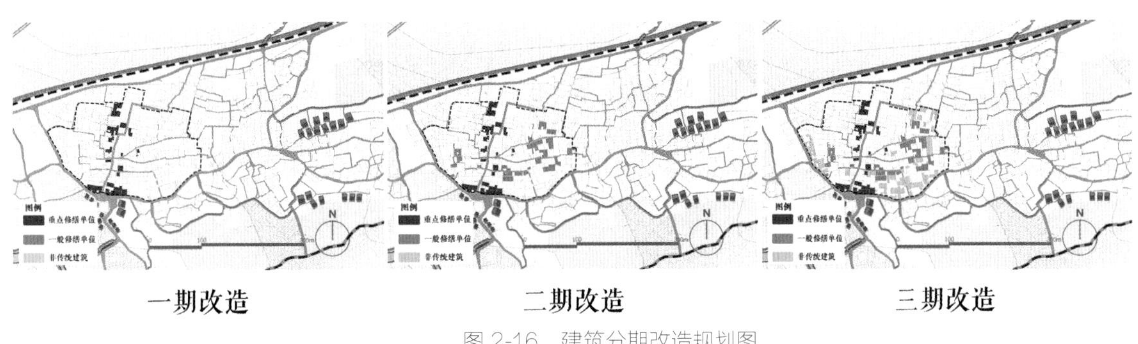

图 2-16 建筑分期改造规划图

在文旅前期发展阶段主要采取村校联动的合作模式，村落为高校研究团队提供学术研究环境，优惠食宿；高校科研团队则促进鲍家屯古建筑修复技术升级，制定详细修复策略，发掘古建筑科研文化价值。待部分古建筑修葺完善，科研文化价值充分挖掘后，开放其游览观赏价值。

2）街巷风貌

规划目标：八阵主轴作为当地村民祭祀的主要路线，要在保证不破坏其祭祀活动进程的前提下进行文旅开发。八阵内部的八个主要巷道在前期不对游客开放，仅作为高校及科研团队研究用地，街巷沿路重点文化建筑由专家进行文化价值挖掘以及保护性利用，待修缮完毕后可作为后期游客短期游览用地。

规划手段：保持曲折、迂回的特色，重点恢复“八阵图”。在完善基础设施的基础上，将水泥路面改为片石路面，并必须以传统工艺施工。

在新聚落区对鲍家屯村落独具特色的民俗风情进行保护和管理，对其加以提炼，以当地民俗风情为依托，在街区内整修一些典型的民俗载体，控制街区内的建筑现代化和城市化倾向。街区内注重文化氛围的营造，在街区内建筑装修、店铺门面、园林绿化、环境卫生、广告标识等景区综合风貌上透射文化品位。

杜绝随意搭建接待设施或服务设施，规范游客游览线路、范围，加强环保宣传，街区设置环保宣传标识等，积极开展环境保护宣传教育和培训，对导游人员的培训应包含有关环境保护内容。

3）景观风貌

合理利用村域特点构建景观空间，对不美观景观空间进行整治提升，对于节点景观重点建设，构建地标性鲍家屯景观。

①突出鲍屯山里江南景观特色，重点建设水岸游览线景观，突出鲍家屯“杨柳湾”特色。

②在构筑物的构建上运用屯堡建筑、屯堡文化的特点，注重景观连续性、整体性，突出地域特色。

③运用乡土物种布置植物。

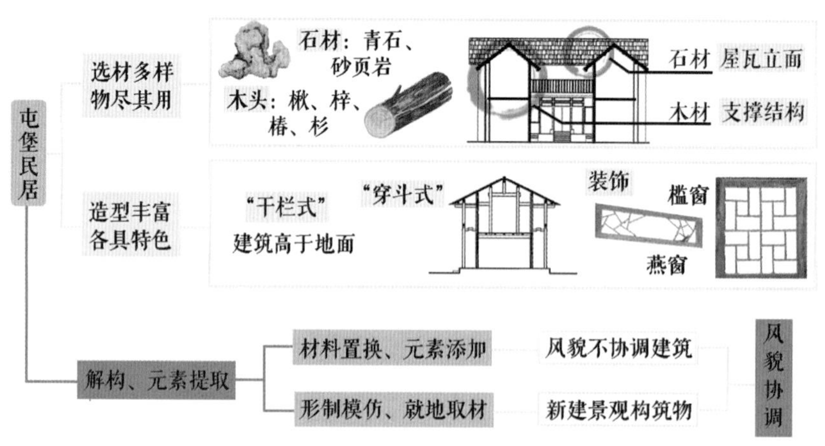

图 2-17　景观风貌规划图

4）乡风风貌

鲍家屯具有丰富的人文历史条件，居民生活保留着明朝遗风，在乡风规划上强调传承和发扬传统民俗，建设具有乡土文化气息的新型乡村公共活动空间。

经过调研，村口古树下、村内巷间、院间空地这些区域作为鲍家屯居民日常聚集活动的场所，村民在这些场所进行集会、社交、民俗活动。打造以村口"鲍屯印象"为核心的公共活动空间，作为进入中街的必经之路，在这里汇集村民和游客两股人流，打造村民游客共赏民俗的活动空间，使游人能够更真切体会到鲍家屯乡韵，构建鲍家屯第一印象。其他的节点分布在居民生活缓冲区，形成鲍屯民俗特色公共空间。

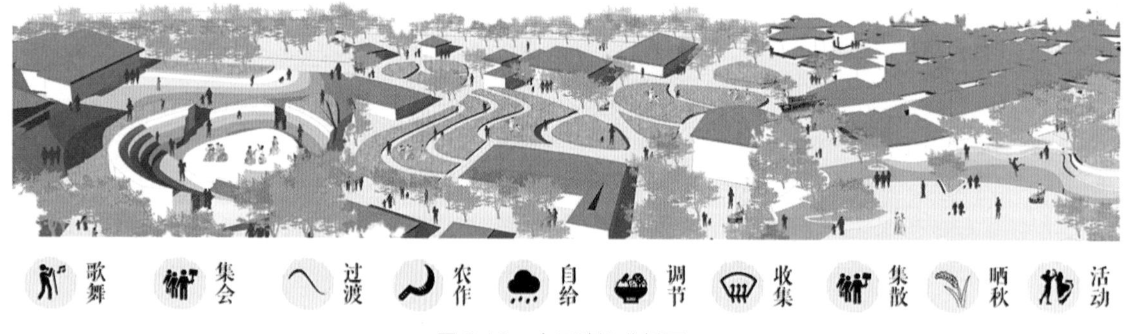

图 2-18　乡风建设分析图

2.5.3　何以乐业——三产互利，多位提升

鲍家屯产业之困以农业为主，传统农耕较为发达，但产业发展方式较传统粗放，利润较低。本次规划在充分利用其有利地理自然条件优势发展传统农耕产业的基础上，创新第三产业，促进第一、第二产业的同步提升，形成"三产互利，多位提升"的产业规划格局，三产之间促进反哺，互惠互利，描绘鲍家屯特色产业链发展"百里尽染金黄，渡绿千山"的产业蓝图。

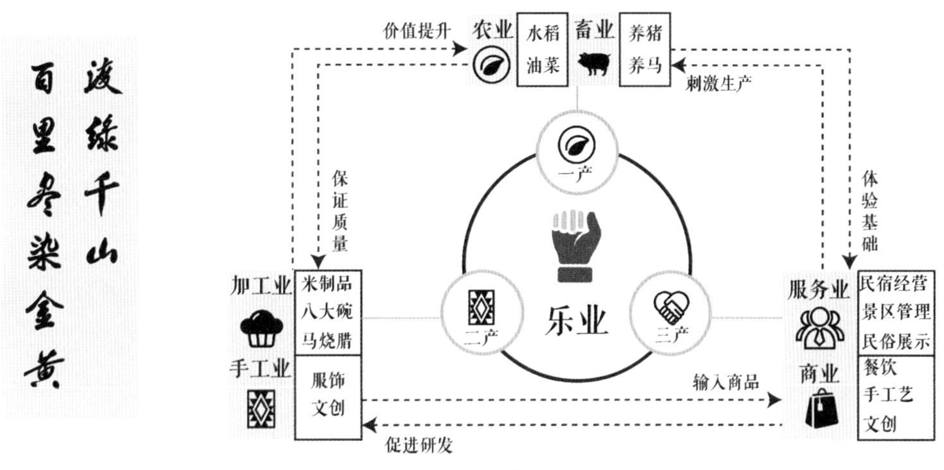

图 2-19 生产发展框架图

（1）第一产业

1）农业

主要推行“水旱轮作”的稻油产业模式，在春夏种植水稻，秋冬季利用闲田种植油菜，形成粮食作物、油料作物同时发展。以地势条件为分界，山脚坡地发展果园，梯田、古水利田地发展稻油轮作农耕系统，闲地散田发展附属农业种植果蔬作物，近村农田种植经济观赏作物。

2）畜牧业

发展具有鲍家屯特色养猪、养马的产业，规范化、规模化管理养殖业，集中养殖牲畜、集中处理牲畜产生的废物污染，实现畜禽养殖的规模化、集约化、产业化。积极发展现代畜禽养殖，在养殖的目标、布局等方面提前开展合理的规划，加大对畜禽养殖方面的动态监测，强化监督。

（2）第二产业

1）食品精加工业

发展农创衍生，塑造鲍家屯农产品加工品牌化，通过将粮食作物稻米精加工制造成特色糕点，油料作物菜籽榨油，马肉制品制作成特色马烧腊进行品牌化包装、八大碗精致化等方法，提升经济作物价值，提高居民收益。

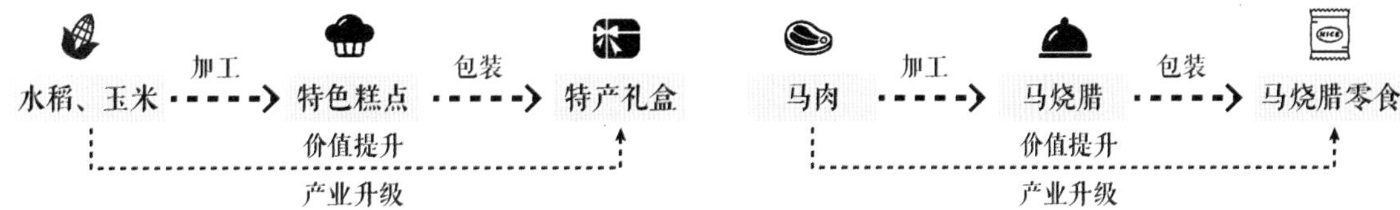

图 2-20 食品精加工产业分析图

2）手工业

通过将传统单一化手工业生产与人才引进结合，传统工匠技艺和现代艺术家的思想碰撞，将传统手工艺与文创产业结合，创造出鲍家屯新型手工业生产方式。注意受众人群的差异性，提升手工艺品差异化，在保留传统手工艺基础上，丰富手工业生产商品种类和价格层次。

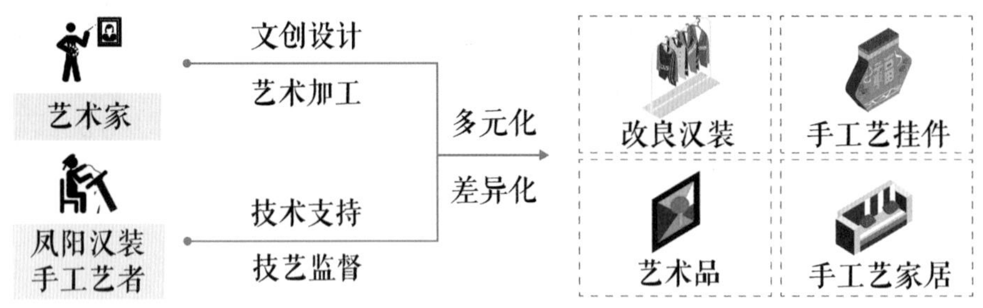

图 2-21 手工业发展分析图

3）第三产业

在一、二产发展基础上，结合文旅产业发展大力发展第三产业，形成一条以文旅发展为核心的集参观、体验、消费、住宿于一体的服务产业链。

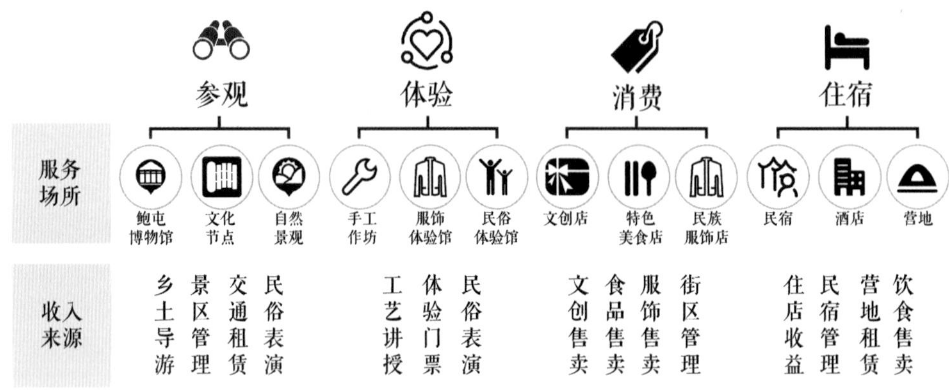

图 2-22 第三产业收入来源分析图

3 离——兴于离（发展态势）

在传统技艺学习中，在更高层次得到新的认识并总结，另辟出新境界谓之“离”，同样在鲍家屯村落规划中适用——有所“破”后亦有所“离”，村落需要全新的发展态势。结合村落“居于今而求和于古”的定位，是以在山明水秀、安居乐业的基础上为村落另辟出新的前进道路——悦游，锚固差异发展方向，建设鲍屯文旅品牌，与周边村落形成百村百态、各放异彩的文旅产业格局，以文旅作为村落未来的发展态势，集中展示鲍家屯明朝军事遗风的历史村落环境以及传统人居文化。

何以悦游——古人与稽，今人与居

本项规划主要利用分区保护、多维联动的手段，以古人与稽，今人与居将文旅体验路线分类规划，塑造鲍屯村“八阵壮志犹存，归望古今”的历史文化氛围。

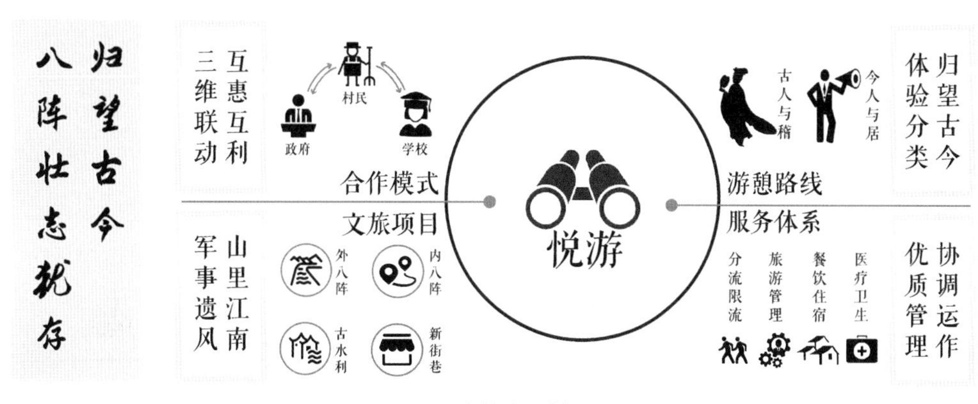

图 3-1 文旅发展关系图

3.1 合作模式

由政府负责对古屯鲍核心保护区、外八阵的“风水”山林、山里江南民俗传统技艺保护和建设进行指导、协调、监督。同时充分利用对本地区物质及非物质文化遗产的研究，创建“村校合作”的模式，积极进行发掘历史遗产的社会经济价值，对传统建筑进行积极有效的保护性

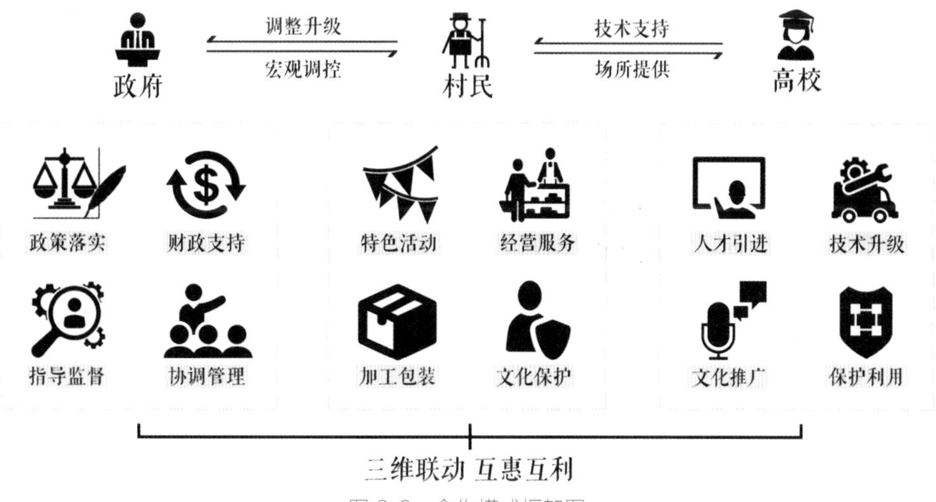

图 3-2 合作模式框架图

利用。建立民间文化保护机构和村落文旅协会，全面提升村落的文化吸引力，并为后期文旅悦游的强盛发展作利益协调。

3.2 游憩体系

建立全新的“新街望古阵”分级开放文旅游憩体系：在文旅建设前期以体验民俗风光为主，效仿古八阵的建设智慧设计两路新街，并且古屯堡核心保护区内仅开放古屯堡主轴部分，主要服务对象面向外地游客的短期观光旅游；文旅建设后期则较大面积开放古八阵内部，结合新街的文旅配套设施打响“明朝军事遗风，山里江南民俗”的稽古居今文化品牌，发展直接面对本地区的休闲旅游。

图 3-3 游憩体系概况图

3.2.1 游览路线

游览路线主要分为“古人与稽”（古鲍屯军事文化游览路线）、“今人与居”（新鲍屯民俗风情游览路线）两类。

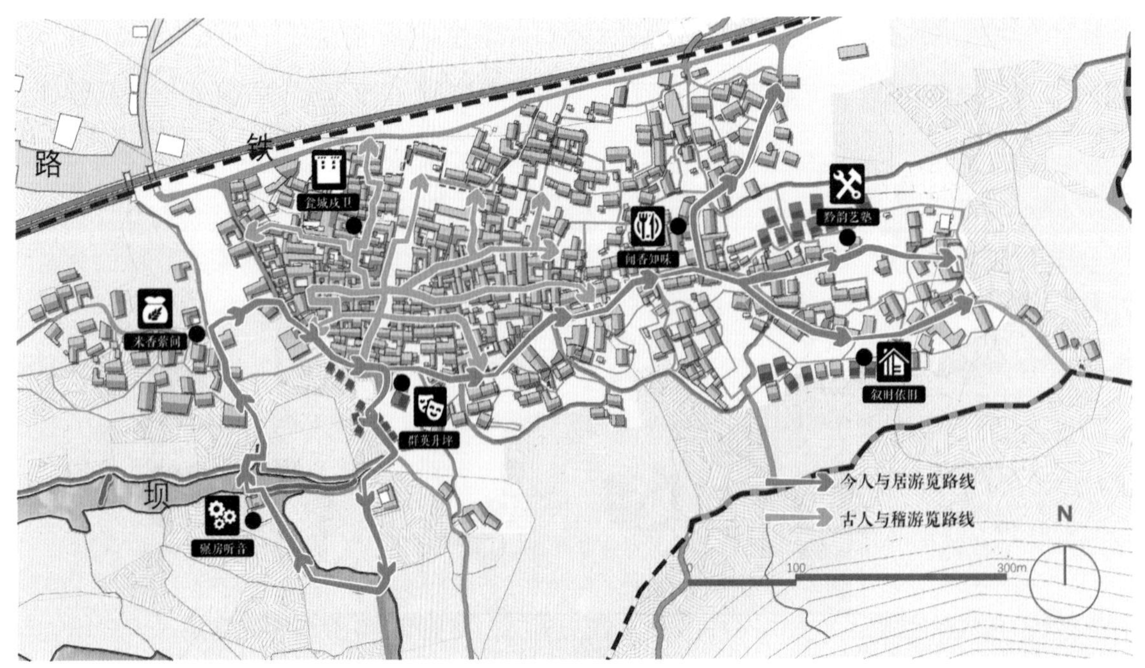

图 3-4 游览路线规划图

“古人与稽”游览路线的主要活动范围为古鲍屯八阵主轴与八阵巷道，创新文旅项目以展示明朝军事文化的独特韵味。

“今人与居”游览路线包含“群英升坪”地戏表演文化——沿南游赏春油秋稻的季节性田园风光——“碾房听音”“米香萦间”体验与古水利相结合的农产品精加工运作过程——沿东步入“叙时依旧”古法民宿主题街，“黔韵艺塾”民俗作坊主题街，“闻香知味”饮食文化主题街。

3.2.2 文旅项目

（1）观外八阵

大青山“贵人存英”：规划步行游览路，环视不同角度的前人传统生态智慧遗产——山峰与河水构筑而成八道外围防御阵地。

小青山“山寺空蒙”：展现薄雾朦胧间山寺禅院的空蒙景象。

（2）游内八阵

以“八阵秘籍”的形式设置文化和旅游故事线索，引导游客前往探寻古八阵。持攻略手册收集阵法打卡点的“游阵印记”纪念徽章，徽章中印制了每个打卡点的特色介绍，集齐可以获得配套相关打卡点的餐饮、购物、景点门票的现金抵扣券或免票优惠。该项目在增加旅游趣味性的同时，形成多个打卡点的联动，有效增强屯堡古村落文旅精品线路的线下互动体验。

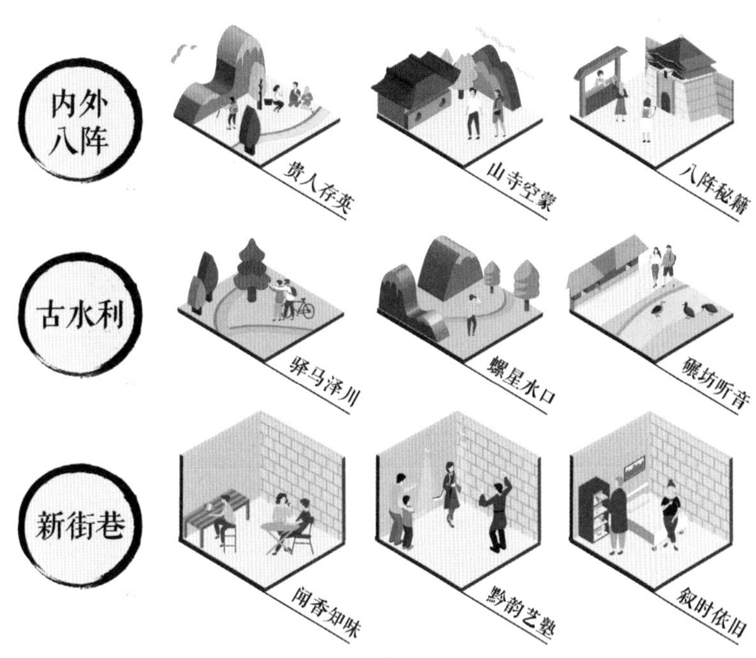

图 3-5 文旅项目分析图

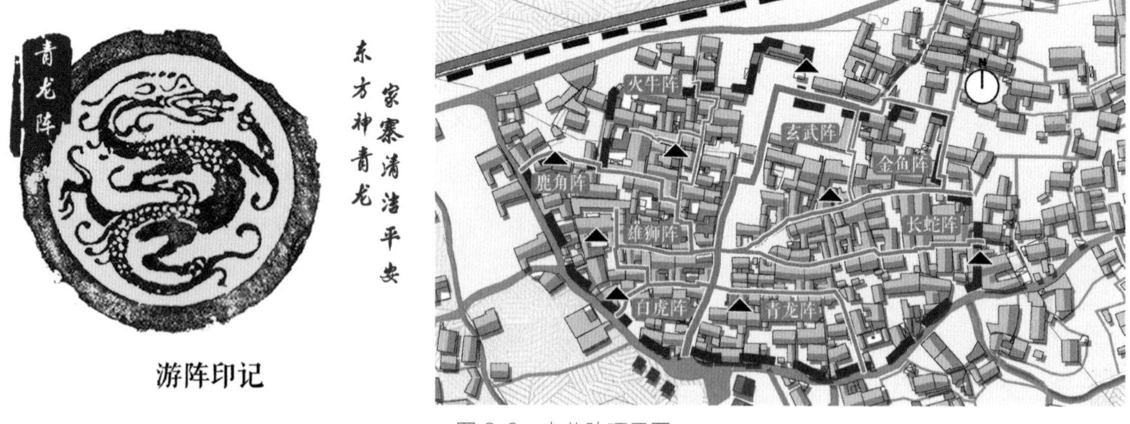

图 3-6　内八阵项目图

（3）探古水利

“驿马泽川”“螺星水口”“碾坊听音”游线：作为古水利设施运作模式介绍的重要节点，同时体现鲍家屯村另一重要环境特色，即将江南神韵的“水口园林”结合到村落传统的入口区，达成山水、田园融为一体的景象。

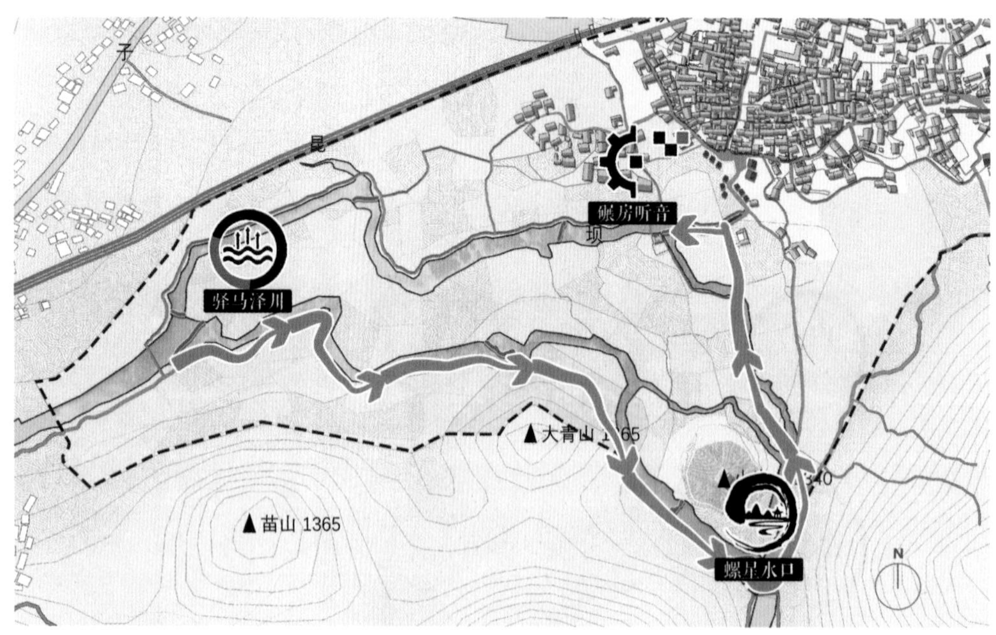

图 3-7　古水利游览路线图

（4）逛新街巷

“闻香知味”美食体验区：品尝鲍家屯特色韵味的“八大碗”菜肴。

“黔韵艺塾”民俗工艺体验区：分布有民俗博物馆、民俗体验馆和艺术家工作室，供游客游览体验。

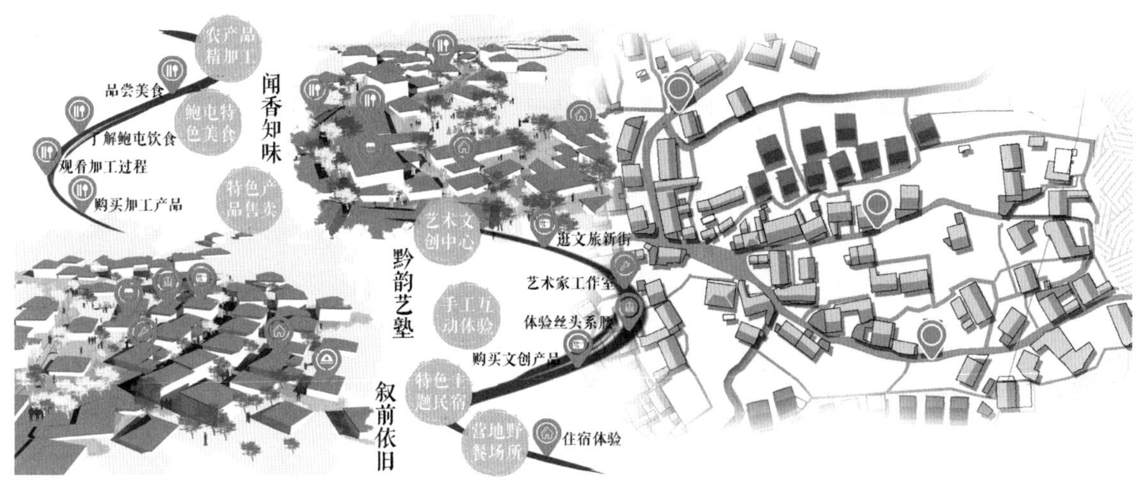

图 3-8 新街巷意向图

“叙时依旧”古法民宿休憩区：传承鲍屯村落传统建筑的风格，沿袭前人的传统建造智慧，展示建筑新貌。

3.3 服务体系

3.3.1 分流限流

古屯堡核心保护区内采取分时限流措施，在旅游旺季面向游客网上预售门票，为游客提供舒适愉悦的参观体验，提升游客的满意度。

$$C=\frac{T}{T_0}\cdot\frac{A}{A_0}$$

C为极限容量　　A为资源的空间规模
T为每日开发时间　　A_0为每人最低空间规模
T_0为人均每次利用时间

图 3-9 计算公式图

这里主要采取面积法进行计算，以资源的空间规模除以每人最低空间规模，即可得到资源的极限时点容量，再根据人均每次利用时间和资源每日的开放时间，得出资源的极限日容量，古鲍屯核心保护区的极限日容量为 2012 人次，极限时点容量为 457 人次；古堡屯周围景观（新聚落区、水口园林、大小青山等）极限日容量为 5945 人次，极限时点容量为 2929 人次。

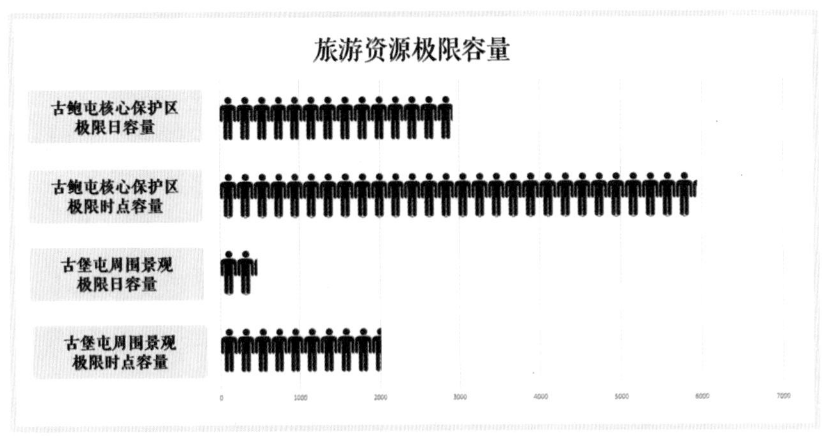

图 3-10 旅游资源极限容量分析图

3.3.2 旅游管理

在文旅新区西侧，停车场对面设置游客中心，开展票务、宣传、营销、咨询等工作。古村落围墙内靠体验展示区设旅游区管理中心。

3.3.3 餐饮住宿

餐饮住宿的经营主体基本上为鲍屯村村民，管理层面采取村民自治的方式，村中成立村落文旅协会进行统筹管理，制定鲍屯村文旅公约，负责文旅悦游各方面利益协调。

3.3.4 医疗卫生

旅游区在管理中心设医务室，对游客中的伤病人员，及时采取救护措施。全部采用水冲式公厕，在古村落外围设置两个，在古村落内部设置四个，文旅新区设置四个。早晚进行清洁工作。厕所污水汇集村落东北侧集中的污水处理设施。

图 3-11 人群活动规划展望图

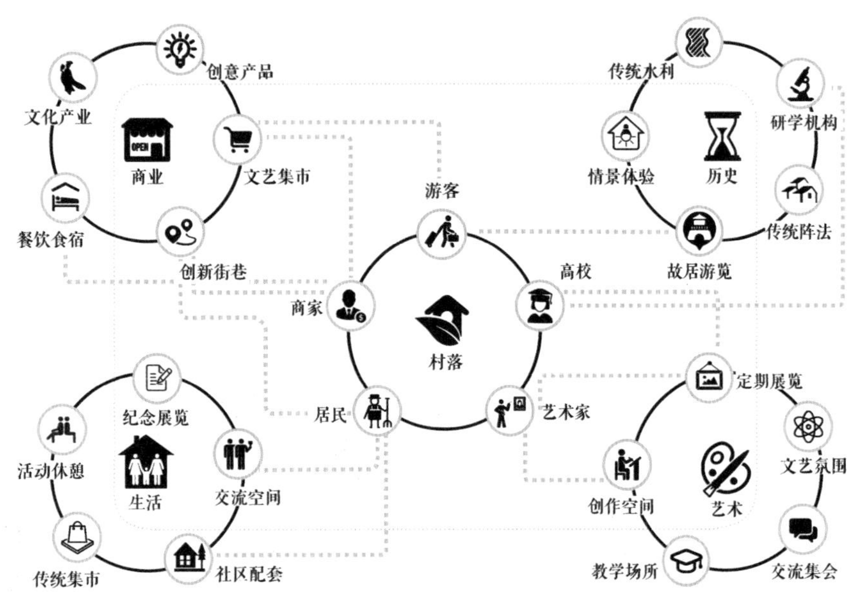

图 4-1 产业发展引导图

4 策划总结

兴鲍屯

保山理水，沃田冶园

由表及里，生生不息

三产互利，多位提升

古人与稽，今人与居

鲍屯兴

一叶繁花深处，山里江南

太平歌舞春绕，墟里炊烟

百里尽染金黄，渡绿千山

八阵壮志犹存，归望古今

鲍家屯物产丰富、历史悠久、乡风独特，独特的内外八阵和古水利是古代智慧的结晶，我们希望通过古人从传统技艺学习中总结出的经验——“守”·“破”·“离”引导本次策划。守——前人之风物，破——鲍屯之局限，离——新风之境界。以古法治古村，在这片富饶的土地上创造繁荣，让鲍家屯文明源远流传。“居于今世而求合于古”，以吾辈学子浅薄的智慧，为往昔智慧继绝学，为万世发展开太平。

◇ 何以复渌水，何以解乡“愁”

二等奖

【参赛院校】广西大学土木建筑工程学院

【参赛学生】

罗　希

蒋佳圆

姚雨馨

吕如愿

时雨欣

江雪怡

【指导老师】

陈筠婷

周　游

作品介绍

一、背景研究

自从提出乡村振兴战略以来，我们目睹大大小小乡村走上振兴的道路，有的村庄通过第二、三产业带动发展，有的村庄通过开发建设改善村民们的生活条件，在《乡村振兴战略规划（2018—2022 年）》中提出分类推进乡村发展，根据不同村庄的现状、区位和禀赋，将村庄划分为四种不同类型，分类推进乡村振兴。与此同时我们发现有一些类别的村庄，它们归属于特色保护类村庄，以自然资源为禀赋得以保留，虽然自然环境使得村庄保留了独具特色的乡土氛围，但是同时也限制了村庄的发展与建设。资源保护与开发建设处于一个相互制衡的状态，而在这样的条件下村庄的运营现状究竟是怎样的，存在着哪些问题，村庄最适宜发展的区间范围究竟是多少，这些引发了我们的关注与思考。

我们发现刘家村是一次旅行的意外之喜。在我们驱车沿 316 省道前往隆安龙虎山自然保护区的途中，前面的车辆不知缘何而停下，因为是双向单车道，我们的车也得慢慢减速直至停下。在我们焦急等待时，四周忽然有晃动的阴影快速向我们的车靠近。一惊后才发现是从龙虎山景区跑出来觅食玩耍的猕猴，大猴带着小猴，有的还拖家带口，加起来总共几十只。胆子小的还蹲在路边或攀附在路旁岩壁上观望着，胆子大的已经趴在车窗上看着车里的我们了。仿佛理所应当般向我们讨要食物，而我们非常乐于喂猴。猴群散去时，流水的声音让我们注意到了修建在路旁的水渠，沿水渠的方向抬头望向远处，颇具现代风格的村庄外立面让这个村落别具一格。

刘家村属于特色保护类村庄，并以生态资源为特色，可以作为研究的典型。它位于广西壮族自治区南宁市隆安县屏山乡西南部，行政区域面积为 1090.4hm^2，包含刘家屯、板化屯、百唵屯、陇别屯、那料屯、岜亮屯 6 个自然屯，以 316 省道串接，左连大新县，右接那桐镇，上至隆安县，下至南宁市，地理上为喀斯特峰丛洼地及峰丛谷地。村庄总体土地较少，刘家村人口以壮族为主，村民收入来源主要为分散种养和外出务工。绝大多数青年人选择外出打工作为主要生活来源。同时，刘家村产业结构较为简单，以第一产业为主，且自耕自足，无第二产业，第三产业仅有百货零售业（位于刘家屯）。村庄以渌水江支流为线与周边紧密相连，同时通过水渠引渌水江水入各个村屯内部，影响着村庄的整体空间布局，同时与村庄的生产、生活、生态息息相关。因为这个村落的独特吸引力，在好奇心的驱使下，我们将其选作此次调研的对象。在实地调研之前，我们先从线上的资料入手。刘家村缘渌水江而生，依路而建，处在周围大大小小山陵村落的包围之中。村中各屯枝状分布于山水与道路的夹缝中，始于道路止于山脚。316省道如针线把6个自然屯串联到一起，同时它也是刘家村内的几个自然屯与外界唯一的交通联系。

在当今时代，城市交通飞速发展，或杂乱无章，或井然有序的道路在地图上张牙舞爪，彰显其“现代性”。两相比较，刘家村就像一种十分原始甚至略显闭塞的存在，依托自然诞生的刘家村在今日仿佛又受限于自然：群山限制了道路的铺设和建设用地的扩张；喀斯特地貌带来地下水污染、水土流失、洪涝灾害等隐患；主要的经济依托第一产业，仍处于近似于“靠天吃饭”的状态。如此种种，让我们对刘家村未来的发展产生了些许担忧。

二、村庄问题

1. 生产层面

（1）土地碎片化

刘家村土地零碎分散，全村土地约109块，土地边界大多呈不规则形，屯与屯之间的土地划分无明显界线。畜禽养殖大棚与水产养殖池塘呈小规模零散分布，排污处理十分不便且费用较高，所以村民普遍不进行处理。种植的大多数为水稻、玉米等矮秆粮食作物，种植收益较差，而且因土地产权的分散也难以流转或扩大经营规模。

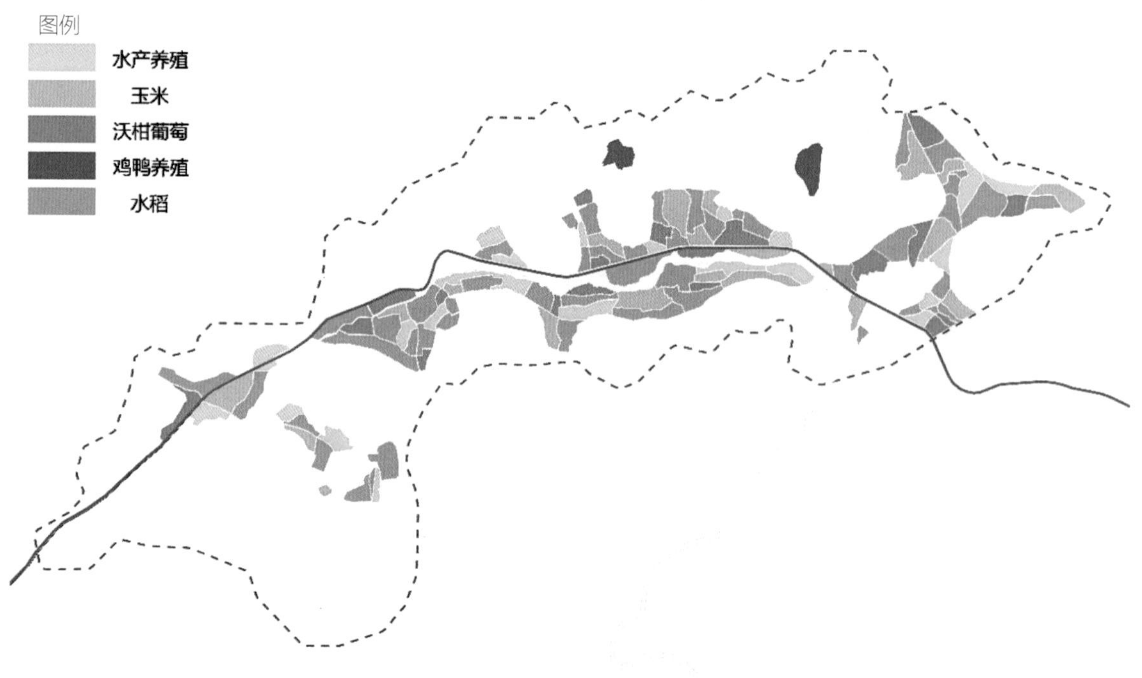

刘家村土地现状

（2）农药造成水体污染

刘家村大面积种植水稻，由于季节性降水的气候特点及水稻田频繁的灌溉排水，使得稻田使用的农药大部分会因流失、漂移、排水等途径进入地表水体中，进而造成污染且因稻田区域的池塘、湖泊水体相对静止，其受农药污染的情况较河流等流动性强的水体更为严重。刘家村水系丰富，沟渠、池塘交错，若农药蓄积在稻田中，打破原有稻田池塘生态系统的平衡，将会导致农业灌溉和水产养殖功能丧失，受到生态效益和经济效益的双重损失。据调研，刘家村村民目前大多仍使用农业化肥和农药来给作物增肥杀虫，且村内并无针对化肥与农药排放的处理设施，对渌水江流域水环境安全的威胁较大。

2. 生活层面

（1）现代文化介入导致传统乡村文化习俗的丢失

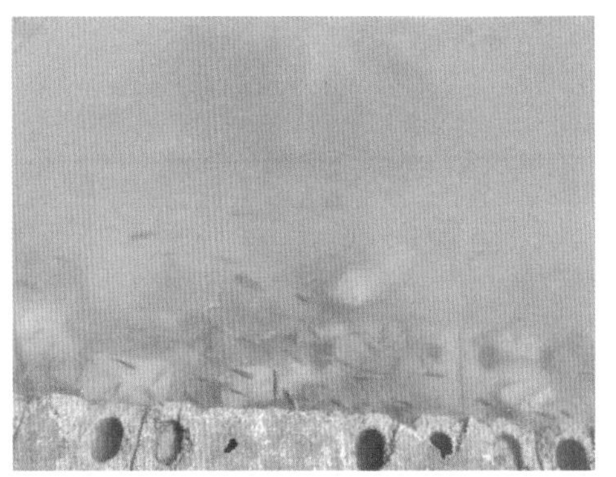

乡野活动的消失作为水文化习俗流失的缩影，说明随着城市化进程的发展，现代文化介入导致乡村传统文化习俗的缺失。究其原因，可分为以下三点：乡村文化传承载体缺失、乡村文化传承主体缺位、乡村文化传承介体缺乏。

（2）旧水利设施与新农村共生问题

渌水江是刘家村赖以生存发展的水源基础，其水质的好坏决定村民引水用水安全与否。渌水江之所以受到污染，必然是因为外界因素的介入与旧的农村设施出现矛盾。主要原因可分为以下两点：城市化产物的影响、现代生活方式的影响。

3. 生态层面

（1）水源地质地貌问题

喀斯特峰丛洼地及峰丛谷地具有渗水性强、地下水联通性好、自净能力差等特点，潜在被快速污染而造成水质性缺水的风险。区内年降雨量极不均匀，洪涝灾害通常发生在每年的丰水雨季，一旦日降雨量达100mm以上，即发生洪涝灾害，以及伴随着山石崩塌的危险。

（2）生物多样性威胁

刘家村村域地属龙虎山自然保护区生态环境敏感区、岩溶山地生物多样性保护功能区。如何修复刘家村片区景观基底、维护生物多样性、达到人与自然和谐共生的目标是我们需要探讨的问题。

4. 核心问题

发展资源失衡问题、生态收支失衡问题、基础设施失衡问题。

三、何以解乡“愁”

1. 以水哺田

（1）土地利水、土地整合

调研中我们发现刘家村土地零碎分散，流转效益低，种植收益差，难以发展适度规模经营，对统一治理生产污染十分不利。

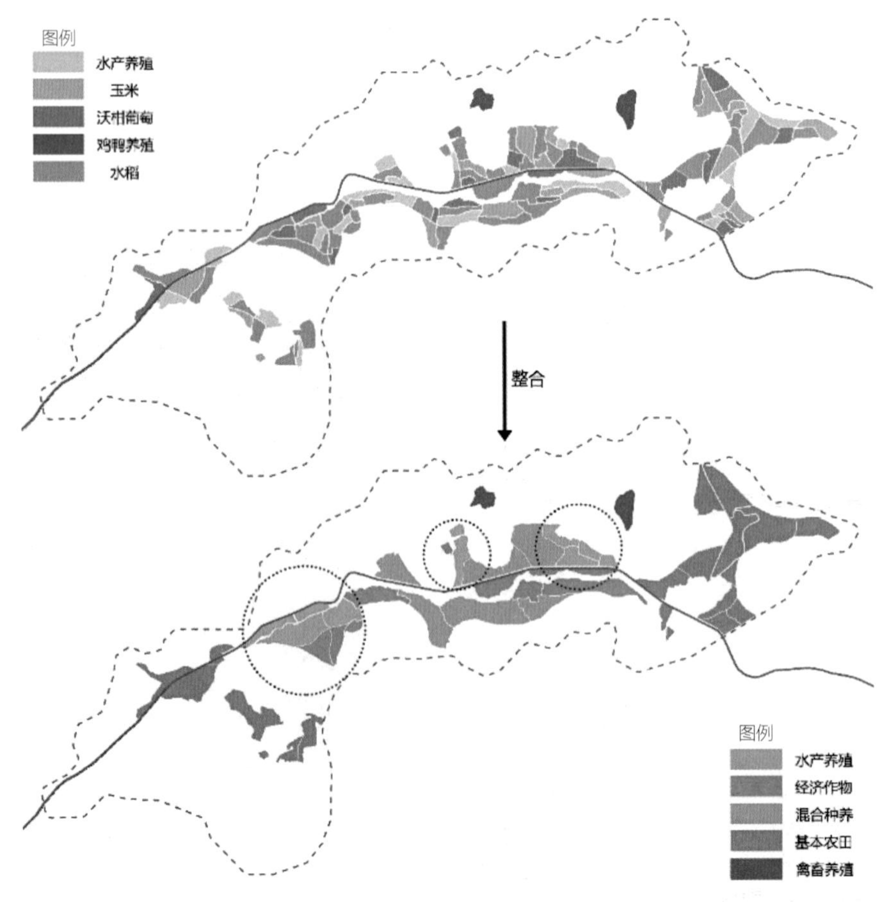

刘家村土地整合示意图

在此条件下，转变刘家村生产模式的首要工作是进行土地整合，通过在空间和时间尺度上对刘家村土地利用结构进行多层次的设计和组合，使土地逐步集中、集约，提高土地利用强度，实现刘家村土地资源的聚集和再配置，并采用立体农业、云农场带动生产。

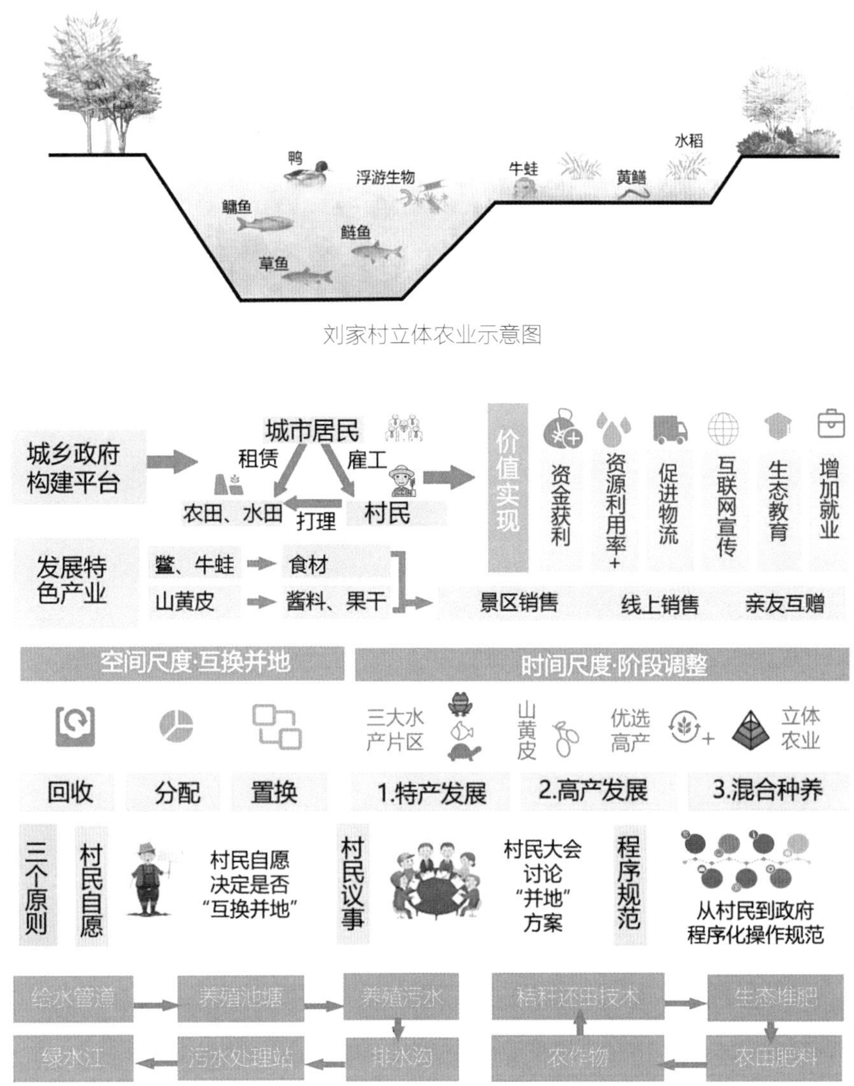

刘家村立体农业示意图

（2）田池排水

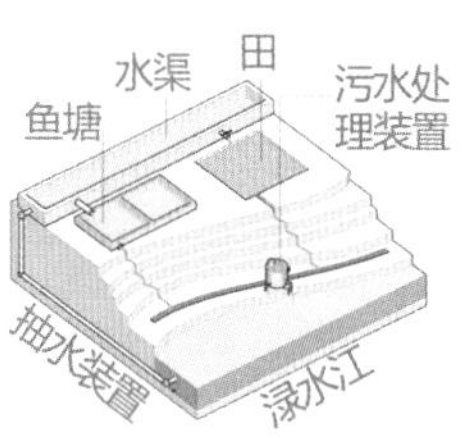

生产截污模型

建立规模化的水产养殖区，对畜禽粪便和生产污水进行集中处置，以解决灌溉水直排导致渌水江污染和鱼鸭粪便导致水塘污染两个问题。具体策略为根据地形和坡向，在农田地势较低的一侧设置排水沟，养殖污水从池塘排出后沿着地面明沟汇集至排水沟中，经排水口集中处理后排放至渌水江。另外在各养殖池塘之间规划专门的给水管道，提高养殖池换水频率，减少养殖过程中的污染。

2. 政策理水

刘家村土地整合后全村划分为水产养殖区、经济作物区、混合种养区、畜禽养殖区和基本农田区五个片区。针对刘家村的生产过程中水体污染问题，可以建立生产给排水分区管控制度来解决。

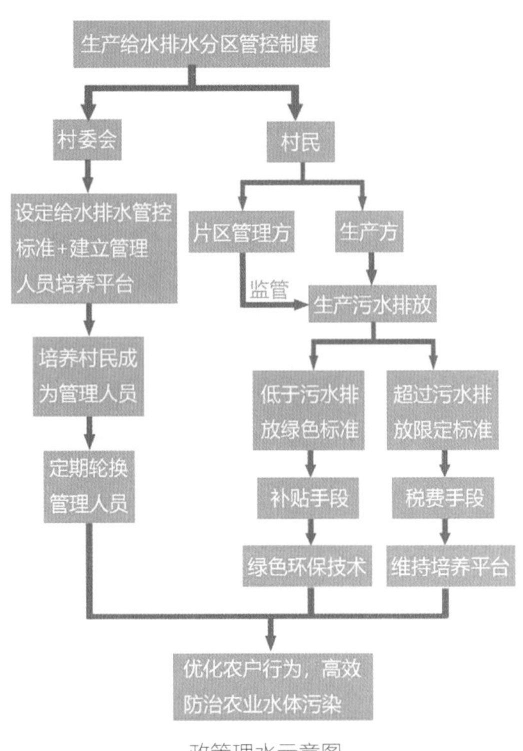

政策理水示意图

3. 以水惠民

（1）文脉活水

利用原有的水文化命脉，发挥村民、社会和政府在传统乡村文化保护和传承的作用，是保留“乡村性”进而实现乡村振兴的有效路径。

村民作为乡村文化的主体，可以结合壮族传统节日在村庄内开展文化活动，弹性使用空间，开展特色手工作坊。

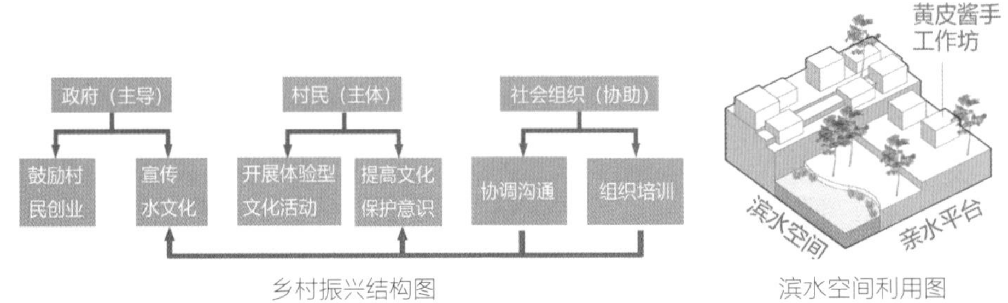

乡村振兴结构图　　滨水空间利用图

（2）旧设复水

为了实现传统的空间设施与新农村合理共生的目标，借鉴“LID 海绵化设施场地改造”的原则，在村庄范围内对水渠和洗涤池等引水沿途设施进行修复和改造。

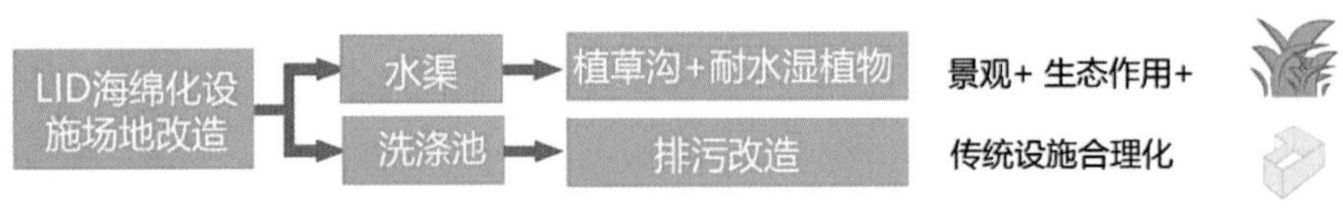

设施复水示意图

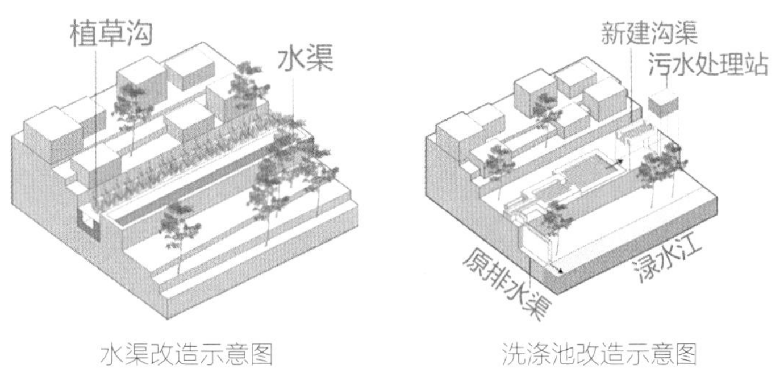

水渠改造示意图　　洗涤池改造示意图

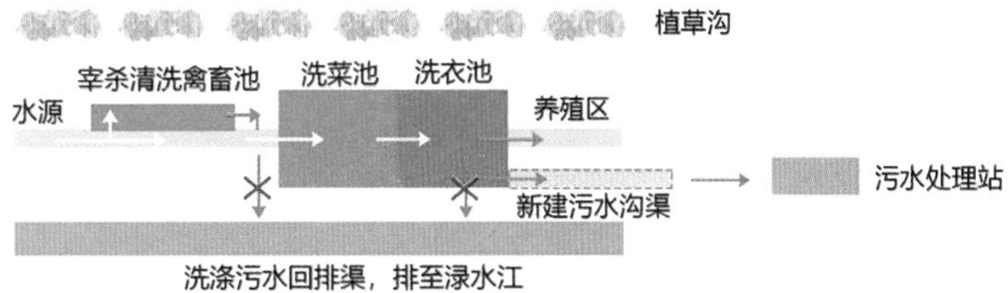

升级理水模式示意图

（3）公众管水

为了实现乡村水环境治理有效的总目标，构建“政府 + 社会 + 村民”联合的农村水环境治理管理模式。

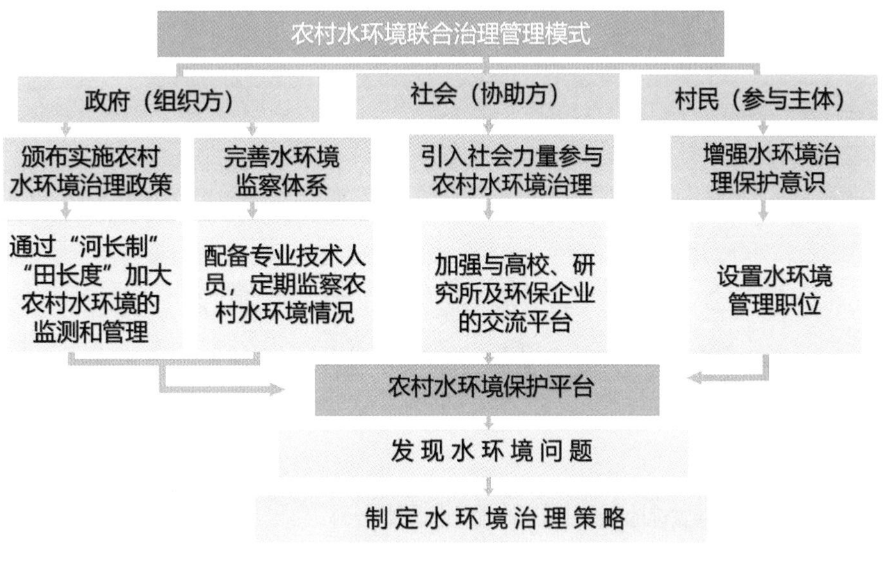

公众管水示意图

4. 以水理村

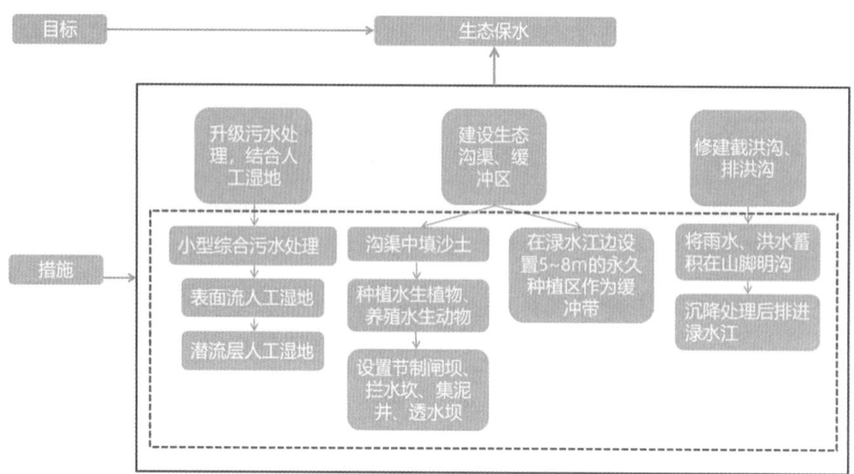

生态技术路线

（1）廊道络水，保护自然生态、生物多样性及水资源，打造生态廊道。

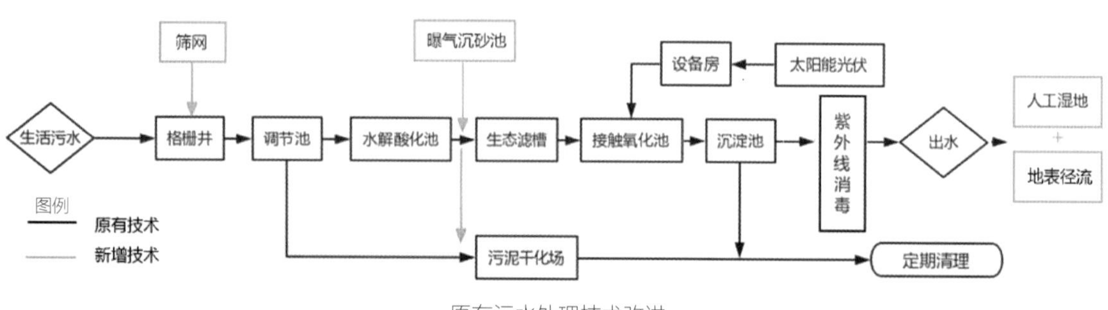

原有污水处理技术改进

（2）生态治水，污水处理设施升级；减少面源污染，设置生态拦截沟渠。

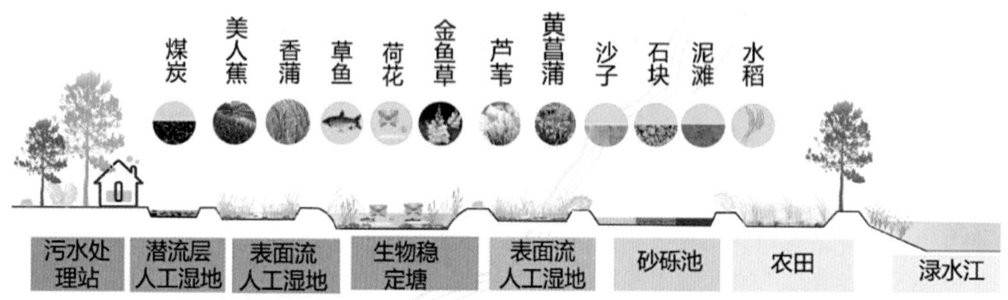

人工湿地综合污水处理流程图

（3）制度保水，保护生物多样性；管理控制水源地水质。

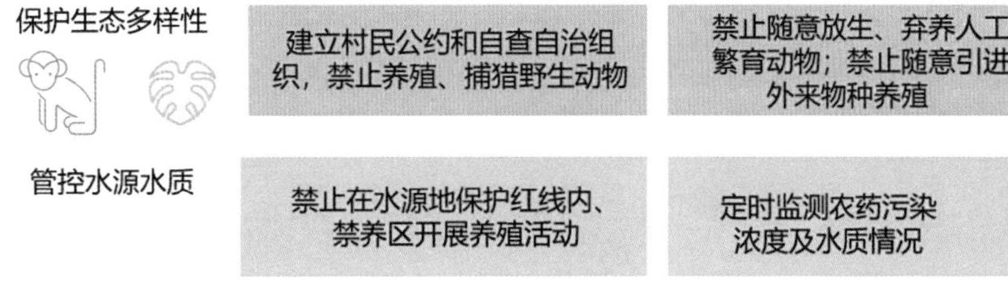

制度保水示意图

5. 可行性分析

（1）重连水脉，打造补充型生态村

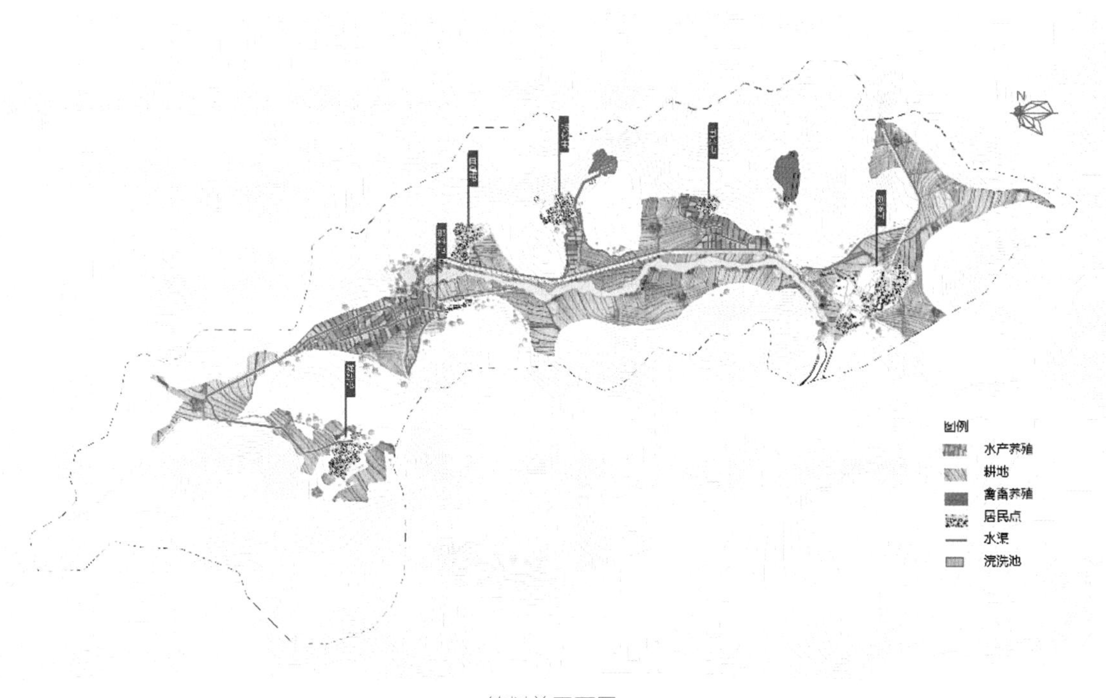

策划总平面图

（2）城乡基础设施均等化

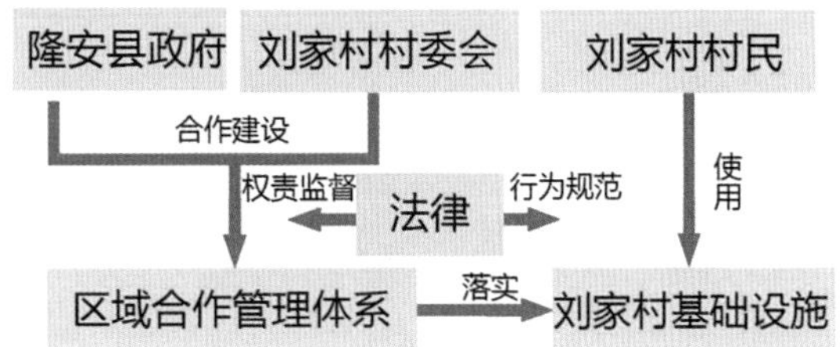

（3）横向生态补偿机制建立

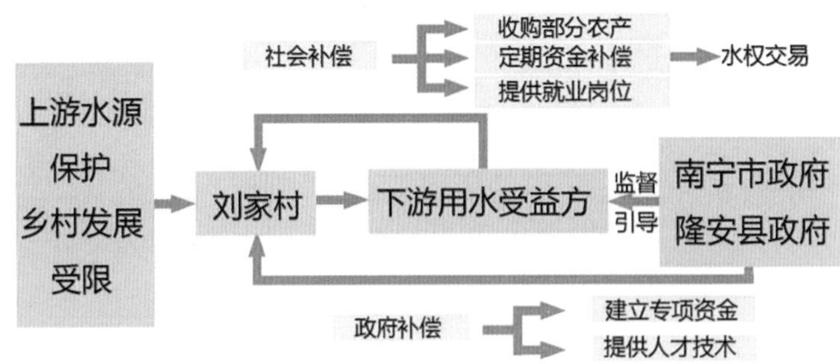

（4）乡村内外互治管理模式建立

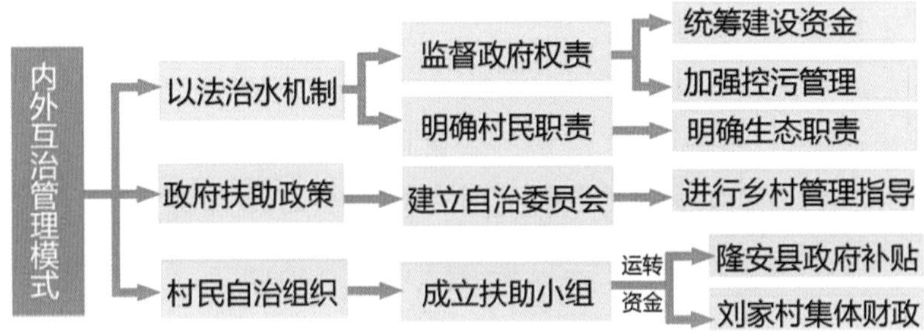

（5）阶段性发展机制建立

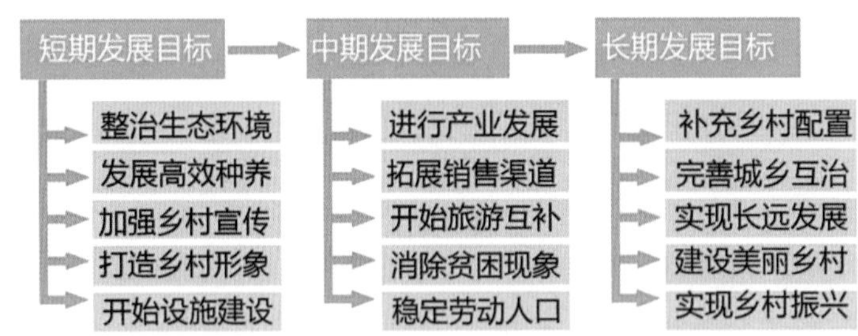

（6）方案系村

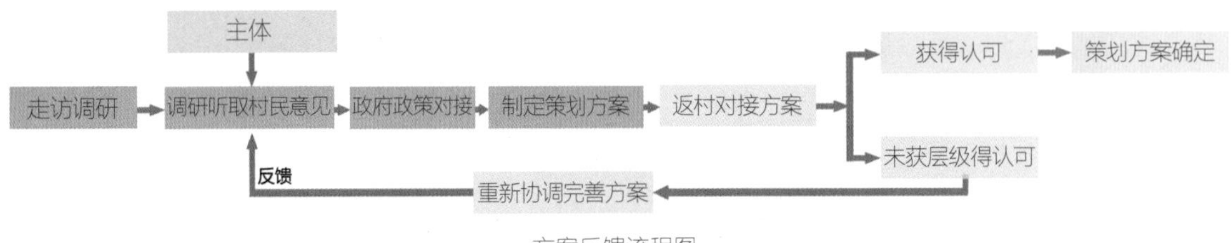

方案反馈流程图

何以复渌水，何以解乡“愁”？

院　　校：广西大学土木建筑工程学院

学　　生：罗　希　蒋佳圆　姚雨馨　吕如愿　时雨欣　江雪怡

指导老师：陈筠婷　周　游

摘要：本策划报告以喀斯特地貌地区、属于特色保护类村庄的刘家村作为研究对象，以村内特色保护资源——水，作为切入点，通过对调研发现的生产、生活、生态问题的深入探讨后，在空间、技术以及制度层面分别提出规划、改造、管理的策略，三位一体。同时听取并协调村民、村委意见并统筹上级政府文件，以恢复刘家村源头命脉渌水江，努力打造青山绿水资源型补充型村庄为目标定位，通过以水哺田、以水惠民、以水理村三个部分，并以三生为底，从宏观到微观，进行可行性分析，提出补充型三产、基础设施均衡、生态补偿、内外自治以及阶段性发展，结合乡村振兴的要求，从村庄实际出发，为村庄发展作策划。

关键词：特色保护类村庄；渌水江；资源补充型；青山绿水

目　录

1 策划背景

中国自古以来就是农业大国，农村人口占比40%以上，农村土地占全国土地比重94%以上。在《乡村振兴战略规划（2018—2022年）》中提出分类推进乡村发展，根据不同村庄的现状、区位和禀赋，将村庄划分为4种不同类型，分类推进乡村振兴战略，其中特色保护类村庄中包含以自然资源为特色的村庄类型。本次作为研究对象的刘家村属于特色保护类村庄，地理上为喀斯特峰丛洼地及峰丛谷地，并以自然水资源作为特色而得以保留，以渌水江支流为线，村庄与周边紧密相连，同时通过水渠引渌水江水入各个村屯内部，影响着村庄的整体空间布局，同时与村庄的生产、生活、生态息息相关。一方面，在喀斯特地貌下，自然资源与现代化介入的开发建设存在相互制约的关系，另一方面，在这种地貌条件下，村庄建设本身就面临着可开发利用土地少、开发难度大等问题。虽然自然环境使得村庄保留了独具特色的乡土氛围，但是也限制了村庄的发展与建设，同时刘家村处于渌水江上游地段，是生态与水源保护地，在村庄发展模式的选择上存在着更大的挑战性，是优先发展还是以保护为主？这是乡村发展意识形态层面的思考命题，关乎乡村规划的目标选择，并导致截然不同的规划策略，需要我们在乡村规划之初进行深入的研究与分析。

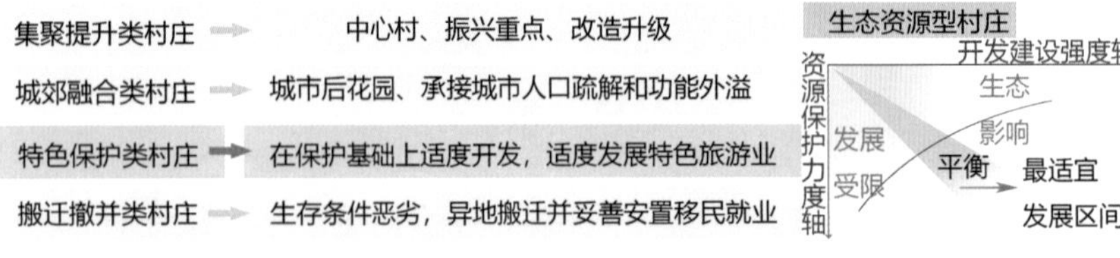

图1-1 乡村分类示意图

随着中国特色社会主义新时代的到来，“三农”问题逐渐凸显，我国对于农村问题的关注度越来越高，在加强城市现代化建设的同时，重心向乡村现代化建设转移。数据显示，我国农村自来水普及率已经提高到79%，通硬化路的村超过98%，“一站式”“一体化”互联网服务也迅速向乡村延伸，农村卫生厕所普及率达到80.4%，还有65%的村对垃圾进行了处理，农村基础设施建设的投资也将达到4万亿元以上。在城乡不断融合的形势下，乡村基础设施配置不断完善，但在乡村建设层面，出现模仿城市土地开发建设模式、“过现代化”的情况与农村生活方式往往存在矛盾，同时城市化模式广泛地改变乡村生产、生活模式，如灌溉方式、生活用水方式的转变等，进而导致农村良好的生态环境遭到破坏，农村生态环境问题成为农村建设的主要问题。如何有效解决农村生态环境污染问题，不仅关系着乡村振兴战略是否能顺利实施，还关系着我国生态文明建设以及推进现代化目标的任务能否实现。

党的十九大报告中指出，坚持人与自然和谐共生，必须树立和践行绿水青山就是金山银山的理念，坚持节约资源和保护环境的基本国策。自乡村振兴战略提出以来，农村成为国家改革和发展的重点，针对乡村建设，国家提出“产业兴旺、生态宜居、乡风文明、治理有效、生活富裕”的总要求。2018年9月，中共中央、国务院印发《乡村振兴战略规划（2018—2022年）》，对实施乡村振兴战略作出阶段性谋划。水既是可供人类消费的物质资源，也是生态系统的重要组成部分，文件中提出要积极开展农村水生态修复，实施水系连通和河塘清淤整治。农村水系指由位于农田或农民居住区域的河流、湖泊、塘坝等水体组成的水网系统，承担着行洪排涝、灌溉供水、生态、养殖及景观等功能，是乡村自然生态系统的核心组成部分，与乡村振兴、新农村建设密切相关。文件中明确强调了生态（水）在乡村振兴中有较大的发展潜力以及推动作用。农村水系综合治理是改善人居环境，促进美丽乡村建设的重要举措。虽然目前我国农村水系建设工作面临着较大的问题，例如河流堵塞污染、随意侵占水域、防洪标准低等问题，农村水系综合整治在乡村振兴战略中具有不可置疑的重要地位。

一方面是现代化的介入，另一方面是水资源的保护，在这样的条件下村庄的运营产生了许多相互矛盾的因素，村庄最适宜发展区间的区间范围究竟是多少？这引发了我们的关注与思考。我们以水为引，分别从村庄格局、空间、承载、生产、生活、生态以及管理上入手，总结出村庄在生产层面、生活层面、生态层面存在的问题，提出以水哺田、以水惠民、以水理村的构想，分别从空间规划、技术提升以及制度管理三个角度切入，以解决村庄的现实水问题为基础，旨在不损害重要生态系统可持续性的情况下，同时满足当代人和后代人的用水需求，提升村庄人居品质，依循可行性原则，分阶段进行策划，使经济和社会效益合理地最大化。

2 策划报告技术路线

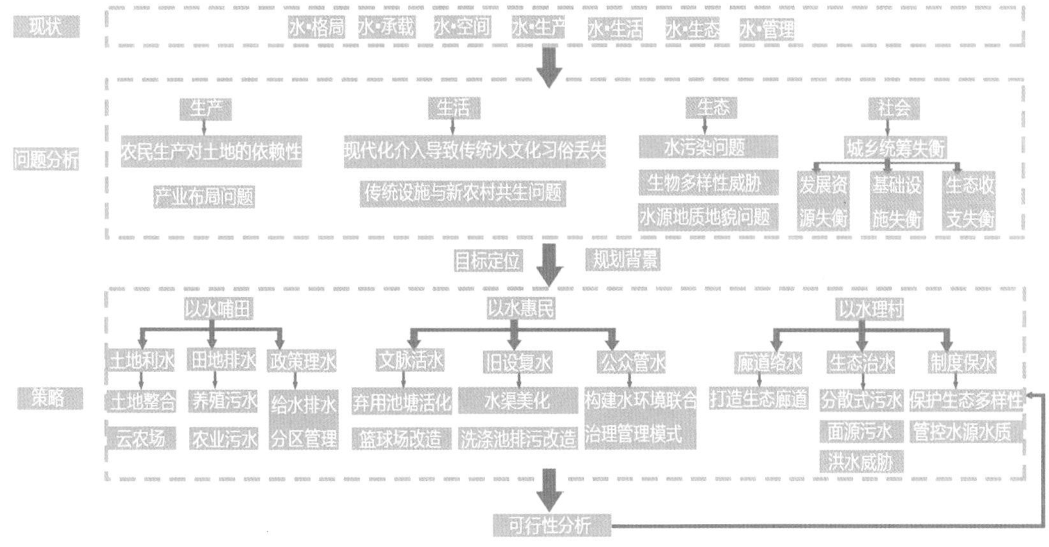

图 2-1 技术路线

3 村庄概况

刘家村，地理上为喀斯特地貌峰丛洼地，它位于隆安县屏山乡西南部，行政区域面积为1090.4公顷，包含刘家屯、板化屯、百奄屯、陇别屯、那料屯、岜亮屯六个自然屯，以316省道串接，左连大新县，右接那桐镇，上至隆安县，下至南宁市，村庄总体土地较少。刘家村人口以壮族为主，村民收入来源主要为分散种养和外出务工。绝大多数青年人选择外出打工作为主要收入来源。同时，刘家村产业结构较为简单，以第一产业为主，且自耕自足，无第二产业，第三产业仅有百货零售业（位于刘家屯）。

村庄以渌水江支流为线与周边紧密相连，又通过水渠将渌水江水引入各个村屯内部，影响着村庄的整体空间布局，同时与村庄的生产、生活、生态息息相关。

4 村庄潜力限制

4.1 潜力

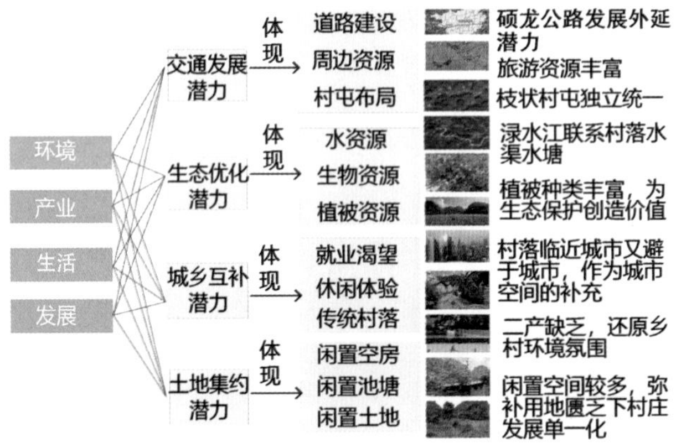

图4-1 村庄潜力示意图

4.1.1 交通发展潜力

硕龙公路的开通可以带动沿线村庄发展。同时刘家村周边生态旅游资源丰富，316省道沿线有龙虎山自然保护区，附近还分布均沟自然保护区、义海云天、仙缘古景区、荷花池等生态旅游资源，并且结合刘家村枝状村屯布局，有较大的潜力优势。

4.1.2 生态优化潜力

刘家村水资源、生物植被种类丰富，在地理位置上接近龙虎山自然保护区，植被和地形都极为相似，为生态保护创造价值。

4.1.3 城乡互补潜力

村庄属于远郊村，但距离南宁市车程较近，地理位置适当，村庄未发展第二产业，保证了其生态环境的价值，还原传统乡村的氛围，适合与城市进行文化与产业的联动发展。

4.1.4 土地集约潜力

村中闲置池塘与土地较多，可以加以利用，适当促进建设用地匮乏现状下村庄的低开发强度建设。

4.2 限制

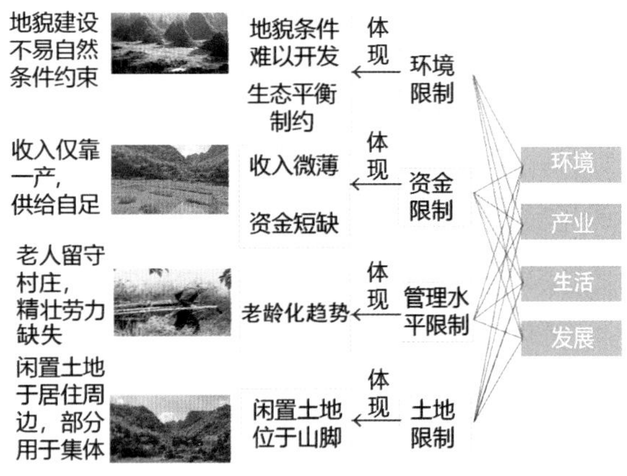

图 4-2 村庄限制示意图

4.2.1 环境限制

喀斯特地理条件下的村庄与自然处于一种平衡的状态，这种条件下的村庄不易进行开发建设，过于工业化可能使得村庄生态平衡遭到破坏，产生不可逆转的生态危机。

4.2.2 资金限制

农村实施系统化污水处理，最大的问题是资金问题。2019 年刘家村居民人均可支配收入只有 5000 元，并且面临着空心化的危机，农户们的经济作物只能满足自给自足，现有污水设施由政府管理，如果采用大规模污水管网建设处理，资金会有明显的不足，难以承担初期投入成本以及后期管理，因此建设农村污水处理设施必须适合农村的经济水平。

4.2.3 管理水平限制

考虑到刘家村现有的人口构成，46% 的人口在 60 岁以上，25% 左右为 18 岁以下未成年，只有 29% 的人口可以作为主要劳动力进行村庄管理。如果村庄投入过多的设施，就需要外部管理村庄的“外治”模式来进行管理，但是对于刘家村来说，在一定程度上村民参与下的村庄管理模式更能够带动村庄的积极性，并且更利于村庄可持续发展。

4.2.4 土地限制

刘家村现有部分闲置土地是用于村民集体养殖用，位于居民点周边，因此刘家村建设应本着生态做加法、占用集体土地做减法的原则进行，这也是村民们共同的期愿。

5 定向策划

刘家村这类乡村实际上是广大乡村的普遍性缩影，反映出乡村经济基础差、缺乏发展资源、人口流失等核心问题，我们思考，这类乡村要如何实现乡村振兴？很明显要振兴产业、吸引人口回流等“常规性”规划策略手段是失效的，任由其继续衰败也不是一种好的规划价值。从另一个角度上看，乡村的问题不在乡村自身，而在乡村之外，对于刘家村的发展策划，必须跳出村域的范畴，要从城乡融合的视角去分析问题。

因此，我们计划从区域规划的视角出发，从“发展”议题要转回“保护”议题，激活乡村的“绿水青山”资源，通过规划联合城乡打造成为“金山银山”资源，实现乡村的“保护”目标，最终能实现乡村的平稳发展，这将是刘家村最有效的发展道路。

策略模式分类	以水哺田	以水惠民	以水理村
空间规划角度	土地利水	文脉活水	廊道络水
技术提升角度	填池排水	旧设复水	生态治水
制度管理角度	政策理水	公众管水	制度保水

图 5-1 村庄定向策划

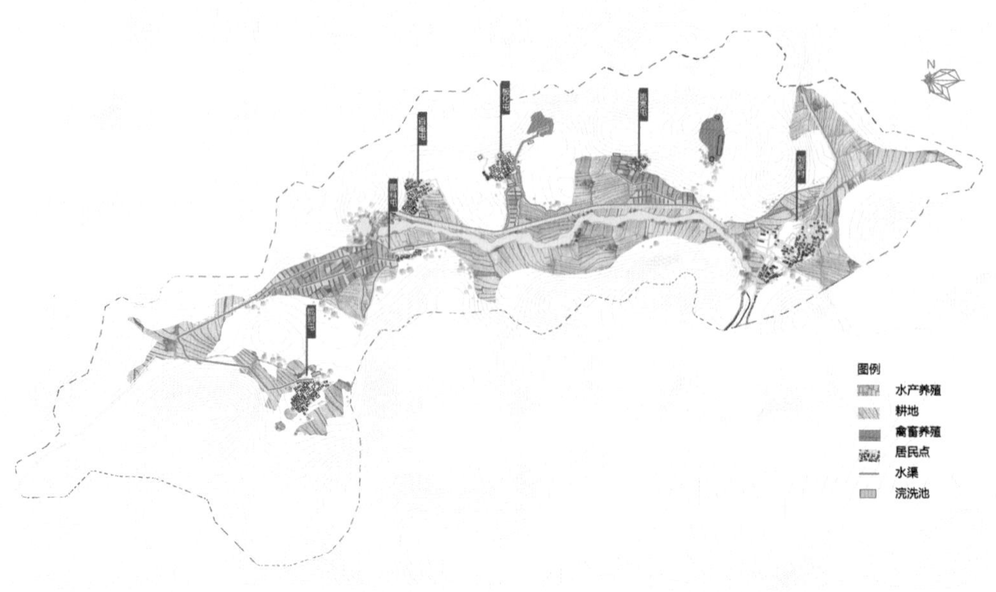

图 5-2 策划总平面图

最终我们得出发展刘家村成为以一产为主、三产为辅的资源补充型生态水乡是最符合其现状并具有后续长远发展潜质的发展方向，并根据水作明线制定以水哺田、以水惠民、以水理村计划，从宏观到微观以制度管理、空间规划和技术改造三条隐线提出策划。

6 以水哺田

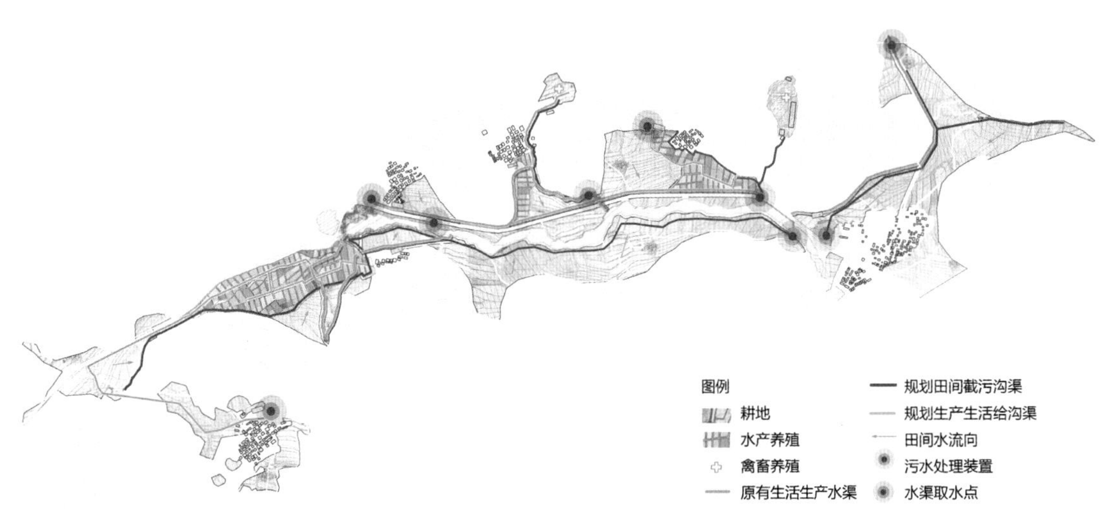

图 6-1 生产给水排水规划平面图

6.1 土地利水

新冠病毒广泛且深入地影响了社会生活的方方面面，生活在人类主导的环境中的动物更容易携带传染病，并使人类患病[1]。而生产模式的不当成为主要潜在因子，我们应当意识到在进行土地利用规划时，需要改变土地的使用方式，尽可能避免在人们生产过程中对自然环境造成的破坏。随着刘家村第一产业的发展，畜禽养殖量和农药使用量的增加导致了刘家村更大范围且更深层的污染。在生产过程中，生产模式问题导致的污染占比较大。一方面是灌溉模式不力而导致的径流排放污染，另一方面是种养模式不当而导致的水体污染。从总体上看，生产模式的落后是刘家村水环境遭到破坏的主要原因，要实现土地的生态化利用，最根本的方式是转变现有的生产模式。

随着城乡一体化进程的推进以及农业生产技术的进步，新时代土地细碎化造成的负面效应日益凸显，逐渐引起了政府的关注和重视。国务院 2016 年颁布的《全国农业现代化规划（2016—2020 年）》提出“鼓励农户通过互换承包地、联耕联种等多种方式，实现打掉田埂、连片耕种，解决农村土地细碎化问题”。因此，虽然土地调整依然受国家政策限制，但土地整合在中央层面得到了认可和鼓励。

6.1.1 土地整合

在调研中我们发现刘家村土地零碎分散，流转效益低，种植收益差，难以发展适度规模经营，对统一治理生产污染十分不利。在此条件下，转变刘家村生产模式的首要工作是进行土地整合，通过在空间和时间尺度上对刘家村土地利用结构进行多层次的设计和组合，使土地逐步集中、集约，提高土地利用强度，实现刘家村土地资源的聚集和再配置[2]。首先是空间尺度。刘家村可借鉴清远市叶屋村“互换并地”的土地整合模式，对土地依次进行收回、分配和置换[3]。

第一步，全部收回农地。将刘家村所有水田、旱地和鱼塘的经营权收回到村集体，包括农户自愿放弃经营的开荒地。

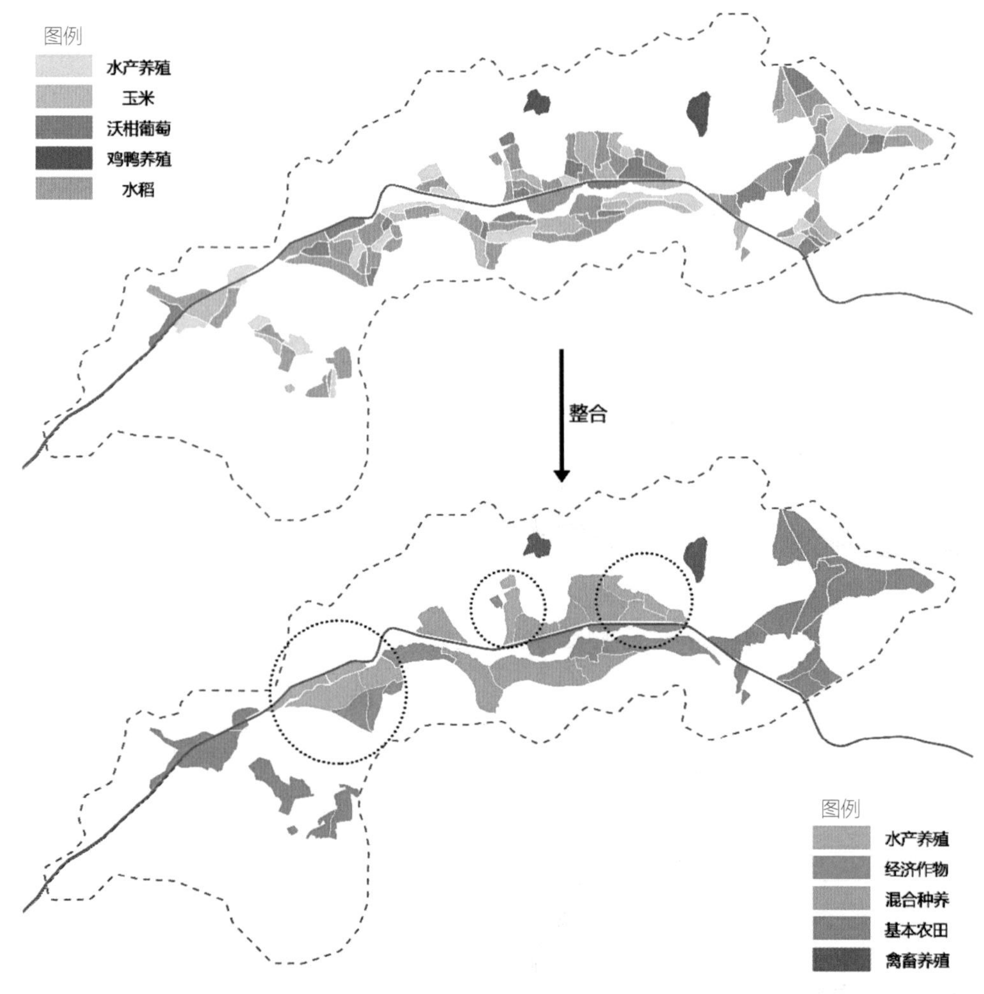

图 6-2 刘家村土地整合示意图

第二步，统一分配农地。按分配期内的人口对村庄农地进行平均分配，村民自主选择经营水田或旱地后上报村集体，再按照 1∶1 的比例分配水田与旱地，同时预留一定的机动地进行流转或者用于村庄建设。整合前已实现规模经营的农户可申请保留原农地，若原农地面积未达到应分配面积，则可在原农地周边顺延扩大至应分配面积，若原分配农地面积超出应分配面积又想对其进行保留，经协商一致后可从自家兄弟分配面积中抵扣或向村集体交租。

第三步，合理置换农地。分配初步完成后，按照“连片经营原则”，鼓励农户单一承包经营水田或者旱地，按照水田与旱地 1∶1 的比例在农户内进行合理置换，使每户获得 1~2 块连片耕地，并根据地形与自然资源条件将刘家村原有的非基本农田地块划分为水产养殖区、经济作物区、混合种养区、畜禽养殖区四个大块。

其次是时间尺度。考虑到经济成本，分阶段调整刘家村的产业布局。

（1）第一阶段，发展特色产业。在养殖业方面，将刘家村原有的甲鱼池、牛蛙池周边农地逐渐扩建成水产养殖基地，在整个村庄内形成 3 个大的水产养殖片区；在种植业方面，刘家村盛产山黄皮，山黄皮果实、树叶均具有特殊香味，且富含维生素 C、铁钙元素以及多种氨基酸，营养价值高，可鲜食、调味、入药，是一种珍稀的果品资源 [4]。另外，山黄皮病虫害少，山黄皮果园极少甚至不用农药，因而是良好的绿色果品加工原料。考虑到刘家村人口老龄化问题突出，中老年村民受教育程度较低，而制作山黄皮酱或果干的加工方法较为简便，不需要复杂机械、固定厂房的手工劳作，不仅可以为村民创收，还可以形成一种属于刘家村的特色手工产业。村民自种、自采、自制山黄皮酱、山黄皮果干，可以成为邻里互赠的伴手礼，也可以与环境建设结合打造现代特色农业核心示范区。山黄皮加工品、甲鱼和牛蛙除了就近运送到龙虎山景区、隆安县城进行销售，还能利用互联网宣传，增加线上销售渠道。2019 年，广西壮族自治区乡村振兴战略着重提出要补齐农产品加工体系的短板，助力解决“卖难”问题，山黄皮加工品的销售也有了政策支持。

（2）第二阶段，种植高产作物。结合村民意愿、自然条件以及市场需求，选择河流、水渠边的农地，专门种植高产量高收益的经济作物，并高效利用周围的水资源。

（3）第三阶段，尝试混合种养。在平面土地整合的基础上，进一步尝试发展“立体农业”模式，将多个生产场所结合到一起，提高土地资源和水资源的利用率。具体策略为以下几个方面：①在现有沃柑、葡萄、南瓜的基础上，套种高秆经济作物，充分利用时间和空间来获取最大效益。②在稻田中混合养殖牛蛙、黄鳝、泥鳅等水产，农作物为养殖业提供饲料，而养殖产生的粪便则为农作物提供肥料。在水塘中将草鱼、鳙鱼、鲢鱼等鱼类搭配与鸭混养，减少资源浪费以及减轻水体污染。③对于果实而言，进行一些适合小场地、低劳动力的加工处理，增加产品的附加值，转变传统盈利模式。

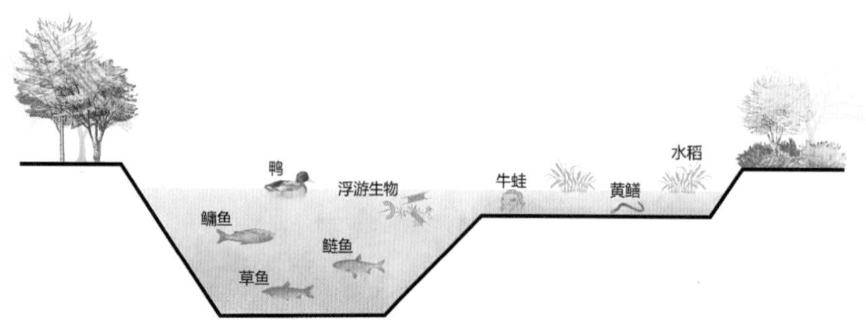

图 6-3 刘家村立体农业示意图

为保障刘家村土地整合的有效推进，在进行土地整合规划时，需要坚持三个原则：一是村民自愿原则，是否要实施“互换并地”由村民自己决定，将村民意愿放在首位，确保工作的开展具备扎实的群众基础；二是村民议事原则，通过召开村民大会讨论“并地”方案以及后期土地的分配方案等，增加农户的话语权和参与度；三是规范程序原则，从会议讨论到合并后的政府报备等，均需要有完善、规范的操作程序。

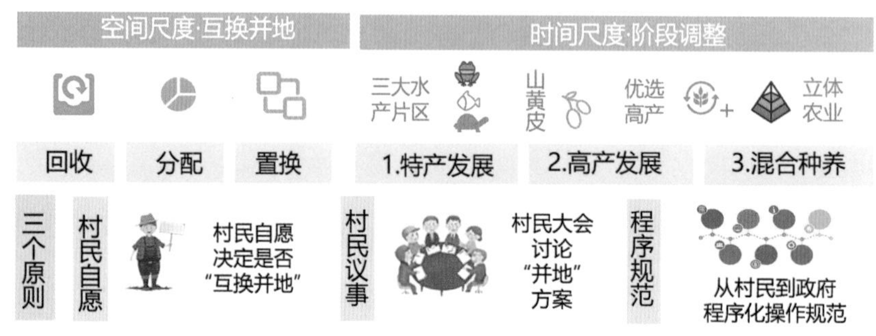

图 6-4 土地整合示意图

6.1.2 “云农场”发展带动

在土地整合统一分配农地过程中，可以选取一些位置较为偏远、不易合并的农地打造“云农场”。“云农场”为一种租种模式，即城市居民租赁刘家村土地或水田，交付给村民打理，城市居民则根据自身情况体验种养过程。同时，“云农场”还可作为对村民普及生态教育的场所。将具有一定规模、生产技术水平高和经营效益好的环保型农产区，建设为农民技术培训基地、生态农业的示范基地、农业开放合作示范区，提高村民对环保型农业的认知程度与环保参与意识，使村民认识到防治农业水体污染、保持村庄水环境对刘家村未来发展的重大意义。该模式

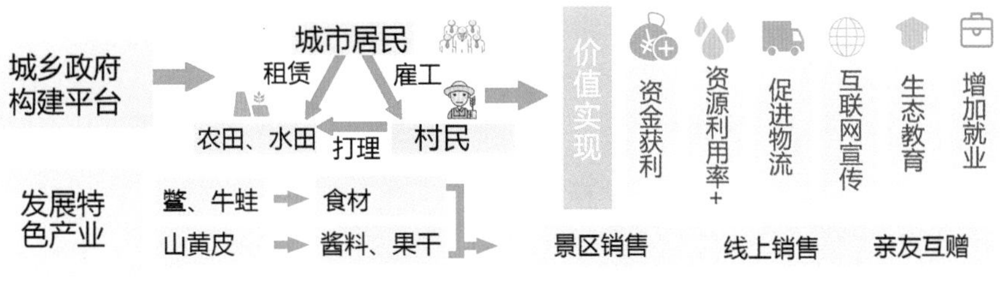

图 6-5 “云农场”模式示意图

首先，可以实现刘家村闲置土地的二次开发。其次，可以提供一定的就业岗位，提高村民的收入。最后，“云农场”带来的财政收益可以投入到乡村污水处理方面，保证资金的稳定性。

6.2 田池排水

在完成土地确权与整合之后，可建立规模化的水产养殖区，对畜禽粪便和生产污水进行集中处置，以解决灌溉水直排导致渌水江污染和鱼鸭粪便导致水塘污染两个问题。具体策略为根据地形和坡向，在农田地势较低的一侧设置排水沟，养殖污水从池塘排出后沿着地面明沟汇集至排水沟中，经排水口集中处理后排放至渌水江。另外在各养殖池塘之间规划专门的给水管道，提高养殖池换水频率，减少养殖过程中的污染。

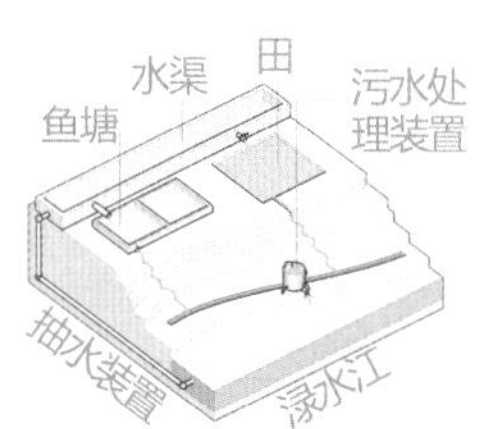

图 6-6 生产截污模型

针对刘家村土地利用过程中农药下渗导致水体污染的问题，主要策略是鼓励村民使用生态肥料，运用秸秆还田技术，减少农业化肥和农药使用。生态肥料可根据刘家村的原料如谷糠、杂草、人畜禽粪便、作物秸秆（切碎）等进行制作，将原本的种植养殖废弃物有效利用，而秸秆还田在避免秸秆焚烧所造成的大气污染的同时还具有增肥增产作用。

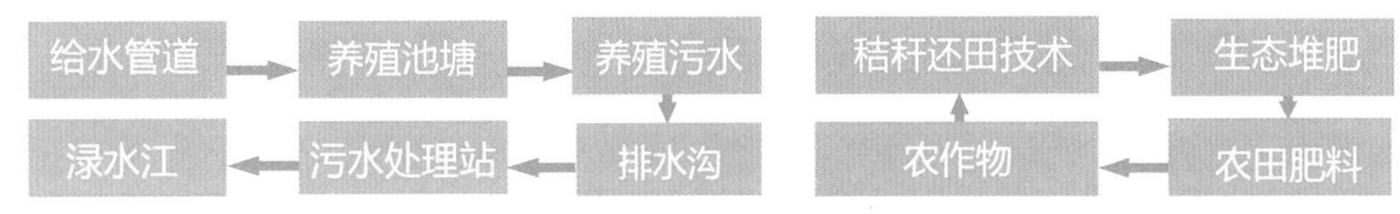

图 6-7 田池排水示意图

6.3 政策理水

2017 年，《中华人民共和国水污染防治法》增加了“农业和农村水污染控制与治理”的内容，确立了以排污许可制为核心的监管，强调通过水污染物总量控制改善水环境质量，并将水环境质量改善的责任落实到地方各级政府 [5]。

刘家村土地整合后全村划分为水产养殖区、经济作物区、混合种养区、畜禽养殖区和基本农田区五个片区。针对刘家村的生产过程中水体污染问题，可以建立生产给水排水分区管控制度来解决。此制度分为村委会和村民两个执行层面，村委会结合相关专家意见设定污水排放绿色指标和限定标准，并建立平台培养村民成为片区管理人员。村民中的管理方负责监管各个片区生产方的污水排放情况，采取“奖惩”两方面的手段，补贴激励为主，生态税费为辅，对村内产污标准低于污水排放绿色指标的农户给予一定的经济补贴，以鼓励农户主动学习并采用绿色环保技术（如使用生态化肥、秸秆还田技术）；而对产污超过污水排放限定标准的农户收取一定的“污染税”，用以维护培养平台的运作。通过上述政策措施，达成优化农户的生产行为，高效防治水体污染的目标。

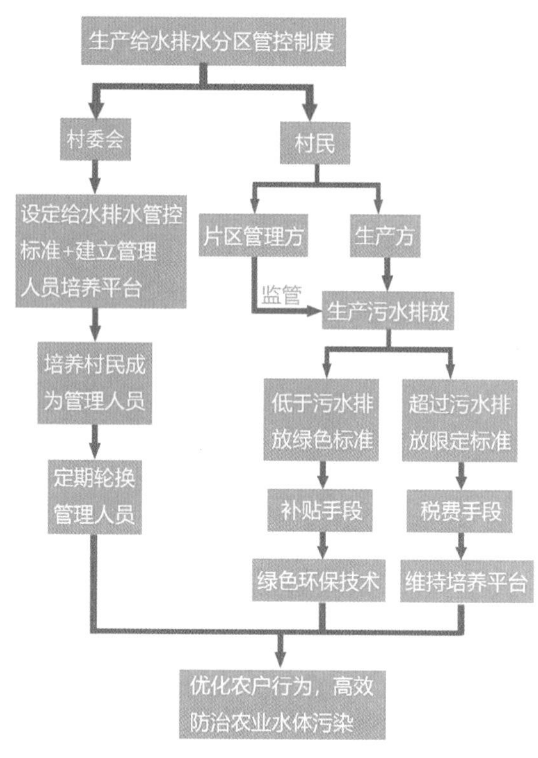

图6-8　政策理水示意图

7　以水惠民

在传统的乡村生活模式下，村民在田间水渠劳作，洗涤衣物。孩童在水边摸鱼抓虾，享受乡村野趣。随着城市化的进程加快，水渠作为引水灌溉的运输工具进入乡村，使得原有的耕作模式发生改变。人们不再需要到江边取水灌溉，转而直接利用水渠开闸漫灌，因此现代化的水渠灌溉模式间接改变原有的生活模式。现代化的排水制式，已将生活污水由埋设的地下管道输送至污水处理站，实现了大部分生活污水净化。但未考虑到原有洗涤池的污水排放。

因此在原有排水制式的基础上进行改造，在可以提高村民生活质量的同时，也能促进水文化再生。利用原有的生活设施，与现有排水设施相结合，达到“旧设复水”的目标。从长远角度考虑，发展一套以村民自治为主的“公众治水”模式，从而才能实现“以水惠民”的最终目标。

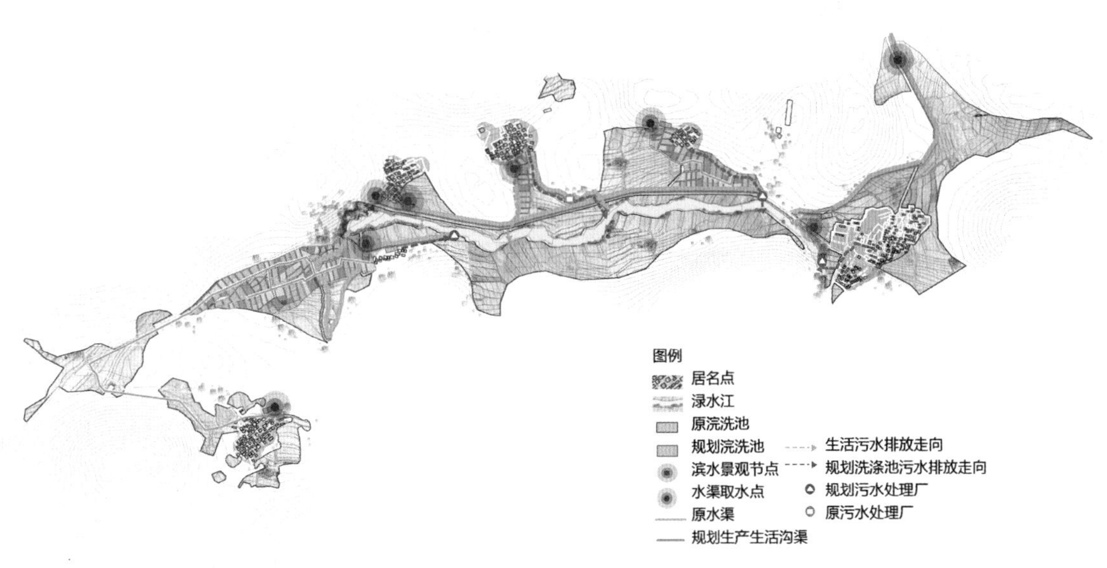

图 7-1 生活给水排水规划平面图

7.1 文脉活水

利用原有的水文化命脉，发挥村民、社会和政府在传统乡村文化保护和传承的作用，是保留“乡村性”进而实现乡村振兴的有效路径。

政府作为乡村建设的主导，应出台相应政策鼓励村民回村创业，同时加大传统文化的传播和传承力度。利用新型的媒体方式，将传统的乡村文化习俗保存记录。同时社会组织致力于乡村文化的保护，定期为村民组织培训，增强村民的文化保护意识，建立村民的文化自信。与政府协调沟通，积极反映群众意见。

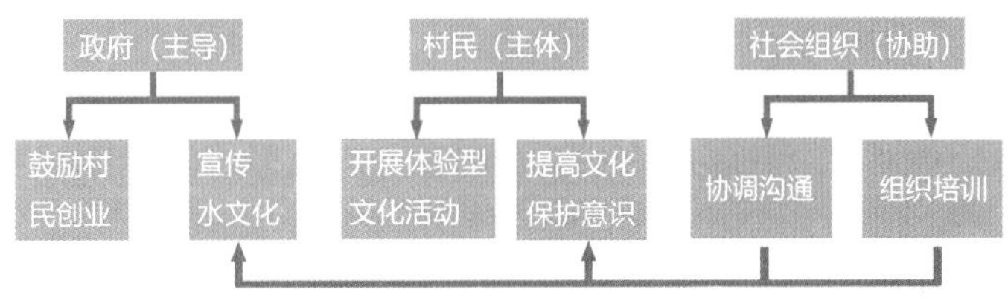

图 7-2 乡村振兴结构图

村民作为乡村文化的主体，可以结合壮族传统节日在村庄内开展文化活动。利用龙虎山独特的旅游资源，开展体验型的文化活动，吸引游客参与。调研发现，村庄主要劳动力大多外出打工，所以户外篮球场的使用频率不高。可以将篮球场改造成为黄皮酱手工作坊，放置 1~2 台设备仪器，用于黄皮酱制作。并且，作为“限时使用”的工作空间，可以在黄皮成熟时用于酱料制作地点，空闲时间可以用于村内停车。

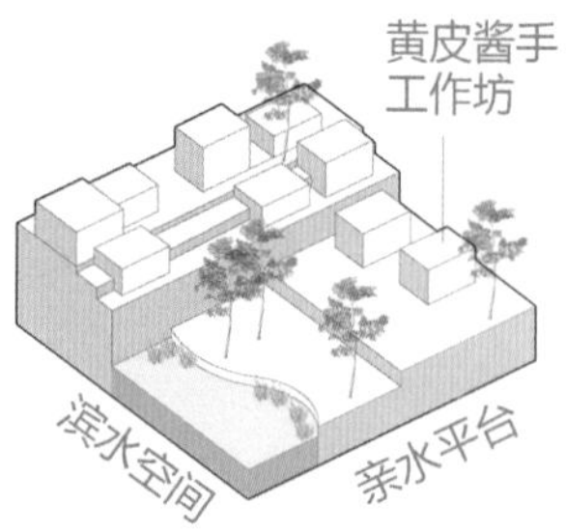

图 7-3 滨水空间利用图

篮球场西侧水塘，可改造为娱乐休闲空间。池塘内种植荷花、睡莲、芦苇等多年水生或湿生植物，塘边设置亲水平台，可以满足人们进行赏水、钓鱼或划船等活动，给人更好的亲水体验[6]。庆祝壮族传统节日时，可以利用场地进行捕捉鱼鸭等活动，借助农具体验农耕、灌溉等系列项目，增加水上活动的自主性，游客可亲自参与到民俗中体验当地的民俗风情，亲自祭拜水神，加工水产品等。游客充分融入当地水文化中，一方面可以拉动村庄的经济，另一方面可以传承壮族传统水文化[7]。

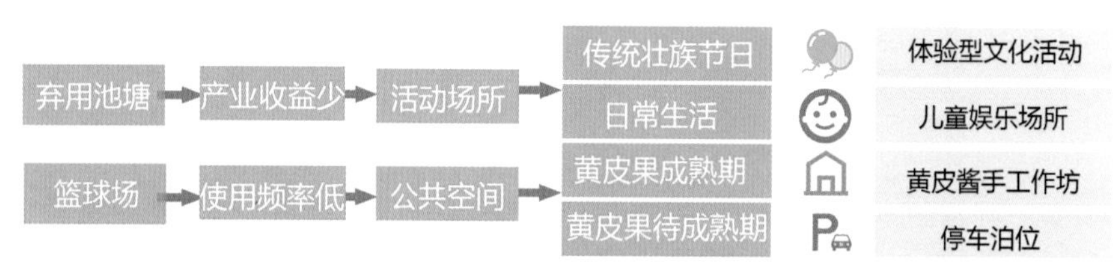

图 7-4 文脉振兴示意图

7.2 旧设复水

为了实现传统的空间设施与新农村合理共生的目标，借鉴“LID 海绵化设施场地改造”的原则，在村庄范围内对水渠和洗涤池等引水沿途设施进行修复和改造。

根据水渠铺设的路径和村民生产生活的路线，设计村庄入口—洗涤池—污水处理站沿线的滨水景观带。以乡土植物为选择基础，沿渠道种植喜水湿、耐水湿的低矮草本植物，保留出距离道路较近的景观效果良好的观景视线。既可以软化界面，又可以丰富渠道的色彩。在不影响水渠使用的前提下，体现水渠的观赏价值[8]。同时可适当设置浅草沟，对道路雨水有引流作用，充分实现雨水的收集和下渗作用。

保留富有乡村传统生活气息的洗涤池、水渠，在现有基础上进行严格分区，将洗菜池、洗衣池、宰杀畜禽清洗池分开，并对洗涤池的排水管道进行改造。在岜亮屯和陇别屯增设洗涤池，加设净水设备，不再将污水未经处理沿沟渠回排至渌水江。新建一小段沟渠将洗涤池的污水引向污水处理站，进行污水集中治理。对不同等级的污水进行处理后再排放至渌水江，减少污水中的氮磷成分，避免水体“富营养化”，对渌水江水质保护有重要影响。同时也提高了污水处理站利用率。

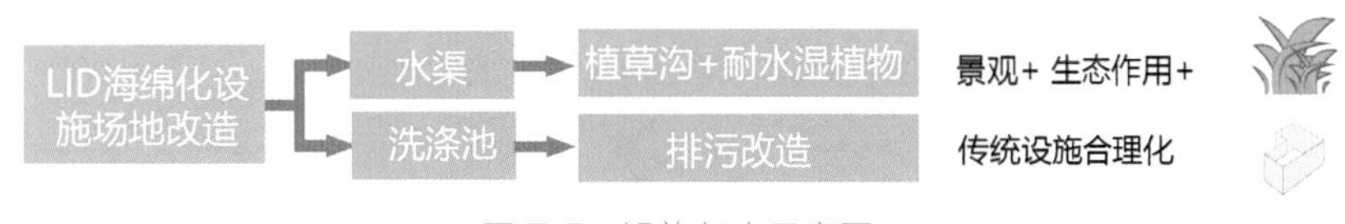

图 7-5 设施复水示意图

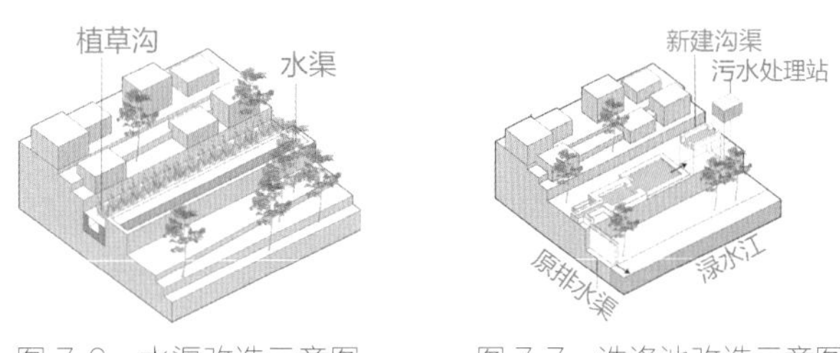

图 7-6 水渠改造示意图　　图 7-7 洗涤池改造示意图

在水渠沿线设置植草沟，种植喜湿、耐湿植物，增加水渠的观赏价值。

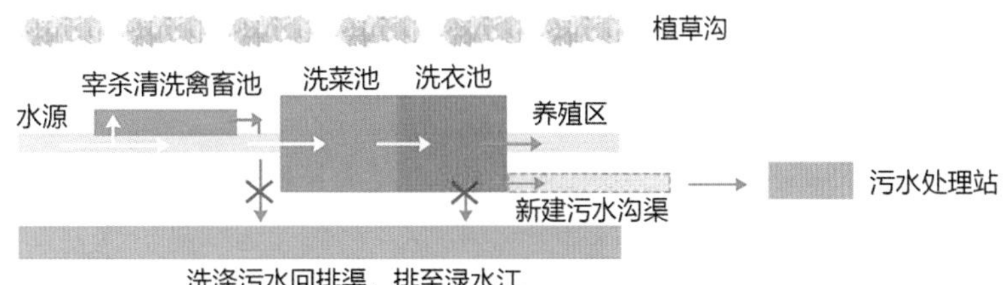

改变原污水排放路径，新建沟渠将洗涤污水输送到污水处理站，处理后再排放至渌水江。

图 7-8 升级理水模式示意图

7.3 公众管水

为了实现乡村水环境治理有效的总目标，构建“政府 + 社会 + 村民”联合的农村水环境治理管理模式。政府一方面通过颁布实施的农村水环境治理政策，利用“河长制”“田长制”等加大农村水环境的监督和管理；另一方面通过完善农村水环境监察体系，配备专业技术人员，定期监察农村水环境情况。社会要积极引入社会力量参与农村水环境治理，加强与高校、研究所及环保企业的交流合作，激励社会力量积极参与农村水环境治理。村内设立 1~2 个水环境管理职位，负责村庄水环境的监管和清洁。一方面工作强度较小，且工作性质需要长期居住村内，符合刘家村现状，同时可以为待业人员提供就业岗位。另一方面可以提高村民对村庄水环境治理的积极性，增强对水环境保护的责任感。通过开设村民环保教育课，普及水土环境保护知识，循序渐进地改变村民们一些破坏环境的生活习惯。

由“政府 + 社会 + 村民”联合构建的农村水环境保护平台，通过实地检察发现水环境存在的问题，及时进行专业评估，制定水环境治理策略[9]。

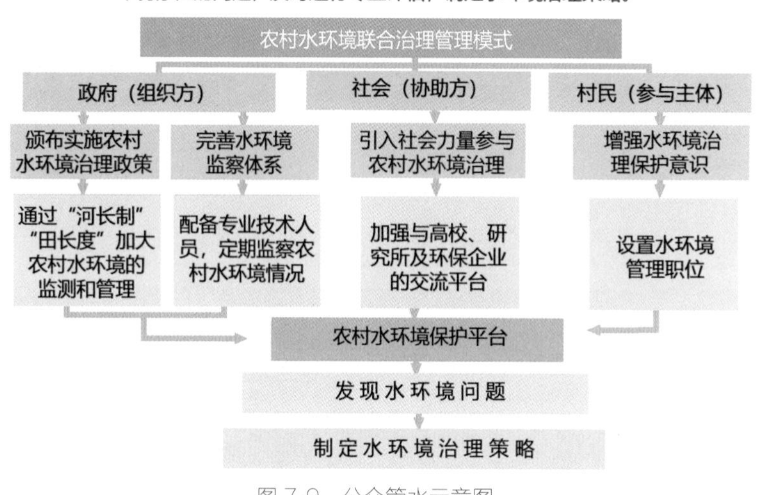

图 7-9　公众管水示意图

8　以水理村

8.1　廊道络水

保护自然生态、生物多样性及水资源，打造生态廊道。根据《广西壮族自治区生态功能区划》，渌水江（隆安段）涉及三个生态功能区，分别为岩溶山地生物多样性保护功能区、农产品提供功能区、西大明山水源涵养与生物多样性保护功能区，同时隆安县域内还有龙虎山省级自然保护区。

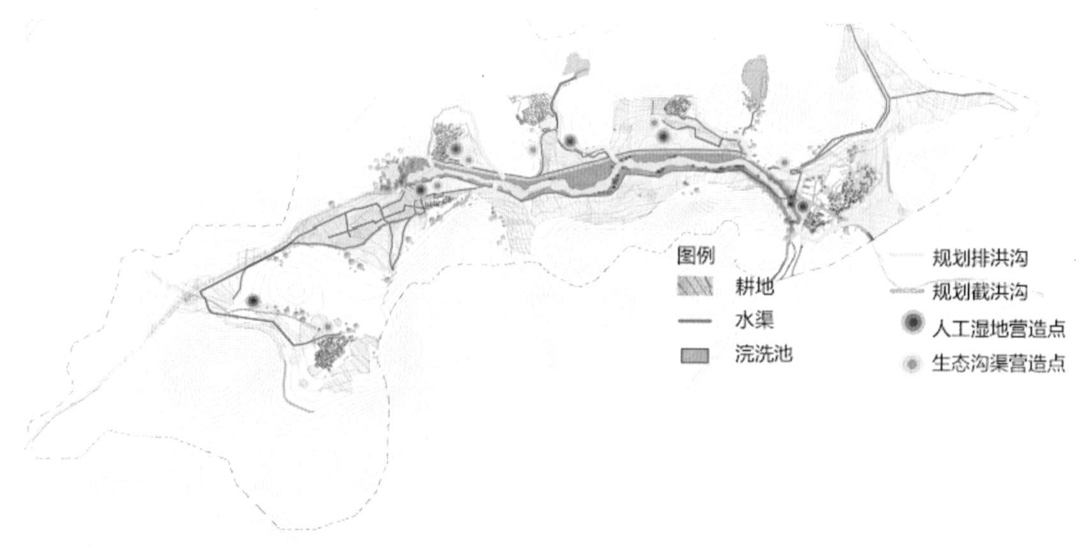

图 8-1　生态规划图

图 8-2 廊道理水示意图

刘家村动植物种类接近邻近的龙虎山自然保护区，动植物种类丰富，植物种类 1147 种，还有猕猴、黑叶猴、犀鸟、蟒、穿山甲等国家级保护动物，其中猕猴是国家二级保护动物且数量最多，共有 2000 多只，这些动植物都具有生态保护价值。

新型冠状病毒病导致的全球公共卫生危机是大自然为人类敲响的一记响亮的警钟，提醒我们必须引以为戒：必须从根本上重视并重新思考我们与生物、自然生态系统及其生物多样性的关系。保护生物多样性不仅在维持生态平衡方面发挥作用，在病毒防控方面也十分重要。

同时，根据《隆安县人民政府关于重新划定畜禽养殖禁养区和限养区的通告》，渌水江（隆安段）龙虎山自然保护区核心区及其缓冲区为禁养区，其余河段主河道沿岸两侧 500m 范围内为限养区；其余水域滩涂为水产养殖禁养区。

因此我们应打造生态廊道，保护乡村生物多样性，保护乡村环境完整性，保护水资源，维护乡村生态安全，让人与自然和谐相处、山水与城乡融为一体。以渌水江作为主生态廊道，各村镇、保护区作为支廊道，将山水林田湖草与沿线村镇、旅游景点、生态保护区、现代农业区、文化村镇串联，形成生态、人文、产业立体式发展。

8.2 生态治水

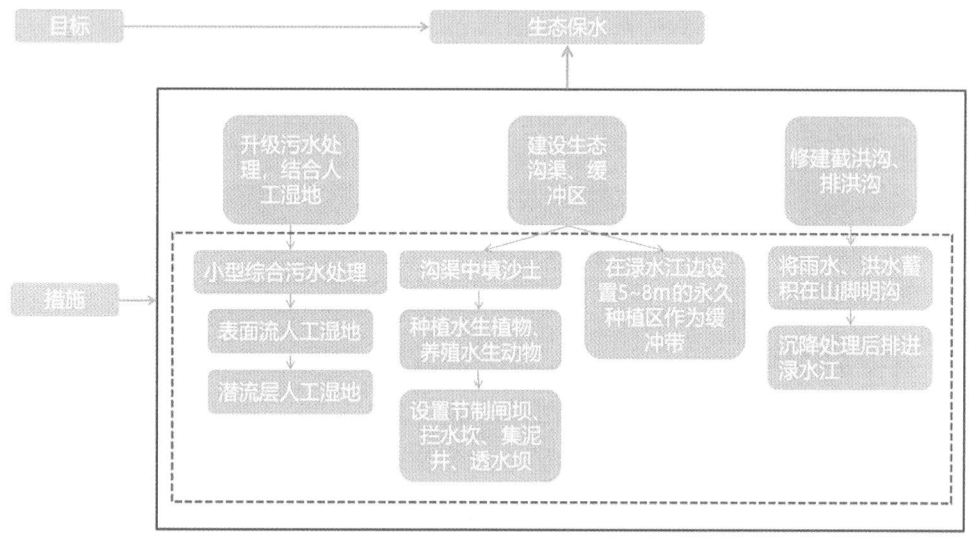

图 8-3 生态技术路线

8.2.1 污水处理设施升级

我们调研发现刘家村板化屯的污水处理站模式为：污水—污水管网收集—网格进入调节池（定期清污）—水解酸化池—生态滤槽—接触氧化池—沉淀池（定期清污）—紫外线消毒。但从现场调研发现，农村污水化学用剂含量相比城市较少但泥沙含量大，污水处理厂设施常产生淤积。目前而言，乡村分散式污水处理技术主要有：厌氧沼气池、氧化沟法、SBR法及其改进工艺和生物滤池法、生物膜法、人工湿地技术、稳定塘法等。乡村生活污水处理不同于城市污水处理，尤其是技术处理和设备维护方面。乡村生活污水处理设施的选择往往受到当地地形特点、技术水平和技术成本的限制，使用大规模集中式污水处理并不容易。小型综合污水处理是农村家庭污水处理的最适宜方法。同时，根据实际用水量来制定污水处理规模，可以避免出现处理设备与乡村的实际需求矛盾的情况，从而避免资源浪费和净水效率低的情况出现。为提高净水效率并节约成本，可以根据村落的地形地势及村户的分布情况，结合自然村分布，通过在每个片区建设单独的污水处理设施，实现污水分片区处理。就刘家村而言，可以在每个村设置一个小型污水处理站，或邻近的两个村共用一个处理站，结合人工湿地综合污水处理技术来完成净水。

人工湿地是利用人工水生态系统内多级生物的稀释降解作用来去除或削减水中污染物的方法。欧美国家将其广泛应用于处理村镇地区及小型社区的污水，取得了显著的成效。人工湿地作为一种生活污水处理技术具有投资和运行费用低、抗冲击负荷能力强、处理效果稳定、出水水质好、水生植物有一定生态价值等优点，同时无需复杂的机械设备，易于运行维护与管理，适宜于刘家村这样的人口较少且无工业污水的乡村进行污水处理。

如果单独使用人工湿地法处理污水会因为处理量太少而无法到达预期效果。因此，在原有污水处理技术基础上增加几个步骤更为经济适用：在栅格井增加筛网，截阻大块的呈悬浮或漂浮状态的固体污染物。增加曝气沉砂池，有效地从污水中分离密度较大的无机颗粒，曝气沉砂过程的同时，还能起到气浮油并吹脱挥发性有机物的作用和预曝气充氧并氧化部分有机物的作用。最后经过污水站初步处理的水，从出水口排向人工湿地，经过潜流层人工湿地—表面流人

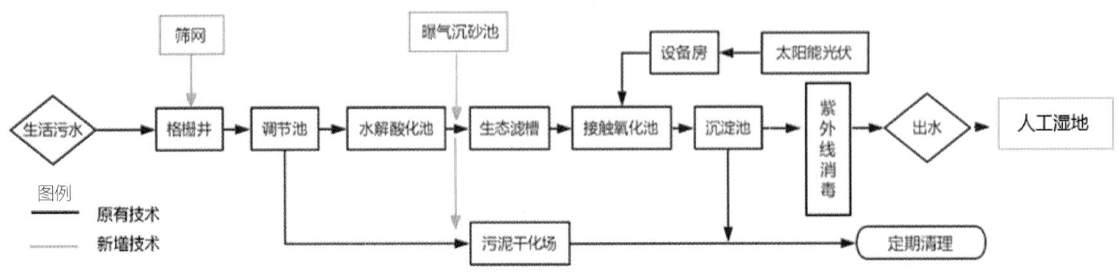

图 8-4 原有污水处理技术改进

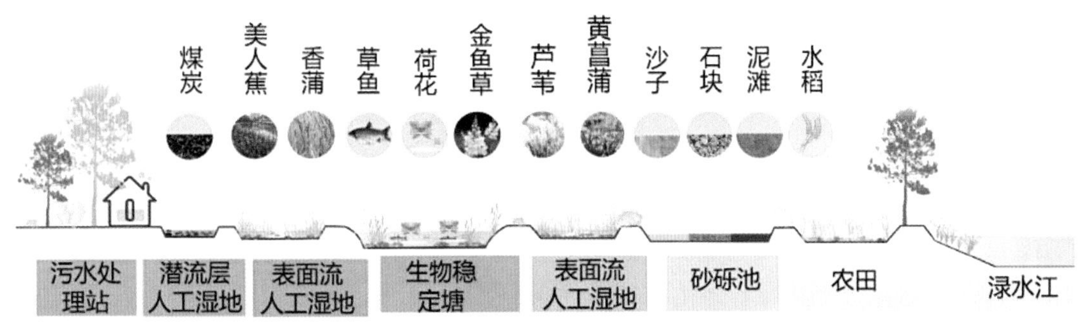

图 8-5 人工湿地综合污水处理流程图

工湿地—生物稳定塘—表面流人工湿地—砂砾地—农田，最后由人工湿地净化后排向地表径流渌水江。此技术同时可满足景观生态要求，也有利于保护生物多样性。

8.2.2 减少面源污染，设置生态拦截沟渠

刘家村内农业面源污染主要是由于农药、化肥、畜禽粪便，以及水土流失经降雨径流、农田灌溉和淋溶进入水体（渌水江、沟渠）而造成的。而刘家村主要以第一产业为主，多数留守村民主要以种植业为主要经济来源，因此减少面源污染是保护刘家村生态的重要一环。

源头减量是减少面源污染的根本所在，农业面源污染的污染源较为复杂且分散，污染的过程难以监控，过程拦截难以实施。同时污染物浓度不高，汇入水体后的末端治理成本却很高，而且见效慢。因此，从源头上控制面源污染发生量是减少面源污染的最有效措施。源头减量的同时，要配置生态拦截技术和缓冲带技术等有效拦截净化输移过程中的污染物，减少对水环境的污染。

（1）有机肥替代无机肥减少污染源

以农业废弃物，如秸秆、处理过的畜禽粪便、沼液沼渣、绿肥等富含一定氮磷养分的有机物料来替代部分化肥，减少化肥用量，减少面源污染排放。同时可以采用轮作制，麦稻轮作、水稻玉米轮作制来保持土地肥力。

（2）建设生态沟渠阻挡污染扩散

生态沟渠是去除农业污染中氮磷的有效途径之一。通过在沟渠中填充过滤沙土、种植水生植物、养殖水生动物，并适当设置节制闸坝、拦水坎、集泥井、透水坝等设施，对氮、磷等养分进行有效拦截，加速底泥降解，减少水体污染，重建和恢复沟渠生态系统，将改善沟渠生态环境和农村生态环境[10]。沟渠中的水生植物选取刘家村常见植物和景观植物结合，如红背山麻秆、梭鱼草、桃金娘、美人蕉、野香芋等，沟渠旁种植竹子；水生动物则选取刘家村中已养殖鱼类和渌水江中鱼类，如：鲤鱼、鳙鱼、草鱼、斑点叉尾鮰等。

（3）缓冲带拦截技术

设立缓冲带保持水土和控制面源污染。缓冲带或缓冲区，就是指永久性植被区，宽度一般为5~100m，大多数位于水体附近，可以降低潜在污染物与接纳水体之间的联系，并且提供了一个阻止污染物输入的生化和物理障碍带。由于渌水江流经刘家村江段较窄，且河岸离公路距离有限，可以在渌水江边设置5~8m缓冲区，补充种植包括树、草和湿地植物等植被，恢复河岸森林植被带能有效地截留来自农田的氮磷污染物和泥沙，从而在一定程度上控制农业面源污染[11]。缓冲带植物选取灌木类、植草类、乔木类等，如红花檵木、美人蕉、桃金娘、梭鱼草、桂花树、小叶榕等。

8.2.3 修建截洪沟

刘家村整体位于山脚下，大多数村民自建房都接近山体，为了防止雨季雨量过大时出现泥石流和山洪，应适当修建截洪沟防灾。

在山脚下修建截洪沟，拦截地面水，在明沟内积蓄再送入附近排洪沟中，最后汇入渌水江。

8.3 制度保水

8.3.1 保护生物多样性

（1）减少使用农药、化肥，避免污染物破坏生物环境；规范人工繁育动物管理，如刘家村中小规模养殖的牛蛙、草鱼等；人畜分离，在固定地点进行养殖，在固定的市场和经营场所进行售卖。

（2）建立村民公约及自治自查组织，禁止养殖、捕猎野生动物；禁止随意放生、弃养人工繁育动物，如牛蛙；禁止随意引进外来物种进行规模化养殖。

（3）利用道路、河流等线状地物建立物种流通的生态廊道，便于物种的迁移。

（4）完善管理体系，加大执法力度，严厉打击破坏野生动物及其栖息地、影响野生动物正常活动的违法犯罪行为，对非法生产、出售、使用野生动物捕猎工具的行为进行重处，严格管理合法的人工繁育野生动物经营利用活动，大幅提高针对野生动物的犯罪成本。

（5）土地利用结构优化，减少土地利用类型转换频率。通过改变土地利用模式，适应土地利用“生物多样性保护”的要求；通过土地利用结构优化设计，抑制林地、湿地、水域快速减少的趋势，在土地利用过程中增强生物多样性保护，通过政策引导土地利用结构向生物多样性保护的方向发展。

8.3.2 管理控制水源地水质

（1）禁止在水源地保护红线内、禁养区开展养殖活动；

（2）减少农业生产、生活污水带来的点源和面源污染，定时监测水质。

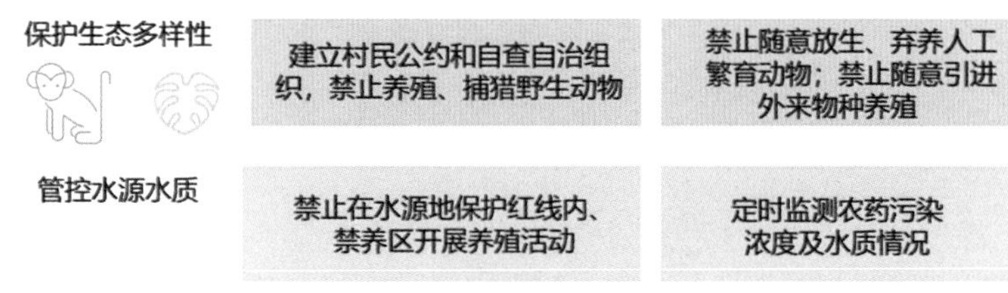

图 8-6 制度保水示意图

9 可行性分析

9.1 重连水脉，打造补充型生态村

刘家村作为位于水源地和旅游资源的村落，应充分利用渌水江、龙虎山以及周围生态资源，借助现有的旅游产业进行发展，对龙虎山风景区实施第三产业补充来促进自身的发展。通过对之前的现状分析以及产业发展策划，刘家村存在对龙虎山等景区补充食宿、文化乡村旅游的可能。刘家村通过对乡村面貌进行整治，打造一定的生态旅游形象和特色乡村水文化，补充龙虎山景区缺少的特色乡村旅游产业。《广西现代特色农业示范区建设增点扩面提质升级（2018—2020）三年行动方案》计划建成村级示范点 15000 个。并且，要求财政部门加大财政支持力度，优先投向示范区建设，同时，电力局、国土资源等部门也要为示范区建设开辟绿色通道。刘家村可借助此机会，在进行生态整治的基础上，借助土地整合后的第一产业发展规划，

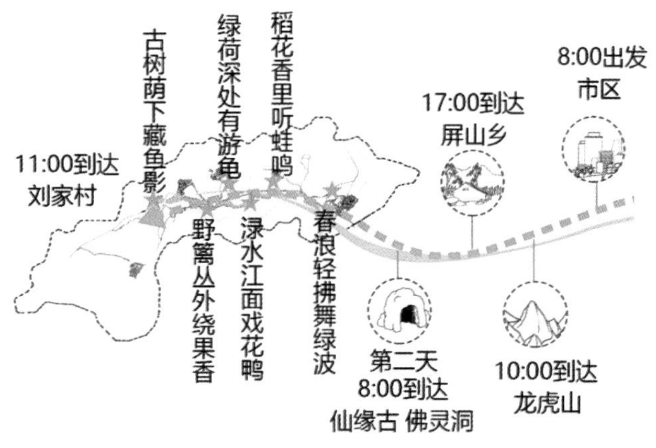

图 9-1 旅游规划图

建立含有旅游价值的农业示范点，建立现代农业经营机制，使农业生产获利方式多元化并促进村貌整治改善基础条件。同时挖掘渌水江周边具有发展潜力景点，以水为纽带，将龙虎山与刘家村进行连接，形成完整的生态旅游体验路线。通过以上策划来提高刘家村的非农就业率和村民平均收入，减轻对政府补贴的依赖程度，使刘家村成功转型实现部分自我发展的可能。

9.2 城乡基础设施均等化

城乡基础设施均等化是保证城乡协同发展的硬性条件，但需要多方的努力才能有所效果。首先，在政府层面，加强区域间政府的合作关系，建立一套完善的综合管理体系，改变以往的各自为政的局面。进而，落实在城乡建设上，就可以建设出真正衔接城乡的服务设施。其次，在法律制度方面，针对刘家村的发展现状，制定以乡村振兴为核心的法律体系，对政府管理体系实行监管，来促进乡村基础设施的建设工作，为城乡一体化发展构建起一道法律保障。法律一方面规范政府行为，另一方面主要从生产、生活、生态三方面规范村民行为，保证设施的长期使用性。这两方面可以为美丽乡村建设提供法律支持以及制度保障，实现城乡协同发展，做到资源不浪费，服务入人心。在制度和法律的双重保障之下，建立适应经整改后的刘家村的基础设施，来保证刘家村能够维持改造情况从而实现长远发展，并且加强与城市的联系，有机会实现对城市资源的引流来对刘家村的教育、医疗、交通等资源进行补充，提高公共服务水平，缓解刘家村的空心化、老龄化问题，从而促进刘家村各方面的发展。

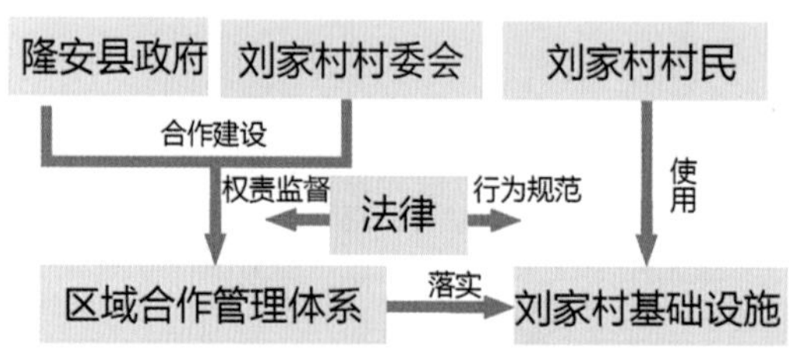

图 9-2 设施均等化示意图

9.3 横向生态补偿机制建立

党的十八大提出“五位一体”社会主义建设总布局，生态文明被置于突出地位。并且党的十八届三中全会进一步明确了深化生态保护体制改革，加快构建社会主义生态文明制度体系的目标任务。广西壮族自治区是农业大自治区，农业经济也面临生态环境保护与经济协调发展等问题，需要因地制宜做好农业发展规划，转变经济增长模式，对农业生态环境建设实行经济补偿，使农业生态环境建设的投入得到应有回报，在创造农业生态效益的同时实现经济效益[12]。传统的补偿机制主要依靠中央政府的资金扶持，即纵向的生态补偿机制。但是该机制难以精准解决问题且中央政府压力较大。而地方政府、社会捐赠等横向的生态补偿机制则可以深入区域，精准解决问题并且地方问题能得到及时反馈。为此，探索构建地区间的横向生态补偿机制就成为新常态下深化生态文明体制改革，加快构建社会主义生态文明制度的主要方向[13]。刘家村位于渌水江上游区域，为保障下游水源的水质、水量，其自身的发展受到了限制，因此要建立起纵横结合的新型生态补偿机制。首先，针对位于下游区域的农产品加工企业，要主动承担补偿生态的职责，包括承包部分刘家村的山黄皮等产品，为刘家村村民提供一定的就业岗位来缓解劳动人口流失的问题，让村民不必远距离外出打工也能够保障生活。同时，刘家村具备较大的开发水权市场的潜力。若在刘家村建立起水权交易制度，农户不仅可以通过水权交易把水资源有偿地转让给下游用水受益方，还能提高村民对水环境的重视性。同时，水权交易还可以作为一个生态补偿的途径。因此，针对位于下游区域的农产品加工企业，要主动承担补偿生态的职责，除了承包部分刘家村的山黄皮等产品等职责外，还应定期支付水权费用，对刘家村直接进行资金补偿。其次，在中央政府拨款补助的前提下，针对南宁市政府与隆安县政府，双方要进行合作逐步建立专项资金来完善横向生态补偿机制。资金承担方为市、县政府和用水需求量大的企业。最后，政府要主动提供技术、人才等方面的扶持来帮助刘家村解决生态问题并监督受益方的生产行为。从而，刘家村有稳定的资金来源与技术指导来实现自身的生态提升，有效地整治渌水江，提高村民的居住环境水平。

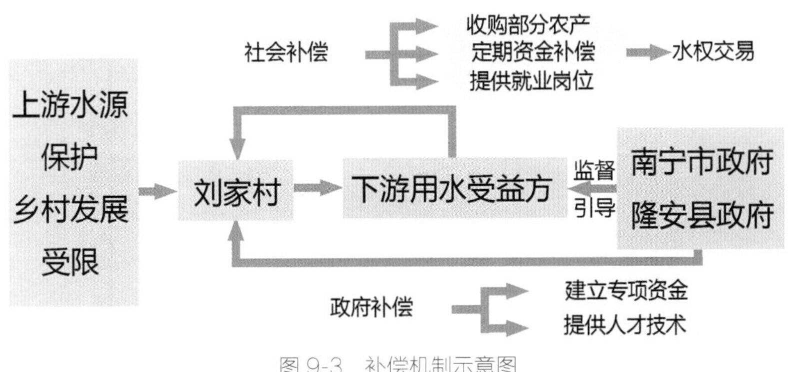

图 9-3 补偿机制示意图

9.4 乡村内外互治管理模式建立

由于城乡之间存在根本差异，在实行城乡统筹管理的同时，刘家村也要保持一定的自治性，即根据当地特色形成一套互治管理体制。因此，对刘家村提出以下三方面建议。

首先，以法治化形式推进乡村振兴，建立依法治理乡村污水的自发推进机制。并强调污水处理在刘家村乡村建设中的地位，明确各级政府在统筹资金、组织开展和管理乡村污水治理的责任，为落实管理体制提供前提。并规定乡村居民在乡村污水治理、环境保护中应承担的责任，实现民政合体，共同治理。对使用乡村土地进行养殖生产的企业、个体户，应强调其生态责任，提高治理成效。

其次，发挥乡村振兴中村民的主体作用，引进自下而上的村民组织管理模式。首先体现在村庄管理形式上，实现从行政村自治向农村社区自治转变，发挥乡村村委会的指导作用，建立刘家村社区自治委员会。同时，调动村民的自治的积极性，强化村民的主人意识，让非政府部门的村民在委员会中占据一定的比例，具有一定的话语权，形成“政府人员—村民”联合管理模式。刘家村目前的人口以老年人为主，因此要建立起一套流程简单的管理模式。首先，普通村民反映问题到村委会中的村民，然后由村民讨论得到初步解决方案后反映到政府人员，二者协商解决。委员会的运转资金一部分依靠隆安县政府的直接补贴，另一部分来源于村集体财政，并且每一季度都要对资金来源以及用途进行村内公示，确保其透明性。同时，委员会应针对独居的老年人提出一套适合的养老体制，实现老有所依。因此，在建立初期，先引进人才进行管理指导，逐渐成熟之后再依据具体实际情况进行自我调整和发展，从而形成完善的刘家村自治体系，加强村内各屯的联系，有效实现资源的统一调配。

最后，乡村管理不能脱离城市的扶持，乡村自治应起到加强城乡关系的作用。因此，在刘家村乡村自治的基础上，隆安县政府要进行适宜的辅助监督，避免乡村建设出现方向性的问题。同时，隆安县政府应为刘家村政府提供必要的技术支持以及政策扶持，形成“内治”为主，“外治”辅助的联合治理模式。

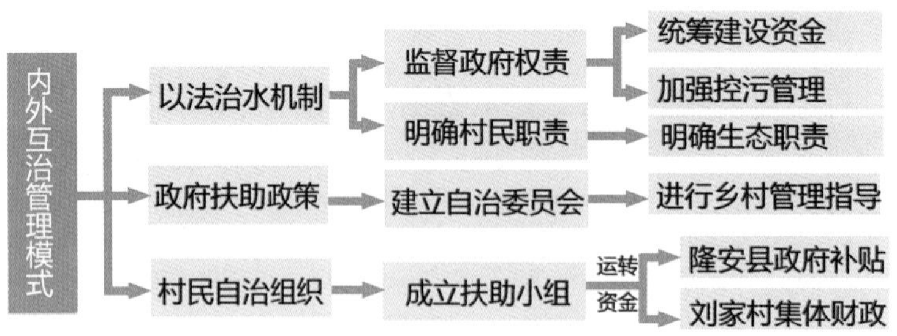

图9-4　乡村内外互治模式示意图

9.5　阶段性发展机制建立

党的十九大报告中着重强调了乡村振兴和美丽乡村建设的重要性。美丽乡村不仅体现在生态环境层面，还应该体现在生活、生产、生态等层面，而乡村振兴更应该实现村庄的全面振兴。2019年，广西壮族自治区发展和改革委员会提出要深入实施乡村振兴战略，自治区本级财政三年新增180亿元支持项目建设，着力推动乡村产业发展，改善农村经济发展基础条件，有效增加基层公共服务组织。在产业发展专项行动层面，项目1016个，总投资1768.76亿元；在基础设施能力提升专项行动方面，项目4483个，总投资1600.66亿元；在公共服务能力提升专项行动方面，项目21788个，总投资570.04亿元。由此可以看出，广西壮族自治区有一定的资金能力进行提升改造且有明确的分类方向。并且，广西壮族自治区将人居环境整治工作作为一项重点工作，以建设美丽宜居幸福乡村为导向，以农村垃圾、污水治理和村容村貌提升为主攻方向，切实推动农村人居环境提档升级，争取到了农村人居环境整治专项资金支持建设。有中央和广西壮族自治区建设的大背景，刘家村有很大的助力实施先前的策划。鉴于乡村的情况各有不同，检验成果的标准也各有所异。考虑刘家村在生态、资源方面发挥着举足轻重的作用，其乡村建设存在限制。所以在发展道路上，要始终把生态放到首要位置。通过对以上生活、生产、生态以及策划的总结以及可行性分析，我们对刘家村提出三个时期的发展目标。

9.5.1 短期发展目标

完成对渌水江的治理提升，解决现有的生态问题。并且对现有的自然资源整合治理，大力发展推进种养，为后面发展产业创造条件。加强乡村社区的保护环境的宣传，消除村民的生活、生产陋习。并且政府部门加大监管工作和支持力度，打造一定的生态形象和乡村文化，同时开始建设必要的产业设施，为后续可持续发展作铺垫。

9.5.2 中期发展目标

在进行前期整合的基础上，开始进行第一产业和第三产业的发展。首先，发展刘家村的特色农产品加工，并在龙虎山景区和线上进行销售。其次，开展与龙虎山景区的产业互补发展，逐渐吸引游客，带来消费人群。最后，实现全村脱贫的目标，杜绝村民返贫现象，同时稳定刘家村的人口流动，保存一定的劳动力，减轻“老龄化”现象。

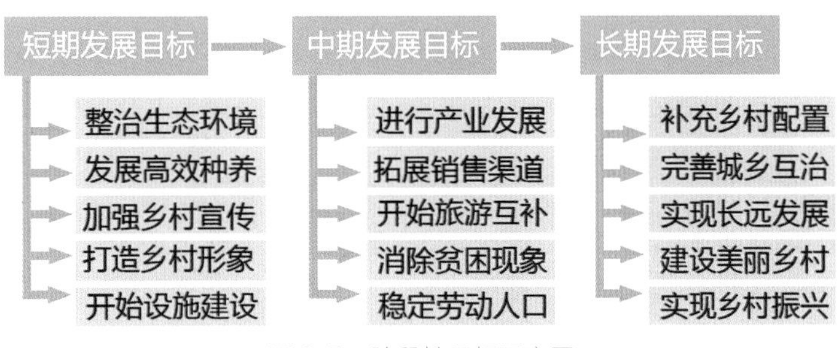

图9-5 阶段性目标示意图

9.5.3 长期发展目标

开始实施区域政策的落实与发展，在提高刘家村的经济水平之后，开始补充、提升乡村资源配置，提高刘家村的生活质量。建立并逐步完善城乡互治管理模式，提高村民的参与度，让其真正能够服务于村民。同时，加强与隆安县政府的联系，保证其管理模式不断更新，最终形成“城乡联合”的长远型乡村自治管理模式。

总之，推进乡村建设，实现乡村振兴，必须抓住该乡村的切入点，才能实现“以点带面”的成效。乡村作为中国社会生活中不可缺少的一部分，乡村健康发展是实现社会稳定的基础。因此，如何对其进行准确定位显得尤为重要。与城市相比，生态是乡村的特有成分，其真正实现与自然相连。在大力推进环境建设的背景下，乡村生态是发展的重中之重，但乡村经济建设又不能忽视。“绿水青山”和“金山银山”都是我们追求的目标。这两项工作共同发展，为美丽乡村建设提供资金支持和生态保证，提高村民的生活水平，改善村民的生活环境，才能最终实现乡村振兴的总目标。

9.5.4 方案系村

在进行方案规划过程中，坚持以村民为主体，实时进行对接工作，是方案可行性分析的重要部分，通过对接及时发现策划中存在的问题。比如在方案初步形成时，我们发现通过地下管道敷设解决生产问题并不符合村庄的生产经济现状，乡政府和村民都不愿意承担这一部分建设所承担的费用，并且建设过程漫长，影响村庄整体品质，后期调整为 LID 生态建设，得到村民及村委的认可后才予以确定，在后期的村庄“三生”规划中，我们也秉持在各个层级听取意见后最终确定策划方案。

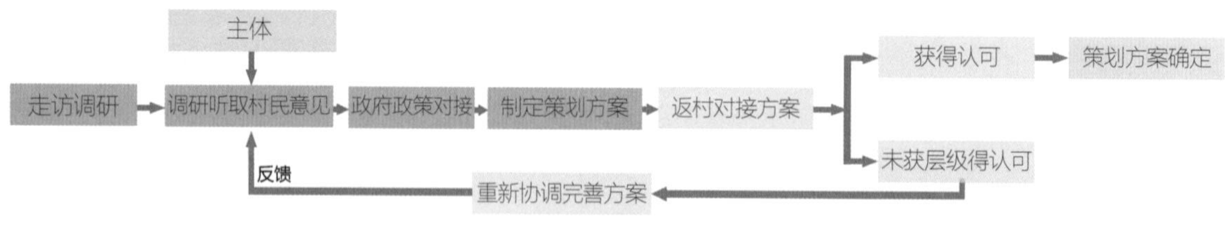

图 9-6 方案反馈流程图

图 9-7 重返村庄听取意见

参考文献：

[1] 贺梨萍，张唯，王祎琛．人畜共患传染病日益普遍？《自然》研究聚焦人类土地利用方式 [EB/OL]. [2020-08-06]. https：// m.thepaper.cn/newsDetail_forward_8604500.

[2] 王山．从“分散性治理”迈向“整体性治理”：中国农地细碎化治理模式的转型与重塑 [J]. 经济体制改革，2016（5）：67-73.

[3] 许进龙．乡村振兴背景下清远市农村土地整合模式研究 [D]. 广州：华南理工大学，2019.

[4] 黄峰，何铳扬，雷艳梅．极具发展前景的山黄皮果 [J]. 中国热带农业，2005（4）：30-31.

[5] 李海鹏．中国农业面源污染的经济分析与政策研究 [D]. 广州：华中农业大学，2007.

[6] 刘菁．基于生态视角下的乡村滨水景观设计研究 [D]. 曲阜：曲阜师范大学，2019.

[7] 何秋萍，朱乾道．乡村河流景观水文化特色设计 [J]. 科技风，2014（15）：114.

[8] 杨婧．以农田水利工程为主导的乡村景观空间营造研究 [D]. 哈尔滨：东北农业大学，2017.

[9] 唐学军，陈晓霞．乡村振兴视域下秦巴山区农村水环境治理政策研究——基于川东北 B 市 P 县 S 镇数据 [C]// 河海大学，生态环境部长江流域生态环境监督管理局 .2019（第七届）中国水生态大会论文集，2019：7.

[10] 吴李贞，熊孟清．应用生态沟渠治理农村面源污染 [N]. 中国环境报，2018-11-29（3）.

[11] 施卫明，薛利红，王建国，等．农村面源污染治理的“4R”理论与工程实践——生态拦截技术 [J]. 农业环境科学学报，2013，32（9）：1697-1704.

[12] 黄照．广西构建完善农业生态补偿机制的思考 [J]. 农业与技术，2020，40（16）：164-165.

[13] 于代松，肖雅丽，赵佳伟，等．“飞地经济”共赢发展的基本条件：一个初步的分析框架——以成都甘孜共建成甘工业园区为例 [J]. 西华大学学报（哲学社会科学版），2020，39（2）：74-83.

第 四 部 分

乡村设计方案竞赛单元

乡村振兴

- 2020 年全国高等院校大学生乡村规划方案竞赛乡村设计方案竞赛单元评优组评语
- 2020 年全国高等院校大学生乡村规划方案竞赛乡村设计方案竞赛单元专家评委名单
- 2020 年全国高等院校大学生乡村规划方案竞赛乡村设计方案竞赛单元决赛获奖名单
- 2020 年全国高等院校大学生乡村规划方案竞赛乡村设计方案竞赛单元获奖作品

2020年全国高等院校大学生乡村规划方案竞赛 乡村设计方案竞赛单元 评优组评语

刘 勇

2020 年全国高等院校大学生乡村规划方案竞赛乡村设计方案竞赛单元决赛 评优专家

中国城市规划学会乡村规划与建设学术委员会 委员

上海大学上海美术学院 建筑系系主任、副教授

1. 总体情况

本次乡村设计方案竞赛单元共有 63 个有效作品进入遴选，经过逆序淘汰、优选投票和评议环节，评出各等级奖项，最终结果为：一等奖 1 个、二等奖 2 个、三等奖 3 个、优秀奖 4 个、最佳研究奖 1 个、最佳创意奖 1 个、最佳表现奖 1 个。

2. 闪光点

第一，地域性。

能够聚集地方特色开展研究，与地域特色结合较好，对传统文化有继承。

第二，分析。

普遍比较重视设计分析，重视对设计分析的表达；重视理性与感性的结合。

第三，创意。

普遍强调设计创意，体现在多方面，如理念、讲授方式、表达方式等。

第四，表达。

图纸表现方式多样化，样式新颖，能够吸收插画、招贴画、卡通画等具有时代特征的新颖性的表达方式；参赛作品内容完整，成果扎实，总体质量较高。

3. 探究点

第一，调研。

厨房和厕所选题较好，体现出来的普遍问题是缺乏深度调研，缺乏对乡村生活细节上的认识和理解，也导致最终方案不接地气；对农业、农村、农民的认知还需要进一步加强。

第二，分析。

部分方案重策划分析、轻方案设计；分析的内容过多、简单问题复杂化，外延内容过多，反而忽视了对核心问题的分析；甚至有些存在过度分析的情况，忽略了对解决方案本身的回答。

第三，逻辑。

部分方案设计逻辑不清晰、晦涩，前面分析和后面设计关联度不强，分析和结果脱节，缺少生成依据。

第四，方案。

许多方案城市化痕迹重，特别是厨房和厕所，大多数方案不了解农村日常生活的细节，多用城市化的解决方法，有些技术不适用于乡村，不能落地；

方案需要聚焦，重点要突出，过多的视角会造成方案特征性不足，解决具体问题的力度不足；

设计方案既要坚持乡村特色，又要有一定的前瞻性，需要回应未来的发展趋势。

第五，成果。

许多方案忽视对基本设计成果的思考和表达，如平面图表达不规范，内部功能设计深度不够；

需要强调对基本问题的认真回答，成果表达细节到位，内容与形式需要进一步匹配。

第六，对象。

村民还是外来游客？需要更多地考虑村民使用。

（以上内容根据刘勇教授在贵阳年会上的竞赛点评 PPT 整理发布。）

2020年全国高等院校大学生乡村规划方案竞赛
乡村设计方案竞赛单元专家评委名单

序号	姓名	工作单位	职务
1	吴长福	同济大学建筑与城市规划学院	教授
2	李京生	同济大学建筑与城市规划学院	教授
3	王竹	浙江大学建筑工程学院	系主任、副教授
4	张健	上海交通大学设计学院	长聘教授
5	卓刚峰	华建集团历史建筑保护设计院	常务副院长
6	刘勇	上海大学上海美术学院	建筑系系主任、副教授
7	夏莹	上海新外建工程设计与顾问有限公司	董事总经理

2020年全国高等院校大学生乡村规划方案竞赛
乡村设计方案竞赛单元决赛获奖名单

评优情况	报名编号	方案名称	院校名称	参赛学生	指导老师
一等奖	X432	新客围	清华大学建筑学院、美术学院	闫树睿 宿佳境 刘郭越 汪 祎 初梅仪 朱芷萱	许懋彦 罗德胤 张 弘
二等奖	X406	小食塘记	昆明理工大学建筑与城市规划学院	胡李燕 周 茜 张先嘉 赵艺博 周 佳 褚子婧	杨 毅 赵 蕾 李昱午
二等奖	Q87	树下光“荫”	四川农业大学建筑与城乡规划学院	张起亮 刘启扬 王世龙 王昱晴 徐瑞捷 胡嘉瑞	曹 迎 周 睿
三等奖	Q91	寻味入里·餐与其间	重庆大学建筑城规学院	崔 皓 韩 筱 杨明鑫 彭 莉 马 娟 王艺冰	周 露 徐煜辉 龙 彬
三等奖+最佳创意奖	X354	流水别“厨”	华中科技大学建筑与城市规划学院	冯 樱 徐 彤 洪宗禹 胡依依	甘 伟 王智勇 白 舸
三等奖	X434	舌尖上的“幸福村”	长安大学建筑学院	史聪怡 朱洛铤 王 欢 石 佳 田 佳	许 娟 鲁子良
优秀奖	S71	渔网之下船篷之间	浙江大学建筑工程学院	朱桢华 杨立昱	浦欣成
优秀奖	X330	桭下渔歌	四川大学建筑与环境学院	杨周润 梁 晨 唐嘉欢 申 颖 任小初	傅 红 曾艺君 金东坡
优秀奖	S73	合舟共济	重庆大学建筑城规学院	邱兴韬 王雅婷 张利欣 李 壮 陈星余 胡晓艳	赵 强 胡 纹 谭文勇
优秀奖+最佳表现奖	W69	竹檐悦色	安徽工业大学建筑工程学院	曹艳娜 任 彤 蒋欣炜 冯明珠 金 鑫	王瑾娴 张 琼 邢 琨
最佳研究奖	X368	“内·外”兼修，分类施“厕”	西安建筑科技大学建筑学院	杨润芝 师立洋 叶 靖 杨光平 安 宁 赵书兰	段德罡 黄 梅 沈 婕

（注：因为篇幅有限，故只刊登一、二等奖获奖作品）

2020年全国高等院校
大学生乡村规划
方案竞赛

乡村设计方案
竞赛单元

获奖
作品

◇

新客围

一等奖

【参赛院校】 清华大学建筑学院、美术学院

【参赛学生】

闫树睿

宿佳境

刘郭越

汪　祎

初梅仪

朱芷萱

【指导老师】

不露脸的
1 号成员
许懋彦

不露脸的
2 号成员
罗德胤

不露脸的
3 号成员
张　弘

作品介绍

村民活动中心"新客围"承载了"新客家"和"新围屋"的双重内涵：

建筑：吸收了当地匠人手艺，结合现代工艺，在尊重祠堂原真性的前提下，探索新材料与新结构在传统建筑中实现创造性转化的可能性，实现客家文化的传承与弘扬，展现一种新客家文化。

功能：通过功能复合，使其成为一个村民、创业学生、游客共享的公共空间，一个迎接八方来客的乡村客厅。

乡土建筑的传统延续性和现代可塑性在工作站得以重合，建筑、历史、生活的张力在此呈现。

图：建筑图片

一、方案背景

基地德辉第位于江西省龙南市武当镇岗上村，地处两条旅游轴交叉处，具备一定的区位优势。

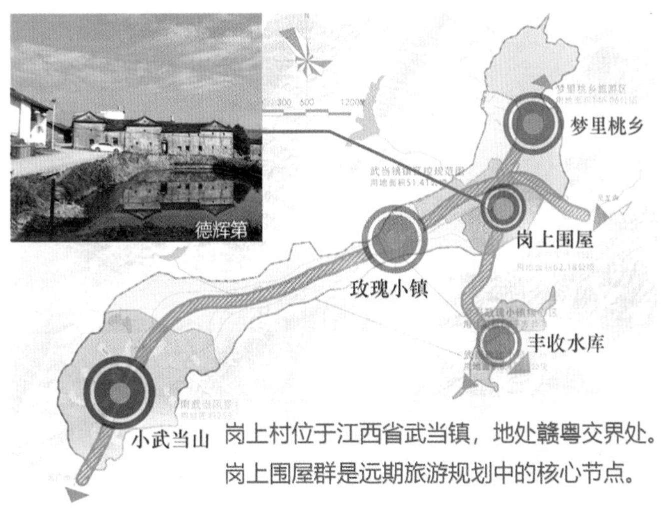

图：基地区位

客家围屋作为赣南传统建筑的一颗明珠，具备丰富的空间内涵，在空间形制上遵循“点线围合”和“后山枕、侧砂环，前水抱，面山屏”的“风水”观念。

现状的围屋基本保留良好的历史空间基础，但是面临着建筑质量下降，社会问题亟待解决等现实问题。

空间秩序良好：建于清代道光年间，面积 2025m^2，方位坐西朝东，内建三进式土木结构祠厅。

建筑质量下降：建筑外墙多为夯土墙，风貌较好。但历经岁月侵蚀，出现墙体裂缝、墙面发黑等情况。

社会问题突出：围屋空置情况严重，常住人口多为老人妇女儿童，作为“993861 群体”需要关怀。

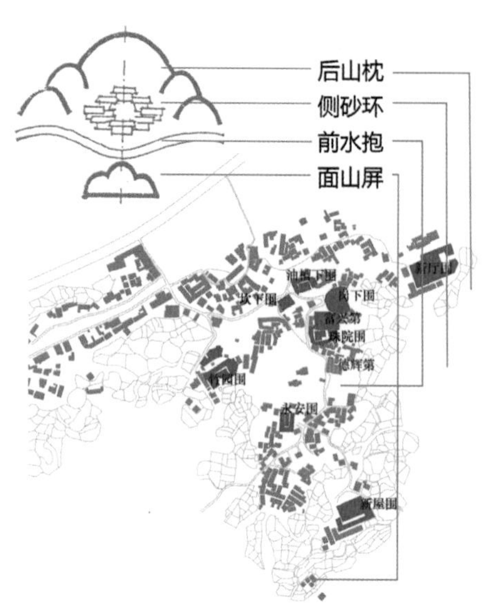

图：“风水”观念

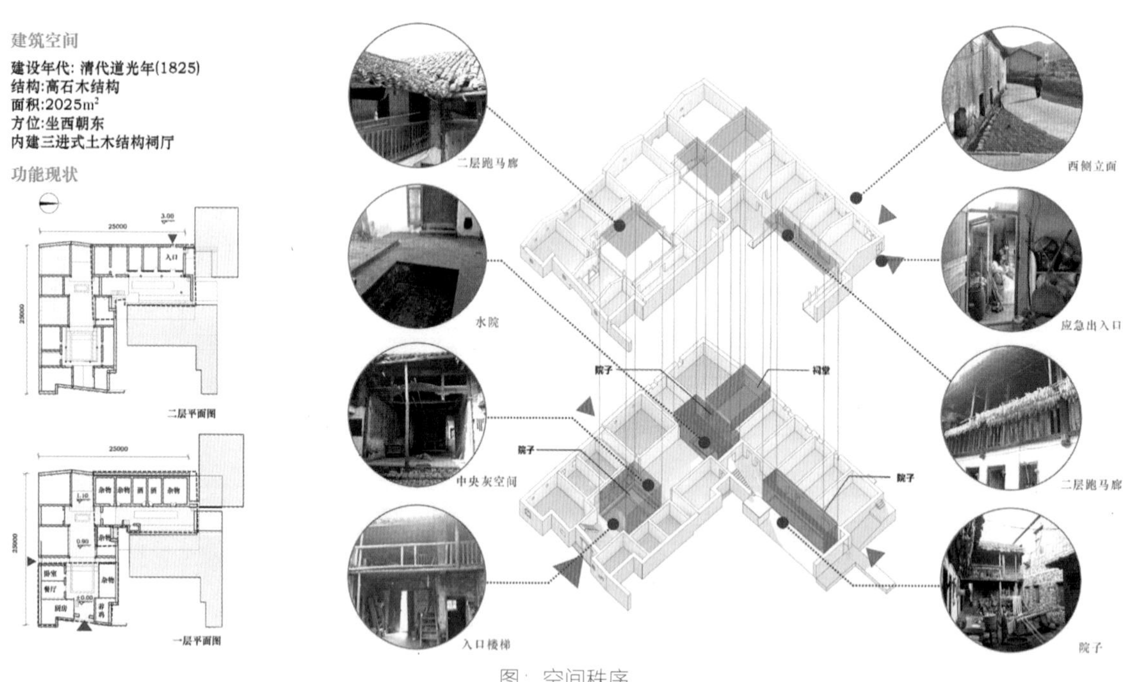

图：空间秩序

二、设计概念

针对以上问题，方案通过礼制秩序保留、部分空间整合、新型功能置入的三步走改造策略，帮助传统的围屋焕发新活力，从历史走向未来。

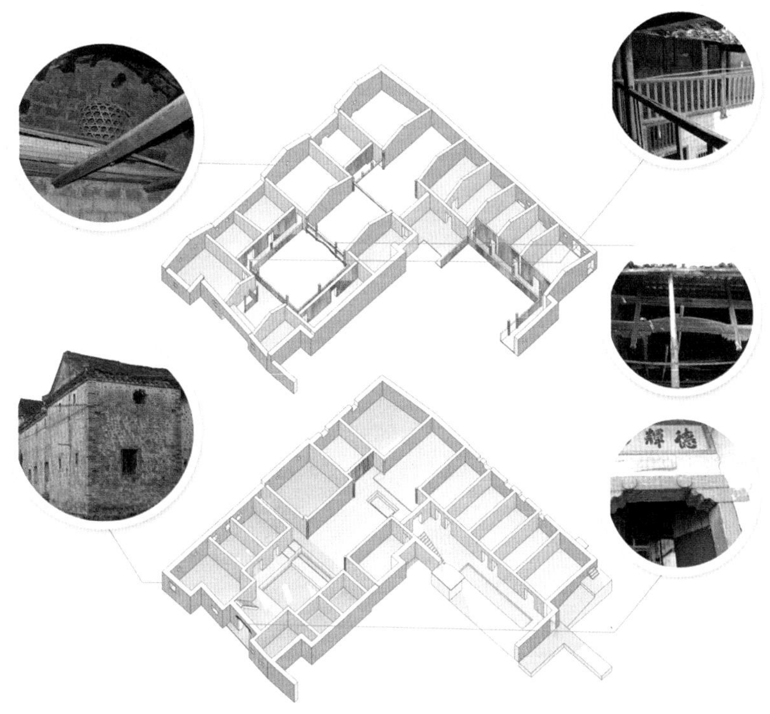

图：建筑质量

图：社会问题

在保持围屋总体布局和空间特征的基础上，为之植入新的功能。在原建筑的一楼，为村庄修筑一个公共空间，在入口处为游客建造一间客家围屋文化展览馆。公共空间沿着东西轴线串联起几个院落，到达祠堂，是工作站的开放区域，也是村民休闲交流生活的内廷之地。北面小院作为实践工作地，寒暑假支持前来工作站的青创人群住宿工作，其他时间对外开放，迎接新客。南三间相连，作为工作人员工作住宿区，对整个村民活动中心进行运营管理。

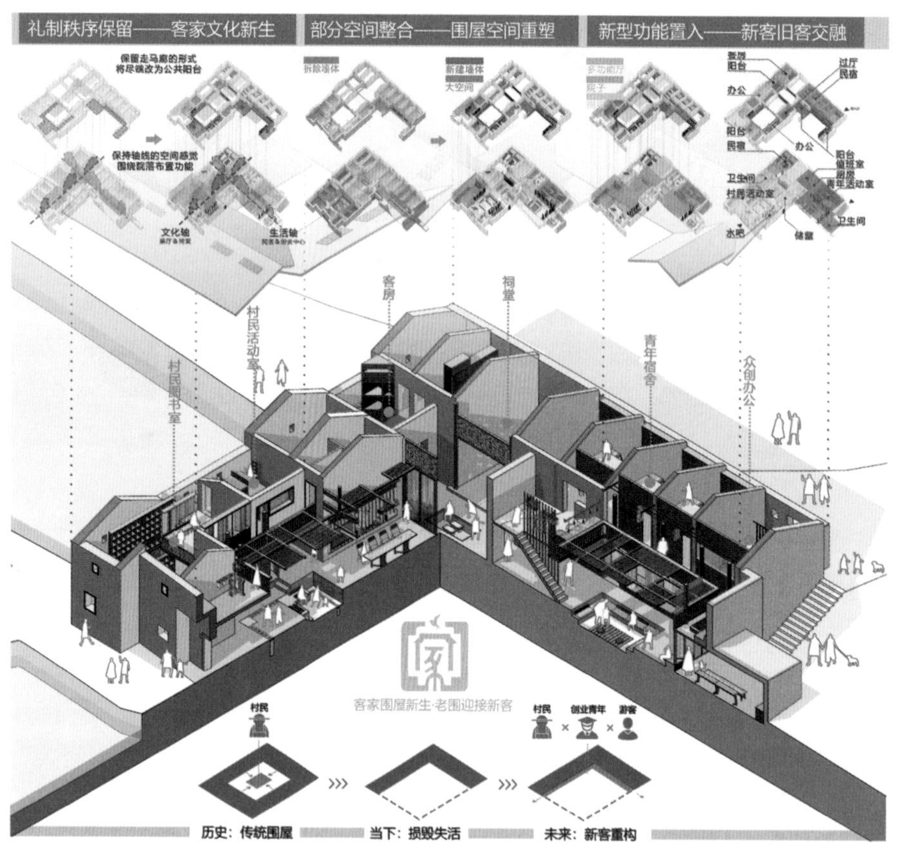

图：设计概念

三、运营模式

未来的“德辉第”村民活动中心，将成为一个融合多学科背景，汇集当地政府、高校师生、企业团体、公益机构等方面力量的协同平台，助力乡村产业、人才、生态、组织等多角度全面振兴。

①构建专业体系：加快匹配学术力量，完善沟通平台；

②整合多方资源：构建多方联动模式；

③加强品牌塑造：围绕传统文化打造外联品牌形象。

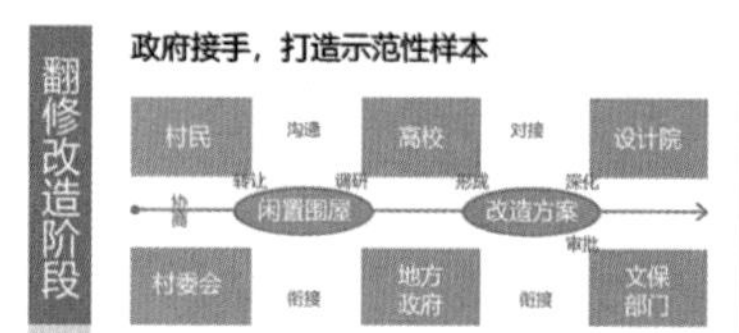

图：运营模式

四、建筑细部

在建筑材料的选择上，充分考虑乡村特色，尽量采用竹、木、石等当地材料，保护传统建筑的风貌。保留原有夯土墙，打掉部分风貌不好的墙体，形成方便公共活动的大空间。利用围屋内的废竹篓、废木料等作为灯具、吧台、墙上装饰等。对当地山势进行提取，进行文化投射。

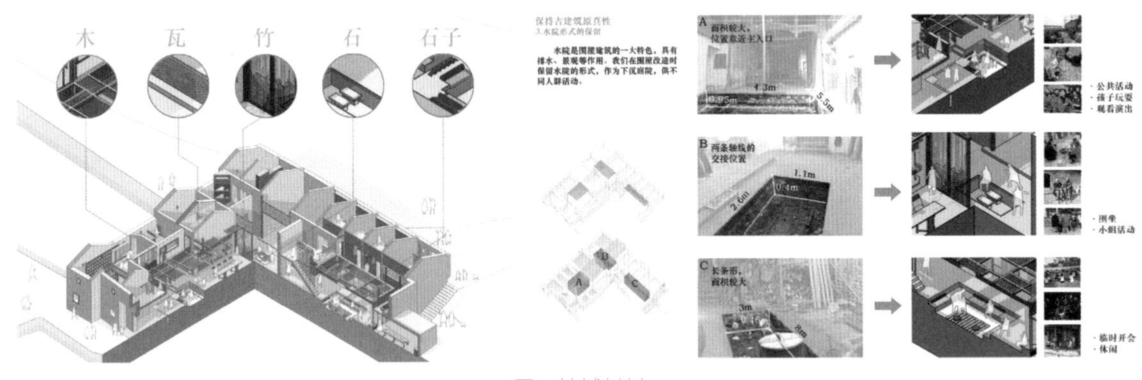

图：地域材料

图：文化符号

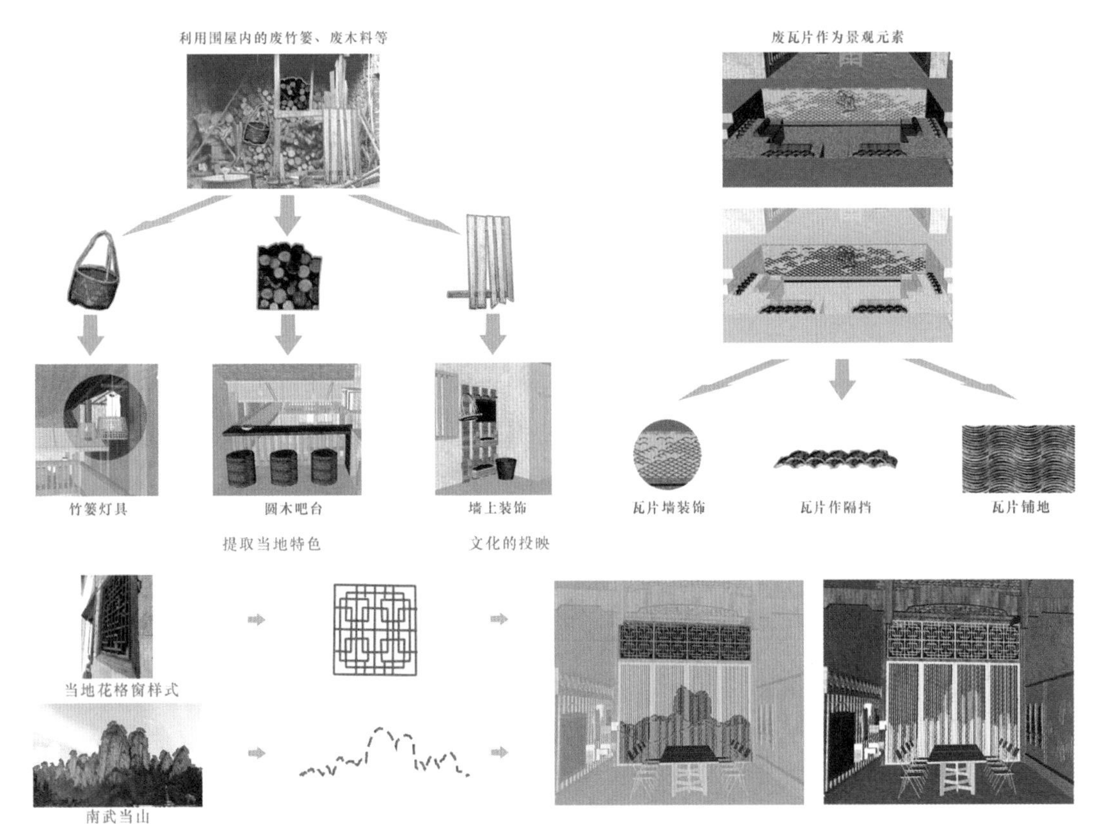

技术层面：由于老建筑墙体较厚，开窗较小，房间内非常昏暗。我们采用天窗、通透墙体、吹拔采光，黑房间再利用来进行改善。

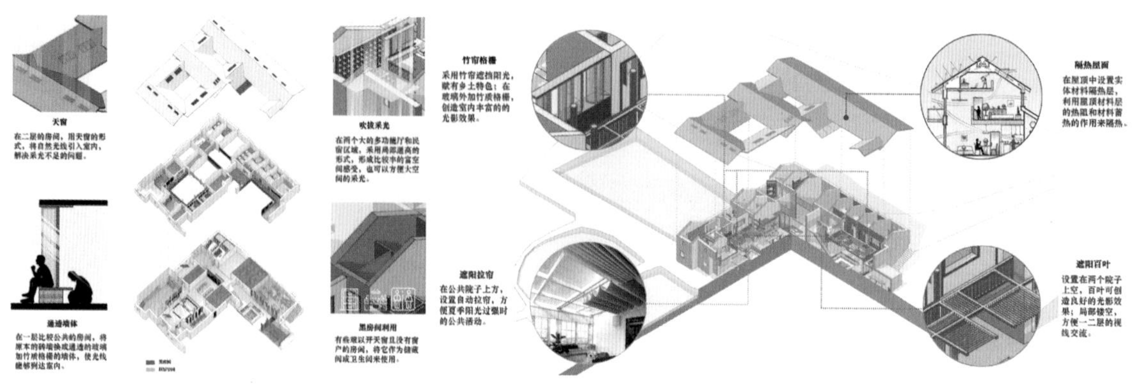

图：改善采光，遮阳隔热

五、景观再造

现状的外部环境面临池岸坡度过陡、泥土路泥泞难行等问题，方案进行入口、池塘、正门等分区，采取不同的设计策略进行调整：种植油菜花、荇菜、鹰嘴桃等当地特色作物，改善人居环境。

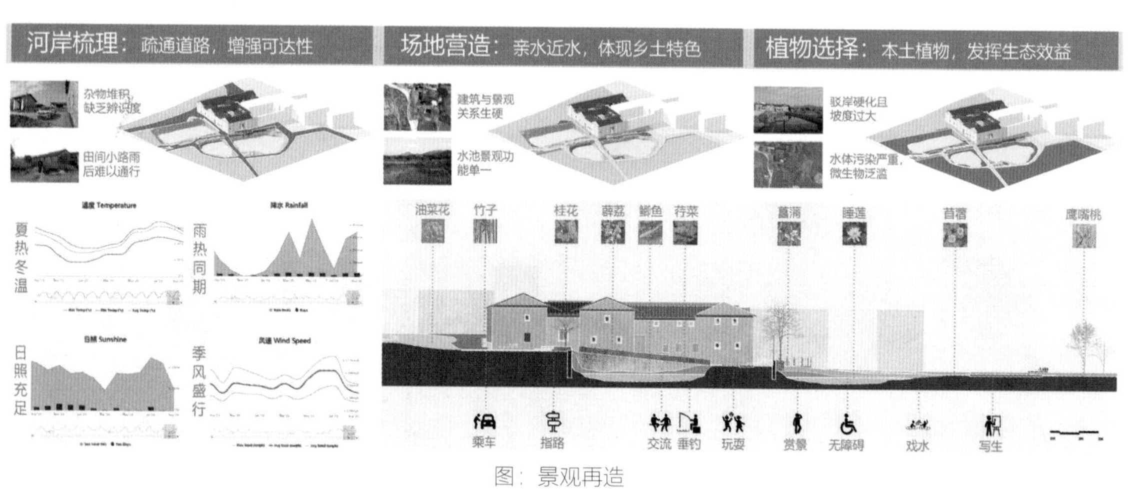

图：景观再造

六、新客共享

改造后的德辉第，成为一个村民、学生、游客共享的公共空间，一个迎接八方来客的乡村客厅。

图：改造前后

作品赏析

新客围 | 江西龙南岗上村围屋活化设计 01

设计说明

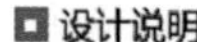

设计将村民活动中心定位为“新客围”。“新客”有双重含义，一是“新客家”，二是“新客人”。建筑吸收了当地匠人手艺，结合现代工艺，在尊重传统原真性的前提下探索新材料与新结构在传统建筑中实现创造性转化的可能性，实现客家文化的传承与弘扬，展现一种新客家文化；同时通过功能布置和空间营造，让其成为一个村民、学生、游客共享的公共空间，一个迎接八方来客的乡村客厅。乡土建筑的传统代表性与现代可塑性在工作站得以融合，建筑历史与生活的张力在此呈现。

基地区位：广州南大门，旅游潜力点

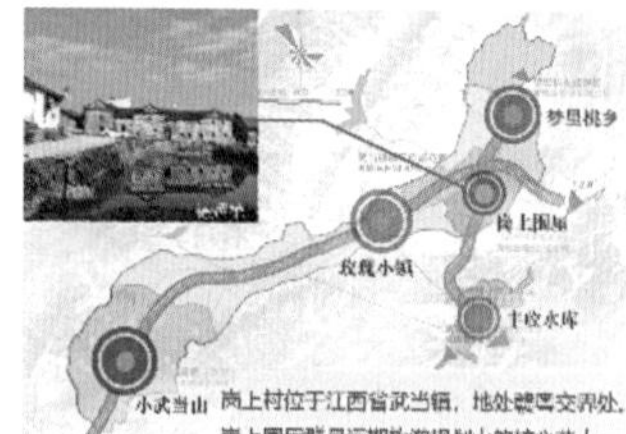

岗上村位于江西省武当镇，地处赣粤交界处。岗上围屋群是远期旅游规划中的核心节点。

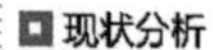

文化背景：聚族而居，家族至上

围屋是赣南传统建筑的一颗明珠，具备十足空间内涵

空间形制

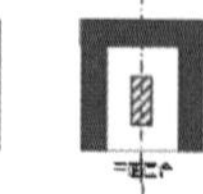
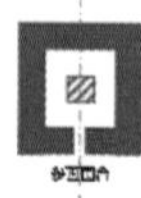
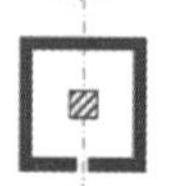
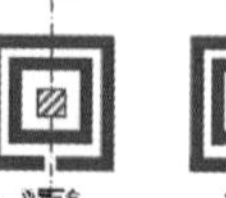

“风水”观念

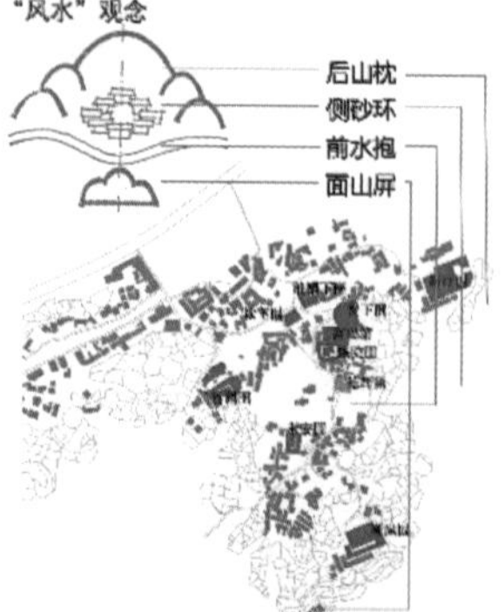

建筑选址：村域核心地，山水林田间

交通分析图

公共空间分布图

水系分布图

现状分析

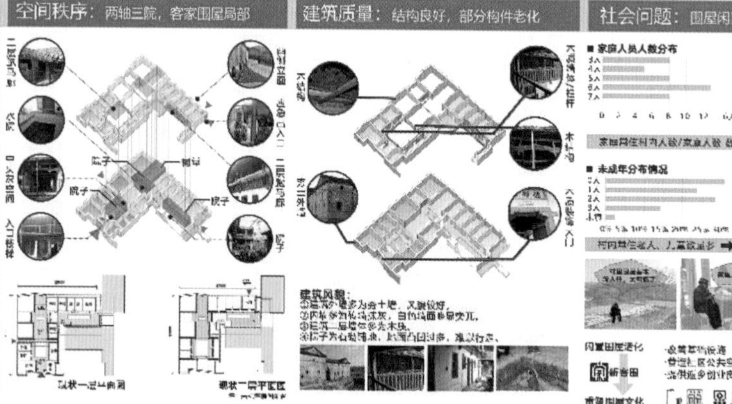

设计概念：新客围

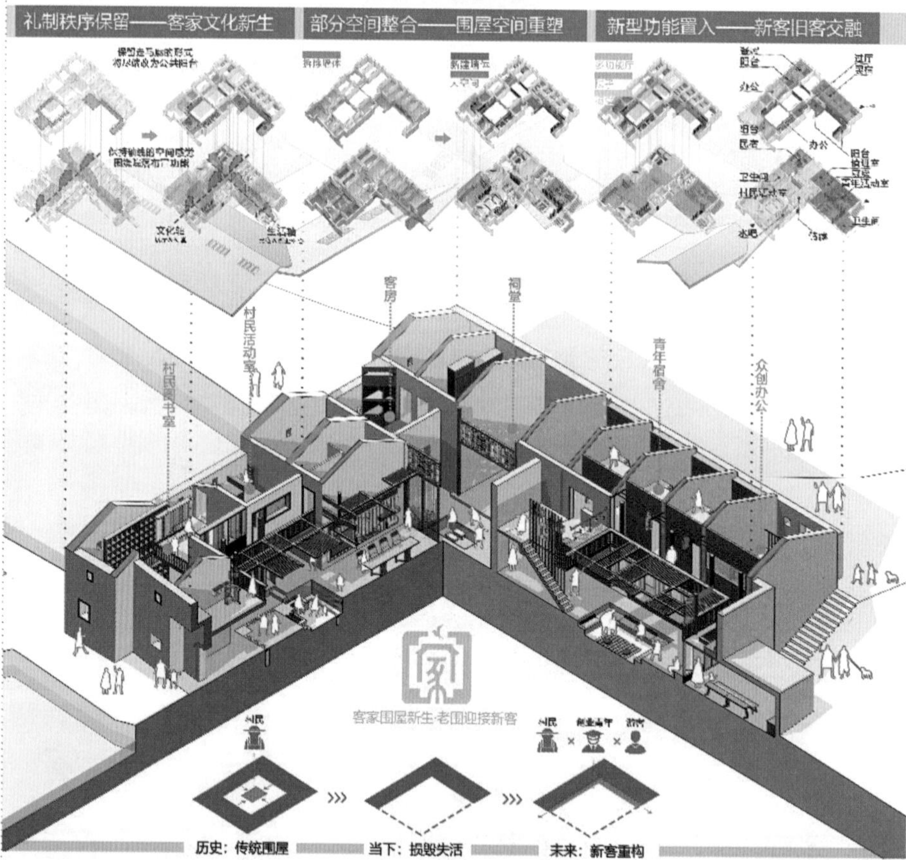

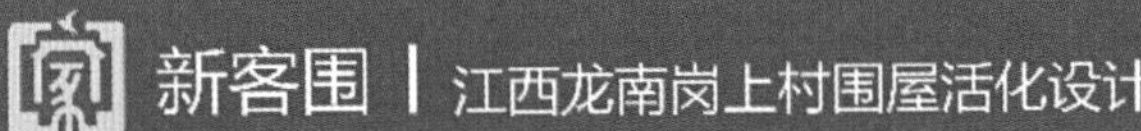

新客围 | 江西龙南岗上村围屋活化设计 02

基础图纸

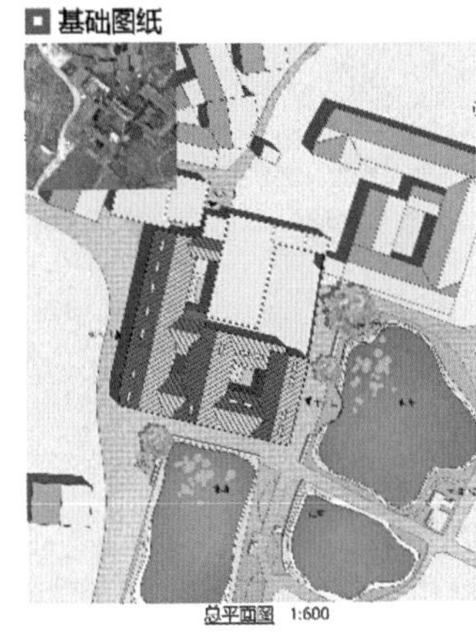

总平面图 1:600

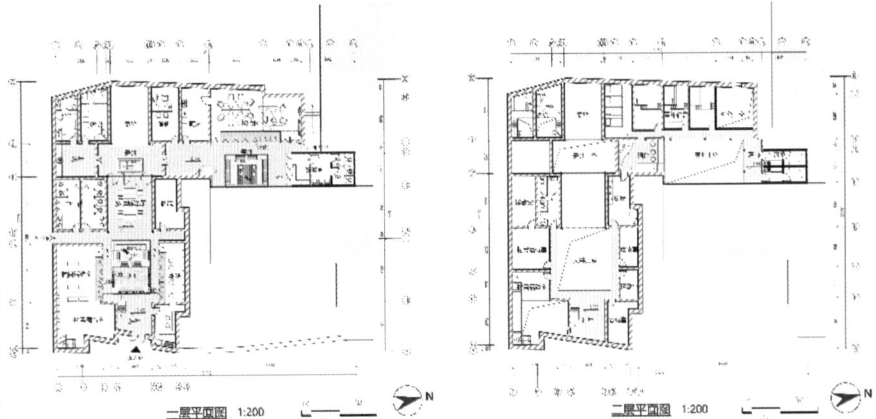

一层平面图 1:200　　二层平面图 1:200

运营模式

翻修改造阶段

政府接手，打造示范性样本

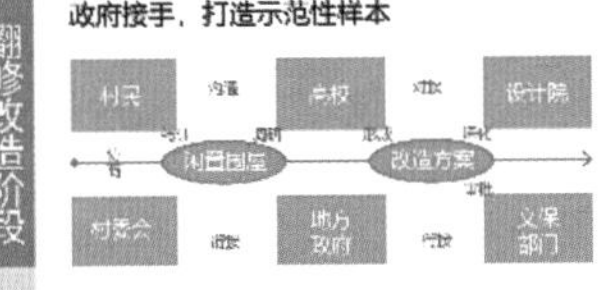

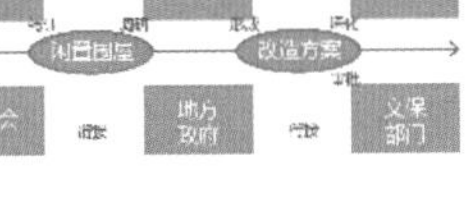

主体性建设阶段

长老选举，村民自主运营

品牌提升阶段

吸引游客观光，带动产业经营

全面振兴阶段

青年返乡创业，吸引资本入驻

建筑细节

地域材料：就地取材，适度介入

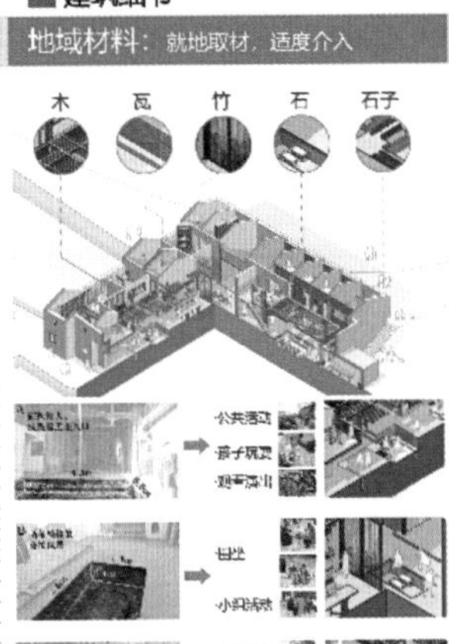

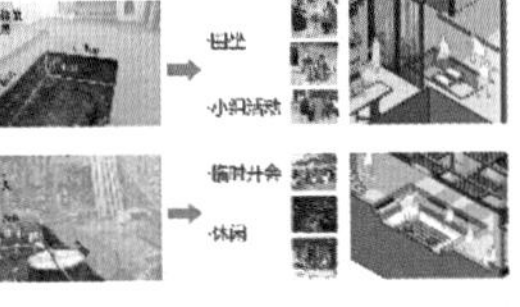

文化符号：旧物新用，在地元素

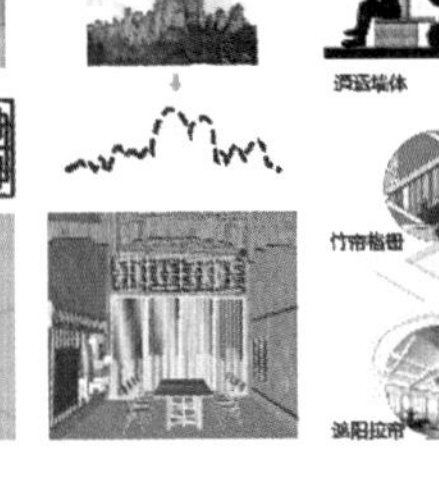

绿色策略：改善采光，遮阳隔热

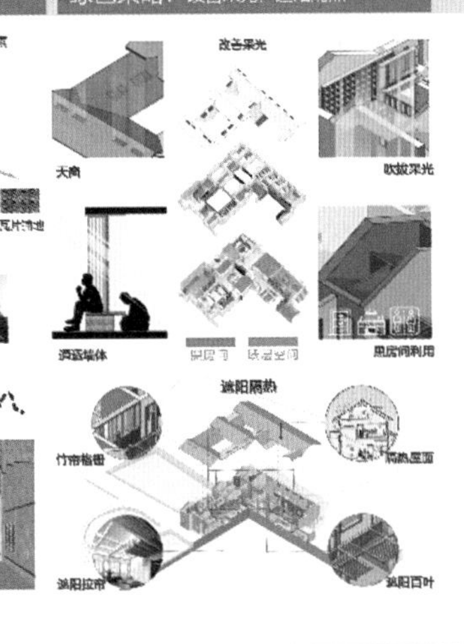

景观改造

河岸梳理：疏通道路，增强可达性

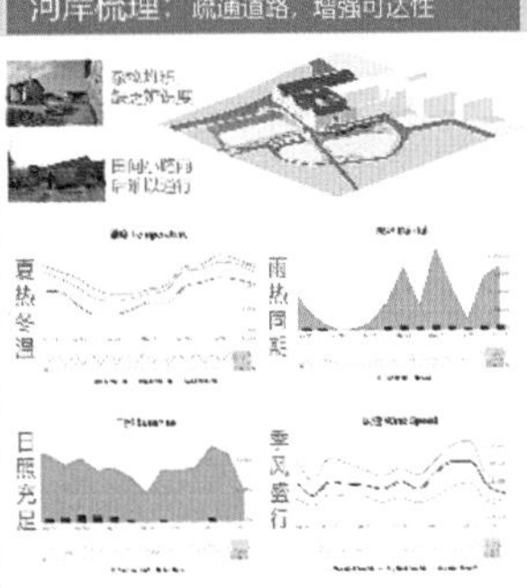

场地营造：亲水近水，体现乡土特色

植物选择：本土植物，发挥生态效益

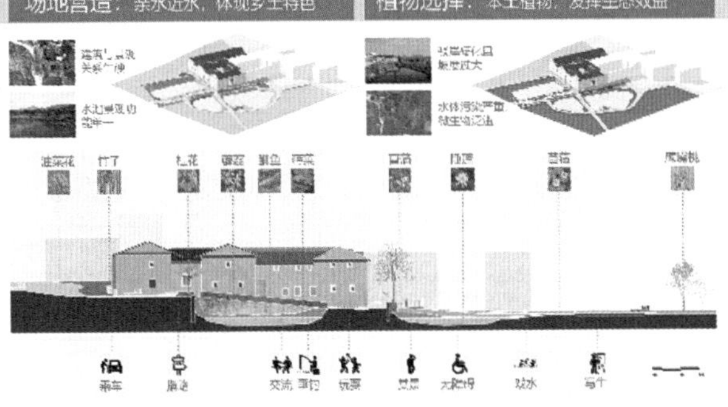

小食塘记

二等奖

【参赛院校】 昆明理工大学建筑与城市规划学院

【参赛学生】

胡李燕

周　茜

张先嘉

赵艺博

周　佳

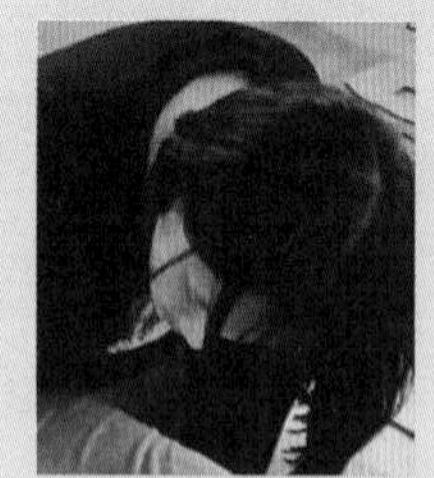
褚子婧

【指导老师】

杨　毅

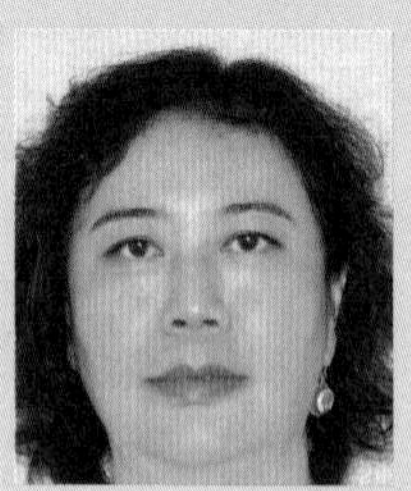
赵　蕾

不露脸的成员
李昱午

作品介绍

一、基本情况

设计基地位于云南省迪庆维西傈僳族自治县叶枝镇同乐村，距离叶枝镇 2km，国土面积 60.95km^2，海拔 1840m，年平均气温 14.3℃，年降水量 947.70mm。

同乐村的产业主要以第一产业农业、畜牧业为主，第二、三产业还有待开发。

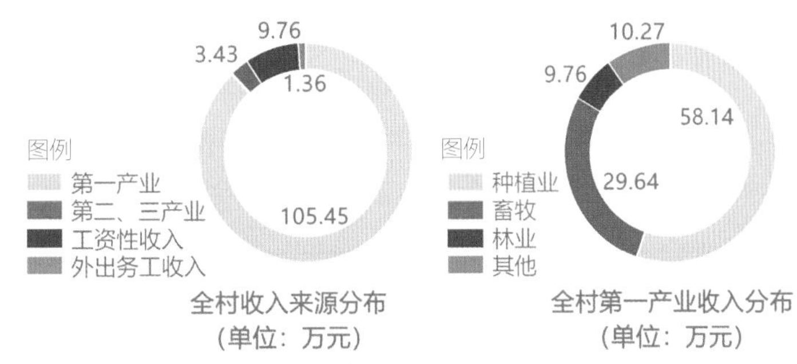

图：收入分布图

二、村寨特色

同乐村是以傈僳族为主的少数民族聚居的传统村落，其现下仍保留着浓厚的傈僳族风情文化传统，例如火塘祭祖与阿尺木刮等。村内民居仍保留着木楞的形式，多以石头为基础。

同乐村是典型的高山高原气候，昼夜温差大。当地火塘形式的保留，不仅是文化的传承，更是对当地自然地理气候环境的适应。村民的日常生活皆是围绕着火塘展开——白天在火塘边炖煮、熏腊、会客、闲谈，夜晚则一家人围塘夜话、靠火而憩。

图：村庄图片

三、问题分析

1. 产业分析

同乐村现在仍以第一产业为主，村民收入较低。村民会不定时地将村内的熏肉等傈僳族特产送去参加展销会换取收入，但这种收入数额较小、波动较大，不能完全调动村民的生产积极性。第三产业上，虽然村中有开设旅游服务，但由于食宿设施陈旧、游客较少等原因并未形成常态化的旅游接待产业。

2. 生活分析

同乐村绝大部分的农户都是人畜混居。带来卫生与健康方面的隐患。在后续的设计中更多考虑人畜分离的居住模式。此外，传统的傈僳族火塘在使用时会在室内聚集大量的烟尘，这样高密度的烟尘聚集不仅影响室内卫生，而且对使用者的健康也会造成影响。

3. 文化分析

传统火塘与新兴灶台在使用上存在冲突，在同乐村传统的居住模式中，一切生活都是围绕着火塘展开的：在火塘上烹煮、祭祖、会客……然而随着农村经济发展与村民生活水平的提高，原始的火塘已经难以满足所有村民的生产生活需求，不少村户家开始自发新砌土灶台。火塘的社交功能逐渐被分散与剥离。

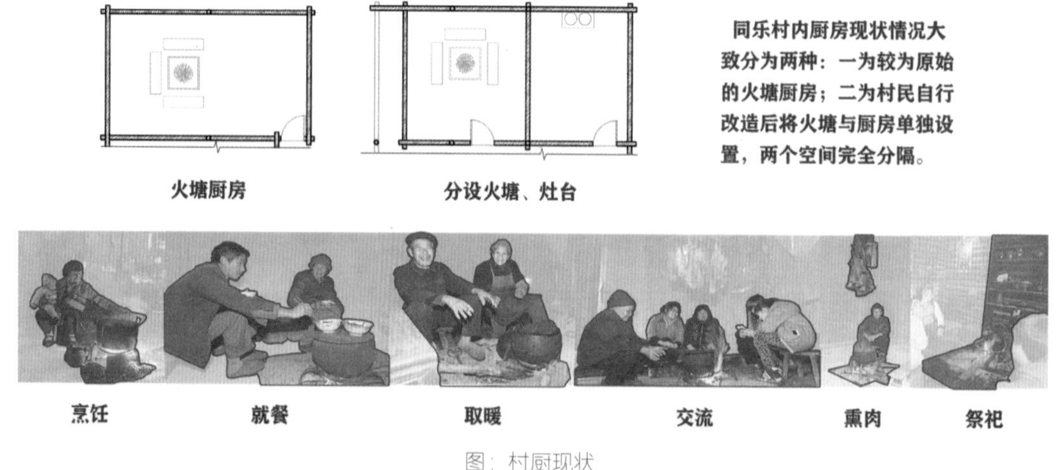

图：村厨现状

四、设计概念

作为高山高原地区的少数民族传统村寨，同乐村有着区别于其他地区的特色饮食习惯，例如传统的火塘模式等，由此而衍生出的厨房改造是有其必要性的。

厨房改造面向的使用主体主要有村民生活、村民生产、游客三个方面。由此思考下的同乐村厨房改造模式从以下三个角度出发：

1. “新农厨” 计划

对应着从事第一产业的村民家中，围绕其农业生产生活进行厨房改造。

2. “熏肉公社” 计划

对应着以傈僳族熏肉为核心的第二产业发展的探索，在租用的村民家中建设熏肉公社。

3. “火塘民宿” 计划

对应着主打火塘元素的沉浸式、体验式少数民族村寨旅游业发展的目标，依托可供游客体验的傈僳族火塘厨房来进行游客食宿的组织。

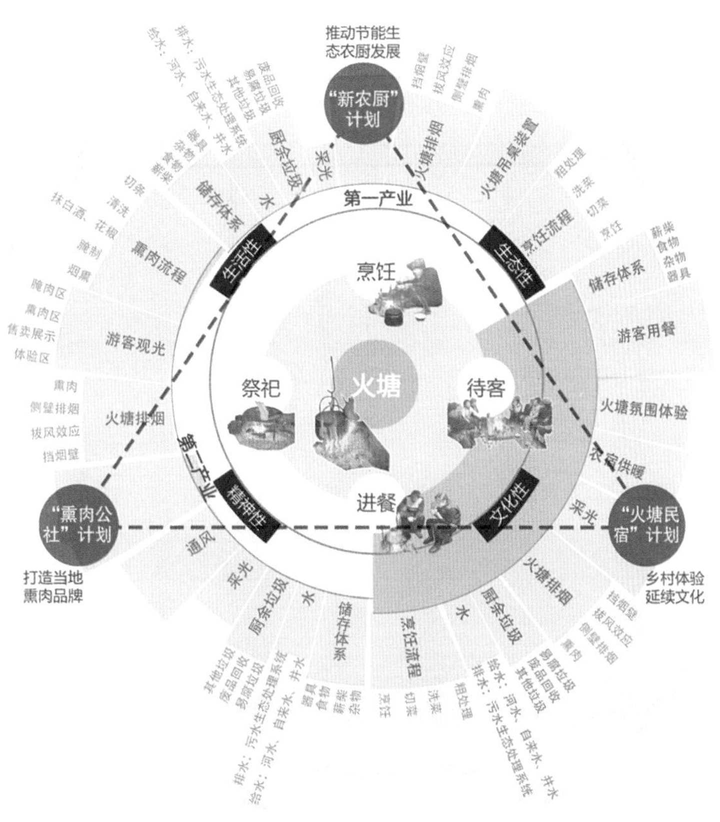

五、方案阐释

1. “新农厨” 计划

“新农厨”计划聚焦于村民生活中使用厨房的方方面面。考虑到原有的传统火塘文化与新兴灶台之间的冲突。改造也根据不同村民家中的生活习惯，以其中两家为代表进行“有灶台”与“无灶台”的新农厨空间探索，对厨房中的工作流线与空间进行了科学合理的改造。

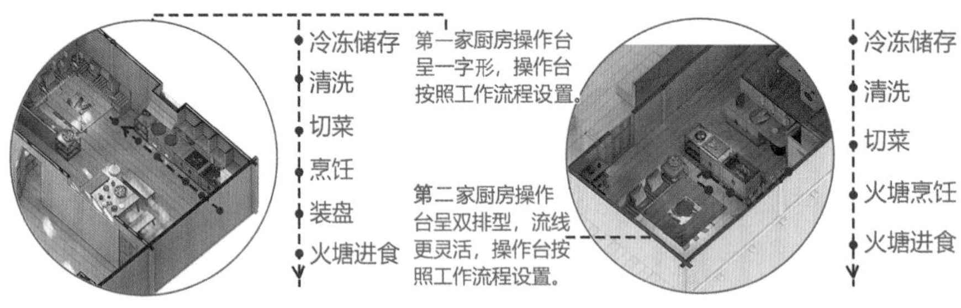

图：平面改造

两种模式中，都对传统的火塘提出了新的改造方案。在原本置于地面的原始火塘上新设计了“悬挂式”火塘装置与集烟空间。不仅保留了传统的火塘使用方式与火塘文化习俗，还重新激活了火塘的社交属性，使火塘更加适应现代的农村生产生活。

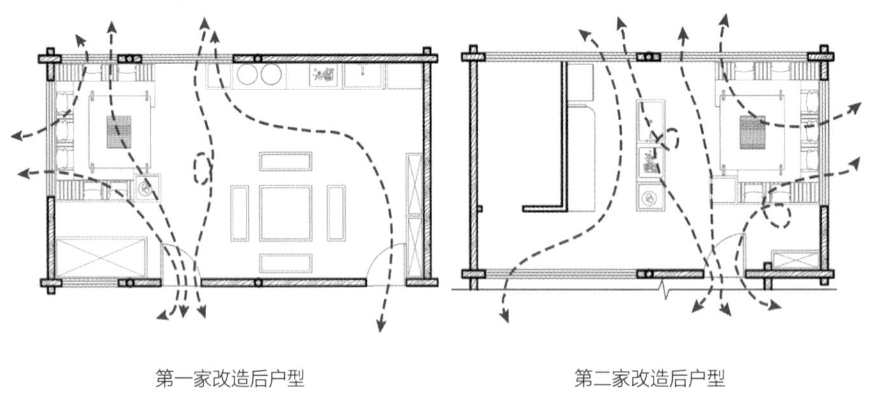

图：通风改造

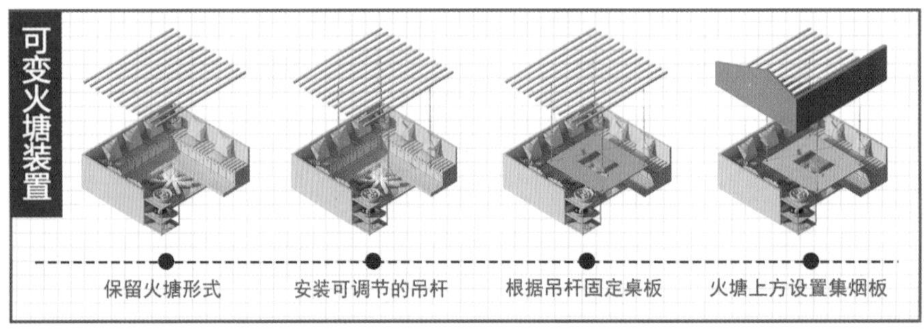

图：装置设计

2.“熏肉公社”计划

同乐村原本的熏肉都是由村民自产自食，而“熏肉公社”计划希望能整合熏肉资源，在租用的村民厨房中熏制猪肉，统一包装外销，打造当地熏肉品牌，带动经济发展。

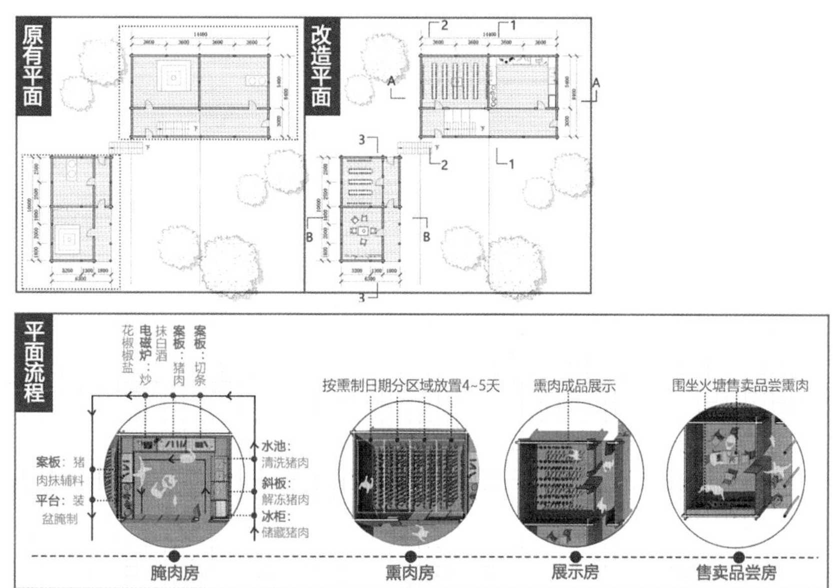

图：平面改造

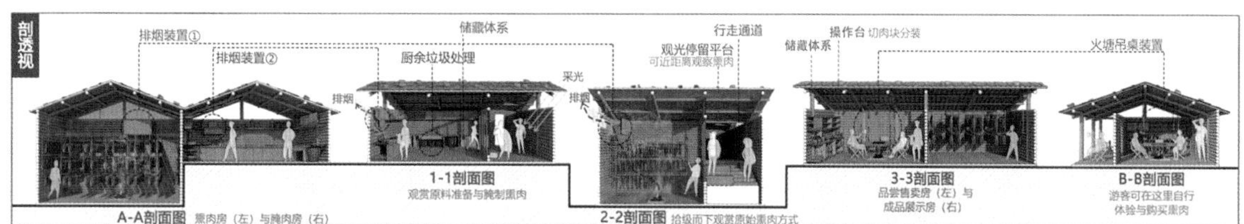

图：剖面改造

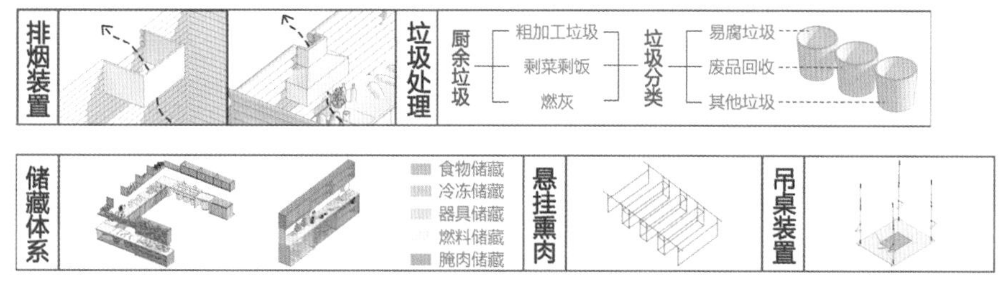

图：装置设计

3.“火塘民宿”计划

本计划选取余某家的住宅，余某是村中为数不多会写傈僳族文字的人，并且有毕业证。在项目中将改建成具有傈僳共享火塘厨房的火塘民宿，并结合主人自身的文化修养作为沉浸式体验场所对游客开放，以民宿服务及餐饮服务激活村民的产业发展，增加村民的收益并有利于傈僳火塘文化的传承及傈僳文字文化艺术的传播。

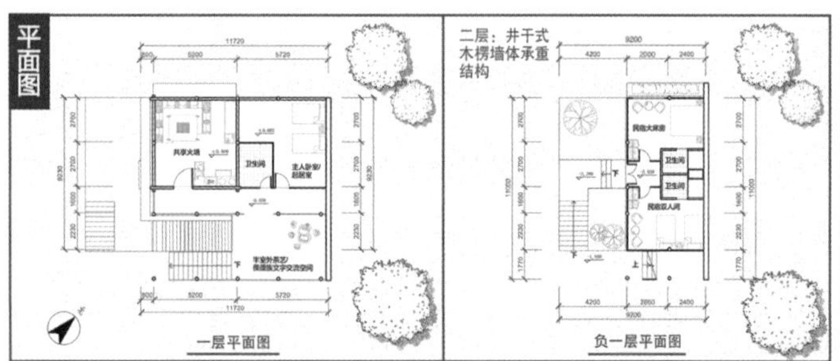

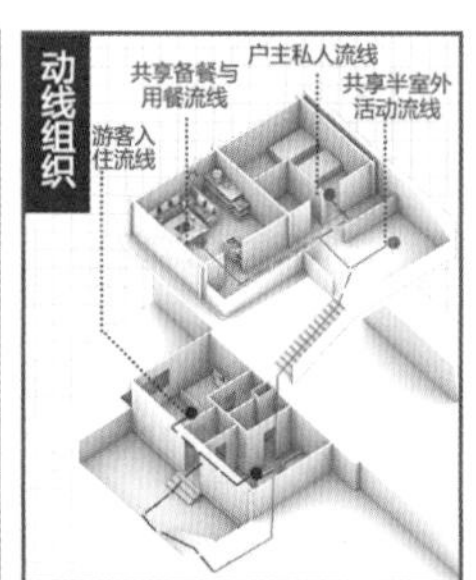

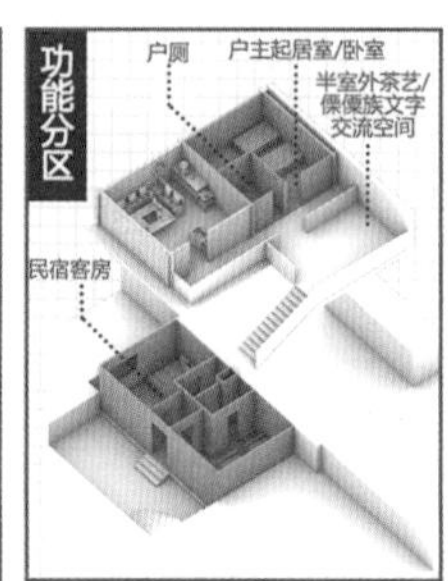

图：平面改造

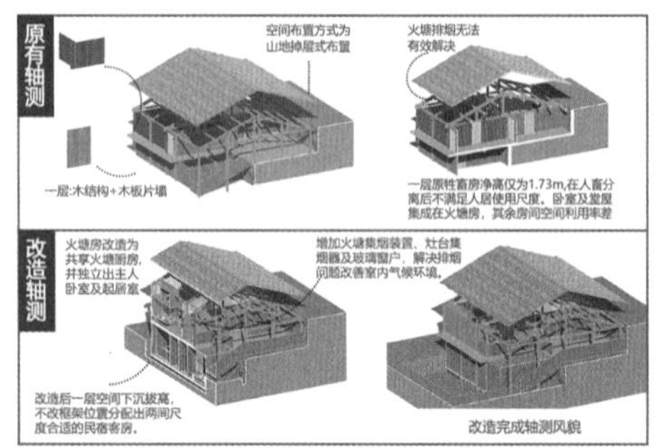

图：剖面改造

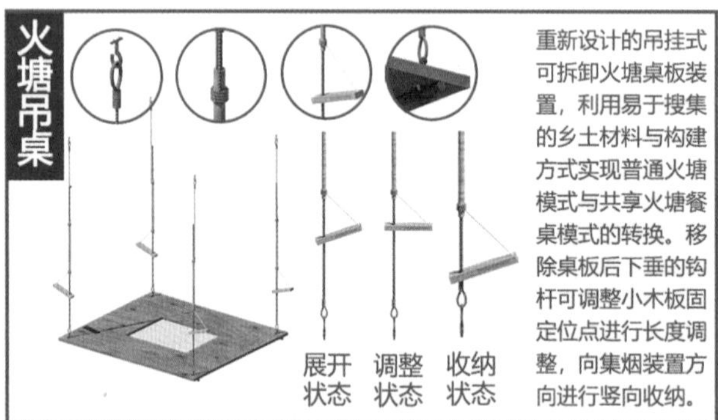

图：装置设计

图：效果展示

作品赏析

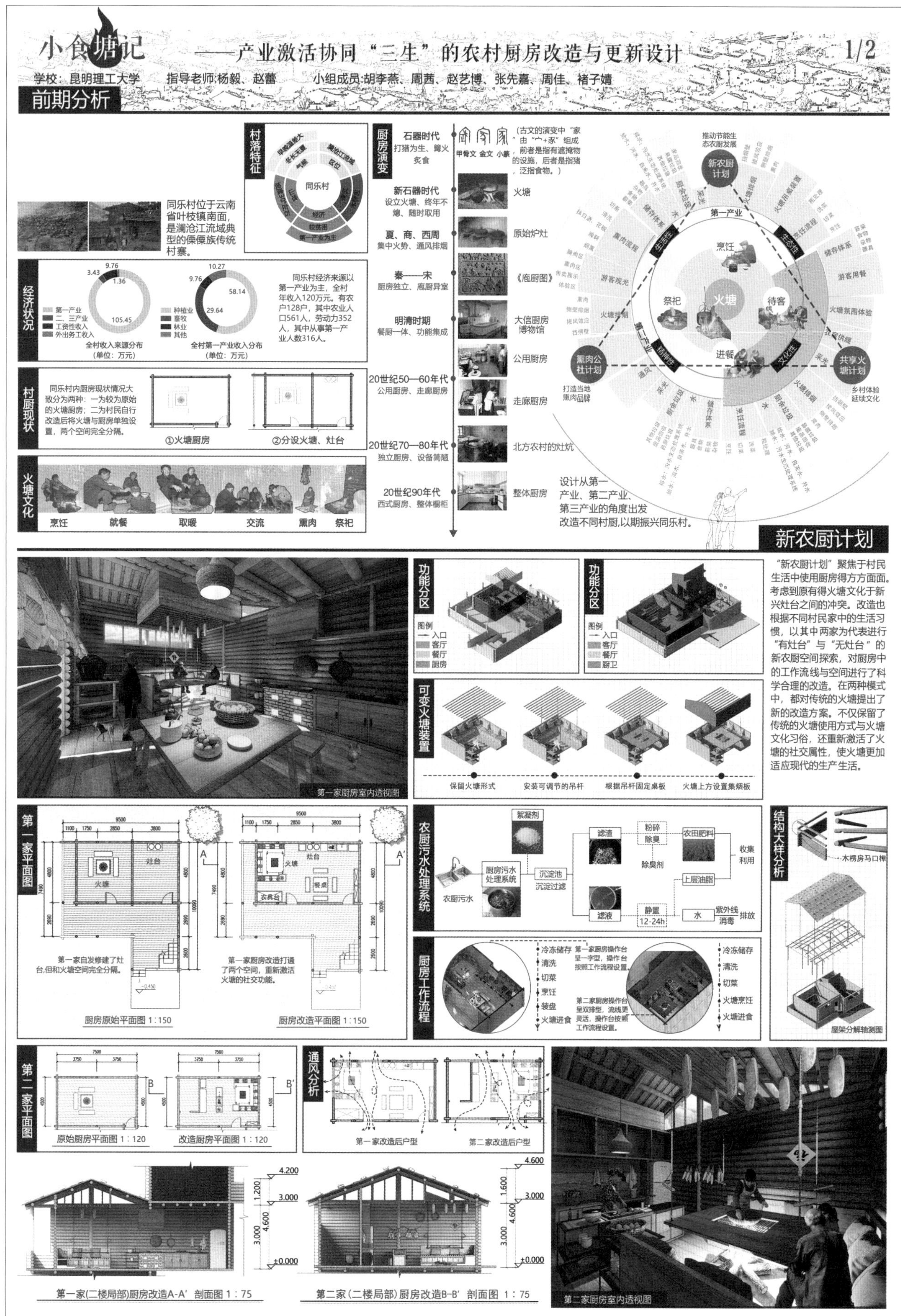

小食塘记 ——产业激活协同“三生”的农村厨房改造与更新设计 1/2
学校：昆明理工大学 指导老师:杨毅、赵蕾 小组成员:胡李燕、周茜、赵艺博、张先嘉、周佳、褚子婧
前期分析
村落特征
同乐村位于云南省叶枝镇南面，是澜沧江流域典型的傈僳族传统村寨。
经济状况
全村收入来源分布（单位：万元）
全村第一产业收入分布（单位：万元）
同乐村经济来源以第一产业为主，全村年收入120万元。有农户128户，其中农业人口561人，劳动力352人，其中从事第一产业人数316人。
村厨现状
同乐村内厨房现状情况大致分为两种：一为较为原始的火塘厨房；二为村民自行改造后将火塘与厨房单独设置，两个空间完全分隔。
①火塘厨房
②分设火塘、灶台
火塘文化
烹饪 就餐 取暖 交流 熏肉 祭祀
厨房演变
石器时代 打猎为生、篝火炙食
新石器时代 设立火塘、终年不熄、随时取用
夏、商、西周 集中火势、通风排烟
秦——宋 厨房独立、庖厨异室
明清时期 餐厨一体、功能集成
20世纪50—60年代 公用厨房、走廊厨房
20世纪70—80年代 独立厨房、设备简陋
20世纪90年代 西式厨房、整体橱柜
火塘 原始炉灶 《庖厨图》 大信厨房博物馆 公用厨房 走廊厨房 北方农村的灶炕 整体厨房
设计从第一产业、第二产业、第三产业的角度出发改造不同村厨,以期振兴同乐村。
新农厨计划
熏肉公社计划
共享火塘计划
火塘 烹饪 祭祀 待客 进餐
新农厨计划
“新农厨计划”聚焦于村民生活中使用厨房得方方面面。考虑到原有得火塘文化于新兴灶台之间的冲突。改造也根据不同村民家中的生活习惯，以其中两家为代表进行“有灶台”与“无灶台”的新农厨空间探索，对厨房中的工作流线与空间进行了科学合理的改造。在两种模式中，都对传统的火塘提出了新的改造方案。不仅保留了传统的火塘使用方式与火塘文化习俗，还重新激活了火塘的社交属性，使火塘更加适应现代的生产生活。
第一家厨房室内透视图
功能分区
可变火塘装置
保留火塘形式 安装可调节的吊杆 根据吊杆固定桌板 火塘上方设置集烟板
第一家平面图
第一家自发修建了灶台,但和火塘空间完全分隔。
第一家厨房改造打通了两个空间，重新激活火塘的社交功能。
厨房原始平面图 1:150
厨房改造平面图 1:150
农厨污水处理系统
厨房工作流程
结构大样分析
屋架分解轴测图
第二家平面图
原始厨房平面图 1：120
改造厨房平面图 1：120
通风分析
第一家改造后户型 第二家改造后户型
第一家(二楼局部)厨房改造A-A′ 剖面图 1：75
第二家（二楼局部）厨房改造B-B′ 剖面图 1：75
第二家厨房室内透视图

小食塘记 ——产业激活协同"三生"的农村厨房改造与更新设计 2/2
学校：昆明理工大学 指导老师：杨毅、赵蕾 小组成员：胡李燕、周茜、赵艺博、张先嘉、周佳、褚子婧
熏肉公社计划
功能分区
工艺流程
游客流线
原始熏肉方式
火塘常年不灭火，可为熏肉产业提供有力的烟熏条件。
熏肉产业
打造同乐村熏肉品牌，振兴乡村
熏肉公社
延续原始熏肉方式打造当地熏肉品牌
熏肉公社选址
在村庄入口处选择两户人家作为熏肉公社，外销交通方便
同乐村原本的熏肉都是由村民自产自食，名为"琵琶肉"，而"熏肉公社计划"希望能整合同乐村的熏肉资源，配合上火塘火不能灭的传统，在租用的村民厨房中用当地的手法去熏制猪肉，统一包装外销，打造当地熏肉品牌，大力推进第二产业发展。
原有平面
改造平面
平面流程
按熏制日期分区域放置4~5天
熏肉成品展示
围坐火塘售卖品尝熏肉
腌肉房
熏肉房
展示房
售卖品尝房
排烟装置
垃圾处理
厨余垃圾
粗加工垃圾
剩菜剩饭
燃灰
垃圾分类
易腐垃圾
废品回收
其他垃圾
储藏体系
悬挂熏肉
吊桌装置
剖透视
A-A剖面图 熏肉房（左）与腌肉房（右）
1-1剖面图 观赏原料准备与腌制熏肉
2-2剖面图 拾级而下观赏原始熏肉方式
3-3剖面图 品尝售卖房（左）与成品展示房（右）
B-B剖面图 游客可在这里自行体验与购买熏肉
共享火塘计划
平面图
一层平面图
负一层平面图
动线组织
功能分区
原有轴测
改造轴测
改造完成轴测风貌
本计划选取余某家的住宅，在项目中将余某家改建成具有傈僳共享火塘厨房的火塘民宿，并结合主人自身的文化修养作为沉浸式体验场所对游客开放，以民宿服务及餐饮服务激活村民的产业发展，增加村民的收益并有利于傈僳火塘文化的传承及傈僳文字文化艺术的传播。
火塘吊桌
展开状态
调整状态
收纳状态
剖透视效果图

树下光“荫”

二等奖

【参赛院校】 四川农业大学建筑与城乡规划学院

【参赛学生】

张起亮

刘启扬

王世龙

王昱晴

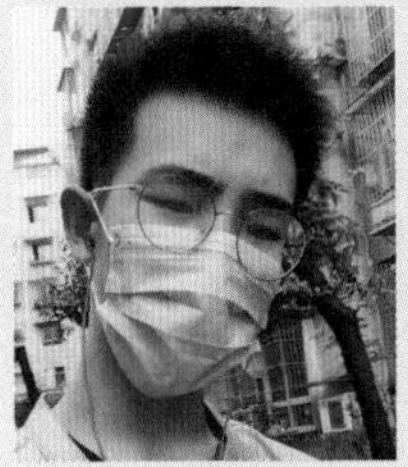
徐瑞捷

胡嘉瑞

【指导老师】

曹 迎

周 睿

作品介绍

一、背景介绍：发现问题

我们在贵州省安顺市西秀区大西桥镇鲍屯村开展了为期三天的调研工作，并参与了2020年全国高等院校大学生乡村规划方案竞赛乡村设计方案竞赛单元的活动中心设计板块。通过深入村庄的调研和访谈，我们发现村民活动的以下问题：

1. 村中日常活动主要集中在村口的两棵大柏树下

这里不仅能看到村庄周围的景色，并且能看见村子中的交易活动、外来游客活动、村民家常聊天，所以这个村中为数不多的开阔地成为村民的主要活动地。

2. 村民活动场地单一，不具备全年不间断使用

村庄的活动场地更多的是为留在村中的老人和孩子服务，但调研中我们观察到老人的活动场所除了家中就是村口，而村口是没有具有功能性的室内活动场所的，老人们大多是围坐在大树下，缺少遮风挡雨的硬件设施，无障碍设施则更是成为一种奢望。

3. 儿童活动场所的匮乏

孩子们除了去村庄旁的水碾坊游泳和隔壁村外，并无真正属于他们的活动场所，这种缺失使得在家看手机成为孩子们最喜欢的活动。

综上所述，我们提炼了鲍屯村所需活动中心的一些要素。

二、设计理念

经过对鲍屯村相关文化的了解、老支书的介绍及村民访谈，我们发现，鲍屯村村民有着强烈的“归根”意识与“故乡情”，村口的两棵大柏树则是鲍屯村村民聚集活动的主要据点。我们抓住村民活动的特征、活动需求和村民心中对鲍屯村的情怀感，将村口大柏树下的交流活动以及树下这一荫蔽的场景作为意象引入活动中心的设计。

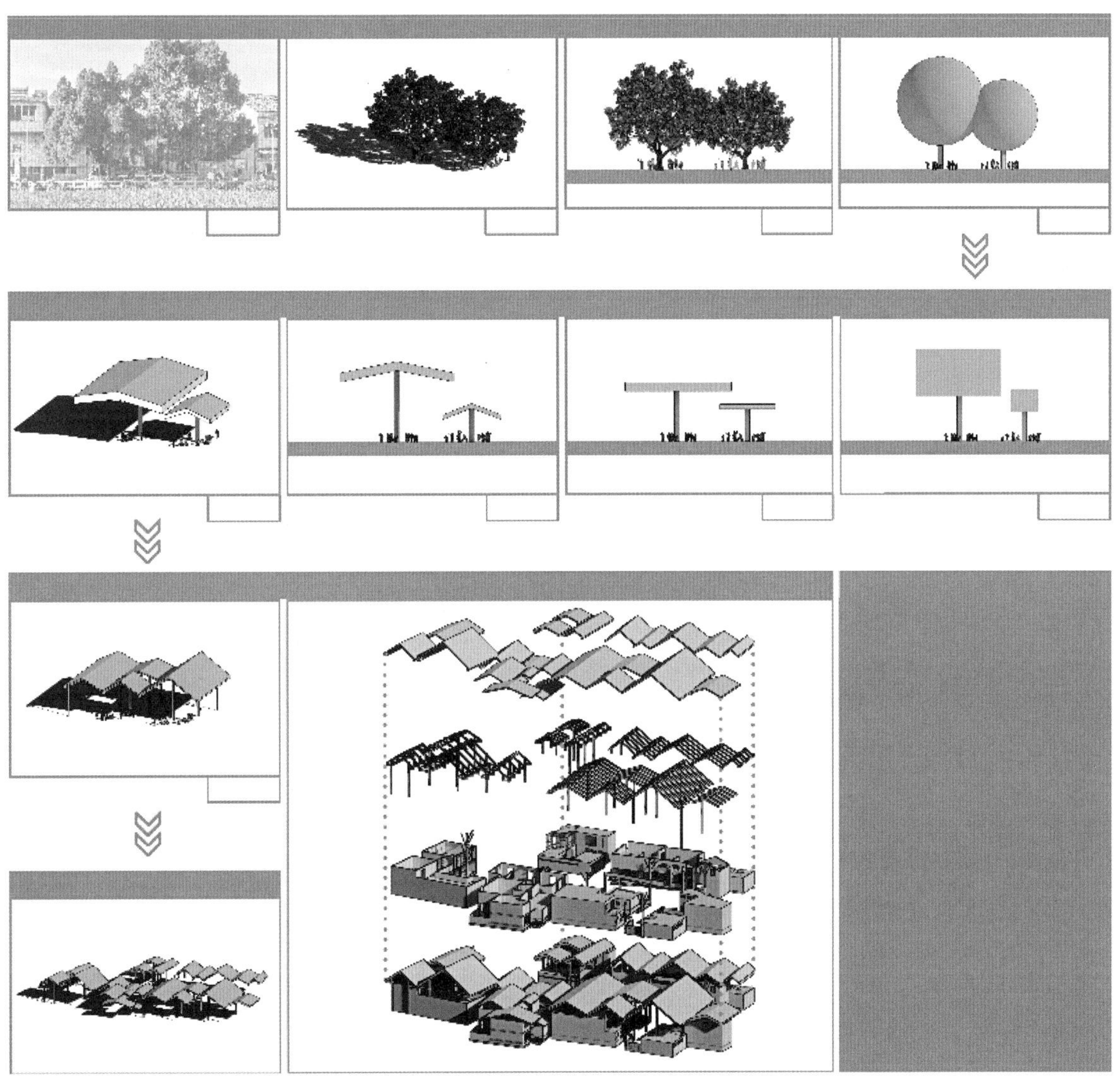

在进行功能布局和细部设计后，采用大屋盖构件和枝状的竖向支撑构件覆盖在活动中心的主体功能空间上，在提供大量的灰空间，增加村民间交流的同时，模拟了村口大柏树下的意象。

三、改造策略

活动中心整体改造可分为建筑更新、交互空间、功能置入三部分。建筑更新方面，对原有建筑平面进行了梳理，通过减墙、去建筑的形式对活动中心整体进行打通，确保整体流线的连贯感，对原有建筑立面保留原有窗洞位置并在部分位置增加开洞，消除原有建筑因小开窗而带来的沉闷体验，活动中心两侧屋顶则是门口两棵老柏树的意向转化，为活动中心提供了丰富多变的灰空间和活动场地。

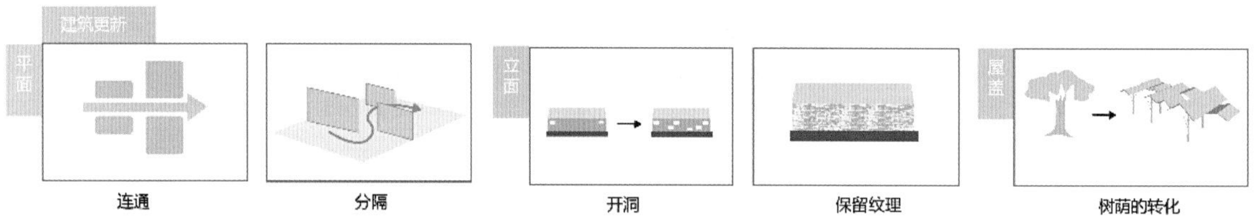

交互空间打造方面，也是通过三种手段来实现，大屋盖的应用让建筑整体增加了大量的灰空间，檐下空间就如同村口树下空间，吸引着村民们闲聊与聚集；将村口柏树意向转化为大屋盖的同时，也将树下活动这一现实场景转移到了民宿旁广场，并通过小品的营造创造更丰富有趣的树下空间；另外，“对望”也是一个重要形式，去除市场与室外棋牌的外墙原窗扇，使其成为一个“框”，通过框使处在逛市场的村民与下棋打牌的村民间相互对望。

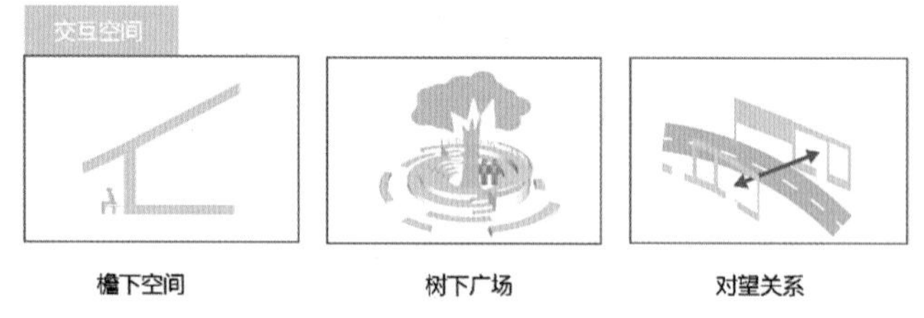

功能植入方面，为村民增加了公共食堂、坝坝电影；根据儿童需求设有儿童活动室、影像室和图书室；为老人提供了老年活动学习室，供老人进行唱歌、跳舞、写字等活动；为游客设立了鲍屯村当地的手工展示与体验区、地戏展示区和民宿，全方位体验鲍屯村民俗风情；原本聚集于村口的商贩迁入活动中心一层市场区，为其提供贩卖场地，同时为村民提供一个集中购物的场所，增加了热闹感和生活气。

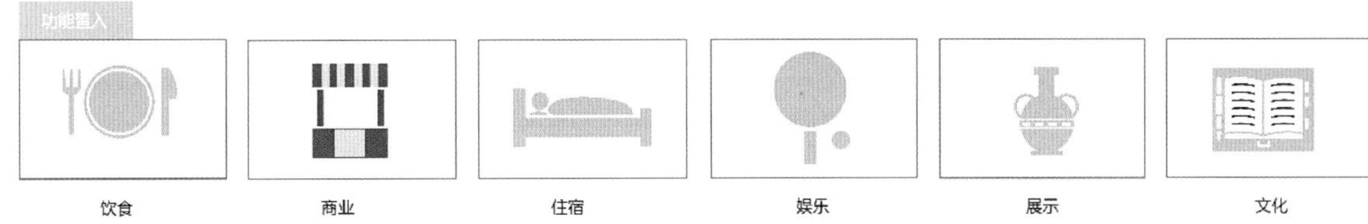

另外，除了主体活动中心外，为了在不破坏村庄的同时尽可能满足全村域人群的活动需求，在整个村子选取三处空地或废弃房屋进行了三个散点小活动中心的建设，使村民无论处于村中何处，都能够处于活动中心的辐射范围内。

作品赏析

树下光"荫"

乡土共生，延续重构

基于集体记忆特征的乡村活动中心设计 1

参赛学校：四川农业大学
指导老师：曹迎 周睿 小组成员：张起亮 王昱晴 徐瑞捷 王世龙 刘启扬 胡嘉瑞

建筑效果图一

区位分析 District Analysis

场地交通分析 Traffic Analysis

鲍家屯村，别名杨柳湾、鲍屯村，贵州省安顺市西秀区大西桥镇下辖行政村，中国传统村落，位于安顺以东20km、距离省城贵阳65km、距离镇政府大西桥1.5km，村域面积5.1km²。

鲍家屯村为典型的喀斯特低山丘陵地貌，地势西北高东南低，后有靠山，前带流水，侧有护山，远有秀峰，整体布局为一轴两区内外八阵构筑形成。

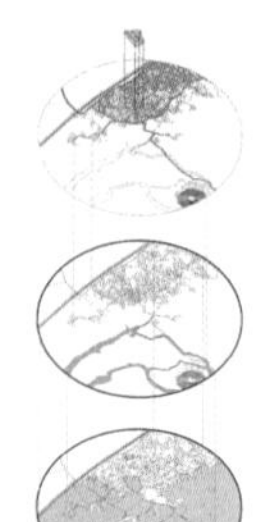

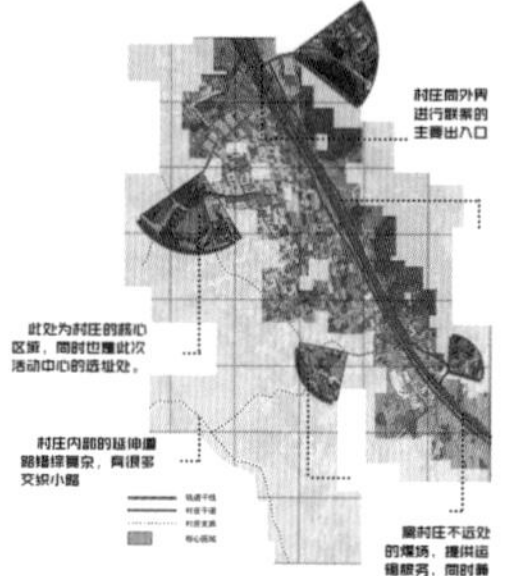

村民活动分析 Villager Activiy Analysis

村民活动项目主要为村口树下聊天，村内打牌，还有玩手机，儿童则多为夏天在村口的水系中游泳，村内做游戏，玩手机。村民主要生产活动为耕地种田，少数年轻人在村子旁边的工厂上班。

场地景观分析 Site Landscape Analysis

鲍家屯生态文明、有舒适宜人气候和丰富水资源，地貌地质，群山植被良好，环绕平坦宽敞大田坝，两千余亩（文星亩）大田坝通风向阳，土壤为"马粪土"，肥沃，是鱼、鸟、走兽的天堂，花的世界。同时在村子周边也有大量当地特色景观。

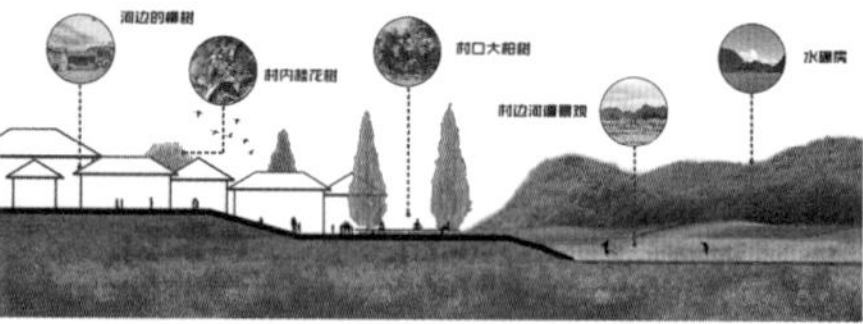

屋盖构思逻辑 Roof Design Logic

建筑功能分区 Building Function Analysis

特色分析 Characteristic Analysis

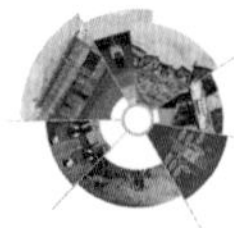

鲍家屯拥有安顺市地方传统戏剧国家级非物质文化遗产之一的地戏，丰富了当地的文化特色，同时拥有鲍大千、鲍璋、鲍福宝故居与四合院文化，村内还有村民日常壁画与独特的八卦阵布局，拥有地方特色。

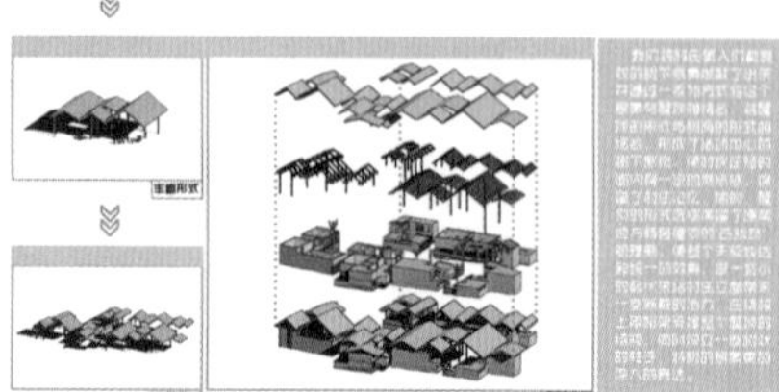

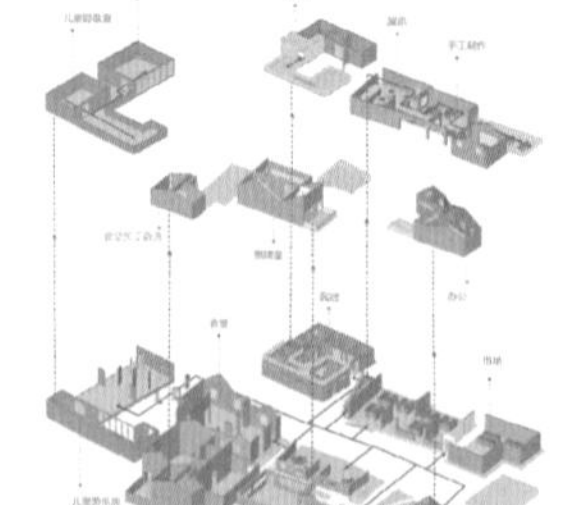

人群特点分析

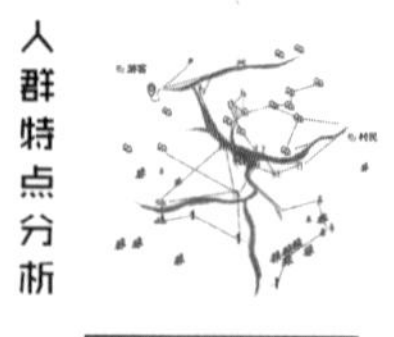

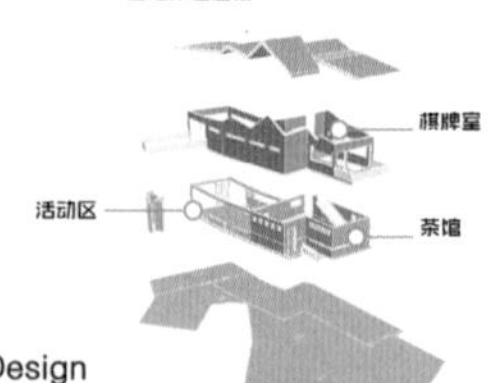

细部改造设计 Detailed Renovation Design

空间改造逻辑

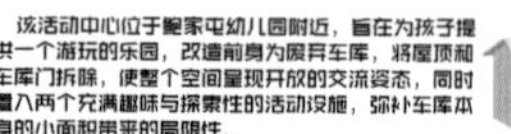

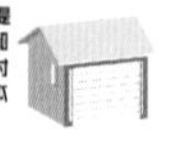

空间梳理-减墙　空间梳理-减墙　空间梳理-减墙　空间梳理-减墙

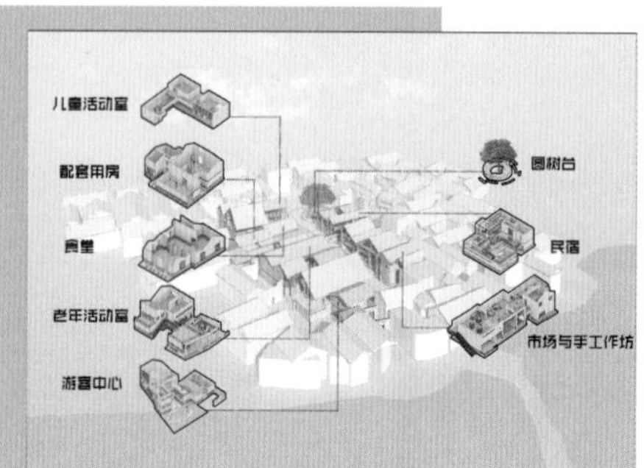

儿童活动室

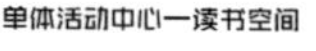

村上的儿童都表示需要一些能够在村上娱乐的地方，所以我们选择了一个比较内向的地点，为儿童建造了一个属于他们的小天地，加强一下村里儿童的互动性。

配套用房

村里拥有大量老人的情况下，自己的衣食住行稍有不便，所以打造了一个食堂与其配套用房，同时也能为来旅游的游客提供一些餐饮服务，能够增强一些游客的滞留性。

食堂

村里老人部分留守或独居，而且村内厨房普遍比较简单，所以在公共部分建设一个食堂，为生活不便的老人提供服务，同时能增加一些邻里性。

游客中心

在村口处我们打造了一个游客中心，提供古村落的文化问询服务，为老支书提供一个工作的场所，同时为整个活动中心提供公共服务等工作。

圈树台

在汪公庙门口的广场里，缺少一些能够互动的感觉，在此创造了树下的景象景观。同时这也是一个儿童活动的区域范围，使其成为一个让儿童的"秘密基地"。

市场与手工作坊

我们调研发现古镇内缺少可以为流动摊贩提供商业活动的地点，还缺少提供日用品与食材的室内采购点，我们在设计中提供这些地点并提供一些当地的手工制品的展厅与体验店。

单体活动中心—儿童乐园

该活动中心位于鲍家屯幼儿园附近，旨在为孩子提供一个游玩的乐园，改造前身为废弃车库，将屋顶和车库门拆除，使整个空间呈现开放的交流姿态，同时置入两个充满趣味与探索性的活动设施，弥补车库本身的小面积带来的局限性.

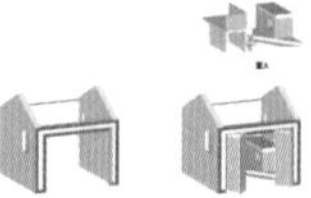

单体活动中心—读书空间

该活动中心旨在为村中居民提供多元化的选择，在原有建筑的基础上，对建筑进行改建，将一层右侧设置为动区，一层左侧设置为静区，二层作为阅览空间。一层动区与静区由庭院空间阻隔开，保证不同性质的空间不会产生干扰。

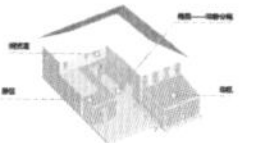

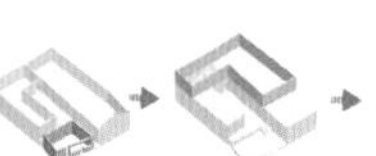

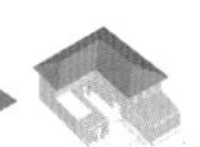

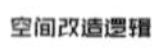

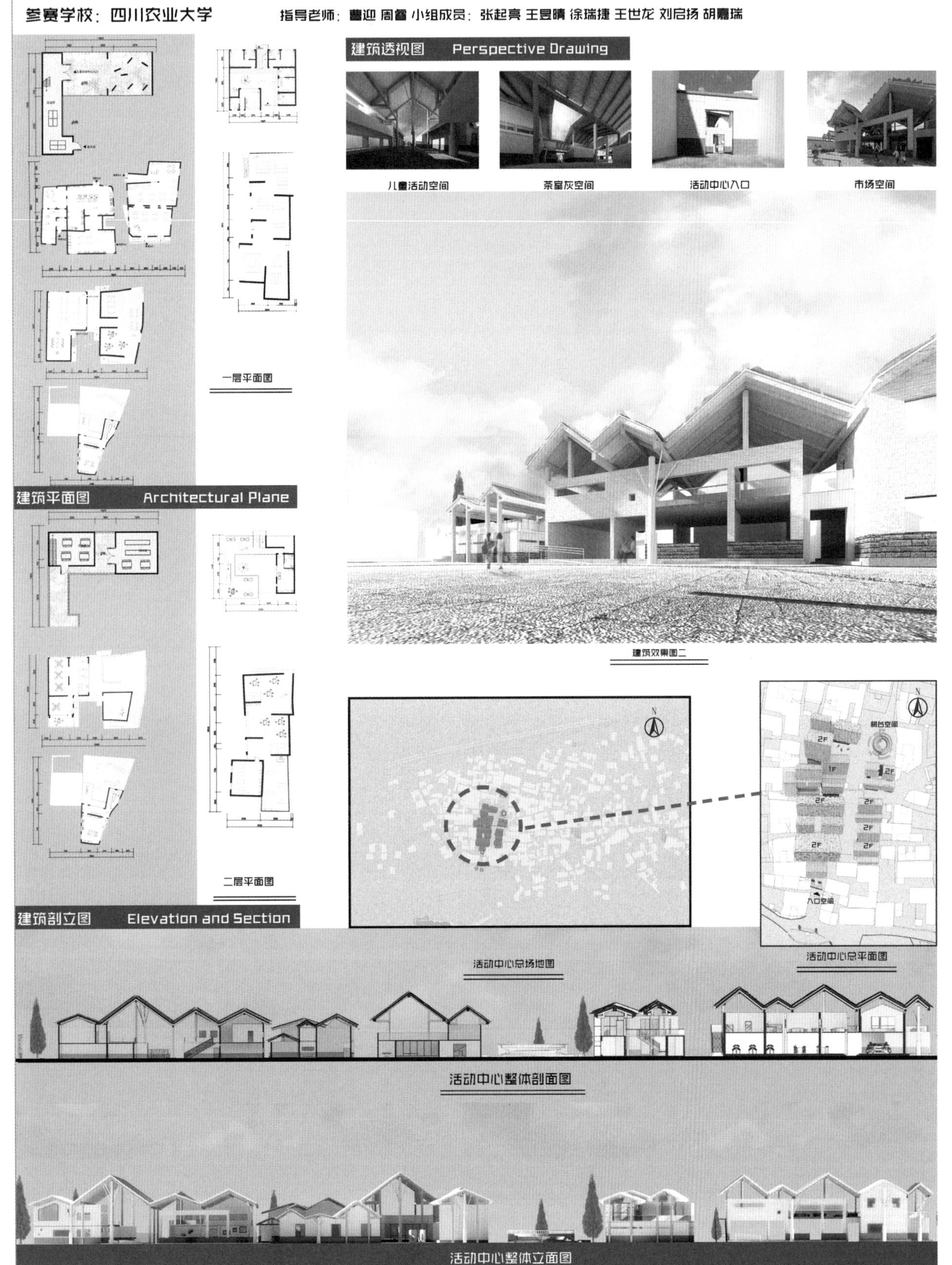
乡土共生，延续重构
树下光"荫"
基于集体记忆特征的乡村活动中心设计
2
参赛学校：四川农业大学
指导老师：曹迎 周睿 小组成员：张起亮 王昱晴 徐瑞捷 王世龙 刘启扬 胡嘉瑞
建筑透视图 Perspective Drawing
儿童活动空间
茶室灰空间
活动中心入口
市场空间
建筑效果图二
一层平面图
建筑平面图 Architectural Plane
二层平面图
建筑剖立图 Elevation and Section
活动中心总场地图
活动中心总平面图
活动中心整体剖面图
活动中心整体立面图

第　五　部　分

基地简介

乡村振兴

- 基地一：贵州省安顺市西秀区大西桥镇鲍屯村（贵州大学建筑与城市规划学院、贵州省安顺市西秀区人民政府承办）
- 基地二：浙江省绍兴市越城区斗门街道璜山南村（浙江工业大学设计与建筑学院、浙江省绍兴市越城区斗门街道办事处承办）
- 基地三：江苏省苏州市相城区望亭镇北太湖风景区（苏州科技大学建筑与城市规划学院、江苏省苏州市相城区望亭镇人民政府承办）
- 基地四：北京市房山区周口店镇车厂村（北京建筑大学建筑与城市规划学院、北京市房山区周口店镇人民政府承办）
- 基地五：安徽省芜湖市繁昌区孙村镇长寺村、平铺镇郭仁村（安徽师范大学地理与旅游学院、安徽建筑大学建筑与规划学院、安徽省芜湖市繁昌区人民政府承办）。
- 自选基地：全国 211 个自选基地列表

基地一：贵州省安顺市西秀区大西桥镇鲍屯村（贵州大学建筑与城市规划学院、贵州省安顺市西秀区人民政府承办）

简介：

鲍屯村位于贵州省安顺市西秀区大桥镇南部，距安顺城区22km，始建于明洪武二年（公元1369年），为当时"调北征南"大军的一支先锋部队所建，因村民大部分姓鲍，简称鲍屯，生活其间的鲍氏子孙已繁衍至27代。村落辖区为5.1km^2，全村约700户2400人。鲍屯村于2010年被公布为第五批中国历史文化名村；2012年被列入第一批中国传统村落名录；2013年鲍屯村古水利工程入选第七批全国重点文物保护单位。

鲍屯村地处典型喀斯特低山谷丘陵地貌，村内运用诸葛亮"八阵图"的原理，建造防御功能突出的军屯：以大庙为核心（中军），内瓮城为纽带，几百幢坚固石头房屋构成八个防御阵地（八条街巷），街巷各设街门，形成由外墙、瓮城、街阵、院落多层防御体系构筑的屯堡格局。鲍屯还以古水利工程著名，明初修建的"鱼嘴分流式"的大型水利工程，具备灌溉、防

鲍屯村鸟瞰全景

洪、生产、养殖、用水、排污、景观、生态保护、安全防卫等功能，是贵州目前发现的唯一保存最为完整并依然有效发挥水利功能的明代古水利工程。

乡村振兴格局下，鲍屯村作为传统村落，面临保护和发展的时代命题，继续探讨如何在保护好村落屯堡文化的同时，实现绿色宜居。

古水利回龙坝七眼桥

民居碉楼

屯堡巷口

碾房

基地二：浙江省绍兴市越城区斗门街道璜山南村（浙江工业大学设计与建筑学院、浙江省绍兴市越城区斗门街道办事处承办）

简介：

璜山南村位于绍兴市越城区斗门街道西北部，因坐落于璜山以南而得名，距杭甬高速出口、绍兴北站（高铁站）仅 4km，至绍兴市中心仅 15km，交通便捷、地理位置优越。全村面积 0.9km^2，其中土地面积 906 亩，山林面积 369 亩、水域面积 40 亩。全村由两个自然村组成，下辖 6 个村民小组，共 385 户 1226 人，以王、丁、谢、来与夏为大姓。

璜山南村依山傍水、水网密布、风光秀丽。璜山上有天助庵，始建于清嘉庆年间，山脚下有松林庵，时有梵音四溢，炉香缭绕。世界文化遗产京杭大运河延伸段浙东运河从村庄西、北两侧流过。村北钟秀桥始建于明清、重修于民国，横跨于璜山江上。村内流传着佛足印、状元台门等历史传说。

璜山南村的居民点分布于璜山江两岸，近年来经过环境整治、五水共治，水清、路净、最美的乡村新景观初步形成，先后被评为“浙江省文明村”“浙江省环境整治示范村”“绍兴市生态村”“绍兴市五星达标村”。

在乡村振兴战略背景下，璜山南村拟对 200 余亩土地整理开发，引入生态农业旅游产业，致力于打造康养结合的旅游休闲目的地。

基地三：江苏省苏州市相城区望亭镇北太湖风景区（苏州科技大学建筑与城市规划学院、江苏省苏州市相城区望亭镇人民政府承办）

简介：

（1）乡村规划方案竞赛单元和乡村调研及发展策划报告竞赛单元基地

北太湖（望亭）旅游风景区位于农业特色小镇“稻香小镇”苏州市相城区望亭镇，西邻太湖、北接望虞河，京杭大运河穿境而过。北太湖大道一侧是近 7km 的滨湖风光，另一侧是万顷良田与散落其间的自然村落，是鱼米之乡的现实写照。北太湖（望亭）旅游风景区是集休闲、观光、采摘、农事体验、农家餐饮、娱乐为一体的开放式旅游风景区。望亭镇在全面整合太湖、农业旅游资源的同时，设计开发了一系列精品线路与产品。经过一整年的建设，御亭路、湖亭路、金沙滩路、顺堤河等区域周边景观大幅提升，长洲苑湿地公园、稻香公园完成建设，游客中心即将完工。未来要以特色田园乡村群构建的契机，不断完善风景区内的基础设施配套，把引进精品民俗等新业态作为重点，吸引更多的优质项目落地，让更多新业态在北太湖（望亭）旅游风景区扎根。

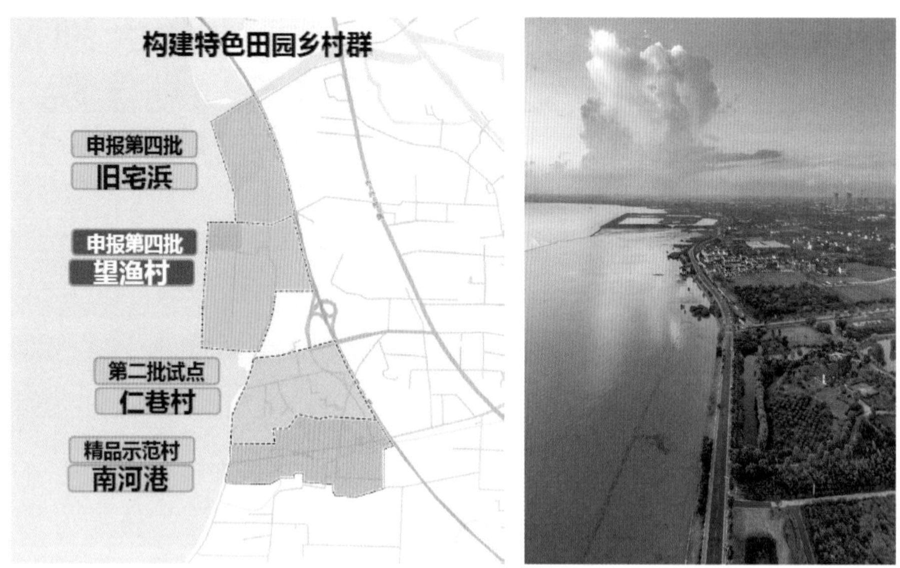

（2）乡村设计方案竞赛单元的基地

北太湖（望亭）旅游风景区内的一个自然村落——望渔村，其位于望亭镇西北角，望虞河南岸，西接太湖，东侧边界为京沪高速，望渔村是镇内生态农业和休闲旅游的重要一环，同时处于太湖区域绿心生态保育区内，应坚持走生态发展、绿色发展的道路。本次规划占地1.28km^2，涉及望渔村42户，下圩田30户，共计72户，共276人。规划范围内用地以非建设用地为主，其中水域约80.77hm^2，农林用地约17.39hm^2，绿地约21.26hm^2，非建设用地占总面积的92.7%，范围内存在部分建设用地，村庄住宅用地及道路用地，用地种类较少，分布较为集中。

望亭镇土地利用总体规划中，望渔村大部分土地属于一般农田，在现状建设用地基础上可少量新增建设用地。望渔村现状周边自然资源丰富，整个村庄被水系和林地包围。村庄外围河塘密布，西侧是大面积的水塘以及芦苇荡，东侧及南侧则被林地包裹。村民房屋普遍建于80年代末，房屋简陋。近十年来，村民自主翻建房屋约30户。区域农田现属于苏州市现代农业示范区。渔业作为村民主要的产业，主要捕鱼区域在东山与西山附近，多依托自然渔业发展，产业特色鲜明，但随着太湖生态保护与管控，产业提升难度较大。渔业与现有北太湖稻香小镇的相关产业互动性较少，难以形成较好的富民产业。灰池范围作为村民养殖与短期贮存进行市集交易是较好的方式，但是灰池建设属于太湖流域管理局管辖，目前较难实施。太湖资源林地资源丰富，但生活环境还需完善提升。村庄被林地与灰池水塘包围，形成较好的生态空间，但村庄内部生活环境空间还需进一步提升。

望渔村特色田园乡村 1.28平方公里

基地四：北京市房山区周口店镇车厂村（北京建筑大学建筑与城市规划学院、北京市房山区周口店镇人民政府承办）

简介：

村庄位于大房山余脉末端南麓，周口店镇东北部，为周口店河源头，地势西北高东南低。东邻燕山石化公司，西邻长沟峪煤矿，南邻西庄村，北邻佛子庄乡。距离北京市中心40km，距离周口店猿人遗址仅6km，周边还有坡风岭、上方山、云居寺等著名旅游景点。车厂村为行政村，辖车厂、龙门口两个自然村，总面积10km^2，常住人口650户，1233人，姓氏以刘、张、李为主，均为汉族。

车厂村于金元时期成村，因地属金代陵寝区，为金代皇室谒陵停存銮舆之处，故名车厂（场）。村落主要有山地、河谷和少量岗丘构成，生态环境良好，森林覆盖面积达85%以上。2019年12月25日，被评为国家森林乡村。村内有金陵遗址、十字寺遗址两处国家级文物保护单位，古民居及古树若干。一村两处国家级保护单位全国罕见，是本地区乃至全市区独具特色并有着极高禀赋的文化旅游资源地。村内保留了大量的传统民居，诉说着村庄古老的历史。

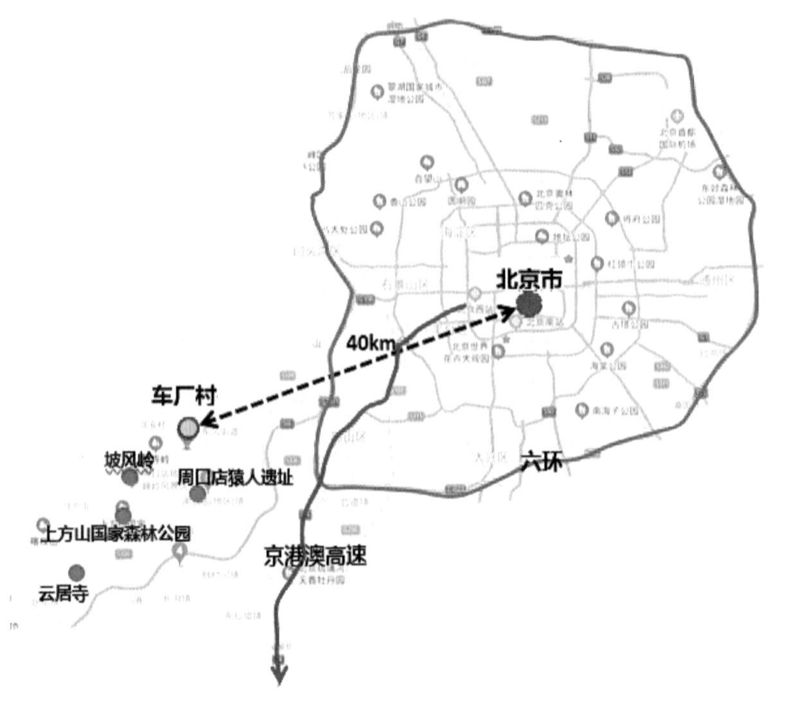

车厂村区位

村内山体植被郁郁葱葱

古民居

历史街巷

基地五：安徽省芜湖市繁昌区孙村镇长寺村、平铺镇郭仁村（安徽师范大学地理与旅游学院、安徽建筑大学建筑与规划学院、安徽省芜湖市繁昌区人民政府承办）

简介：

（1）安徽省芜湖市繁昌区孙村镇长寺村

长寺村位于繁昌区孙村镇的西北部，距镇中心 4km，东连金岭，南接长垅，西交黄浒，北触荻港。长寺属山区村，以境内长岭冲、寺冲二条冲而得名，全村总面积 6.4km^2，林地占 9547 亩，耕地 234 亩（水田 196 亩、旱地 38 亩），水面 342 亩。全村辖 8 个自然村，11 个村民组，601 户，总人口 2028 人。青壮年村民主要以在镇区企业务工收入为主，老年人主要以林业收入为主，村民人均可支配收入 15000 元。村庄内无产业、农副产品，以种植日常蔬菜及毛竹粗加工（竹笆）为主。长寺村盛产毛竹、木材、茶叶，铁矿石资源丰富。

三面环山，一面临水，村域内拥有繁昌区最大的水库——钳口水库，“村村通”公路贯穿全村，村庄内主干道铺设水泥路面，有线电视、电信光缆通达全村。

长寺村历史悠久，明朝时便已有人居住。最早定居长寺村的为乔姓、熊姓居民，后来赵、柯、丁、于姓村民也在长寺村居住。民国时，长寺村更名为长寺堡。中华人民共和国成立后，改名为长寺大队。1959 年初，因矿产丰富改名为钢铁营。1968~1975 年，长寺村曾叫红旗大队。之后，又改为长寺村。

老屋基（自然村组）为 2017 年度美丽乡村，是村委会所在地。以俞姓村民为主，俞氏家族世居河间，宋代迁居繁昌区繁昌滴水冲（今峨山镇象形村滴水村民组），宋末金辽之乱时避居繁昌乌金岭，后世子孙繁衍，又迁居长寺。这就是长寺俞氏的来历。老屋基现有 110 多户人家，410 余口人。

（2）安徽省芜湖市繁昌区平铺镇郭仁村

郭仁村地处繁昌区平铺镇东北部，东和南陵县一河之隔、北和芜湖市三山区毗邻。全村总面积 4.61km^2，总人口为 1998 人，635 户，辖 5 个自然村，12 个村民组；村办公占地面积 465m^2。

全村西面环山，东面依水，山水环绕，自然资源较为丰富，是水稻主产区，农业生产工具基本实行机械化，村流转耕地面积 3200 亩，山场面积为 4800 亩，水产面积 2000 亩。全村已开通有线电视，覆盖电信网络。自来水改水率达 100%，改厕率达 60%，新农合参保率为 98.34%，新农保参保率 86.95%。外出务工 867 人，占全村人口 43.39%。

2015~2019 年，五年内具体实施了农村危房改造、水泥路建设、农开项目、土地流转、水利兴修、排灌站改造、农村人居环境整治等民生工程，让群众有了更多的获得感，曾获得第五届安徽省文明村镇、安徽省森林村庄。

自选基地：全国211个自选基地列表

来自260个参赛团队，选取了遍布全国各地的211个村落基地。详情请见下列附表。

序号	基地村庄
1	安徽省安庆市桐城市范岗镇花园村
2	安徽省蚌埠市怀远县褚集镇洄东村
3	安徽省池州市青阳县朱备镇骆村
4	安徽省黄山市屯溪区屯光镇篁墩村
5	安徽省黄山市休宁县板桥乡杨林湾村
6	安徽省宣城市绩溪县瀛洲镇龙川村
7	北京市房山区蒲洼乡宝水村
8	北京市海淀区苏家坨镇柳林村
9	北京市通州区潞城镇谢楼村
10	北京市通州区西集镇辛集村
11	北京市延庆区井庄镇柳沟村
12	福建省福州市晋安区宦溪镇过仑村
13	福建省福州市长乐区营前街道长安村
14	福建省龙岩市连城县宣和乡培田村
15	福建省宁德市古田县平湖镇端上村
16	福建省宁德市屏南县甘棠乡漈下村
17	福建省莆田市涵江区白塘镇陈桥村
18	福建省泉州市安溪县福田乡尾洋村
19	福建省泉州市晋江市安海镇社坛村
20	福建省泉州市晋江市东石镇潘山村
21	福建省漳州市平和县九峰镇黄田村
22	甘肃省甘南藏族自治州迭部县益哇乡扎尕那村
23	广东省东莞市茶山镇南社村
24	广东省东莞市横沥镇水边村
25	广东省东莞市横沥镇长巷村
26	广东省东莞市寮步镇浮竹山村
27	广东省东莞市中堂镇东向村
28	广东省佛山市南海区狮山镇狮中村
29	广东省佛山市顺德区容桂镇穗香村
30	广东省广州市番禺区石楼镇大岭村
31	广东省广州市番禺区石碁镇凌边村
32	广东省广州市花都区花东镇港头村
33	广东省江门市鹤山市龙口镇霄南村
34	广东省清远市连南瑶族自治县三排镇油岭村
35	广东省韶关市武江区龙归镇、江湾镇

续表

序号	基地村庄
36	广东省深圳市宝安区福永街道凤凰古村
37	广东省珠海市斗门区斗门镇接霞庄
38	广东省珠海市香洲区唐家湾镇那洲村
39	广西壮族自治区南宁市隆安县屏山乡刘家村
40	广西壮族自治区桂林市叠彩区大河乡白石潭村
41	广西壮族自治区桂林市叠彩区大河乡大村
42	广西壮族自治区桂林市灌阳县文市镇月岭村
43	广西壮族自治区桂林市灵川县大圩镇雄村
44	广西壮族自治区桂林市兴安县白石乡水源头村
45	广西壮族自治区柳州市三江侗族自治县林溪镇程阳八寨
46	广西壮族自治区南宁市西乡塘区石埠街道办三民村
47	贵州省贵阳市息烽县鹿窝镇老窝村、鹿龙村、三友村
48	贵州省黔东南苗族侗族自治州雷山县西江镇麻料村
49	贵州省黔东南苗族侗族自治州镇远县报京乡贵洒村
50	贵州省铜仁市石阡县国荣乡楼上村
51	海南省乐东黎族自治县尖峰镇黑眉村
52	海南省乐东黎族自治县尖峰镇红湖村
53	海南省乐东黎族自治县尖峰镇岭头村
54	河北省沧州市任丘市鄚州镇李广村
55	河北省邯郸市武安市午汲镇大贺庄村
56	河北省石家庄市井陉县南障城镇吕家村
57	河北省唐山市遵化市马兰峪镇惠营房村
58	河北省唐山市遵化市马兰峪镇马兰关一村
59	河北省张家口市赤城县镇宁堡乡方家梁村
60	河北省张家口市蔚县暖泉镇西古堡村
61	河南省安阳市龙安区龙泉镇白龙庙村
62	河南省安阳市龙安区龙泉镇张家岗村
63	河南省焦作市孟州市槐树乡龙台村
64	河南省洛阳市汝阳县刘店镇红里村
65	河南省洛阳市新安县北冶镇五元沟村
66	河南省洛阳市新安县北冶镇西地村
67	河南省洛阳市伊川县城关镇马营村
68	河南省洛阳市伊川县城关镇王家沟村
69	河南省洛阳市伊川县河滨街道梁村沟村
70	河南省洛阳市伊川县河滨街道任沟村

续表

序号	基地村庄
71	河南省洛阳市伊川县江左镇魏村
72	河南省平顶山市郏县安良镇高楼村
73	河南省平顶山市郏县茨芭镇山头赵村
74	河南省平顶山市郏县冢头镇李渡口村
75	河南省平顶山市鲁山县四棵树乡合庄村
76	河南省平顶山市鲁山县赵村镇小尔城村
77	河南省濮阳市濮阳县海通乡刘吕邱村
78	河南省商丘市睢阳区临河店乡贾楼村
79	河南省新乡市长垣市满村镇大杨楼村
80	河南省郑州市巩义市夹津口镇丁沟村
81	河南省郑州市荥阳市刘河镇分水岭村
82	河南省驻马店市遂平县和兴镇后楼村
83	河南省驻马店市遂平县和兴镇李屯村
84	河南省驻马店市遂平县阳丰镇肖庄村
85	湖北省黄冈市麻城市黄土岗镇茯苓窠村
86	湖北省恩施土家族苗族自治州建始县官店镇野猫山村
87	湖北省荆州市洪湖市万全镇黄丝村
88	湖北省荆州市沙市区岑河镇木垸村
89	湖北省武汉市江夏区乌龙泉街道杨湖村
90	湖北省宜昌市远安县旧县镇鹿苑村
91	湖南省郴州市临武县花塘乡石门村
92	湖南省衡阳市衡南县谭子山镇水井村
93	湖南省怀化市新晃县禾滩镇三江村
94	湖南省湘潭市湘乡市壶天镇壶天村
95	湖南省湘西土家族苗族自治州花垣县麻栗场镇广车村
96	湖南省益阳市安化县乐安镇蚩尤村
97	湖南省益阳市安化县田庄乡高马二溪村
98	湖南省益阳市赫山区谢林港镇清溪村
99	湖南省益阳市南县南洲镇南山村
100	湖南省益阳市南县乌嘴乡罗文村
101	湖南省长沙市开福县沙坪镇竹安村
102	湖南省长沙市浏阳市小河乡潭湾村
103	湖南省长沙市宁乡市双江口镇长兴村
104	湖南省长沙市长沙县北山镇明月村
105	江苏省苏州市昆山市锦溪镇计家墩村

续表

序号	基地村庄
106	江苏省苏州市太仓市双凤镇勤力村
107	江苏省苏州市吴中区东山镇三山村
108	江苏省苏州市相城区黄埭镇冯梦龙村
109	江苏省盐城市大丰区草庙镇东灶村
110	江苏省盐城市东台市梁垛镇张倪村
111	江西省抚州市黎川县日峰镇燎源村
112	江西省赣州市龙南市武当镇岗上村
113	江西省吉安市永新县三湾乡三湾村
114	江西省上饶市广信区皂头镇周石村
115	江西省宜春市丰城市小港镇沙埂村
116	江西省鹰潭市贵溪市雷溪镇南山村
117	江西省鹰潭市余江区马荃镇霞山村
118	辽宁省葫芦岛市兴城市高家岭镇汤上村
119	内蒙古自治区呼和浩特市回民区攸攸板镇东乌素图村
120	内蒙古自治区呼和浩特市回民区攸攸板镇西乌素图村
121	内蒙古自治区呼和浩特市赛罕区县黄河少镇石人湾村
122	内蒙古自治区乌兰察布市察右前旗平地泉镇南村
123	宁夏回族自治区吴忠市利通区郭桥乡山水沟村
124	青海省海东市循化撒拉族自治县道帏藏族乡张沙村
125	青海省海东市循化撒拉族自治县文都藏族乡拉代村
126	青海省黄南藏族自治州尖扎县当顺乡古浪提村
127	青海省黄南藏族自治州同仁市年都乎乡年都乎村
128	青海省黄南藏族自治州同仁县年都乎乡郭麻日村
129	青海省黄南藏族自治州同仁县曲库乎乡木合沙村
130	青海省西宁市湟源县城关镇丹噶尔古城
131	山东省菏泽市巨野县龙堌镇耿庄村
132	山东省济南市历城区港沟街道芦南村
133	山东省临沂市沂南县界湖街道北寨村
134	山东省青岛市黄岛区大村镇草场村
135	山东省青岛市即墨区路山卫街道办事处鳌角石村
136	山东省青岛市胶州市胶莱镇南王疃村
137	山东省泰安市肥城市孙伯镇五埠村
138	山东省威海市文登区侯家镇大百户村
139	山东省烟台市福山区高疃镇西罗格庄村
140	山东省枣庄市山亭区冯卯镇独古城村

续表

序号	基地村庄
141	山东省淄博市沂源县悦庄镇西辽村
142	山东省淄博市淄川区太河镇土泉村
143	陕西省安康市汉滨区建民街道黄石滩村
144	山西省晋中市寿阳县宗艾镇宗艾村
145	山西省吕梁市柳林县三交镇下塔村
146	山西省太原市古交市常安乡南头村
147	陕西省宝鸡市眉县首善街道葫芦峪村
148	陕西省榆林市米脂县龙镇
149	陕西省商洛市洛南县保安镇北斗村
150	陕西省商洛市洛南县保安镇庙底村
151	陕西省商洛市商州区大荆镇黄山村
152	陕西省渭南市大荔县段家镇东高垣村
153	陕西省渭南市韩城市西庄镇柳村
154	陕西省渭南市韩城市龙门镇西塬村
155	陕西省渭南市蒲城县苏坊镇党定村
156	陕西省西安市鄠邑区秦镇
157	陕西省西安市阎良区新兴街道滨河村
158	陕西省西安市长安区王曲街道南堡寨村
159	陕西省西安市周至县集贤镇殿镇村
160	陕西省西安市周至县集贤镇金凤村
161	陕西省西安市周至县终南镇大庄寨村
162	陕西省咸阳市礼泉县烟霞镇官厅村
163	陕西省咸阳市三原县新兴镇柏社村
164	陕西省咸阳市渭城区窑店镇刘家沟村
165	陕西省咸阳市兴平市桑镇双山村
166	陕西省咸阳市永寿县监军镇等驾坡村
167	陕西省延安市宝塔区麻洞川乡金盆湾村
168	上海市奉贤区南桥镇江海村
169	上海市嘉定区嘉定工业区灯塔村
170	上海市金山区枫泾镇新义村
171	上海市金山区朱泾镇待泾村
172	四川省阿坝藏族羌族自治州九寨沟县地漳扎镇郎寨村
173	四川省成都市崇州市观胜镇白鹤村
174	四川省成都市大邑县安仁镇南岸美村
175	四川省成都市都江堰市天马镇桂林社区

续表

序号	基地村庄
176	四川省成都市青白江区姚渡镇光明村
177	四川省成都市温江区和盛镇石坝村
178	四川省成都市新津区兴义镇岷江社区
179	四川省广元市苍溪县五龙镇三会村
180	四川省凉山彝族自治州冕宁县彝海镇彝海村
181	四川省遂宁市大英县卓筒井镇青木村
182	四川省宜宾市叙州区蕨溪镇顶仙村
183	四川省自贡市富顺县东湖镇棬坝村
184	天津市静海区独流镇十一堡村
185	新疆维吾尔自治区巴音郭楞蒙古自治州库尔勒市兰干乡兰干村
186	云南省保山市施甸县木老元布朗族彝族乡哈寨村
187	云南省大理白族自治州剑川县沙溪镇下科村
188	云南省昆明市呈贡区大渔街道海晏村
189	云南省昆明市嵩明县小街镇保旺村
190	云南省怒江傈僳族自治州泸水市称杆乡自把村
191	云南省普洱市思茅区思茅镇三家村
192	云南省曲靖市沾益区德泽乡老官营村
193	云南省腾冲市清水乡中部片区
194	浙江省杭州市淳安县鸠坑乡青苗村
195	浙江省杭州市临安区高虹镇大山村
196	浙江省杭州市临安区高虹镇石门村
197	浙江省嘉兴市海盐县望海街道兴隆村
198	浙江省嘉兴市嘉善县姚庄镇丁栅村
199	浙江省嘉兴市南湖区凤桥镇凤桥社区
200	浙江省金华市兰溪市女埠街道虹霓山村
201	浙江省金华市兰溪市云山街道黄湓村
202	浙江省金华市磐安县双峰乡大皿古村
203	浙江省宁波市鄞州区东钱湖镇利民村
204	浙江省宁波市鄞州区姜山镇走马塘村
205	浙江省绍兴市柯桥区稽东镇南部山区冢斜村
206	浙江省温州市苍南县金乡镇梅峰村
207	浙江省温州市乐清市淡溪镇西林村
208	浙江省温州市平阳县水头镇新联村
209	浙江省舟山市嵊泗县枸杞乡龙泉社区
210	重庆市巴南区二圣镇集体村
211	重庆市南岸区广阳镇银湖村

后记

2020年，中国城市规划学会乡村规划与建设学术委员会持续聚焦高等院校在乡村规划建设领域的研究与交流，推进学科建设发展，促进高等院校、地方政府、社会组织、企业在乡村地区发展方面加强合作。联合贵州大学建筑与城市规划学院、浙江工业大学设计与建筑学院、苏州科技大学建筑与城市规划学院、北京建筑大学建筑与城市规划学院、安徽师范大学地理与旅游学院、安徽建筑大学建筑与规划学院共同举办了“2020年（第四届）全国高等院校大学生乡村规划方案竞赛”，并在贵州贵阳、浙江绍兴、江苏苏州、北京、安徽芜湖和上海六地分别召开竞赛评审和学术交流等活动，还在贵州贵阳召开了全国决赛评审点评暨乡村委年会，取得了全国范围内的影响。

本届赛事在第三届赛事的基础上，再次更新了竞赛内容，保留原有的乡村规划方案竞赛单元和第三届增加的乡村调研及发展策划报告竞赛单元，第三届的乡村户厕设计单元调整为乡村设计方案竞赛单元，竞赛内容从单一的户厕问题扩展至村宅厨房和乡村活动中心，持续致力探索与建筑学、社会学、人类学、环境学等相关专业的跨学科合作。

本届赛事依旧分为初赛和决赛两个阶段。其中，初赛阶段经协商确定分为指定参赛基地与自选参赛基地两类。五处指定参赛基地分别为贵州省安顺市西秀区大西桥镇鲍屯村（贵州大学建筑与城市规划学院承办）、浙江省绍兴市越城区斗门街道璜山南村（浙江工业大学设计与建筑学院承办）、江苏省苏州市相城区望亭镇北太湖风景区（苏州科技大学建筑与城市规划学院承办）、北京市房山区周口店镇车厂村（北京建筑大学建筑与城市规划学院承办）、安徽省芜湖市繁昌区孙村镇长寺村和平铺镇郭仁村（安徽师范大学地理与旅游学院、安徽建筑大学建筑与规划学院共同承办）。自选参赛基地的报名、作品收集及初赛评优活动均由贵州大学建筑与城市规划学院承办。决赛阶段，由初赛阶段各指定参赛基地和自选参赛基地承办单位按照要求推荐初赛获奖作品参加评选。

本届赛事一经推出，即使疫情影响还未退却，仍再次在全国范围内引起了热烈响应，共有来自 182 所高校 205 个学院的 831 个团队共同参与，共涉及学生 4046 人、教师 1823 人次。

初赛阶段，三个竞赛单元共收到 514 份作品，经主办方组织评优会评选出 232 个奖项，分别为 113 个优胜奖和 119 个佳作奖。初赛作品共涉及 28 个省 / 自治区 / 市，111 个地级市 / 自治州，180 个县 / 区，202 个乡 / 镇，218 个村。

根据赛制，初赛阶段获得优胜奖作品全部参与决赛阶段评选，经主办方组织评优会评选出 62 个奖项，其中乡村规划方案竞赛单元 33 个，一等奖 3 个，二等奖 6 个，三等奖 9 个，优秀奖 12 个，最佳研究奖 1 个，最佳表现奖 1 个，最佳创意奖 1 个；乡村调研及发展策划报告竞赛单元 16 个，一等奖 1 个，二等奖 2 个，三等奖 3 个，优秀奖 9 个，最佳研究奖 1 个；乡村设计方案竞赛单元 13 个，一等奖 1 个，二等奖 2 个，三等奖 3 个，优秀奖 4 个，最佳研究奖 1 个，最佳创意奖 1 个，最佳表现奖 1 个。

图书在版编目（CIP）数据

乡村振兴.2020年全国高等院校大学生乡村规划方案竞赛优秀成果集/中国城市规划学会乡村规划与建设学术委员会等主编.—北京：中国建筑工业出版社，2023.12
（中国城市规划学会学术成果）
ISBN 978-7-112-29531-9

Ⅰ.①乡… Ⅱ.①中… Ⅲ.①乡村规划－作品集－中国－现代 Ⅳ.①TU982.29

中国国家版本馆CIP数据核字（2023）第251533号

本书为2020年全国高等院校大学生乡村规划方案竞赛的记录及展示，主要内容有五部分：第一部分主要对竞赛的组织情况进行介绍；第二、三、四部分主要展示三个不同竞赛单元的评委名单、决赛获奖名单，并对三个竞赛单元获得一、二等奖的作者及作品进行介绍和展示；第五部分对基地进行简单介绍。

本书可供全国高校城乡规划及相关专业的教师及学生使用，同时可供城乡规划及相关行业从业人员参考，亦可供对城乡规划领域问题感兴趣的各界人士阅读。

责任编辑：杨　虹　尤凯曦
文字编辑：袁晨曦
书籍设计：李永晶
责任校对：赵　力

中国城市规划学会学术成果
乡村振兴
——2020年全国高等院校大学生乡村规划方案竞赛优秀成果集
中国城市规划学会乡村规划与建设学术委员会
贵州大学建筑与城市规划学院
浙江工业大学设计与建筑学院
苏州科技大学建筑与城市规划学院　　主编
北京建筑大学建筑与城市规划学院
安徽师范大学地理与旅游学院
安徽建筑大学建筑与规划学院
*
中国建筑工业出版社出版、发行（北京海淀三里河路9号）
各地新华书店、建筑书店经销
北京雅盈中佳图文设计公司制版
天津裕同印刷有限公司印刷
*
开本：880毫米×1230毫米　1/16　印张：19　字数：396千字
2024年12月第一版　2024年12月第一次印刷
定价：**178.00**元
ISBN 978-7-112-29531-9
（42285）

如有内容及印装质量问题，请与本社读者服务中心联系
电话：（010）58337283　QQ：2885381756
（地址：北京海淀三里河路9号中国建筑工业出版社604室　邮政编码：100037）